露天矿工程爆破
技术与实践

张耿城　编著

北　京
冶　金　工　业　出　版　社
2019

内 容 提 要

本书共 5 章，主要内容包括现场混装炸药制备与远程配送；以数字爆破和精准爆破为核心，将大型铁矿山数字和精准爆破技术系统化，提供了具有普遍适用性的大型铁矿山现代爆破技术体系和工程示范；讨论了爆破作用下原岩的损伤破裂机理，分析了影响爆破块度及块内损伤程度的主控因素，给出基于采选总成本的联合优化方法；在工程实践方面，详细介绍了基于精准探测的采空区处理技术。

本书可供从事爆破工程的科研人员、工程技术人员和管理人员阅读，也可作为采矿工程专业的高等院校师生的参考或教学用书。

图书在版编目 (CIP) 数据

露天矿工程爆破技术与实践/张耿城编著 . —北京：冶金工业出版社，2019.1

ISBN 978-7-5024-7989-3

Ⅰ.①露…　Ⅱ.①张…　Ⅲ.①露天矿—矿山爆破

Ⅳ.①TD235

中国版本图书馆 CIP 数据核字 （2019） 第 002987 号

出 版 人　谭学余

地　　址　北京市东城区嵩祝院北巷 39 号　邮编　100009　电话　(010)64027926

网　　址　www.cnmip.com.cn　电子信箱　yjcbs@ cnmip. com. cn

责任编辑　徐银河　王梦梦　美术编辑　彭子赫　版式设计　孙跃红

责任校对　李　娜　责任印制　牛晓波

ISBN 978-7-5024-7989-3

冶金工业出版社出版发行；各地新华书店经销；北京博海升彩色印刷有限公司印刷

2019 年 1 月第 1 版，2019 年 1 月第 1 次印刷

169mm×239mm；27 印张；527 千字；420 页

168. 00 元

冶金工业出版社　投稿电话　(010)64027932　投稿信箱　tougao@cnmip. com. cn

冶金工业出版社营销中心　电话　(010)64044283　传真　(010)64027893

冶金工业出版社天猫旗舰店　yjgycbs. tmall. com

（本书如有印装质量问题，本社营销中心负责退换）

序

　　矿产资源是我国经济社会发展的重要物质基础，矿业是我国重要的基础产业，矿产资源保护与合理开发利用事关国家现代化建设全局。

　　工程爆破在国民经济建设中发挥着重要且不可替代的作用，是矿产资源开发利用的重要技术手段。矿山爆破的质量不仅关系到爆破技术经济指标的优劣，也对采矿的铲、装、运，选矿的破碎、磨矿等后续工序有着至关重要的影响。

　　鞍钢矿业爆破有限公司是目前国内冶金行业最大的"一体化"专业爆破公司之一。鞍钢集团和广东宏大强强联合，使鞍钢爆破具备了矿山爆破技术研发与科技创新的条件和优势。该公司自成立以来，自主开发了多项爆破新技术，取得了丰硕的成果。中国爆破行业协会分别于2016年和2018年委托我主持了该公司多项科研成果评价会，与会专家对这些科研成果给予了很高的评价。

　　随着新一代信息技术和计算机技术的迅猛发展，古老的爆破行业迎来了勃勃生机。长期以来，矿山的爆破设计、施工及管理主要依靠技术人员和工人的现场经验，生产方式比较粗放。鞍钢矿业爆破有限公司顺应时代的发展潮流，在高性能乳胶基质制备与远程配送、"数字爆破"、"精准爆破"和特殊工程爆破等方面取得了骄人的成绩，尤其是丰富了"以爆代破"内涵，在国内首次系统地开展了采、选、破、磨成本的优化工作，实现了广义上的爆破优化，推动了爆破技术研究步入更高的层次，为大型露天矿山工程爆破做出了突出贡献。

本书总结了鞍钢矿业爆破有限公司多年来在矿山工程爆破领域的研究成果，主要论述了现场混装炸药制备与远程配送、以爆代破、精准爆破、数字爆破、控制爆破、采空区爆破等技术在矿山的应用。

本书作者张耿城同志有着多年爆破工程施工与管理经验。作为爆破企业的管理者，他能够将创新发展和技术进步作为企业生存发展、增强核心竞争力的不竭动力，不惜投入大量的人力、物力开展技术研发工作，难能可贵。

希望本书的出版能够对提高矿产资源开发利用水平，助推矿山爆破技术、工艺和管理能力的提升发挥重要作用。亦希望广大读者能够从本书中受到启迪，共同推进爆破行业的快速发展。

中国工程院院士

前　　言

鞍钢矿业爆破有限公司成立于 2013 年，是由广东宏大爆破有限公司和鞍钢矿业有限公司共同出资组建的股份制企业，也是国内冶金行业最大的"爆破一体化"专业公司。鞍钢矿业爆破有限公司（以下简称"鞍钢爆破"）的成立，实现了两大股东优势资源的重新组合，开创了矿山服务新模式。鞍钢爆破的组建旨在通过强强联合，应用先进技术和管理经验，实现各项资源的最优组合，提高安全生产能力和市场竞争力，努力打造国内最大的专业化采矿公司和综合实力国际领先的民爆企业集团。鞍钢爆破为国家级高新技术企业，公司具有一级爆破作业单位等资质，拥有国内先进的炸药地面生产线，是我国"民爆一体化服务"模式和"合同采矿一体化服务"模式的积极引领者和实践者。

鞍钢爆破成立以来，秉承"科技是第一生产力"的理念，落实创新驱动战略和科学发展观，坚持"科技强企"发展战略，强化科技人才建设，积极搭建技术创新与开发平台，充分发挥产、学、研优势，实现了技术工艺创新、产品结构优化、服务质量升级和完全成本控制。截至 2017 年年末，鞍钢爆破完成爆破量近 8 亿吨，实现产值 30 亿元，获得利润 2 亿元。

鞍钢爆破技术创新和研发从借助股东的研发平台主动参与开始，迅速发展成为自建平台、自主立题、自建队伍等具有自主创新能力的技术创新型现代企业。经过爆破公司同仁的不懈努力、国内知名单位的大力支持，鞍钢爆破在现场混装炸药生产与配送、岩土数字和精准爆破技术及特殊工程控制爆破等得到了长足的发展，研究成果与研发的产品位居国际先进，填补了国内空白。

本书主要回顾了自鞍钢爆破成立以来的矿山爆破技术开发与创新历程，对已经取得的成果以及完成的工程爆破典型案例进行了翔实的总结，其出发点和归宿主要是总结经验教训，再接再厉，争取更大进步；另一方面通过提供案例，供业界同仁和关心工程爆破行业发展人士给予斧正、参考、借鉴。

本书参加编著的主要人员包括：第 1 章，张耿城、崔雪峰、刘万义；第 2 章，冯春、李超亮、李世海、乔继延、王锐；第 3 章，郭连军、蔡建德、徐振洋、张大宁；第 4 章，贾建军、张长奎、杜威、闫大洋、张日强、解治宇；第 5 章，付建飞、陈庆凯、柳小波；统稿：张耿城；顾问：马旭峰、姜科。

作者从事爆破工程管理工作多年，深感科技创新对爆破工程技术进步的重要，也深刻地体会到，面对市场竞争空前激烈的局面，作为以爆破作业为龙头的专业化公司，科技创新和技术进步是企业增强核心竞争力及解决生存和发展问题的关键所在，故萌生编著一部矿山爆破技术图书的想法已有一段时间了。本书能够付梓，是鞍钢爆破同仁和业界专家学者辛勤汗水的结晶，在这里一并表示感谢。借此机会特别感谢邵安林院士、郑炳旭董事长、邓鹏宏总经理长期以来对鞍钢爆破的支持和对我本人的关爱，以及对本书的指导意见；感谢矿业公司科技部等部门给予鞍钢爆破科研工作热情帮助，感谢辽宁科技大学、中国科学院力学研究所、东北大学、鞍钢矿业设计研究院、鞍钢矿业大孤山铁矿及鞍钢集团鞍千矿业有限责任公司等给予我们研发工作大力支持和积极配合。

本人学识有限，虽已做出很大的努力，自感仍有一些不尽如人意的地方，敬请读者批评指正。

张耿城

2018 年 9 月 6 日于辽宁鞍山

目　　录

1 现场混装炸药制备与远程配送

1.1 现场混装炸药现状

1.1.1 现场混装炸药技术发展及现状

民用炸药现场混装技术的发展约始于 20 世纪 70 年代中期，现场混装铵油炸药及其装药车首先出现在一些工业与矿业技术发达国家的大型露天矿山。1980 年前后，现场混装浆状炸药的装药车投入工业应用，现场混装浆状炸药技术很快并彻底被现场混装乳化粒状铵油炸药技术取代。现场混装炸药车已成为矿山大型设备之一。现场混装炸药生产系统主要是由现场混装炸药车和配套的地面站两部分组成，它集原材料运输、炸药现场混制及机械化装药于一体，与常规包装炸药比较，具有效率高、质量好、工艺先进及安全可靠等优势。该系统从原材料地面站储备、半成品生产到现场混制的整个加工运输过程中都不产生成品炸药，难以发生爆炸，直至最后装入炮孔才成为无雷管感度的钝感炸药，因此消除了包装炸药生产、运输、储存及装药过程中的不安定因素，真正实现了炸药生产与爆破施工的本质化安全。现场混装炸药车工艺技术代表了当今世界爆破技术的发展方向，显现出快捷、安全、高效的特点。

从世界范围来看，现场混装炸药及混装车，已经得到了广泛应用。目前在欧美国家的年消耗炸药总量中，现场混装炸药达到了市场份额的 80% 以上，我国现场混装炸药仅占到市场份额的 20% 左右。现场混装炸药的使用量正在持续增长，特别是小型移动式地面站及乳化粒状铵油炸药混装车，更适用于中小型露天爆破工程装药作业，使现场混装炸药获得了更加广泛的应用。高爆炸性能、高安全程度、高精度是未来现场混装炸药的发展方向。自从乳化粒状铵油炸药（或重铵油炸药，以下以乳化粒状铵油炸药为例）问世以来，由于它具有良好的抗水性和爆轰性能而被广泛使用。随着其使用范围的进一步扩大，对其各种性能提出了新的更高要求。如何满足这些要求，将是复合油相材料和乳化粒状铵油炸药下一步的研究方向。国内外主要发展趋势可概括为：

（1）在乳化基质的连续相中添加聚合物单体，并在形成乳化液以后使之聚合提高乳化基质的稳定性。

（2）具有耐低温性能的乳化粒状铵油炸药。

（3）在保证爆轰性能的前提下，尽量减少高级燃料的使用量，即尽量多采用一些普通的燃料，以降低乳化粒状铵油炸药油相材料成本。

（4）从技术角度看，应提倡有能力的大型矿山采用一机多能的机械化装药设备，以获得良好的经济效益和社会效益。

（5）研制更多的防水、安全、高威力型乳化粒状铵油炸药的新系列，并朝着多品种、系列化和规范化的方向发展，以供露天、井下复杂多变的爆破工程选择使用。

1.1.2　鞍钢矿业爆破有限公司现场混装炸药工艺技术现状

辽宁省的中南部是我国的东北老工业基地，该地区有丰富的煤、钢铁、石油等资源，工业基础雄厚，交通运输条件便利。鞍本地区是我国重要的铁矿资源分布区，目前已勘查铁矿区310处，是我国储量、开采量最大的铁矿区之一，大型铁矿主要分布在鞍山（包括齐大山矿、鞍千矿业、大孤山矿、东鞍山矿、眼前山矿等）、辽阳（弓长岭露天矿、弓长岭井下矿等）、本溪（南芬露天矿、歪头山矿、北台矿等）。鞍本地区的铁矿每年消耗现场混装炸药12.5万吨左右，现有10个现场混装炸药生产点，分属5家民爆生产企业。鞍钢矿业爆破有限公司是目前东北地区产量规模最大的现场混装炸药生产企业，公司自2011年开始采用乳化基质远程配送的工艺技术，其现场混装炸药生产许可能力为80000t/a。品种包括乳化粒状铵油炸药（50000t/a）和多孔粒状铵油炸药（30000t/a）。乳化粒状铵油炸药采用澳瑞凯地面制乳技术，生产线技术具备国际先进水平。目前共有多功能现场混装炸药车14台、重铵油现场混装炸药车1台、多孔粒状铵油现场混装炸药车10台、乳化基质运输车6台。公司现有三座地面站：鞍山的大孤山地面站、辽阳的弓长岭地面站及大连地面站。

鞍钢矿业爆破有限公司所采用的现场混装炸药地面制乳技术的优势主要包括：

（1）地面站单套制乳系统产能（15t/h），采用低转速（转速低于650r/min）、敞开式搅拌器，尤其是二级乳化的静态混合器采用无动力剪切结构，属于低强度搅拌，提高了生产线的安全程度。

（2）多功能现场混装车先进的减阻输送技术，采用结构新颖的减阻输送装置，通过高压柱塞泵泵送水，在乳化粒状铵油炸药及输送管壁之间形成水环，使炸药与输送管壁的摩擦阻力大大减小，实现了长距离、系统低压力的泵送装填。

（3）乳化粒状铵油炸药所使用的乳化基质中油、水相组分简单，不含硝酸钠等其他辅助氧化剂。乳化工艺温度低（75℃），乳化基质储存期长，乳化基质可进行远距离输送及常温敏化，基质感度低、无雷管感度。乳化基质和多孔粒状硝酸铵、发泡剂的混合物进入炮孔后形成炸药，安全性高。

（4）炸药配方科学，炸药中有效含量硝酸铵含量超过 80%，相对纯乳化炸药提高近 9% 左右，炸药体积威力明显提高。乳化基质稳定性好，抗水性强。敏化方式同时采用物理敏化和化学敏化，提高了炸药传爆的稳定性及可靠性，为预装药及爆破优化打下基础。

（5）可实施远距离配送。乳化基质可以使用运输车实现一点生产，多点配送，从而减少制乳工艺过程中乳化工序危险点的数量。

1.2 现场混装炸药地面制乳技术

1.2.1 工艺技术

1.2.1.1 现场混装炸药工艺流程

现场混装炸药工艺流程如图 1-1 所示。

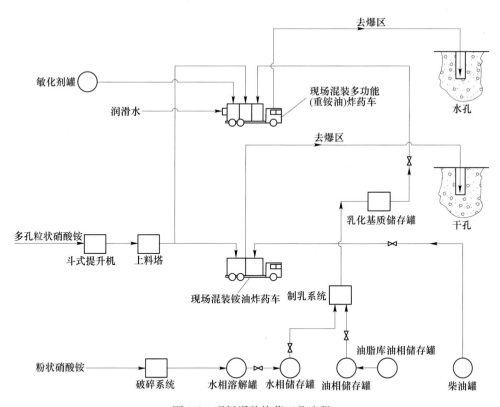

图 1-1 现场混装炸药工艺流程

1.2.1.2 现场混装炸药配方

乳化粒状铵油炸药配方见表 1-1。

表 1-1　乳化粒状铵油炸药配方

总共 /%	粉状硝酸铵 /%	油相材料 /%	多孔粒状硝 酸铵/%	水 /%	醋酸 /%	碳酸钠 /%	亚硝酸钠 /%	硫脲 /%
100.00	50~53	5~7	20~38	12~14	0.05	0.01	0.02	0.02

多孔粒状铵油炸药配方见表 1-2。

表 1-2　多孔粒状铵油炸药配方

总共/%	多孔粒状硝酸铵/%	柴油/%
100.00	94~96	4~6

1.2.1.3　水相制备工艺

乳化基质制备生产线是一条连续化微机自动控制生产线，乳化基质制备在制备工房内完成，主要包括原料准备、硝酸铵破碎、水相和油相配制、乳化等工艺。水相主要由硝酸铵、水两种原料组成。

水相配制与贮存的制备过程（见图 1-2）：先将一定量的工艺热水加入溶解罐，边加热、边搅拌、边加入所需量的硝酸铵、硫脲和乙酸，达到要求温度后，调整析晶点和 pH 值，调整合格后，通过溶液泵泵入储存罐内备用。

图 1-2　水相制备工艺流程

1.2.1.4　油相制备工艺

用叉车将成品油相从油脂库区搬运到油相罐，将成品油相倒入油脂库油相罐中，然后开启油相泵，将油相从油脂库转移至制乳间油相储存罐中备用（见图 1-3）。

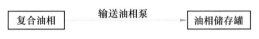

图 1-3　油相制备工艺流程

1.2.1.5　乳化基质制备

将合格的油相、水相溶液分别经流速比例控制阀，由输送泵泵送至搅拌器进行粗乳制备，经基质输送泵泵送至静态混合器进行精乳后，送至乳化基质储存罐内待用或直接泵送至现场装药车基质箱内。乳化基质制备工艺流程如图 1-4 所示。

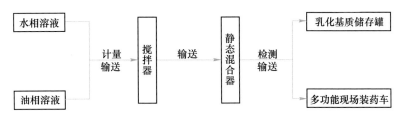

图 1-4　乳化基质制备工艺流程

1.2.1.6　敏化剂制备工艺

敏化剂主要由亚硝酸钠和水按一定的比例在敏化液制备罐配制而成，冬季主要由亚硝酸钠、水和乙二醇按一定的比例配制而成，配制好后备用。敏化剂制备工艺流程如图 1-5 所示。

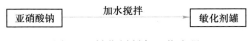

图 1-5　敏化剂制备工艺流程

1.2.2　复合油相材料

复合油相材料是生产乳化基质的核心材料，由乳化剂、还原剂和其他助剂组成，尽管含量仅占乳化基质的 5.5%~9%，但对乳化基质形成稳定的 W/O 型乳化体系却起到关键作用。复合油相材料是实现乳化基质乳化速度快、低黏度、稳定性高、安全性好的核心材料。复合油相材料关键作用包括以下六个方面。

（1）乳化。乳化基质由氧化剂水溶液、复合油相材料及其他添加剂组成，是一种膏状塑性体，它是经乳化工艺制得。乳化基质制备的核心技术在于制备稳定的乳化基质。复合油相材料中乳化剂所起的作用是：由硝酸铵和水组成的氧化剂盐水溶液，以极细微液滴（0.002~0.02mm）形式被乳化剂所形成的油膜包裹，分散在由油相材料所形成的连续相中。

（2）构成连续相。在乳化粒状铵油炸药体系中，油相材料最根本的作用是构成乳化粒状铵油炸药的连续相。乳化粒状铵油炸药是以氧化剂水溶液为分散相，非水溶性的油相材料为连续相构成的乳化体系，属于 W/O 型体系。在乳化粒状铵油炸药体系中，由于氧平衡的限制和爆炸性能的要求，油相材料的含量占 5.6% 左右，这样油相材料的黏度、链长、分子结构和乳化剂的匹配耦合就显得非常重要，通过保证连续相的油膜有足够的强度，从而防止硝酸铵等无机氧化剂盐析晶时油膜变形或破裂。

（3）燃烧剂和敏化剂。乳化粒状铵油炸药是一种典型的多组分混合物，为了获得体系所必需的氧平衡和提高其爆炸性能，添加一种或数种燃烧剂或者敏化剂是非常必要的。油相材料一般选油、蜡和聚合物等碳氢化合物，这些物质就是体系中良好的燃烧剂。在爆炸反应中，燃烧剂能迅速参与反应，产生大量的气体和热量，膨胀做功。另外，氧化剂水溶液的液滴分散得细而均匀，与连续相-油相材料的油膜彼此接触紧密而充分，有利于爆轰的激发和传递。虽然油相材料一般是普通的碳氢化合物，但在特定的条件下起敏化剂的作用。

（4）抗水性能。乳化粒状铵油炸药的优良抗水性能是与油相材料密切相关的。因为在 W/O 型乳化粒状铵油炸药中，连续相-油相材料将氧化剂水溶液包于其中，这样既防止液体分层，又阻止了外部水的侵蚀和沥滤作用，因而具有良好的抗水性能。

（5）外观状态。通常乳化粒状铵油炸药的黏稠度取决于油相材料的黏度。随着研究工作的不断深入，各种高分子聚合物相继引入油相材料中，通过连续相的不断稠化和高分子物质的吸附交联作用，一方面使乳化粒状铵油炸药的稳定性获得显著提高，另一方面炸药的外观状态很容易按照需要获得变化。另外，在乳化粒状铵油炸药的生产和贮存过程中，适宜的黏稠度对于固定敏化气泡（或夹带气体的固体微粒），使炸药保持适当的爆轰敏感度也是非常重要的。

（6）安全性能。实践表明乳化粒状铵油炸药的摩擦、撞击和枪击感度是相当低的，这与油包水型乳化液体系中粒子间的滑动接触韧性增大、阻力减少有关。

综上所述，复合油相材料的结构、组成决定了乳化基质的性能。对于乳化粒状铵油炸药而言，乳化基质的性质和含量决定了其使用性能，为使乳化粒状铵油炸药具有优良的使用性能，一般要求乳化基质稳定性好，同时具有较好的流动性。

1.2.3 自动控制系统

1.2.3.1 监控系统概述

在科学技术发展迅猛的今天，工业生产也日益趋向自动化和智能化。在中央控制室对现场设备进行集中数据采集、显示、检测和进行远程生产、调度、控制也越来越多地被运用到实际生产的各个领域，包括食品、化工、电力等各个行业。

常见的监控系统主要有早期的集散监控系统（DCS）和现在广泛使用的监测控制与数据采集（SCADA）。

1.2.3.2 生产线自动控制系统

鞍钢矿业爆破有限公司化工原料制备厂大孤山地面站（以下简称"大孤山地面站"）自动控制系统由澳瑞凯公司提供技术支持，系统由一套 S7-300PLC 系统、WinCC 上位监控画面以及两台西门子 MP377 触摸屏组成。由 S7-300PLC

对现场各模拟量、开关量点进行采集，由 FM350-2 转速模块对两台搅拌器的速度进行测量，再通过输出卡件完成对现场设备控制指令的发送。自动控制系统主要功能包括：

（1）现场数据（包括阀位采集与模拟量的采集）与处理、系统安全联锁保护停车、流量和液位的自动控制、逻辑输出等功能由 PLC 完成。

（2）对现场数据进行显示（包括用不同颜色表示阀位、将现场采集的 4~20mA 信号以实际工程量显示等）和监测，提供用户操作接口以便于对现场各个设备的运行状态进行监测和控制，这部分功能主要由监控工作站和两台触摸屏完成。

（3）进行数据归档和报警记录归档，方便用户调看历史操作数据和历史报警记录，尤其是为分析生产过程提供依据，这部分功能主要由监控工作站完成。

1.2.3.3 自动控制系统页面组成

在自动控制中心完成对现场两条生产线的设备运行状态和生产工艺参数监视、生产调度参数设置、设备运行操作以及数据归档记录等工作。为了完成这些功能，在系统中主要设置有工艺流程图、数据报表、报警记录、趋势画面、操作页面、比值控制设置、系统说明共七个页面。

各个页面的作用为：工艺流程图：完成系统的绝大多数功能，包括各种效果的显示以及操作；数据报表：自动记录系统的运行参数并可进行数据调看；报警记录：完成对系统报警的记录归档的报警操作；趋势画面：记录系统模拟量参数并以曲线的形式显示以方便查看系统生产的变化规律；操作页面：将系统全部可操作内容集中到操作页面中方便进行操作；比值控制设置：设置生产线的单位生产率和油相占产品的质量比例；系统说明：对系统的简单说明。

进入运行系统之后，会进入图 1-6 所示的主界面。主界面从上到下主要依次分为标题区、报警显示区、监控画面区、基本操作区和页面切换区共五个区域。

（1）标题区：为蓝色底色区域，主要包括标题、系统时间、用户登录和注销功能按钮。

（2）报警显示区：为灰色底色、红色字体的一行显示区域，用于显示系统当前运行时收到的第一条报警。

（3）监控画面区：在报警显示区下面为一个灰色底色的较大的显示区域，在该区域以类似工艺流程图的形式显示两条生产线上的各个设备运行状态和各工艺参数，是系统的主要显示区域，在该区域内完成全部设备和参数的显示以及各动态画面的显示。

（4）基本操作区：在监控画面区下面是一排操作按钮，在该区域可以对两条生产线上的各个设备进行基本的操作，不过鉴于现场触摸屏上对各个设备的操作按钮比较全面，不建议在此进行操作。

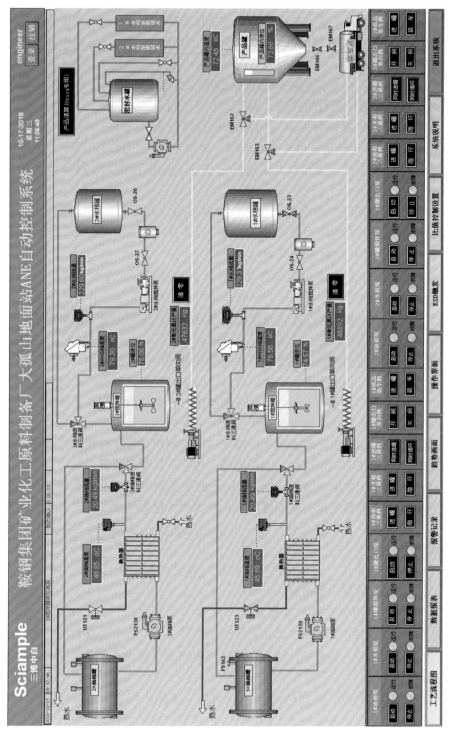

图 1-6　自动控制系统主画面示意图

（5）页面切换区：在主界面的最下方是一排蓝色边框的按钮，用于对系统各个显示页面之间的切换。同时在按钮上以高亮的青色标志当前画面。同时在页面切换区还设置有 ESD 触发按钮和退出系统两个不同的功能按键。

1.3 现场混装及乳化基质远程配送

第二代露天乳化炸药现场混装工艺的主要特征是炸药混装车不再运送水相热溶液和乳化剂等材料、进行车上制乳改为运送乳化基质半成品，车上只配置乳化基质储仓、干料（多孔粒状硝酸铵）储仓、敏化剂罐和基质与干料输送、敏化、装填等系统，简化了整车保温技术要求与混装工作系统，实现了炸药半成品（原料）制备、运输、制药、装填爆破作业一条龙，炸药的稳定性、作业环境适应性、施工效率大大提高，由于第二代乳化炸药现场混装技术日趋成熟，具有"本质安全性"的乳化基质地面制备、储存、多点远程配送成为可能。

所谓"乳化基质远程配送"技术，是将地面制备的乳化基质像普通硝酸铵一样跨地区远程分级配送，然后在最终用户的爆破现场由炸药混装车完成装填炮孔作业，保证了半成品或原料在运输过程中为不具爆炸性的普通化学品，混装车将炸药装入孔内 8~10min 后才成为炸药。由于提高了乳化基质制备的生产集中度和生产效率，大大减少了炸药生产点，高标准"零排放"地面制乳系统减少了对环境的污染，基本实现了炸药生产的绿色化目标，同时降低了成本。

1.3.1 现场混装炸药车

1.3.1.1 多功能现场混装车
多功能混装车如图 1-7 所示。

图 1-7 多功能混装车图示

多功能车现场混装炸药生产工艺：出车前，按爆破现场所需的炸药量将所需乳化基质、多孔粒状硝酸铵、敏化剂溶液添加到多功能车上不同的储存箱内。到达现场后，将取力器开关搬至工作位置，液压油预热达到适宜温度后，开始制药。待爆破员将输药软管放入孔内，制药工起动控制盘按照现场炮孔实际装药量进行药量输送作业，直到预定的药量全部输送完，设备自动停止。

多功能车现场混装生产工艺流程如图1-8所示。

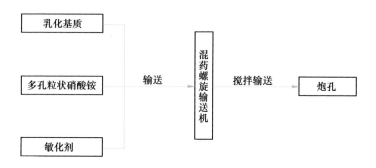

图1-8　多功能车现场混装生产工艺流程

1.3.1.2　铵油炸药现场混装车

铵油炸药现场混装车示意图如图1-9所示。

图1-9　铵油炸药现场混装车示意图

现场混装铵油炸药生产工艺：出车前，将多孔粒状硝酸铵和柴油分别加到铵油炸药现场混装车相应的料仓内。当向炮孔内装药时，爆破员将输药管放在炮孔上方，司机在操作室内把每个孔所需的炸药量输入计数器，再启动控制盘按钮把多孔粒状硝酸铵和柴油按事先标定好的量输入混合器内进行混合搅拌，最后经输药管装进炮孔中，直到预定的药量全部输送完，设备自动停止。

铵油炸药现场混装车生产工艺流程如图1-10所示。

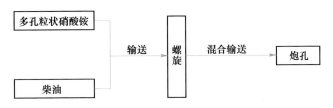

图 1-10 铵油炸药现场混装车生产工艺流程

1.3.2 乳化基质远程配送

鞍钢矿业爆破有限公司所使用的乳化基质在大孤山地面站集中制备，在满足鞍山地区乳化粒状铵油炸药需求的同时，采用远程配送方式向辽阳和大连地区的两个地面站配送，实现了乳化基质"一点生产、远程配送、多点使用"。整合后的鞍钢矿业公司炸药生产点仅保留大孤山地面站乳化基质制备，撤销了齐大山、弓长岭、大连三个地面生产点，资源配置更加合理，生产效率大幅提升，安全保障能力提升，生产成本下降。

1.3.2.1 乳化基质制备工艺与配送方式

大孤山生产点地面制乳系统采用澳瑞凯静态混合制乳技术及设备，地面乳化基质出口温度 70~72℃，车上乳化粒状铵油炸药药温在 20~60℃之间。目前大孤山地面站乳化基质年生产量 3.5 万~4 万吨，其中鞍山地区使用 2.8 万~3.0 万吨，其余供弓长岭和大连地区使用，由专用配送车运送到当地地面站储存备用。大孤山地面站距弓长岭 60km，距大连 300km，道路运输条件良好。目前已连续运行 7 年，生产顺畅。

弓长岭地面站乳化基质储存区的生产过程为：大孤山生产的乳化基质通过乳化基质运输车泵送到弓长岭乳化基质上料工房的储罐中备用。加料时，启动地面泵送系统将乳化基质泵送到多功能炸药车的料仓内，同时完成敏化剂加料。再通过螺旋上料机将多孔粒状硝酸铵加到炸药车料仓内，之后多功能炸药车到爆破现场完成混装。大连地面站未设乳化基质储罐，乳化基质运输车直接将乳化基质泵送至多功能炸药车的料仓内，过程与弓长岭相同。

1.3.2.2 "一点生产、远程配送、多点使用"模式带来的经济效益和社会效益

"一点生产、远程配送、多点使用"的民用炸药生产模式对企业和社会来说最大的效益就是安全效益，将多个点集中到一个点生产，即是将多个危险源减少到一个，并且可以将更多的人力、物力、安全投入集中到一点，实现一加一大于二的效果，有效提升了企业安全管理水平，大大降低发生事故的概率。同时，随着国家对环保的要求越来越严格，污水处理、锅炉排放等问题需要企业越来越

重视，这也同样需要增加投资。集中制备乳化基质远程配送也符合未来环保形势要求。该模式对企业产生的经济效益也非常可观，建设一条乳化基质生产线概算约 1000 万元，鞍钢矿业系统原有 6 条乳化粒状铵油炸药生产线，到 2011年只留下大孤山一条，减少了 5 条生产线，节省资金投入约 5000 万元以上。原从事炸药生产员工 290 人，现从事炸药生产员工 150 人，劳动生产率大幅提高。

"一点生产、远程配送、多点使用"模式通过几年来在辽宁中南部鞍山、大连、辽阳的实际应用，相关企业在安全管理和经济效益方面取得了巨大收益，经过远程配送、储存后的乳化基质生产的炸药质量稳定可靠，完全能够满足爆破需求。按照国家民爆行业发展政策指导方向，减少危险源点、推广乳化基质远程配送，提高地面站生产机械化、自动化程度，减少在线生产人员数量是企业实现本质化安全的发展趋势，随着行业发展，乳化基质"一点生产、远程配送、多点使用"模式的管理优势和效益优势将会日益明显。

1.3.3 现场混装炸药工程应用

自 2011 年以来，"一点生产、远程配送、多点使用"的生产模式经过近 8 年的实际工程应用，在炸药生产过程中安全和质量方面非常稳定，实现了安全生产、炸药质量零事故的目标。

1.3.3.1 鞍钢矿业公司鞍千矿业工程爆破应用

2014 年 1 月 20 日，在鞍钢矿业鞍千矿业南采 60m 部位进行岩石爆破，爆破孔数 61 个，装药温度 32℃，装药量均为每孔 450kg，具体爆区炮孔设计及起爆网路如图 1-11 所示。

密度测试图如图 1-12 所示，敏化速度、密度计量见表 1-13。

乳化粒状铵油炸药多功能装药车爆破效果如图 1-13 所示，孔内爆速分析如图 1-14 所示。

图 1-11　鞍千矿业爆区炮孔设计及起爆网路图

1.3.3.2 鞍钢矿业大孤山铁矿工程爆破应用

2014 年 2 月 18 日，在大孤山铁矿小孤山 -42m 水平部位进行爆破，爆破孔数 76 个，孔网参数 7.5m×7.5m，台阶高度 12m，孔深 15m。岩种为绿泥岩，装药温度 38℃，装药量均为每孔 420～450kg，具体爆区炮孔设计如图 1-15 所示。

图 1-12 密度测试图

表 1-3 敏化速度、密度计量

序号	检测点出药量 /t	低温敏化乳化粒状铵油炸药	
		敏化剂量 0.02%	
		敏化温度 32℃	
		敏化时间/min	炸药密度/g·cm⁻³
1	1	起始	1.30
		15	1.16
2	5	起始	1.30
		15	1.15
3	10	起始	1.30
		15	1.15
		30	1.14

(a)   (b)

(c)

(d)

图 1-13　爆破效果分析图

（a）多功能装药车现场装药；（b）乳化粒状铵油炸药孔内爆速检测；

（c）爆破前；（d）爆破后

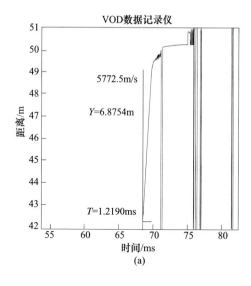

(a)

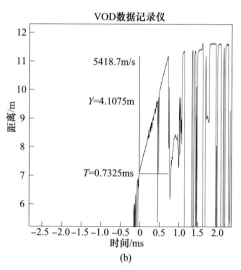

(b)

图 1-14　孔内爆速分析图

（a）1 号孔内爆速曲线；（b）2 号孔内爆速曲线

　　乳化粒状铵油炸药敏化剂用量、制药温度、敏化速度、密度计量分析见表 1-4。

　　在敏化温度 38℃时，乳化粒状铵油炸药的敏化剂用量 0.02%、敏化 20min，炸药密度 1.13g/cm³，爆破效果如图 1-16 所示，孔内爆速如图 1-17 所示。

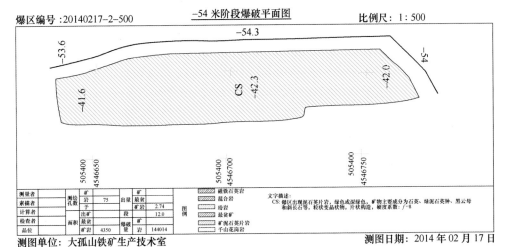

(a)

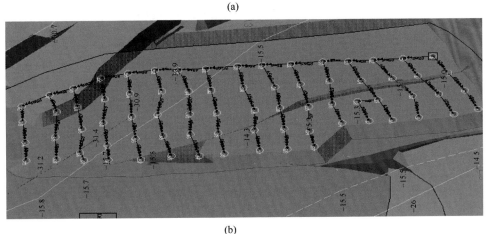

(b)

图 1-15 爆区炮孔设计图

（a）爆区平面图；（b）爆区连线图

表 1-4 炸药敏化速度、密度计量

序号	检测点出药量 /t	低温敏化乳化粒状铵油炸药	
		敏化剂量 0.02%	
		敏化温度 38℃	
		敏化时间/min	炸药密度/g·cm⁻³
1	3	起始	1.31
		10	1.16
2	7	起始	1.30
		10	1.15
		20	1.13
		30	1.13

(a)

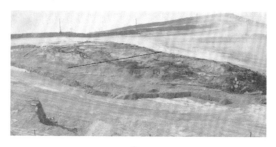

(b)

图 1-16　爆破效果图

（a）爆区现场爆破前；（b）爆区现场爆破后

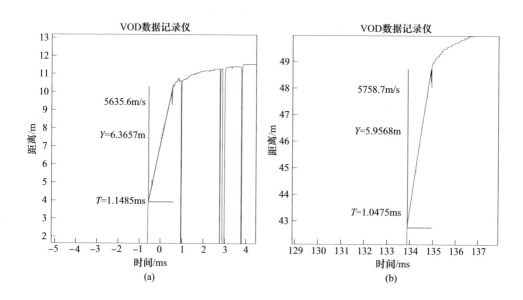

图 1-17　孔内爆速图

（a）1 号孔内爆速曲线；（b）2 号孔内爆速曲线

1.4 乳化粒状铵油炸药性能影响因素的理论分析

1.4.1 乳化粒状铵油炸药结构

乳化粒状铵油炸药是利用乳胶体炸药的特点来改变铵油炸药的物理松散状态，使乳化基质较理想地充填于硝酸铵颗粒间隙之中，二者互相补充、依附，形成一个统一体，实现增大密度、提高感度、增大爆炸性能的目的；同时铵油炸药颗粒表面涂以乳胶体的覆盖层，可以防止水的渗透侵蚀。多孔粒状硝酸铵和多孔粒状铵油炸药自然堆积的颗粒间隙和颗粒孔隙大小见表1-5。硝酸铵自然密度是1.6g/cm³，但是由于多孔粒状硝酸铵自身存在孔隙，堆积颗粒之间又出现较大的间隙，导致多孔粒状硝酸铵密度较小。因此，可以使用乳化基质充填多孔粒状铵油炸药的间隙，实现增大多孔粒状铵油炸药密度。

表 1-5   多孔粒状硝酸铵和多孔粒状铵油炸药间隙测定结果

项 目	多孔粒状硝酸铵		多孔粒状铵油炸药
	产品规格	实测值	实测值
颗粒平均粒径/mm	1.5	1.44	
颗粒平均体积/cm³	0.0017	0.0018	
自然堆积密度/g·cm⁻³	0.8300	0.83	
单位质量平均粒数/颗		3.71	3.44
单位体积平均粒数/颗		3.08	2.89
单位质量堆积间隙/cm³·g⁻¹		0.548	0.581
单位体积堆积间隙/cm³·cm⁻³		0.455	0.483
单位质量孔隙/cm³·g⁻¹		0.0375	0.024
单位体积孔隙/cm³·cm⁻³		0.0313	0.02

乳化粒状铵油炸药结构模式如图1-18所示，不同配比的乳化粒状铵油炸药密度见表1-6，乳化粒状铵油炸药的结构模式也充分体现了这种充填理论的可靠性。

另一方面，油包水型（W/O）的乳化基质为非牛顿型流体，有触变特性，其黏附性极强，利用这一特点包裹硝酸铵颗粒可作为防水屏障和充填颗粒间隙，为配制乳化粒状铵油炸药提供了互相依存、结成统一体的优越条件。

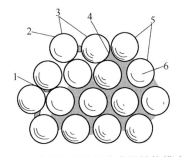

图 1-18   乳化粒状铵油炸药的结构模式图
1—空气间隙；2—多孔铵颗粒；
3—普通铵油炸药；4—充填间隙的乳胶体；
5—乳化粒状铵油炸药混合物；
6—覆盖（包裹）的乳胶体

表1-6 不同配比的乳化粒状铵油炸药密度

铵油炸药	乳化基质	国外密度指标/g·cm⁻³	理论计算密度/g·cm⁻³	实测密度/g·cm⁻³
0	100		1.20	1.21
10	90		1.23	1.23
20	80		1.26	1.28
30	70		1.31	1.30
40	60		1.35	1.34
45	55	1.3	1.36	
50	50	1.3	1.39	1.37
55	45	1.39		
60	40	1.20	1.40	1.38
70	30	1.10	1.26	1.29
80	20	0.98		

1.4.2 乳化粒状铵油炸药敏化机理

乳化粒状铵油炸药是由氧化剂、还原剂、敏化剂所组成，它是经乳化、敏化和混合工艺制得。乳化粒状铵油炸药通常采用化学敏化方法，敏化作为乳化粒状铵油炸药生产加工的核心工艺对其各项性能指标影响尤为重要。化学敏化剂系指一类能向乳化基质中引入许多均匀分布的微小气泡的物质。首先，按照炸药起爆的灼热核理论，它们可使乳化粒状铵油炸药的爆轰感度明显提高。因为均匀分布的微小气泡在外界起爆冲量的机械能作用下被绝热压缩，机械能转变为热能，微小气泡被加热升温，在 $10^{-5} \sim 10^{-3}$ s 的短暂时间内形成一系列温度高达 $400 \sim 600$℃ 的灼热点，从而激发乳化粒状铵油炸药爆炸。其次，由于微小气泡的引入，它能够较好地调节乳化粒状铵油炸药的密度。化学发泡实质上就是在乳化基质中形成所谓的"稀泡沫"，它经历了发泡剂的扩散、化学反应生成气体及形成气泡三个过程。该"稀泡沫"的形成受发泡总速率、生成气体量和固泡能力的影响。

化学发泡有别于其他发泡方式，它利用化学反应生成无毒的惰性气体，并通过胶体中的富余表面活性剂和燃油形成油包气型气泡，这些气泡均匀分散在乳胶中充当爆轰反应的热点。

目前国内外普遍采用的发泡体系均以亚硝酸钠为主，在该体系内，由于反应体系反应速度始终存在 $(OH^-) \ll (H^+) \ll (NO^{2-})$，因而生成 N_2 的反应将按下述机理进行：

$$NH_4^+ \Longrightarrow NH_3 + H^+ \tag{1-1}$$

$$NO_2^- + H_2O \Longrightarrow HNO_2 + OH^- \tag{1-2}$$

$$H^+ + OH^- \Longrightarrow H_2O \qquad (1\text{-}3)$$

$$H^+ + NO_2^- \Longrightarrow HNO_2 \qquad (1\text{-}4)$$

$$2HNO_2 \Longrightarrow N_2O_3 + H_2O \qquad (1\text{-}5)$$

$$N_2O_3 + 2NH_3 \Longrightarrow 2N_2 + 3H_2O \qquad (1\text{-}6)$$

在上述反应中，HNO_2生成率和生成量是反应产生气量的最重要因素。通过计算式可得到N_2生成量为：

$$n = \left[-k_b \frac{\alpha}{e^{ak_a - c_1}} + \frac{1}{2}k_b(\alpha - 1) \right] + \left[-k_a \frac{\beta}{e^{bk_a - c_2}} + \frac{1}{2}k_a(\beta - 1) \right] + Z \qquad (1\text{-}7)$$

$$\alpha^2 = 1 + \frac{4}{k_b}a, \quad \beta^2 = 1 + \frac{4}{k_a}b$$

式中　n——N_2摩尔数；

　　　k_b——NH_4^+离解平衡常数；

　　　k_a——NO_2^-水解平衡常数；

　　　Z——外界投放并为NO_2^-结合的质子浓度；

　　　a——NH_4^+初始浓度；

　　　b——NO_2^-初始浓度；

　c_1，c_2——常数。

可见 　　　　　　　　$n \propto T_f b C_f t$

式中　T_f——发泡温度；

　　　C_f——体系（H^+）。

进一步分析可以发现，（H^+）负增长于反应速率，但与气体、生成量是正增长。

1.4.3　影响乳化粒状铵油炸药性能因素

乳化粒状铵油炸药的优点之一是制备工艺比较简单，第一步是乳化基质的生产；第二步是混拌。乳化粒状铵油炸药的性能主要由乳化基质与铵油炸药（或多孔粒状硝酸铵）的混合比例决定。

1.4.3.1　外观状态

乳化粒状铵油炸药外观一般呈淡黄色或灰色，近似砂浆状液，不沾容器和包装物，易成形，根据需要可制成松散体和可塑体。当乳化基质含量达到50%以上时，乳化粒状铵油炸药随之呈弹性体。

1.4.3.2　密度

密度是工业炸药性能检测和实际应用中的关键性指标之一，对于乳化粒状铵油炸药亦不例外。乳化粒状铵油炸药的密度随乳化基质和铵油炸药的配比不同而改变，而炸药性能则随密度的变化而改变。乳化粒状铵油炸药的密度变化曲线如图1-19所示，其密度变化范围一般在1.20~1.40g/cm³之间。

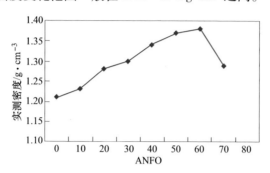

图 1-19　乳化粒状铵油炸药的密度变化曲线

1.4.3.3　爆轰温度和爆轰气体量

在乳化粒状铵油炸药中，乳化基质含量增加时，爆炸温度下降；而当乳化基质含量达50%左右时，单位质量炸药产生的气体量和爆压达到最大值。在乳化粒状铵油炸药中添加乳化基质和添加铝粉的效果如图1-20和图1-21所示。

从图1-20和图1-21中可以看出，在含有铝粉-硝酸铵-柴油三种成分的混合物中，当铝粉的百分比增加时，爆温和爆压也随之增加，爆轰气体量则减少。

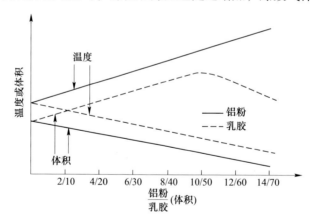

图 1-20　铝粉或乳化基质与铵油炸药混合对爆炸温度和气体的影响

1.4.3.4　爆速

乳化粒状铵油炸药的爆速受乳化基质含量变化的影响较小，当乳化基质含量低于50%时，即使密度变化0.4g/cm³，爆速基本不变。

1.4.3.5　威力

当乳化基质含量低于60%时，乳化粒状铵油炸药的相对体积威力随乳化基质

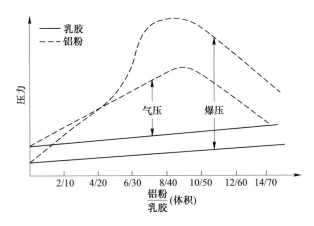

图 1-21 铝粉或乳化基质与铵油炸药混合对气压和爆压的影响

掺入量的变化曲线如图 1-22 所示。从图 1-22 中可以看出，当乳化基质含量从 0 增加到 40%左右时，乳化粒状铵油炸药的体积威力也随之增加；当乳化基质掺入量为 40%时体积威力达到最大，此时的体积威力与掺入 10%铝粉的铵油炸药相当；而当乳化基质含量超过 40%时，则能量的变化很小，并有下降趋势，因为此时乳化基质已完成硝酸铵颗粒间的空隙填充作用，并开始取代硝酸铵，硝酸铵颗粒不再紧密靠近。

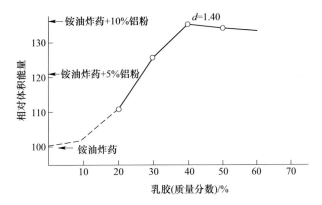

图 1-22 乳胶百分比与乳化粒状铵油炸药的
相对体积能量变化关系

1.4.3.6 临界直径

乳化粒状铵油炸药的临界直径随乳化基质和铵油炸药的配比不同而变化，影响结果如图 1-23 所示。当铵油炸药掺量增至 50%时，至少可使临界直径增大一倍，即临界直径可从 45~50mm 增大到 90mm 以上。铵油炸药和含 50%乳化基质的乳化粒状铵油炸药之间临界直径变化范围在 75~200mm 以上。

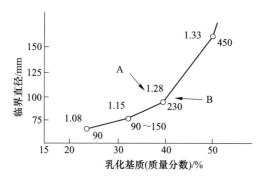

图 1-23　乳化基质含量对密度、临界直径和最小起爆药柱的影响
A—密度；B—起爆药柱质量

1.4.3.7　感度

乳化粒状铵油炸药的感度与密度和乳化基质的含量呈反比关系，当乳化基质含量增加时，炸药感度降低，这一变化和临界直径一样。含有乳化基质的乳化粒状铵油炸药至少需 50g 的强力炸药起爆，才会发生爆炸。当乳化基质含量达 23%、密度为 1.08g/cm³ 时，需用 90g 起爆药包引爆；当密度为 1.33g/cm³ 时，最少需用 450g 的起爆药包才能引爆。在乳化基质中添加微球可提高其感度、能量和抗水性，但其生产成本随之增加。

1.4.3.8　抗水性

乳化粒状铵油炸药的抗水性取决于乳化基质的含量和质量，以及炸药的混合工艺。当乳化基质含量在 0%～30% 范围时，其抗水性有限；当乳化基质含量为 30% 时，硝酸铵颗粒表面的乳化基质涂层仅为 0.1～0.2mm；乳化基质含量在 30%～50% 时，其抗水性为 5～20h，主要是承受潮湿和防止炮孔内渗水；当乳化基质含量高于 50%～55% 时，抗水性急剧提高，此时乳化粒状铵油炸药具有较好的抗水性。

1.5　乳化粒状铵油炸药核心材料与技术

1.5.1　复合油相材料技术

1.5.1.1　极性多官能团高分子乳化剂的合成

目前，国内外乳化剂的使用种类按相对分子质量大小可划分为三种：（1）采用低分子乳化剂，如失水山梨醇单油酸酯、失水木糖醇单油酸酯、硬脂酸盐等；（2）采用高分子乳化剂，如聚异丁烯丁二酰亚胺类；（3）采用混合乳化剂。国外生产加工炸药普遍采用高分子乳化剂，高分子乳化剂在乳化过程中具有大分子框架结构、微乳化结构、形成立体阻碍膜等优点，因而采用高分子乳化剂制备加工的乳化基质稳定性大大提高，但其缺点是乳化所需的剪切强度大。

根据多年经验，在保证乳化基质稳定性和适宜流动性的条件下，通过改变乳化剂分子结构中的亲水、亲油官能团的种类和数量，可以降低高分子乳化剂在乳化过程中所需的剪切强度。本书通过分子设计和分子组装，采用多元醇和长碳链烷烃为原料，经过醚化、酯化等反应制备极性多官能团高分子乳化剂。

（1）原料配比对目标产物产率的影响。原料配比对目标产物的影响见表1-7。从表1-7中可以看出，当醇与长碳链烷烃摩尔比小于3时，随着醇烃摩尔比增大，目标产物产率随之增加，产物运动黏度逐渐降低；当醇烃摩尔比大于3时，目标产物产率逐渐降低，黏度逐渐增加。通过考察原料配比对目标产物的影响可以看出，醇烃摩尔比在3~3.5之间较为适宜。

表1-7 原料配比对目标产物产率的影响

$n_醇/n_烃$	0.5	1	1.5	2	2.5	3	3.5	4	4.5
产率/%	21.2	30.1	45.5	52.8	68.9	80.2	81.0	71.2	59.1
运动黏度/Pa·s	57.5	51.9	46.7	42.5	39.2	36.0	37.2	38.5	40.0

（2）催化剂对目标产物产率的影响。多元醇与长碳链烷烃酯化反应过程受催化剂影响较大，酯化反应多采用碱为催化剂，本书考察了六种不同催化剂对目标产物的影响，试验结果见表1-8。从表1-8中可以看出，催化剂采用D、F时，反应8h，目标产物的产率分别可达80.2%和81.3%。但采用F为催化剂时，目标产物的颜色较深，且夹杂积炭，后处理工艺复杂。采用D为催化剂，考察了催化剂用量对目标产物的影响（见图1-24）。从图1-24中可以看出，随着催化剂用量的增加，目标产物的产率逐渐增加，当催化剂用量为0.5%时，目标产物的产率达80.2%，之后催化剂用量增多，目标产物的产率变化不大。采用D为催化剂时，催化剂用量为0.5%较为合适。

表1-8 不同催化剂对目标产物产率的影响

催化剂	A	B	C	D	E	F
产率/%	62.1	40.8	21.3	80.2	75.4	81.3

（3）酯化温度对目标产物产率的影响。多元醇与长碳链烷烃的酯化反应为吸热反应，反应需要较大的活化能。反应温度对目标产物的影响，试验结果如图1-25所示。从图1-25中可以看出，随着酯化温度的升高，目标产物的产率逐渐增大，酯化温度为260℃时，目标产物的产率达到最大80.2%，当酯化温度超过260℃时，目标产物的产率逐渐降低，且反应产物中含有较多积炭。

（4）酯化时间对目标产物产率的影响。有机物的酯化反应一般副反应较多，

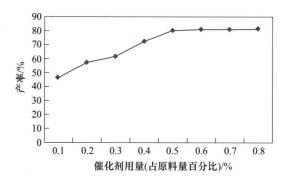

图 1-24　催化剂用量对目标产物产率的影响

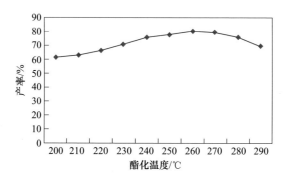

图 1-25　酯化温度对目标产物产率的影响

且所需的反应时间长。反应时间对多元醇与长碳链烷烃的酯化反应影响如图 1-26 所示。从图 1-26 中可以看出，随着反应时间的延长，目标产物的产率逐渐增加，反应时间为 8~9h 时，目标产物的产率为 80.2%~80.6%；反应时间超过 9h 后，目标产物的产率反而降低，且产物色泽深、副反应增多所致。试验结果表明，酯化时间在 8~9h 较为合适。

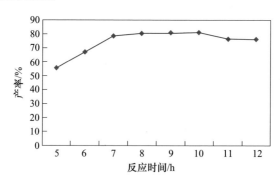

图 1-26　酯化时间对目标产物产率的影响

（5）酯化压力对目标产物产率的影响。多元醇与长碳链烷烃的酯化反应生成高分子缩合物和小分子，反应是可逆的。为使反应过程向有利于正反应方向移动，一般通过将反应过程中产生的小分子抽出反应体系，降低生成物浓度来实现，同时使反应体系置于负压状态可减少氧化等副反应。反应压力对目标产物的影响如图1-27所示。从图1-27中可以看出，反应真空度越高，目标产物的产率越高，同时生成物的色泽越好。

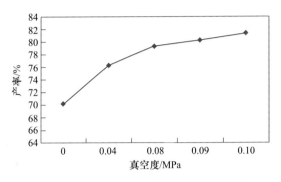

图1-27　酯化压力对目标产物产率的影响

（6）溶剂对目标产物的影响。采用多元醇与长碳链烷烃为原料制备高分子乳化剂，两种原料互不混溶，同时长碳链烷烃相对分子质量较高、黏度较大，因此酯化反应速度慢、且副反应多。通过在酯化过程中添加溶剂，使互不相溶两种原料混合均匀，同时降低反应体系黏度，以提高反应转化率，实验结果如图1-28所示。从图1-28中可以看出，反应体系加入溶剂后，反应转化率明显提高，由55.1%升高至80.5%，考虑生产成本，溶剂添加量为15%~25%之间较为适宜。

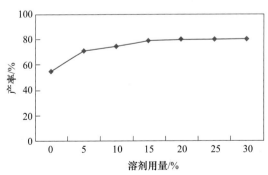

图1-28　溶剂对目标产物的影响

1.5.1.2　复合油相材料的合成

复合油相材料是乳化基质的关键组分，若没有构成连续相的复合油相材料，油包水型的乳化体系将不复存在。在乳化炸药体系中，由于氧平衡的限制和爆炸性能的要求，油相材料的含量不及分散相的 1/20，这样油相材料的黏度、链长、分子结构和乳化剂的匹配耦合就显得非常重要，通过保证连续相的油膜有足够的强度，从而防止硝酸铵等无机氧化剂盐析晶时油膜变形或破裂。乳化炸药的优良抗水性能是与油相材料密切相关的。

（1）复合油相材料对运动黏度的影响。在复合油相中材料采用自主研制合成的极性多官能团新型高分子乳化剂，改善了乳化效果，提高了乳化基质稳定性；通过提高油相材料热值，改善了爆性指标；在复合油相材料中引进黏度调整剂 A、B、C 使复合油相黏度可在较宽范围内调整，试验结果如图 1-29 所示。

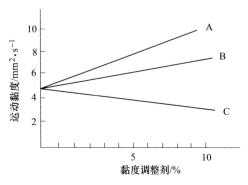

图 1-29　加入调整剂对运动黏度的影响

由图 1-29 可见，复合油相黏度可控制在 $30\sim90\text{mm}^2/\text{s}$ 范围内，根据乳化基质和 EH 铵油炸药制备工艺及使用要求，确定复合油相材料合适的组成、配比和黏度。

（2）复合油相材料的稳定性。复合油相合成材料是以高级脂肪烃为基础，加入极性多官能团高分子乳化剂、乳化助剂、黏度调整剂和稳定剂等配制而成的牛顿流体。复合油相材料离心分离 30min（10000r/min）不分层，自然贮存期超过三年，表明该复合油相材料具有良好的稳定性。

（3）复合油相材料对乳化基质乳化强度的影响。复合油相材料中采用了自主研制合成的极性多官能团新型高分子乳化剂，该乳化剂分子结构中引入了亲水、亲油基团相匹配的官能团种类和数量，降低了乳化所需剪切强度，初乳转速可降至 500r/min，初乳线速度最低可降至 5.52m/s，实现了炸药生产的本质安全。

1.5.1.3　复合油相材料对乳化基质的影响

A　乳化基质微观结构检测

在乳化基质中，随着无机氧化剂盐水溶液（分散相）液滴的微细化，其表面积急剧增大，界面自由能也必然增加，从而影响氧化剂盐（硝酸铵等）的析晶-溶解平衡，阻止结晶的形成。因为当粒子变小时，表面积对粒子体积比，即界面能对结晶核内能的比增大，溶解状态稳定。因此，增大界面膜的强度，降低氧化剂水溶液析晶点，有利于粒子分散，并能防止粒子积聚的技术，均能对乳化基质的粒子大小与分布产生有益的影响，使乳化基质的粒子细小、均匀和稳定，提高 EH 铵油炸药的爆性指标和理化指标。

EH 铵油炸药作为一类多元分散体系，乳胶粒子的大小及分布是表征乳化基质结构的特征数据，它与 EH 铵油炸药的爆轰性能及贮存稳定性有密切关系，是 EH 铵油炸药的爆轰性能及贮存稳定性的重要标志之一，因此对乳胶粒子大小及分布的测定具有重要的基础理论研究意义。乳胶粒子大小及分布状态如图 1-30~图 1-33 所示，乳化基质微观结构分析概率统计见表 1-9。

图 1-30　乳化基质微观结构

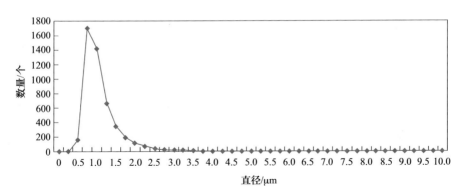

图 1-31　乳化基质粒径分布曲线

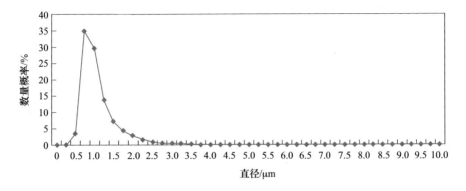

图 1-32　乳化基质粒径概率分布曲线

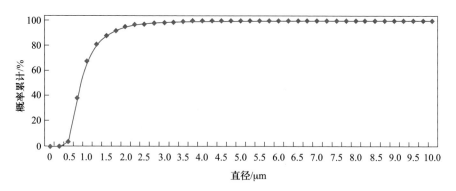

图 1-33　乳化基质粒径概率累计曲线

表 1-9　乳化基质微观结构分析概率统计

序号	直径/μm	数量/个	数量概率/%	概率累计/%
1	0	0	0.000	0.000
2	0.25	0	0.000	0.000
3	0.5	160	3.299	3.299
4	0.75	1688	34.804	38.103
5	1	1419	29.258	67.361
6	1.25	662	13.649	81.010
7	1.5	349	7.196	88.206
8	1.75	191	3.938	92.144
9	2	119	2.454	94.598
10	2.25	80	1.649	96.247
11	2.5	43	0.887	97.134
12	2.75	25	0.515	97.649
13	3	24	0.495	98.144
14	3.25	21	0.433	98.577
15	3.5	12	0.247	98.825
16	3.75	9	0.186	99.010
17	4	12	0.247	99.258
18	4.25	4	0.082	99.340
19	4.5	2	0.041	99.381
20	4.75	1	0.021	99.402
21	5	3	0.062	99.464
22	5.25	2	0.041	99.505

续表 1-9

序号	直径/μm	数量/个	数量概率/%	概率累计/%
23	5	3	0.062	99.546
24	5.25	2	0.041	99.505
25	5.5	2	0.041	99.546
26	5.75	1	0.021	99.567
27	6	3	0.062	99.629
28	6.25	3	0.062	99.691
29	6.5	3	0.062	99.753
30	6.75	1	0.021	99.773
31	7	2	0.041	99.814
32	7.25	0	0.000	99.814
33	7.5	0	0.000	99.814
34	7.75	2	0.041	99.856
35	8	0	0.000	99.856
36	8.25	2	0.041	99.897
37	8.5	1	0.021	99.918
38	8.75	2	0.041	99.959
39	9	1	0.021	99.979
40	9.25	0	0.000	99.979
41	9.5	0	0.000	99.979
42	9.75	1	0.021	100.000
平均值	10	0	0.000	100.000

B　微观结构检测结果评价

从图 1-30 中可以看出，采用自主复合油相材料制备的乳化基质，其氧化剂饱和水溶液以极细微分散液滴，被复合油相材料形成的油膜所包裹，形成分散相，乳胶粒子呈圆形或均匀六边形。从表 1-9 和图 1-31～图 1-33 可以看出，乳化基质粒径峰值为 0.75μm、概率为 34.804%，乳化基质粒径平均值为 1.14μm，乳化基质粒径不大于 1μm、概率为 67.361%，乳化基质粒径不大于 2μm、概率为 94.598%，乳化基质粒径不大于 3μm、概率为 98.144%，乳化基质粒径大于 3μm、概率为 1.856%。乳胶粒子表征结果表明：采用新型高效复合油相材料加工乳化基质，乳胶粒径小，粒径分布均匀，氧化剂与还原剂接触充分，有利于炸药爆轰能量的有效释放。

1.5.1.4　乳化基质表观黏度

乳化基质是典型的非牛顿流体。非牛顿流体的流变特性曲线上特定点的黏度值称为该点的表观黏度。表观黏度是乳化基质重要的宏观性质之一，在生产中必须满足工艺设备要求。油相材料黏度和乳胶粒径大小是决定乳化基质表观黏度的主要因素，表观黏度与油相材料黏度成正比，随乳胶粒径变小而增大。试验结果表明，采用自主研制复合油相材料制备的乳化基质，其表观黏度为 20000 ~ 24000mPa·s（50r/min、60℃），具有良好的流动性。

A　乳化基质自然贮存试验

将自主研制复合油相材料制备的乳化基质试验样品装入 500mL 烧杯中，在自然条件下贮存，记录试验前后状态如图 1-34 所示。

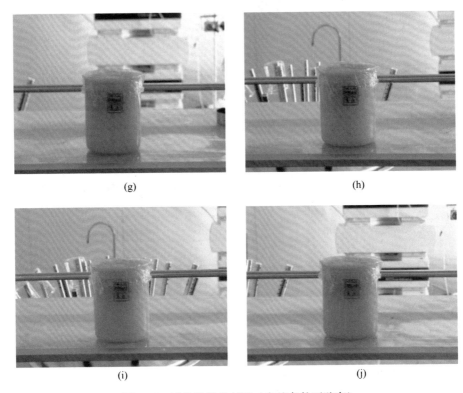

图 1-34 试验前后状态图（自然条件下贮存）

（a）自主乳化基质起始状态；（b）自主乳化基质自然贮存 1d；
（c）自主乳化基质自然贮存 7d；（d）自主乳化基质自然贮存 10d；
（e）自主乳化基质自然贮存 30d；（f）自主乳化基质自然贮存 60d；
（g）自主乳化基质自然贮存 180d；（h）自主乳化基质自然贮存 240d；
（i）自主乳化基质自然贮存 300d；（j）自主乳化基质自然贮存 360d

试验结果表明，采用自主研制复合油相材料制备乳化基质，自然贮存一年后依然保持半透明黏稠膏状体，无析晶、破乳现象，具有优良的自然贮存稳定性。

B 乳化基质离心试验

乳化基质在强力的离心力作用下，使分散相与连续相分层加速，经过一定时间的离心分离后，观察其发生析晶的过程，可以定性或半定量地评价乳化基质的稳定性。高质量的乳化基质在离心机上做（10000r/min）离心试验数小时后，均观察不出任何变化，无析晶、破乳现象，质量不好的乳化基质则大部分变白，有较多析晶、破乳。

离心试验取 6 个乳化基质试验样品，其中：将 1 号、4 号样保存，2 号、3 号、5 号、6 号样装入离心试验机进行离心试验，离心前后状态如图 1-35 所示。

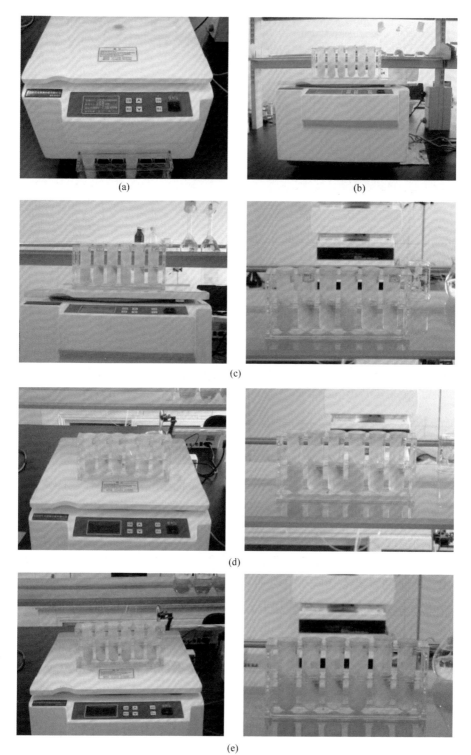

(a)

(b)

(c)

(d)

(e)

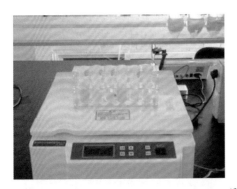

(f)

(g)

(h)

图 1-35　离心试验前后状态图

（a）高速离心机；（b）乳化基质离心前；（c）乳化基质离心 12h；

（d）乳化基质离心 24h；（e）乳化基质离心 36h；（f）乳化基质离心 48h；

（g）乳化基质离心 60h；（h）乳化基质离心 72h

试验结果表明，离心机转速 10000r/min、离心 36h 后，自主研制复合油相材料制备的乳化基质依然保持透明黏稠膏状体，无析晶、破乳现象，只有少量油相析出。将其取出后继续离心 36h，乳化基质经 72h 离心试验后，依然保持透明黏稠膏状体，无明显变化。该乳化基质具有优良的离心稳定性。

C　乳化基质振荡试验

通过试验评价乳化基质的运输抗颠簸稳定性能。将自主研制复合油相材料制备的乳化基质试验样装入 250mL 烧杯中，放入振荡器进行振荡试验，试验前后状态如图 1-36 所示。

(a)

(b)

(c)

(d)

(e)

图 1-36 乳化基质振荡试验前后状态图

（a）乳化基质振荡前；（b）乳化基质振荡 24h；（c）乳化基质振荡 48h；
（d）乳化基质振荡 72h；（e）乳化基质振荡后存放 4 个月

试验结果表明，采用自主研制复合油相材料制备的乳化基质进行振荡试验，在振幅 20mm、频率 200 次/分条件下，振荡 72h，存放 4 个月后依然保持透明黏稠膏状体，无析晶、破乳现象，具有优良振荡稳定性，能够满足长途运输抗颠簸要求。

D　乳化基质常压抗水试验

将 400g 自主研制复合油相材料制备的乳化基质试验样装入 250mL 烧杯中，再将烧杯放入 2000mL 烧杯中，加入 1500mL 水放置进行常压抗水试验，试验前后状态如图 1-37 所示。

试验结果表明，在试验条件下，采用自主研制复合油相材料制备的乳化基质进行常压抗水试验，抗水 96d 后，乳化基质内部依然都保持透明黏稠膏状体，无析晶、破乳现象，该乳化基质具有优良的抗水性能。

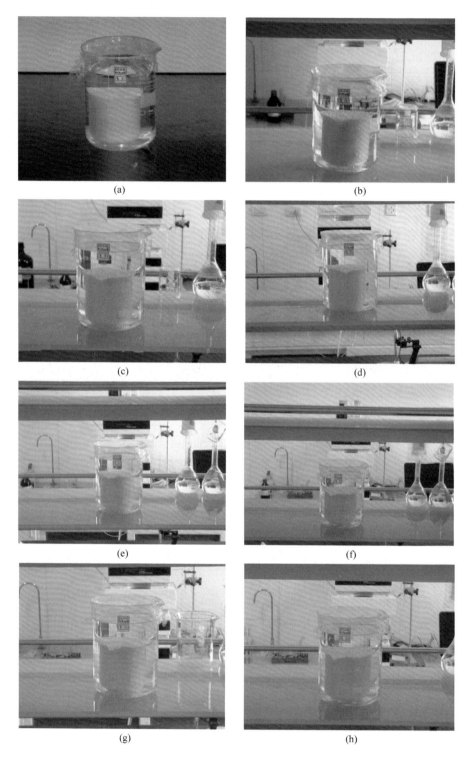

(a)

(b)

(c)

(d)

(e)

(f)

(g)

(h)

(i)   (j)

图 1-37　乳化基质常压抗水试验前后状态图

（a）自主乳化基质抗水起始状态；（b）自主乳化基质抗水 24h；（c）自主乳化基质抗水 48h；
（d）自主乳化基质抗水 5d；（e）自主乳化基质抗水 13d；（f）自主乳化基质抗水 17d；（g）自主乳化基质抗水 21d；（h）自主乳化基质抗水 35d；（i）自主乳化基质抗水 64d；（j）自主乳化基质抗水 96d

E　乳化基质高压抗水试验

a　高压抗水试验步骤

取大孤山地面站生产的乳化基质 2000g（乳化基质密度 1.32g/cm³、乳化基质硝酸铵含量 74.65%），放入 3000mL 烧杯中（烧杯质量 817.11g、口径 14.65cm、面积 168.6cm²），加水 1500mL，放入高压抗水试验器，加压 0.3MPa，试验步骤及状态如图 1-38 所示。

乳化基质抗水 24h 记录乳化基质状态，取水样 50mL，测硝酸铵含量 0.0008%。

乳化基质抗水 5d 记录乳化基质状态，取水样 50mL，测硝酸铵含量 0.001%。

乳化基质抗水 15d 记录乳化基质状态，取水样 50mL，测硝酸铵含量 0.002%。

乳化基质抗水 105d 记录乳化基质状态，取水样 50mL，测硝酸铵含量 0.003%。

b　高压抗水试验结果

乳化基质高压抗水试验结果见表 1-10 和图 1-39～图 1-41。

表 1-10　乳化基质高压抗水试验结果

抗水时间 /d	水中硝酸铵 /%	水中硝酸铵 /g	溶解损失率 /g·cm⁻²	溶浸深度 /mm	溶浸速度 /mm·h⁻¹
1	0.0008	0.0128	0.0000759	0.00077	0.000032
5	0.001	0.0159	0.0000943	0.00096	0.000008
15	0.002	0.0309	0.0001832	0.00186	0.000005
105	0.003	0.0459	0.0002722	0.00276	0.000001

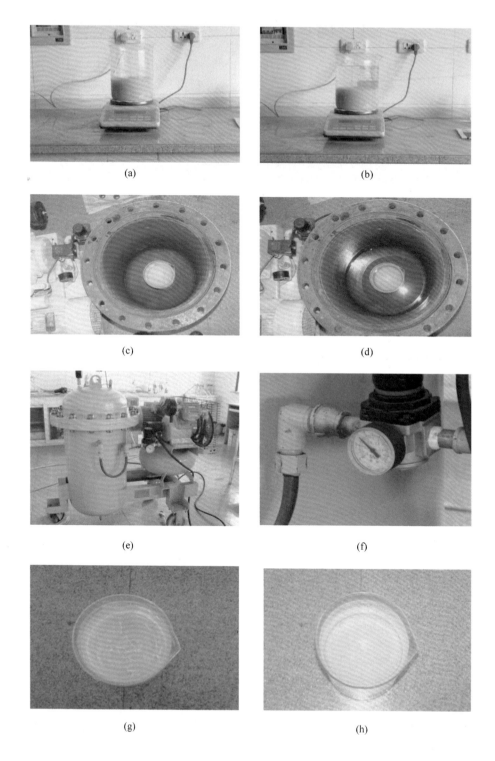

(a)

(b)

(c)

(d)

(e)

(f)

(g)

(h)

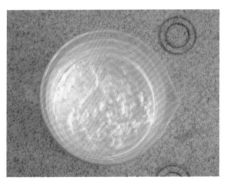

(i)   (j)

图 1-38　高压抗水试验步骤及状态

（a）称取乳化基质 2000g；（b）加水 1500mL；（c）放入高压抗水试验器；

（d）向烧杯外加水至烧杯口下；（e）密封高压抗水试验器；（f）加压至 0.3MPa；

（g）乳化基质抗水 24h；（h）乳化基质抗水 5d；

（i）乳化基质抗水 15d；（j）乳化基质抗水 105d

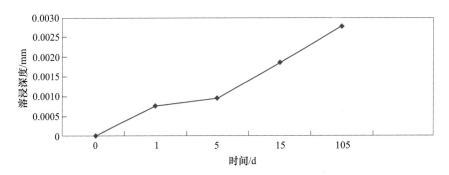

图 1-39　乳化基质高压抗水溶浸深度与抗水时间关系曲线图

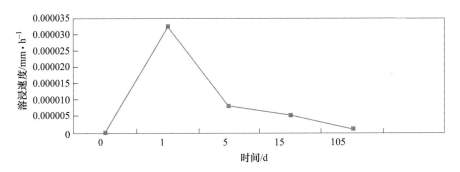

图 1-40　乳化基质高压抗水溶浸速度与抗水时间关系曲线图

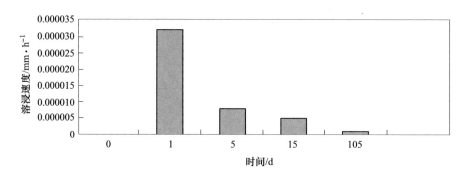

图 1-41 乳化基质高压抗水溶浸速度与抗水时间关系柱状图

c 乳化基质高压抗水试验评价

试验结果表明，在试验条件下，抗水 1d 水溶浸深度为 0.00077mm、溶浸速度 0.000032mm/h；抗水 105d 只是接触面变白、水溶浸深度仅为 0.00276mm、溶浸速度 0.000001mm/h，乳化基质内部无析晶、破乳现象，采用研制的新型高效复合油相制备的乳化基质具有优良的高压抗水性能。

F 乳化基质高低温循环试验

乳化基质是一种油包水型乳化液，是一种不稳定的热力学体系。环境温度的多次循环变化，必然给体系的物理状态带来影响，加速乳胶体破乳析晶，一般经受 10 次高低温循环，贮存期至少为半年。

称取自主研制复合油相材料加工乳化基质 400g 置于 250mL 烧杯中，放入 50℃恒温箱内保存 8h，然后再在-15℃的冰柜中存放 16h，作为一次温度循环变化，循环 20 次宏观状态及微观结构如图 1-42 和图 1-43 所示。

(a)

(b)

(c)

(d)

(e)

(f)

(g)

(h)

(i)

(j)

(k)

(l)

(m)

(n)

(o)

(p)

(q)

(r)

图 1-42　循环 1~20 次宏观状态结构图

（a）乳化基质高低循环 1 次；（b）乳化基质高低循环 2 次；（c）乳化基质高低循环 3 次；
（d）乳化基质高低循环 4 次；（e）乳化基质高低循环 5 次；（f）乳化基质高低循环 6 次；
（g）乳化基质高低循环 7 次；（h）乳化基质高低循环 8 次；（i）乳化基质高低循环 9 次；
（j）乳化基质高低循环 10 次；（k）乳化基质高低循环 11 次；（l）乳化基质高低循环 12 次；
（m）乳化基质高低循环 13 次；（n）乳化基质高低循环 15 次；（o）乳化基质高低循环 16 次；
（p）乳化基质高低循环 17 次；（q）乳化基质高低循环 18 次；（r）乳化基质高低循环 20 次

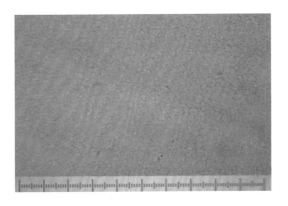

图 1-43　乳化基质高低循环 20 次微观状态

　　试验结果表明，经过 20 次高低温循环，采用自主研制复合油相材料制备的乳化基质，无析晶、破乳现象，内部表面依然无明显变化，稳定性好，贮存期超过一年。

1.5.1.5　乳化粒状铵油炸药复合油相材料对乳化铵油炸药的影响

　　EH 铵油炸药试验期间对 12 批次 EH 铵油炸药进行了密度检测，结果见表 1-11。

　　检测结果表明，采用自主复合油相材料生产的 EH 铵油炸药密度在 1.10~1.20g/cm³ 之间。

表 1-11　EH 铵油炸药密度

日期	6 月 30 日	7 月 27 日	9 月 16 日	10 月 8 日	10 月 10 日	10 月 13 日
密度/g·cm⁻³	1.10	1.11	1.11	1.11	1.11	1.12
日期	10 月 20 日	10 月 28 日	11 月 4 日	11 月 8 日	11 月 15 日	11 月 22 日
密度/g·cm⁻³	1.12	1.12	1.13	1.13	1.13	1.15

1.5.2　乳化粒状铵油炸药低温敏化速度优化

目前，国外技术先进国家普遍采用地面制乳装药车工艺生产乳化粒状铵油炸药。该技术除具备炸药现场混装车诸多优点外，兼具了乳化炸药和铵油炸药的特点，既保持了良好的抗水性能和高威力，又提高了炸药生产的安全性和稳定性，降低了爆破成本。该工艺技术生产乳化粒状铵油炸药采用化学敏化剂，要求乳化基质在 40~60℃敏化，密度保持在 1.10~1.20g/cm³。东北地区一年四季温差较大，进入冬季生产后，气温达到零下 20℃以下，乳化基质温度难以满足工艺要求，敏化发泡速度慢，生产乳化粒状铵油炸药密度过大，严重影响冬季乳化粒状铵油炸药爆破效果。为拓展地面制乳装药车工艺生产乳化粒状铵油炸药敏化温度要求范围，开展了"乳化粒状铵油炸药敏化速度优化研究"的课题。目的在于通过提高乳化粒状铵油炸药的低温敏化速度和可控性，研发出一种低温敏化乳化粒状铵油炸药，确保冬季生产的乳化粒状铵油炸药质量，使生产的乳化粒状铵油炸药在一年四季均处于均衡稳定状态，稳定乳化粒状铵油炸药爆炸性能指标，降低冬季炸药单耗，提高矿山冬季爆破质量和安全性。

敏化技术是乳化炸药、乳化粒状铵油炸药生产的重要环节及技术难点，炸药敏化的理论基础是热点学说。一般采用化学发泡敏化或物理敏化方式，调整炸药密度，改善其起爆感度。化学敏化具有价廉、用量少、敏化效果好、爆炸性能指标高等特点，在国内乳化炸药生产企业中得到广泛应用。物理敏化是在乳化基质中加入空心玻璃微球或膨胀珍珠岩颗粒，利用其空穴内的气体绝热压缩形成"灼热点"而实现敏化。

根据化学敏化反应机理，进行实验室合成新型低温敏化剂、低温敏化促进剂及敏化化学反应试验，优选出最佳敏化剂、促进剂配方。使其能够与制备的乳化基质相匹配，在低温乳化基质中也能产生大量微小气泡，分布均匀，气泡在乳化粒状铵油炸药中具有良好的稳定性，且不易集聚和逸出，提高冬季低温敏化速度。达到了调控乳化基质低温敏化速度的目的，使敏化速度一年四季均处于均衡稳定状态，研发出低温敏化乳化粒状铵油炸药。

1.5.2.1　新型敏化剂、敏化促进剂对乳化粒状铵油炸药密度的影响

对-20℃、0℃、20℃、40℃、60℃不同温度条件下制备乳化粒状铵油炸药的

敏化速度进行了优化研究及相关性能测试，低温敏化装置和制备加工的低温乳化基质如图 1-44 所示。

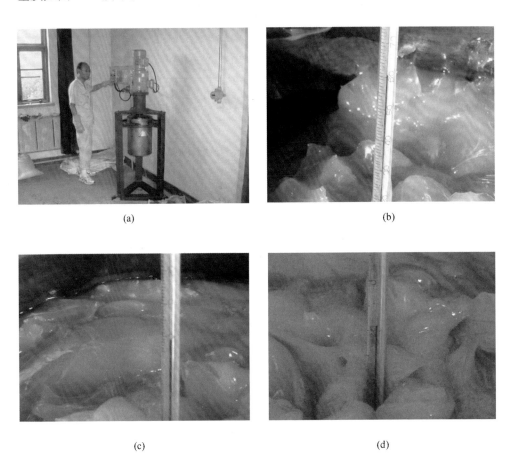

(a)

(b)

(c)

(d)

图 1-44　不同温度下敏化装置与制备加工

（a）乳化、敏化装置；（b）乳化基质；（c）低温乳化基质（0℃）；（d）低温乳化基质（-20℃）

为提高乳化粒状铵油炸药的使用性能，需通过在乳化基质中添加敏化剂来调整乳化粒状铵油炸药达到适宜的密度，使其具有较好的爆炸性能和贮存稳定性。在微观结构上要求乳化粒状铵油炸药单体体积中必须含有一定数量和体积的气泡。在其他工艺条件一定的前提下，采用研发的新型低温敏化液、低温敏化促进剂，使其散装乳化粒状铵油炸药的密度控制在 $1.10 \sim 1.20 \text{g/cm}^3$，具有较好的爆炸性能和贮存稳定性。本次试验考察了乳化炸药密度与乳化粒状铵油炸药密度的关系（见表 1-12）。不同敏化温度条件下，新型敏化剂用量对乳化粒状铵油炸药密度的影响见表 1-13。低温敏化促进剂对乳化粒状铵油炸药密度的影响见表 1-14。

表 1-12　乳化炸药密度与乳化粒状铵油炸药密度关系

多孔粒状硝酸铵（质量分数）/%	30			
乳化炸药（质量分数）/%	70			
乳化炸药密度/g·cm⁻³	1.30	1.20	1.10	1.00
乳化粒状铵油炸药密度/g·cm⁻³	1.36	1.28	1.20	1.11

表 1-13　敏化温度及敏化剂用量对乳化粒状铵油炸药密度的影响

敏化剂（质量分数）/‰		0.7	0.8	0.9	1.0	1.1	1.2	1.3	1.4
密度/g·cm⁻³	−20℃				1.33	1.26	1.21	1.17	1.13
	0℃			1.31	1.26	1.21	1.16	1.12	
	20℃		1.29	1.26	1.20	1.16	1.11		
	40℃	1.28	1.26	1.20	1.15	1.10			
	60℃	1.26	1.20	1.15	1.10				

表 1-14　敏化促进剂对乳化炸药密度的影响

敏化促进剂（质量分数）/‰	0							0.7		
敏化剂（质量分数）/‰	0.8	0.9	1.0	1.1	1.2	1.3	1.4	0.8	0.9	1.0
敏化温度	密度/g·cm⁻³									
−20℃			1.33	1.26	1.21	1.17	1.13	1.20	1.15	1.10
0℃		1.31	1.26	1.21	1.16	1.12		1.20	1.15	1.10
20℃	1.29	1.26	1.20	1.16	1.11			1.20	1.15	1.10
40℃	1.26	1.20	1.15	1.10				1.20	1.15	1.10
60℃	1.20	1.15	1.10					1.20	1.15	1.10

　　试验结果表明：当多孔粒状硝酸铵30%、乳化炸药70%、乳化炸药密度1.00~1.10g/cm³时，乳化粒状铵油炸药的密度为1.10~1.20g/cm³。在不加低温敏化促进剂时，敏化温度−20℃，新型敏化剂的适宜用量为1.2‰~1.4‰；敏化温度0℃，新型敏化剂的适宜用量为1.1‰~1.3‰；敏化温度20℃，新型敏化剂的用量应控制在1.0‰~1.2‰；敏化温度40℃，新型敏化剂的适宜用量为0.9‰~1.1‰；敏化温度60℃，新型敏化剂的适宜用量为0.8‰~1.0‰。加低温敏化促进剂0.7‰，新型敏化剂用量0.8‰~1.0‰，敏化温度−20~60℃，乳化粒状铵油炸药的密度均保持在1.10~1.20g/cm³，提高了低温敏化反应速度，不须过量加入敏化剂，不产生后续过敏化现象，稳定了乳化粒状铵油炸药质量。

　　1.5.2.2　不同敏化温度对乳化粒状铵油炸药爆速的影响

　　爆轰波在炸药药柱中传播的速度称为爆轰速度，简称为爆速，通常以米/秒表示。在乳化炸药体系中，可燃剂以近似分子大小的微粒与氧化剂接触，接触表面非常大，有利于C-J面上反应的进行。因此。对于不含单质炸药敏化剂的工业炸药而言，在无约束条件下，乳化炸药具有相当高的爆速。它们与粉粒状硝铵炸药（如铵梯炸药）相比是非常不同的。在进行这方面的研究时常以爆速的实测值与理论值之比表征C-J面上的反应率，反应率高说明反应进行得彻底完全。2号岩石炸药的反应率为85%，对乳化炸药来说是97%，此值是相当高的。其爆速接近于理论计算值。影响乳化炸药爆速的因素主要有如下几种：乳化剂质量、乳化基质粒度、炸药密度、敏化气泡大小等。乳化剂质量不仅体现在酸值、羟值、皂化值和碘价的大小，更重要的是与油相材料的匹配情况。一般地说，在炮孔约束条件下，不同工业炸药的爆速通常变化于3000~8500m/s之间。如此高的爆速，使炸药中的化学潜能迅速释放，炸药瞬间（一般为千分之几秒）转化为具有极大压力的灼热气体，温度可上升到4000℃以上，作用于炮孔壁的压力可高达数万兆帕。单位时间内产生的总能量，即使在小直径的炮孔内也能达到$2.5×10^4$MW，它超过了目前世界上大多数现有最大发电站的功率。而炮孔压力的大小与炸药的爆速直接相关，高爆速将产生高炮孔压力，对岩石的充分破碎起到保证作用；同时爆破工程要求炸药与矿岩的特性相匹配。炸药特性与被爆矿岩特性的良好匹配是获得满意爆破效果的重要条件之一。一般来说，对于软岩爆破宜选用一种低密度、低威力的乳化炸药；对于坚硬难爆的矿岩通常需选用高威力、高爆速的乳化炸药。低爆速的炸药宜用于软岩爆破和光面爆破，高爆速炸药宜作硬岩爆破之用。在有裂隙的砂岩、花岗岩和顶板岩石的爆破中，高爆速的炸药一般产生比较好的破碎效果，因为在能量通过裂缝损失之前，高的爆轰压早已开始了岩石的破碎过程。在页岩、软砂岩和某些石灰岩的爆破中，低爆速炸药常常给出较满意的效果。对于硬度系数$f=8~10$的中等硬度以上矿岩品种，通常希望炸药的爆速达到4500m/s以上，尤其是节理、裂隙发育地带，如果炸药爆速偏低，将产生过多的大块及根底。

鞍钢矿业公司绝大多数矿岩品种，需要高威力、高爆速的炸药。研发的低温敏化乳化粒状铵油炸药，不论是低温（低于40℃）、还是高温（40~60℃）条件下敏化，制备的乳化粒状铵油炸药敏化速度快、孔内爆速高。在气温-20℃条件下进行敏化试验，乳化基质敏化温度为32℃时，新低温敏化乳化粒状铵油炸药敏化15min，密度为1.15g/cm³，达到预期敏化速度，孔内爆速5772.5m/s，如图1-45所示。原乳化粒状铵油炸药，在敏化剂量增加0.002%，敏化15min，密度为1.28g/cm³，敏化速度慢、密度高，孔内爆速5418.7m/s，如图1-46所示。

在乳化基质敏化温度38℃时，新低温敏化乳化粒状铵油炸药敏化剂用量0.02%、敏化20min，炸药密度1.13g/cm³，敏化速度快，孔内爆速5635.6m/s，如图1-47所示。原乳化粒状铵油炸药敏化剂用量增加0.002%，敏化20min，炸药密度 1.23g/cm³，敏化速度慢，孔内爆速 5758.7m/s，如图 1-48 所示。

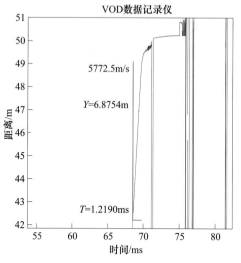

图 1-45　新药孔内爆速曲线

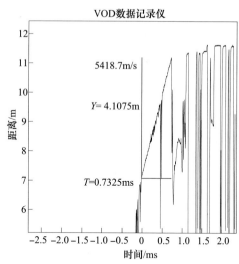

图 1-46　原药孔内爆速曲线

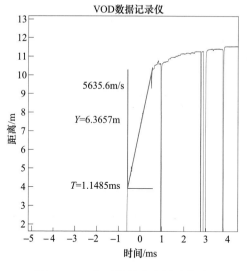

图 1-47　38℃时新药孔内爆速曲线

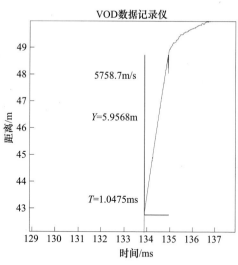

图 1-48　38℃时原药孔内爆速曲线

　　在敏化温度43℃时，新低温敏化乳化粒状铵油炸药敏化剂用量 0.02%、敏化 20min，炸药密度 1.11g/cm³，敏化速度快，孔内爆速 5817.6m/s，如图 1-49 所示。原乳化粒状铵油炸药敏化剂用量增加 0.002%，敏化 20min，炸药密度 1.16g/cm³，敏化速度比敏化温度低于 40℃时加快，孔内爆速 5887.8m/s，如图 1-50 所示。

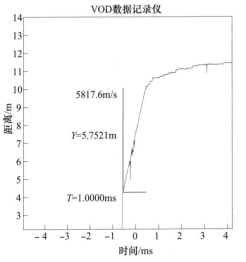

图 1-49　43℃时新药孔内爆速曲线

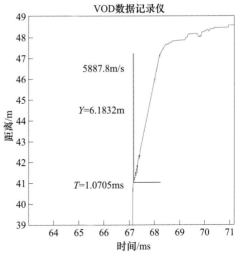

图 1-50　43℃时原药孔内爆速曲线

在敏化温度 47℃时，新低温敏化乳化粒状铵油炸药敏化剂用量 0.02%、敏化 30min，炸药密度 1.11g/cm³，敏化速度快，孔内爆速 5750.4m/s，如图 1-51 所示。原乳化粒状铵油炸药敏化剂用量增加 0.002%，敏化 30min，炸药密度 1.05g/cm³，炸药密度过低，敏化速度比敏化温度低于 43℃时明显加快，孔内爆速 5737.1m/s，如图 1-52 所示。

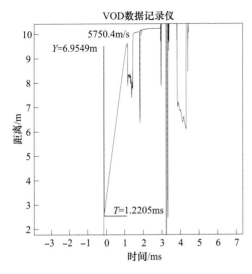

图 1-51　47℃时新药孔内爆速曲线

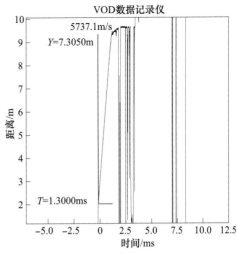

图 1-52　47℃时原药孔内爆速曲线

在敏化温度 48℃ 条件下试验，低温敏化乳化粒状铵油炸药与原乳化粒状铵油炸药敏化速度相同，炸药密度均为 1.11g/cm³，低温敏化乳化粒状铵油炸药孔内爆速 5769.2m/s，如图 1-53 所示，原乳化粒状铵油炸药孔内爆速 5748.6m/s，如图 1-54 所示。

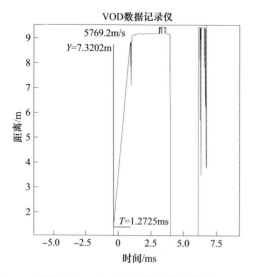

图 1-53　48℃时新药孔内爆速曲线　　　　图 1-54　48℃时原药孔内爆速曲线

试验结果表明：研发的新型低温敏化乳化粒状铵油炸药，解决了原乳化粒状铵油炸药冬季敏化速度慢、乳化粒状铵油炸药密度高的行业技术难题。在气温 -20℃ 以下，乳化基质敏化温度低于 40℃ 时，密度为 1.15g/cm³，孔内爆速达到 5772.5m/s。在乳化基质敏化温度高于 40℃ 时，不发生过敏化现象，提高了冬季生产的乳化粒状铵油炸药质量，稳定了炸药性能，满足了矿山冬季爆破需求。

1.5.2.3　不同敏化温度对乳化粒状铵油炸药威力的影响

炸药的威力是爆炸强度、爆破作用或做功能力的一个量度，表征炸药爆炸所产生的冲击波和爆轰气体产物作用于介质，对介质产生压缩、破碎和抛掷的做功能力。炸药威力的大小取决于爆热的大小、爆炸生成气体的体积和做功效率。对于同一配方、同一生产工艺的炸药而言，其做功能力的差别主要体现在做功效率方面，爆轰压力和爆轰气体产物对介质做功效率。通过测量沙坑漏斗体积评价乳化粒状铵油炸药威力，图 1-55 为测量沙坑漏斗；表 1-15 为不同敏化温度乳化粒状铵油炸药沙坑漏斗体积。表 1-16 为 2 号岩石炸药沙坑漏斗体积。

图 1-55　沙坑漏斗测量

表 1-15　不同敏化温度对乳化粒状铵油炸药沙坑漏斗体积　　（m³）

敏化温度	1	2	3	4	平均值
−20℃	3.21	3.39	3.32	3.28	3.30
0℃	3.25	3.37	3.44	3.31	3.34
20℃	3.40	3.29	3.31	3.24	3.31
40℃	3.30	3.38	3.29	3.43	3.35
60℃	3.33	3.43	3.34	3.40	3.37

表 1-16　2 号岩石炸药沙坑漏斗体积

编　号	1	2	3	4	平均值
沙坑漏斗体积/m³	3.32	3.54	3.47	3.42	3.44

从表 1-15 和表 1-16 中可以看出，不同敏化温度生产的乳化粒状铵油炸药威力与 2 号岩石炸药相比，相对质量威力比为 0.96~0.98。

1.5.2.4　不同敏化温度对乳化粒状铵油炸药抗水性能的影响

乳化粒状铵油炸药作为一种抗水炸药，其抗水性能的好坏关键取决于乳化基质的质量。乳化效果好，乳化膜的强度高，则有利于保护炸药中的硝酸铵不被外界的水溶解和析出，抗水时间的长短代表抗水性能的强弱。

本次试验对制备的乳化粒状铵油炸药进行高压抗水试验，在高压抗水试验器中放入一定量的乳化粒状铵油炸药，再加入一定的水，加压使其经受相当于 3MPa 压力，模拟采场水孔装药条件，在此条件下浸泡一定时间，通过水溶浸状态评价乳化粒状铵油炸药的抗水性能，如图 1-56 所示。

试验结果表明：低温敏化乳化粒状铵油炸药具有优良的抗水性。高压抗水 15d，只有低温敏化乳化粒状铵油炸药表面与水接触部分变白，内部基本无变化，抗水性能完全能够满足采场爆破需求。

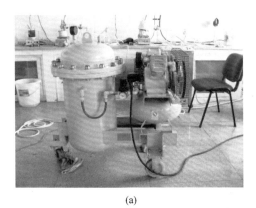

（a）
（b）

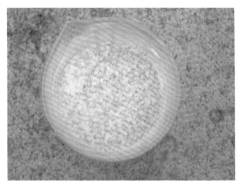

（c）

图 1-56　EH 铵油炸药高压抗水试验
（a）高压抗水试验器；（b）高压抗水起始状态；（c）高压抗水 15d

　　然后，又对不同敏化温度制备加工的乳化粒状铵油炸药进行抗水 48h 后检测爆速，测试结果见表 1-17。

表 1-17　不同敏化温度制备乳化粒状铵油炸药抗水爆速测试结果　（m/s）

敏化温度	1	2	3	平均值
-20℃	4483	4503	4562	4516
0℃	4483	4541	4622	4549
20℃	4541	4562	4403	4535
40℃	4562	4522	4602	4562
60℃	4602	4562	4602	4589

　　从表 1-17 可以看出，不同敏化温度制备加工的乳化粒状铵油炸药进行抗水 48h 后检测爆速，爆速平均值为 4516～4589m/s，爆速基本没有衰减，抗水性能完全能够满足采场爆破需求。

1.5.2.5　不同敏化温度对乳化粒状铵油炸药传爆长度的影响

传爆长度试验是检验乳化粒状铵油炸药在一定长度药柱中爆轰波能否稳定传播的一种方法，试验方法是将乳化粒状铵油炸药装入一定（4m）长度的传爆管中，观测其药柱能否完全爆轰。图1-57为测试乳化粒状铵油炸药的传爆。

图1-57　乳化炸药传爆测试

试验结果表明，在不同敏化温度−20℃、0℃、20℃、40℃、60℃生产加工的乳化粒状铵油炸药，在4m长传爆管中均完全爆轰。

1.5.2.6　不同敏化温度对乳化粒状铵油炸药雷管感度的影响

一定规格的炸药药卷能否被雷管引爆称为雷管感度。雷管感度是测量炸药冲击波感度的一种方法，散装露天乳化粒状铵油炸药通常要求其不具备雷管感度。雷管感度检测如图1-58和图1-59所示。

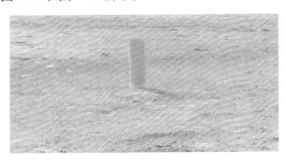

图1-58　乳化粒状铵油炸药雷管引爆前

试验结果表明，在不同敏化温度−20℃、0℃、20℃、40℃、60℃生产加工的乳化粒状铵油炸药均无雷管感度。

1.5.2.7　不同敏化温度对气泡稳定性的影响

敏化气泡的稳定性即气泡"寿命"的长短。气泡本身是一种热力学不稳定体系，其本质是不稳定的，最终以破灭稳定。气泡的破灭过程主要是隔开气体

图 1-59　乳化粒状铵油炸药雷管引爆后

的液膜由厚变薄直至破裂的过程。因此，气泡的稳定性主要取决于液膜强度和气泡排斥液膜的快慢。乳化炸药具有良好的爆轰性能必须保持足够的敏化气泡。保持气泡的稳定性，一方面应抑制气泡的破灭；另一方面通过不断补充新的敏化气泡（对化学敏化方式）。表观黏度是衡量液膜强度的量度，表观黏度越大，包覆气泡的液膜强度越高，气泡也越稳定。对于乳化炸药而言，黏度与温度成反比，温度越高，黏度越低；温度越低，乳化炸药的黏度越高。因此，在保证能够实现敏化的前提下，适当降低敏化工艺的温度可以有效地提高气泡的稳定性。

1.5.2.8　低温敏化促进剂对乳化基质表观黏度的影响

乳化基质是典型的非牛顿流体，非牛顿流体的流变特性曲线上特定点的黏度值称为该点的表观黏度，表观黏度是乳化基质重要的宏观性质之一，在生产中必须满足设备工艺要求。采用 RVT230 型旋转黏度计，在转速 50r/min 条件下检测引入低温敏化促进剂制备的乳化基质（温度 60℃）表观黏度。

试验结果表明，引入低温敏化促进剂制备的乳化基质表观黏度仍然保持在 20000~24000mPa·s(50r/min，60℃)，具有良好的流动性。

1.5.2.9　低温敏化促进剂对乳化基质自然贮存期的影响

自然贮存试验能够真实客观地验证乳化基质的保质期，观察记录乳化基质状态，直至开始破乳析晶，所需时间即为自然贮存期，以时间长短评价乳化基质质量。引入低温敏化促进剂制备的乳化基质自然贮存达到 6 个月以上，依然保持半透明黏稠膏状体，无析晶、变白现象，具有优良自然贮存稳定性，如图 1-60 所示。

1.5.2.10　乳化粒状铵油炸药敏化速度分析

低温敏化乳化粒状铵油炸药与原乳化粒状铵油炸药，在不同温度条件下敏化与炸药密度关系见表 1-18 和图 1-61。

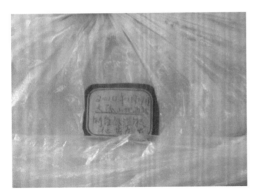 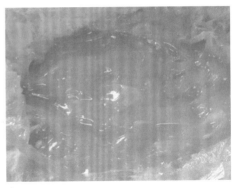

图 1-60 乳化基质贮存 6 个月外观状态

表 1-18 敏化温度与炸药密度

乳化粒状铵油炸药敏化温度/℃	32	38	43	47	48
新低温敏化乳化粒状铵油炸药敏化剂用量/%	0.02	0.02	0.02	0.02	0.02
新低温敏化乳化粒状铵油炸药密度/g·cm⁻³	1.14	1.13	1.11	1.11	1.11
原乳化粒状铵油炸药敏化剂用量/%	0.022	0.022	0.022	0.022	0.02
原乳化粒状铵油炸药密度/g·cm⁻³	1.28	1.23	1.16	1.05	1.11

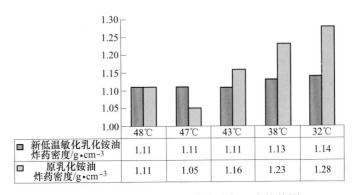

图 1-61 乳化粒状铵油炸药密度与温度柱状图

由表 1-18 和图 1-61 可以看出：在试验条件下，原乳化粒状铵油炸药敏化速度、炸药密度受敏化温度变化影响极其严重，当敏化温度由 48℃降至 32℃，炸药密度由 1.05g/cm³ 增至 1.28g/cm³，既增加了炸药单耗，又严重影响爆破效果。新低温敏化乳化粒状铵油炸药很好地解决原乳化粒状铵油炸药存在的技术难题，在试验敏化温度条件下，不改变敏化剂用量，新型低温敏化乳化粒状铵油炸药密度稳定保持在 1.10~1.20g/cm³，提高了低温敏化速度，降低了炸药单耗，稳定了乳化粒状铵油炸药质量，极大地改善了冬季爆破效果。

1.5.2.11 乳化粒状铵油炸药敏化速度优化研究小结

通过对乳化粒状铵油炸药低温敏化速度优化研究，研发出低温敏化乳化粒状铵油炸药，经模拟地面制乳现场混装工艺制备乳化粒状铵油炸药低温敏化试验及爆性指标和理化指标检测得出如下结论：

（1）根据化学敏化反应机理，实验室合成新型低温敏化促进剂、低温敏化剂及敏化化学反应试验，研发出新型低温敏化促进剂和低温敏化剂，提高了乳化基质低温敏化速度，攻克了乳化粒状铵油炸药低温敏化技术难题。

（2）新型低温敏化促进剂和低温敏化剂，在低温乳化基质中也能快速产生大量微小气泡，分布均匀，气泡在乳化粒状铵油炸药中具有良好的稳定性，且不易集聚和逸出，实现了关键技术创新。

（3）低温敏化乳化粒状铵油炸药，使敏化温度要求范围 $40 \sim 60℃$、密度 $1.10 \sim 1.20 \mathrm{g/cm^3}$，拓展到敏化温度 $-20 \sim 60℃$、炸药密度仍然保持在 $1.10 \sim 1.20 \mathrm{g/cm^3}$。不须过量加入敏化剂，不产生后续过敏化现象，乳化粒状铵油炸药质量稳定。

（4）低温敏化乳化粒状铵油炸药，在气温 $-20℃$ 以下，乳化基质敏化温度低于 $40℃$ 时，密度为 $1.15 \mathrm{g/cm^3}$，孔内爆速达到 $5772.5 \mathrm{m/s}$，提高了冬季生产的乳化粒状铵油炸药质量，一年四季敏化速度均处于均衡稳定状态，满足了矿山冬季爆破需求。

（5）低温敏化乳化粒状铵油炸药，乳化基质表观黏度为 $20000 \sim 24000 \mathrm{mPa \cdot s}$（$50 \mathrm{r/min}$，$60℃$）。乳化基质自然贮存 6 个月，依然保持半透明黏稠膏状体，无析晶、变白现象，具有优良自然贮存稳定性。低温敏化乳化粒状铵油炸药具有优良的抗水性。高压抗水 15d，只有低温敏化乳化粒状铵油炸药表面与水接触部分变白，内部基本无变化，抗水性能完全能够满足采场爆破需求。各项理化指标均达到或优于国家标准。

参 考 文 献

［1］汪旭光. 乳化炸药［M］. 2 版. 北京：冶金工业出版社，2008.
［2］冯有景. 现场混装炸药车［M］. 北京：冶金工业出版社，2014.
［3］葛韬武. 我国工业炸药的发展与现状［J］. 爆破器材，1998（3）：12-16.

2 基于采选总成本的爆破技术优化

2.1 国内外研究现状

我国矿业形势严峻，爆破开采是进行采选总成本控制的首要环节。根据中国联合钢铁网的数据（见图 2-1），我国铁矿综合矿粉价格从 2011 年的 1200 元/吨直降至 2016 年年初的 330 元/吨，尽管在 2016 年中期矿粉价格有所回升，但我国大部分铁矿企业的采选总成本约为 500 元/吨，因此国内大部分铁矿企业正面临着亏损采选的境地。为此，我国铁矿采选企业亟须通过"供给侧改革"，大力开展科技创新，提升采选生产效率，降低成本，扭亏为盈。

图 2-1 不同年份的综合矿粉价格

爆破开采是采选成本控制的首要环节，穿孔爆破的成本较低，仅占整个采选总成本的 1/15 ~ 1/10；但是，爆破效果的好坏将直接影响到铲装、运输、破碎及碾磨等工序的生产效率及能耗。因此，爆破阶段通过改变爆破参数，增大岩体的损伤破碎程度，将有助于提升后续工序的生产效率。

2.1.1 采选联合优化的国内外研究进展

大约在 20 世纪 90 年代初，国外率先提出了基于采选总成本的联合优化理念，并将该理念称之为 Mine to Mill（M2M），即从采矿到磨矿。澳大利亚冶金矿业协会（AusIMM）、澳大利亚优化资源开采合作研究中心（CRC ORE）、昆士兰大学可持续资源研究所的 JKMRC 中心，是 M2M 的主要倡导者[1]。

　　一般而言，从矿石到最终可销售的产品，需要经历钻孔、爆破、铲装、运输、破碎、碾磨、提纯等多个阶段。其中，钻孔及爆破是上述生产链条中的重要环节，爆破后的破裂块度、爆堆形态、松散度、碎块内的损伤程度等将直接影响下游各工序的生产效率。因此，开展采选联合优化，关键是根据采场的地层环境、岩石性质、构造发育情况、炸药性能等因素，通过调整、优化爆破参数及装药结构，使采选的总成本降至最低。

2.1.1.1　采选联合优化的内涵及发展历程

　　早在 1998 年由 AusIMM 组织的 M2M 会议上，Scott 等人[2]便提出了采选联合优化的思想，并指出统筹设计时需要关注如下几点：矿体特征、经济优化、矿石到产品的全链条跟踪、矿石特征对开采效率及破磨效率的影响、现场实验的重要性及必要性。随后，Scott 等人[2]对 M2M 进行了较为全面的阐述，并指出 M2M 涉及从采场矿石破碎过程到最终选矿提纯过程的全链条优化。

　　Adel 等人[3]提出了类似的概念，认为 M2M 是一个对采矿到磨矿进行整体优化设计的方法，它的目的是用最小的能量消耗实现矿物破碎粉化的全过程。McCaffery 等人则指出[1,4]，M2M 是一项需要长期坚持的日常工作，需要对采矿工序及破磨工序进行长期记录，进而掌握矿体性质及采矿参数对破磨产量、生产效率及成本消耗的影响规律。

　　国内关于采选联合优化的研究主要偏向于地下采矿，并将其称之为地下采选一体化。地下采选一体化，即通过将采矿过程及选矿过程全部集中于地下，实现矿石的单一提升和废石在井下的内部转化，从而达到开采成本与能耗的"双降"。邵安林[5]对地下采选一体化系统的概念、构成、适用条件、应用案例及未来发展趋势等进行了详细论述，孙豁然等人[6]则根据本溪某深部铁矿提出了具体的地下采选一体化实施方案，苑占永等人[7]则对地下采选一体化实施过程中采充平衡的临界品位进行了深入研究。综上所述，地下采矿中的采选一体化设计，更偏向于空间位置的一体化，通过在地下设置选矿系统，实现了矿岩混合体的随采、随选、随填，从而提升了采选效率，节省了采选成本。然而，国内关于露天矿采选联合优化的研究较少，仅有部分学者考虑了爆破对后续机械破磨效率的影响，并提出了"以爆代破""以破代磨"等理念，并在一些矿山开展了少量的试验性研究。

　　总体而言，采选联合优化的发展可以分为三个阶段[1]。第一阶段（1990~2000 年）着重采用计算机模拟的方法研究 M2M 在减少能耗及降低综合成本方面的潜力。第二阶段（2000~2010 年）以不同类型矿区大量的应用案例为特点，模拟方面则将采矿爆破中的块度模型纳入了 M2M。第三阶段（2010 年至今）借助信息技术及物联网技术，重点关注现场海量地质数据及选矿数据的利用，将所获得的大量数据纳入分析模型中不断反馈迭代，对 M2M 的方案进行动态调整，从而指导生产计划。

2.1.1.2 采选联合优化中的关键技术

M2M 的主要理念是将采矿与选矿进行综合考虑，达到总成本最优。为了更好地实现这一目的，需要借助一系列的技术及手段。其中，计算机模拟分析技术在爆破的优化设计、爆破效果的评价、破磨过程的控制及矿岩块度的实时监控等方面发挥着重要的作用，是采选联合优化中的关键技术。

A 爆破优化设计软件

爆破优化设计软件是进行爆破设计及爆破方案预演的有效手段；爆破工程师可以借助此类软件进行复杂地形下的炮孔设计及起爆网络设计，预先查看各炮孔的负担面积及起爆网络的合理性；国外的部分软件通过与数码雷管的联合，可直接实现数字起爆；部分优化设计软件更兼有爆破震害分析及爆破效果的简易预测功能。现就国内外比较典型的几款爆破优化设计软件进行简要介绍。

SHOTPlus 是由澳大利亚的澳瑞凯（Orica）公司研发的适用于矿山日常生产设计的爆破优化设计软件，该软件目前已经发展到了第 5 代（SHOTPlus 5）。SHOTPlus 5 实现了爆破的全三维设计，用户可根据需要设置三维爆破区域，指定炮孔尺寸及位置，选择炸药类型及装药方式，设计起爆网络及延时分配，通过与电子起爆系统 i-kon 的关联，实现数字起爆；此外，SHOTPlus 5 还提供了联网分析爆破振动的功能。SHOTPlus 5 的软件界面如图 2-2 所示。

JKSimBlast 是由昆士兰大学可持续资源研究所研发的一款用于矿山爆破开采设计及信息管理方面的通用软件。该软件适用于将爆破工程师日常的爆破作业标准化，并将爆破工程师的爆破经验定量化。该软件可为爆破工程师提供爆破辅助设计、起爆过程模拟及爆破效果的简易预测等功能。该软件包含了用于台阶爆破的 2DBench、用于地下爆破的 2DRing、用于隧道爆破的 2DFace、用于爆破分析的 2DView、用于时间分析的 TimeHEx 及用于爆破管理的 JKBMS 等多个模块。JKSimBlast 的软件界面如图 2-3 所示。

BLAST-CODE[10,11] 是由北京科技大学璩世杰教授团队研发的一款爆破设计软件，该软件的主要特点是可以综合考虑多种复杂因素对爆破效果的影响，并据此进行台阶爆破的计算机自动设计或人机交互设计。该软件可综合考虑的复杂因素包括爆区地形、台阶自由面条件、矿岩物理力学性质、地质结构构造特征、炸药爆炸性能等。优化设计完毕后，该软件可自动生成爆破指令书、炮孔布置图、爆破参数计算表等。

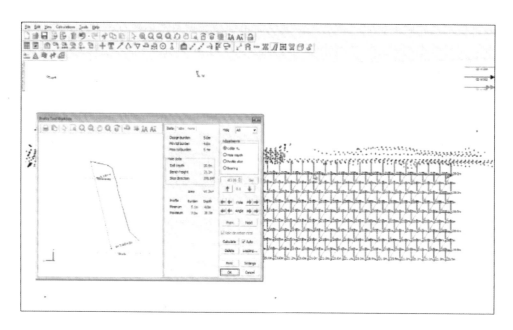

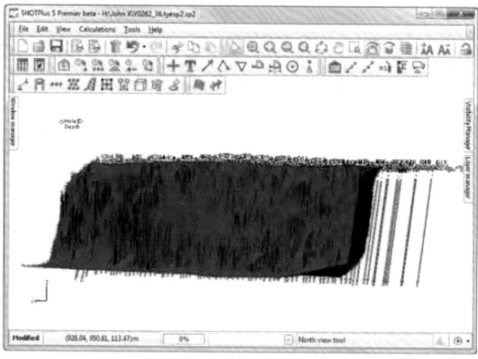

图 2-2　SHOTPlus 5 软件界面[8]

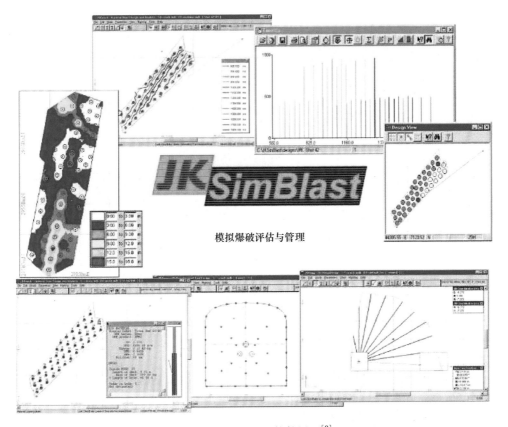

图 2-3   JKSimBlast 软件界面[9]

B   爆破效果分析预测技术

数值模拟是开展爆破效果分析的主要手段，国内外的专家学者对数值模拟技术在爆破工程中的应用开展了大量的研究，取得了丰硕的成果。其中，比较典型的可用于露天矿爆破分析的数值模拟方法及软件包括来自澳大利亚澳瑞凯公司的MBM 及 DMC 软件，来自美国 ITASCA 公司的 Blo_Up 软件，以及来自中国科学院力学研究所的 CDEM 软件。

MBM（Mechanistic Blasting Model）是有限元与块体离散元相结合的数值模拟软件，目前该软件仅能计算二维问题。该软件的主要功能包括爆破诱发岩体损伤、破裂、破碎过程的分析，爆破块度的分析，抛掷过程分析，以及爆堆形成过程的分析等[12,13]。该软件的第一版由 Minchinton、Lynch 在 ICI 公司研发[14]（Minchinton 等人，1997 年）。MBM 的典型计算结果如图 2-4 所示。

DMC（Distinct Motion Code）是基于颗粒离散元的露天矿爆破效果数值模拟软件，目前该软件可以计算二维及三维爆破问题[16,17]。DMC 的主要功能包括模

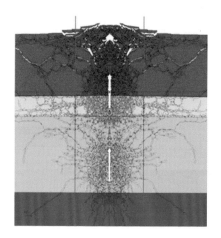

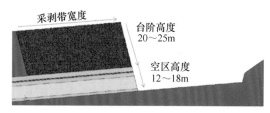

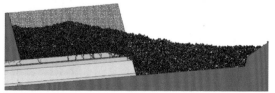

图 2-4　MBM 的计算结果[15]

拟抛掷、堆积过程，给出爆堆形状，预测矿岩分选爆破的效果等。该软件的早期版本来自美国 Sandia 实验室，由 Taylor 及 Preece 在 1989 年完成了二维代码的开发[18~20]；Preece 后来就职于 Orica，研发形成了三维 DMC 代码，并于 2015 年成功应用于抛掷爆破的模拟。DMC 的典型计算结果如图 2-5 所示。

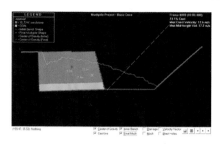

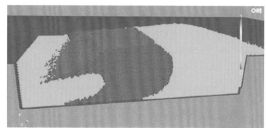

图 2-5　DMC 的计算结果[16,17]

Blo_Up（Blast Layout Optimization Using PFC3D）主要由 ITASCA 公司进行研发，是 HSBM（Hybrid Stress Blast Model）项目研究成果的集中体现。HSBM 是一个工程爆破全过程的数值模拟框架，可以对爆破破岩的全过程进行三维全尺度的模拟。它将理想/非理想爆轰模型与岩土力学模型相耦合，早期的力学模型采用颗粒流（PFC3D），后期采用格子模型（lattice model）[21,23]。HSBM 项目起始于 2001 年，项目成员包括 ITASCA 软件公司、昆士兰大学、帝国理工大学、剑桥大学等，项目的赞助商包括 De Beers、AEL、Codelco 及 Dyno Nobel 等。Blo_Up的软件界面及典型计算结果如图 2-6 所示。

CDEM（Continuum Discontinuum Element Method）是中国科学院力学研究所李世海研究团队自主研发的连续-非连续数值模拟软件[25~27]。该软件将连续介质

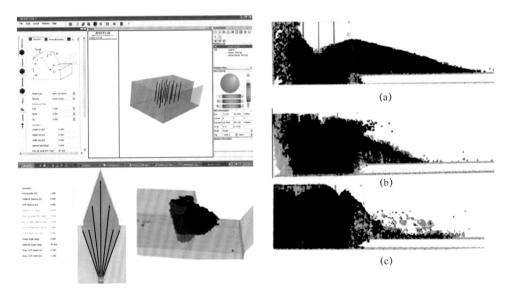

图 2-6 Blo_ Up 软件界面及典型计算结果[22,24]

((a)、(b)、(c)为不同单耗下爆破最终堆积效果图)

(a)1.2kg/m³;(b)0.72kg/m³;(c)0.44kg/m³

模型与非连续介质模型进行有机结合,通过朗道点火爆炸模型及 JWL 点火爆炸模型,实现了爆炸载荷的精确施加;通过块体边界及块体内部的断裂[28,29],实现了爆破载荷下岩体破裂破碎过程的精确模拟;通过半弹簧-接触边模型[30~32],实现了破碎块体间碰撞过程及堆积过程的快速计算;通过基于 CUDA 的 GPU 并行[33,34]及基于 OpenMP/MPI 的 CPU 并行,实现了爆炸破岩过程的高效模拟。目前,CDEM 软件已成功模拟了不同炸药单耗、孔网参数、起爆顺序下的爆破效果,给出了不同爆破参数下的矿岩块度分布情况及爆破振动情况[35]。CDEM 的典型计算结果如图 2-7 所示。

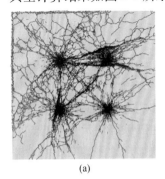 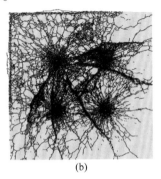 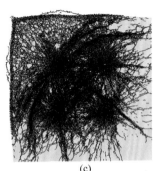

(a) (b) (c)

图 2-7 CDEM 的典型计算结果

(a) $d=10$cm;(b) $d=15$cm;(c) $d=25$cm

C 机械破磨过程的分析及控制技术

选矿过程中一般涉及矿岩的初破、中破、细破及碾磨等阶段，为了保证破磨过程的顺利进行，需要对各工序的设备投入量、各工序的衔接过程等进行优化设计，并需要在生产过程中根据块度及岩性对各类设备的工作状态进行动态调整。目前，较为经典的破磨过程分析控制软件是由昆士兰大学可持续资源研究所研发的 JKSimmet[36]。

JKSimmet 可以满足选矿厂和冶金工作者的各种需要，设计工程师们可以利用 JKSimmet 对选矿的各个过程进行准确模拟，以便对各类选矿厂的设计进行科学评价。该软件可以对圆锥破碎机、旋回破碎机、颚式破碎机、棒磨机、球磨机、自磨/半自磨、单层筛、DSM 筛、水力旋流器、耙式分级机、螺旋分级机、分矿器、矿浆泵池、矿堆、矿仓等单元模型进行有效的模拟。JKSimmet 的软件界面如图 2-8 所示。

MinOOCad[37] 由 Herbst 及 Pate 等人开发，主要用于破磨流程的设计及生产效率的预测。该软件的特点是根据实时监测数据动态调整各阶段的预测模型，并通过内置的过程控制系统实现在线决策。该软件的典型界面如图 2-9 所示。

D 矿岩块度监控分析技术

为了精确掌握不同阶段的矿岩块度分布情况，需要采用视频/照相技术及图像处理技术对爆堆表面的块度进行统计分析，并利用视频监控分析技术实时分析出铲装、破磨等不同工序下的矿岩块度。

Split-Desktop[38] 及 Split-Online[39] 是由 Split Engineering 公司开发的两套监控分析集成软件系统。Split-Desktop 主要用于爆破后爆堆表面块度的统计分析，软件可对爆堆图像进行自动校正，提取出岩块信息，并最终给出块度分布曲线。Split-Online 则偏重于实时监控，通过在破磨工序的关键点上布设相应的视频监控设备，实时捕获不同关键节点上的块度分布情况，从而提升对整个破磨流程的控制。Split-Desktop 的典型软件界面如图 2-10 所示。

E 降低采选总成本的关键因素

众所周知，在采矿工程中，爆破是实现矿岩破碎的第一步。澳大利亚每年用于岩石破碎的炸药量高达 1 百万吨，美国的炸药用量为 3 百万吨，上述炸药用量中的 85% 用于采矿工程。爆破作为岩石粉碎过程的第一步，在岩石破碎及碾磨的能量消耗中起着重要的作用。显而易见，提供给初破机的爆破碎块尺寸越小，则后续机械破磨的耗能就越小；单个碎块内的可见裂缝及微损伤越多，则后续破磨的能量消耗也会减小。

因此，Brent 等人[40,41] 提出了超高强度爆破（Ultra-high Intensity Blasting, UHIB）的概念，通过数倍于传统爆破的炸药单耗，达到获得较小块度及较大块

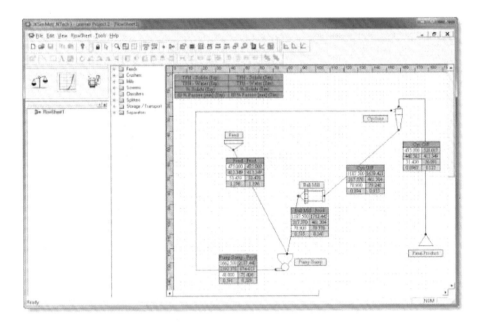

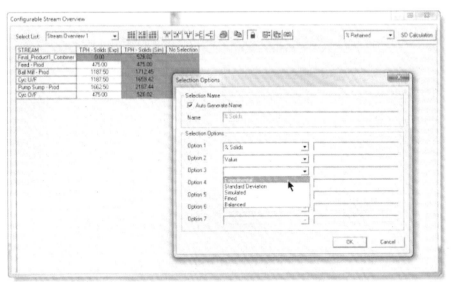

图 2-8 JKSimmet 的软件界面[36]

内损伤的效果。为了减小高单耗爆破时产生的振动及飞石，Brent 等人通过在爆区的特定位置设置一定深度的若干半截孔并先行起爆，造成具有一定厚度的破碎层，而后进行主孔网络的起爆，从而保证主孔爆破产生的能量被松散垫层均匀地吸收。Hawke 等人[42]提出了高单耗下提升爆破安全性的预条件法，通过将本次

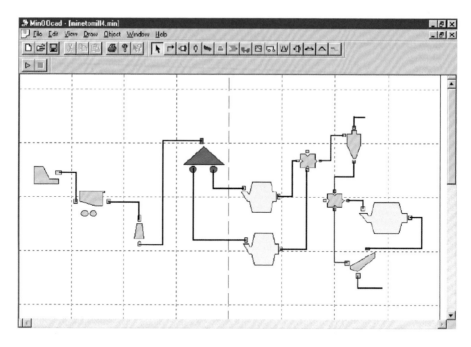

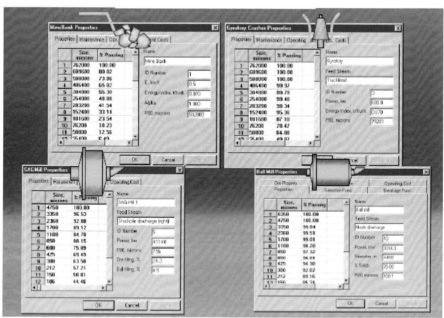

图 2-9　MinOOCad 的软件界面[37]

爆破的钻孔超深增大至填塞长度，为下一次的爆破提供预处理的破碎层。

澳大利亚矿业行业研究协会的 Ziemski[43] 指出，当爆破能量提升 4~5 倍，机

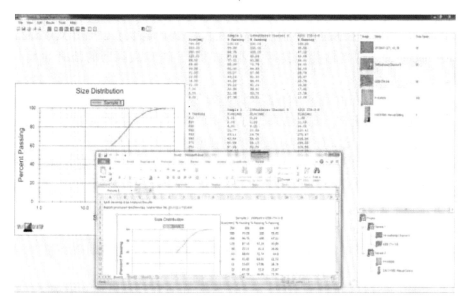

图 2-10 Split-Desktop 的软件界面[38]

械粉碎的能量将减少 25% 以上，整个选矿的成本将节省 20% 以上，粉碎设备的生产效率将提升 25% 以上。

Gaunt 等人[44]对老挝 Ban Houayxai 金银矿的采选联合优化开展了大量的研究。结果表明，大单耗及高台阶，将有助于减少爆破块度，提升碾磨效率；炸药

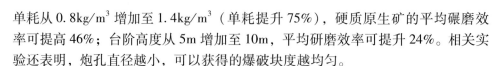

单耗从 0.8kg/m³ 增加至 1.4kg/m³（单耗提升 75%），硬质原生矿的平均碾磨效率可提高 46%；台阶高度从 5m 增加至 10m，平均研磨效率可提升 24%。相关实验还表明，炮孔直径越小，可以获得的爆破块度越均匀。

伊朗 Gol-e-Gohar 铁矿传统爆破开采时的间排距为 5m × 6m，Kerman 大学的 Hakami 等人[45] 采用 4m × 5m 的间排距进行了 9 次实验，发现当炸药单耗从 0.11kg/m³ 增加到 0.16kg/m³ 时（单耗提升约 45%），自动及半自动碾磨机的碾磨效率增加了 5%~30%，且能量消耗减小了 4%~21%。

Gold Fields 公司[46] 在秘鲁的 Cerro Corona 铜金矿采用美卓的工艺技术和创新方法（PTI），开展了爆破、破碎及碾磨的联合优化研究。结果表明，炸药单耗从 0.67kg/m³ 增加至 1.6kg/m³（单耗提升约 139%），特定矿石的破磨效率可提升 19.4%，所有矿石的平均效率可提升 5.7%。

矿业巨头英美资源集团（Anglo American）在巴西戈亚斯（Goiás）的磷酸盐矿开展了爆破-碾磨联合优化的研究[47]，利用软件及现场测量探讨了爆破参数对爆破块度的影响规律，并对矿山进行爆破分区；对于含有硅酸盐的硬质矿石，当钻孔间排距从 3.0m × 3.8m 减小到 2.0m × 2.6m 时，爆破块度分布中的 P80 指标可降低 40% 左右（从 459mm 降到 278mm）；对于没有硅酸盐的硬质矿石，当钻孔间排距从 3.0m × 3.8m 减小到 2.6m × 3.2m，P80 减少了 25%（从 270mm 降到 204mm）；此外，当钻孔间排距减小时，用于破碎及碾磨的能耗也将明显降低。

Asgari 等人[48] 在伊朗 Sungun 露天铜矿的 7 个台阶开展了炸药单耗与碾磨能量消耗的对应关系研究。研究结果表明，当炸药单耗增加 20%，每吨矿石爆破成本将会增加 0.04 美元，而每吨矿石碾磨的耗电量将减小 0.096 美元。

Lam 等人[49] 对巴布亚新几内亚的 Porgera 露天金矿进行了研究，炸药单耗从 0.24kg/t 增加至 0.38kg/t（单耗增加约 58%），半自动碾磨机（SAG）的产量从 673t/h 增加至 774t/h，产量提高了 15%。

澳大利亚的 Fimiston 金矿，炸药单耗从 0.58kg/t 增加至 0.96kg/t（单耗增加约 66%），乳化炸药的爆速从 4550m/s 增加至 6000m/s，半自动碾磨机（SAG）的产量从 1100t/h 增加至 1300t/h，产量提升了 18%[50]。

美国阿拉斯加的 Red Dog 铅锌矿[51]，通过提高炸药的单耗及爆速，SAG 产量提升了 5%~12%。其中，新方案 2 比当前方案 1 节省了 920 万美元/年（见表 2-1）。

国内关于 M2M 的工程实践较少，仅齐大山铁矿于 1992 年进行了"以爆代破"的初步尝试[52]，通过优化爆破设计，当炸药单耗增加 20%~30%，电铲装车时间缩短了 6.9%，粗破碎的小时处理量提高了 3.9%，中破碎的小时处理量提高了 3.9%。9 个月的实验过程中，采选系统的直接经济效益达 210 万元。

表2-1 Red Dog 矿新旧方案对比[51]

类型	当前方案	新方案1	新方案2
炸药	铵油炸（ANFO）	铵油炸（ANFO）	70/30 乳化炸药
单耗/kg·t^{-1}	0.29	0.40	0.45
SAG 产量/t·h^{-1}	125	132	140
产量提升/%	—	5.6	12.0

总体而言，增大炸药单耗可在很大程度上提高后续机械破磨的生产效率，并降低生产能耗；当炸药单耗提升1~3倍，破磨生产效率可提升20%以上，能量损耗可减少20%以上。

2.1.2 爆炸载荷下岩石损伤破碎机理及影响因素的研究进展

炸药爆炸作用于岩石的有效能量利用率及分布规律是影响岩石破碎的最根本问题。炸药在岩石介质中爆炸时，影响介质破碎及微观损伤的主要原因有几个方面：（1）介质因素，包括岩石的结构和物理力学性质，它直接影响着爆炸波的作用；（2）炸药因素，包括炸药密度、爆速、爆轰压力、爆炸压力、爆生气体体积等；（3）炸药与岩石的匹配关系，包括炸药波阻抗与岩石波阻抗的匹配状况、药包与岩石的耦合状况等。

影响爆破效果的数十个因素大体可以分为五大类，即孔网参数、炸药参数、装药参数、起爆参数和岩石参数。其中，孔网参数、装药参数和起爆参数的调整是目前爆破质量优化的主要针对目标。

2.1.2.1 爆破破碎的理论

在爆破破碎理论的研究方面，有必要深入开展节理岩石的破碎特征与能量输入之间的耦合关系，以及炸药爆炸能量传递与有效能耗的关系，根据矿岩本身特性来寻求最适合破碎它的炸药，建立矿岩破碎指标和矿石损伤变量与炸药能量输出结构之间的理论模型，并形成以有效能为基础的破岩理论。

爆炸时介质力学运动的分析缺乏强动载下岩石和岩体变形的详尽信息，特别是关于促使岩石破坏的高应力区域中的岩石状态方程（动压力-比热容特性）的冲击绝热特性，动应力-应变特性往往呈现出应变速率效应，此时岩石的变形和破坏与加载的时间因素有关，因此考虑岩石介质的动力黏性对于研究岩石中的爆炸作用是必要的，即研究强动载作用下的岩石动力本构模型。研究成果将进一步推动岩石爆破破碎理论的完善，提出针对具体岩石特性的以有效能耗为基础的破岩机理，并可在矿山领域进行普遍指导应用，具有重要的理论意义和应用前景。因此，对于爆破破碎中岩石有效能耗与炸药能量耦合作用规律研究是非常必要的。

传统爆破理论主要对爆破破岩理论概括为是爆炸应力波-爆生气体准静态压力-反射应力波共同作用的结果。认为岩石爆破破碎过程可分为四个阶段：第一阶段，炸药爆炸瞬间产生高温高压，在炮孔孔壁一定范围内形成岩石粉碎区；第二阶段，在粉碎区外，由径向压应力衍生出的环向拉应力形成的径向裂隙和应力波反射拉应力形成的环向裂隙构成的主要破碎区；第三阶段，爆生气体膨胀作用使岩石中的裂隙进一步发育和贯穿，并推动岩石移动；第四阶段，爆炸应力波衰减为地震波引起周围岩体弹性振动。这一破岩机理合理地解释了绝大部分宏观爆破破岩现象，为提高爆破质量的爆破技术的创新提供了理论支持。我国学者谢和平、杨军、戴俊、古德生、李夕兵等人的著作中都有对此观点的论述。

爆炸应力波与缺陷共同作用的爆破破岩机理研究。近些年，部分研究者提出爆炸应力波与缺陷共同作用的爆破破岩机理。这一机理阐述了爆炸应力波与缺陷相互作用的关系，并揭示了应力波传播引起介质中缺陷的激化，进而使介质产生破裂的重要内涵。

利用计算机模拟手段建立的理论模型来模拟爆破破岩过程，探求爆破作用对岩石内部破坏的影响规律，是更清晰地认识复杂节理岩石中的裂隙生成和扩展情况的方便手段。我国学者杨军、熊代余、金乾坤、王树仁等人在这方面取得了许多研究成果。

C. W. Livinston 通过分析不同岩石在不同埋深下的爆炸试验提出了爆破漏斗理论，该理论分析了炸药能量在岩石中的几种分配形式，提出了以炸药能量平衡为准则的爆破破碎漏斗理论，对炸药释放的能量大小和释放速度对岩石的爆破破碎效果进行了系统的分析。

古德生认为炸药爆炸能量释放表现为冲击能和膨胀能两种形式，研究表明冲击能会在爆炸瞬间产生较高的原生爆炸冲击应力波，它会对孔壁产生粉碎性冲击；而稍后由膨胀能引起的次生应力波会与原生应力波一起对岩石产生拉压破坏，由于次生应力波的峰值小于原生应力波产生的峰值，所以膨胀能的主要破碎作用是在静压和准静压力作用下，与应力波一起促成岩石裂隙的生成和扩展。

高文学对岩石的动态损伤特性进行了系统的试验研究，对岩石内部微裂纹扩展、损伤演化和岩石动态破碎的规律进行分析，通过引入声波衰减系数与损伤能量耗散率的关系，首次运用能量法建立了岩石动态损伤演化方程。

爆破破岩方面的研究取得很多成果，但矿山爆破优化中炸药与岩石如何合理匹配以及炸药能量输出与矿石破碎、粉碎直至磨矿的能耗关联性仍是未得到明确结论的科研难题。通过对岩石动态特性与炸药能量输出的匹配关系研究，建立岩石动态响应与炸药能量输出结构之间的理论模型，将有助于完善爆破破碎与损伤理论，推动矿山爆破技术进步和创新。

2.1.2.2　爆破破岩的分析模型

爆炸载荷下，爆炸应力波的反射拉伸作用及爆生气体的楔入膨胀作用是岩体发生破裂破碎的主要原因。爆炸诱发岩体出现损伤破裂的模型可以分为用于数值计算的力学模型及基于试验与统计规律的经验模型两大类。

在力学模型方面，比较经典的有 20 世纪 70~80 年代提出的以断裂力学为基础的 HARRIS 模型、BCM 模型、NAG-FRAG 模型、BMMC 模型等。其中，邹定祥提出的 BMMC 模型基于应力波理论及岩石的断裂能，可用于均质连续弹性台阶岩体爆破块度分布的预测。20 世纪 80 年代以后，更多学者开始从统计力学及损伤演化的角度分析爆炸载荷下岩体的破裂破碎问题。Grady 等人提出了考虑岩石中原生裂纹随机分布的 K-G 损伤模型，该模型认为在一定的外载荷作用下，岩石中被激活的裂纹数目与体应变有关且服从指数分布；Taylor 等人基于 Grady 等人的研究成果，提出了 TCK 爆破损伤模型，该模型进一步明确了损伤变量和裂纹密度、泊松比及体积模量等参数的关系。白以龙等人、夏蒙棻等人提出了一种固体介质中微损伤的统计演化理论描述，并系统论述了统计细观损伤力学和损伤演化诱致突变的理论。Yang 等人、Liu 等人、杨军等人和胡英国等人分别提出了可以同时考虑体积压缩和拉伸损伤的爆破损伤本构模型。Li 等人提出了考虑岩石内部应变强度服从概率分布的应变强度分布模型，冯春等人详细探讨了不同应变强度对爆炸载荷下岩体压碎区、破损区比半径及总破裂度的影响规律。

在经验模型方面，主要包括 KUZ-RAM 模型、SUBREX 模型及人工智能模型等。KUZ-RAM 模型基于 Kuznetsov 公式，假设爆破后的块度服从 R-R 分布，其分布参数（均匀性指数和特征块度）可由爆破参数计算确定。Faramarzi 等人提出了一种基于岩石工程系统的 16 参数爆破块度预测新模型，并通过 30 余次爆破实验证明了该模型的预测精度。Monjezi 等人基于模糊推理系统及人工神经网络，先后提出了两个可用于爆破块度预测及飞石预测的模型。

综上所述，尽管国内外的学者对岩体的损伤破裂模型进行了大量研究，但并未真正建立岩石宏观损伤因子与岩石内部微观破裂程度的对应联系，也未考虑岩石断裂能的尺度效应对岩石损伤破裂特征的影响；此外，所建议的岩体损伤破裂模型往往因为材料参数难以获取而无法真正用于实际的爆破分析。

2.1.2.3 岩石与炸药的匹配关系

关于岩石与炸药合理匹配作用国内外专家有过深入研究，北京科技大学的于亚伦、中南大学的李夕兵、北京工业大学的高文学、北京理工大学的张奇等人对岩石破碎的能量消耗问题进行过系统的理论与试验研究，取得了一系列丰硕成果。随着精细爆破理念的提出和矿用可调组分炸药装药车的成功研制及使用，针对不同的爆破岩种现场配制不同爆炸威力的炸药已成为可能，这为提高炸药有效能量利用率，实施精细爆破，建设绿色矿山奠定了基础，正如中国工程爆破协会理事长汪旭光在中国第十届工程爆破学术会议报告《中国爆破技术现状与发展》所提到的，"研究炸药能量转化过程中的精密控制技术，提高炸药能量利用率，降低爆破有害效应是新世纪工程爆破的发展战略。因此，必须深入研究和不断创新，通过对各种介质在爆炸强冲击动载荷作用下的本构关系，选择与介质匹配的炸药、不耦合装药、控制边界条件的影响，分段起爆顺序等的试验技术，研究提高炸药能量利用率的新工艺、新措施，最大限度地降低能量转化过程中的损失，控制其对周围环境的影响。"

Hopkinson 压杆系统的岩石冲击试验表明，破碎岩石的有效吸能是输入能量减掉反射能和透射能，即

$$E_A = E_I - E_R - E_T \tag{2-1}$$

按以往的能量匹配理论，只要炸药能量向岩体中透射的能量越高，两者间的匹配就越好，但如果透射到岩体中的能量不能引起破碎作用，而是以弹性波的形式继续着透射传播，那这种高比例的能量透射是无效的。从公式（2-1）中可以看出，输入的机械动能只有 E_A 是有效的，而 E_R、E_T 是无效的。在寻求炸药与岩石的合理匹配中，尤其应重视对 E_T 的研究，因为它不仅是浪费掉的能量，同时也是引起爆破振动破坏的主要根源。因此，炸药与岩石的能量匹配应该是有效能耗匹配。

由此，合理的炸药岩石匹配将大大地提高炸药的能量利用率和改善爆破效果。由于炸药和岩石波阻抗能分别反映炸药的爆压等爆炸性和岩石的强度及其对应力波的敏感程度等岩石可爆性指标，长期以来，人们一直以炸药和岩石的波阻抗作为匹配的依据，认为最佳的炸药岩石波阻抗匹配是炸药波阻抗等于岩石波阻抗；也有研究认为能取得良好的爆破效果的炸药波阻抗往往不一定要趋近于被爆介质的波阻抗，要保证爆轰波能量向岩石的最大输入和取得较好的爆破效果，高阻抗的岩石必须使用高密度和较高爆轰速度的炸药；也有学者提出采用等效阻抗法来改善炸药在不同矿岩中的爆炸的能量传递效果。以上所有的研究基本假设是基于应力波的弹性传播，追求的基本目标就是炸药能量向岩体中传递比例最大化，但这里存在两个问题，一是引起岩石拉压破坏的不是在岩石中传播的弹性波，而是弹塑性波，因而基于纵波速度的波阻抗匹配值得进一步研究；其二就是传递到岩体中的能量有多少是用来破碎岩石，又有多少转变成了有害的地震波（弹性波）扩散了。因而，炸药与岩石的合理匹配不仅是传递能量最大化，同时要使有效能耗最大化。

2.2 爆破效果的影响因素数值模拟

采用连续-非连续数值模拟方法 CDEM，分别探讨了炸药单耗、起爆顺序、炮孔密集系数、岩体节理性质、顶部半截辅助孔、装药结构等对爆破块度及块内损伤程度的影响规律，并详细分析了炮孔堵塞材料参数对堵塞效果的影响规律。

此外，还开展了含采空区的爆破效果分析及三维露天矿台阶爆破全过程的数值模拟。

2.2.1 模型简化及评价指标

露天矿三维台阶爆破的几何参数有 11 个（其中有 8 个独立参数），具体为坡高 H、坡角 θ、孔间距 a、孔排距 b、首排孔到自由面距离 B、钻孔深度 L、钻孔直径 d、堵塞长度 L_1、装药长度 L_2、超深 h、底盘抵抗线 W。典型的三维台阶爆破示意图如图 2-11 所示。

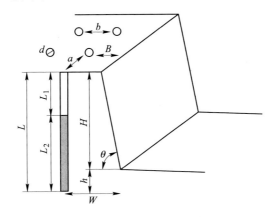

图 2-11 三维台阶爆破示意图

由于爆区的尺度为数十米，而爆破块度的尺度为厘米级到分米级，爆区尺度与爆破块度的尺度相差三个量级，进行全三维的模拟需要划分百万甚至千万量级的单元，计算量巨大，不宜开展规律性的研究。因此，本节的规律研究部分将基于平切面模型及纵剖面模型开展。平切面模型的示意图如图 2-12（a）所示，该模型共包含炮孔直径 d、孔距 a、排距 b、首排孔到自由面距离 B 等 4 个独立变量；竖剖面模型的示意图如图 2-12（b）所示，该模型共包含台阶高度 H、坡角 θ、炮孔深度 L、装药长度 L_2、炮孔直径 d、排距 a、首排孔到自由面的距离 B 等 6 个独立变量。

为了对爆区内矿体的破碎块度及块内的损伤程度进行评价，本项目提出了 6 个评价指标，分别为平均破碎尺寸 d_{50}、极限破碎尺寸 d_{90}、块体不均匀系数 d_{90}/d_{50}、系统破裂度 F_r、大块率 B_r 及块内平均损伤因子 D_a 等指标。各指标的含义及获取方式如下：

（1）平均破碎尺寸 d_{50}：块度分布曲线中通过率为 50% 时对应的尺寸；该值越大，爆区内块体尺寸的平均值越大。

（2）极限破碎尺寸 d_{90}：块度分布曲线中通过率为 90% 时对应的尺寸；该值越大，爆区内的大块尺寸越大。

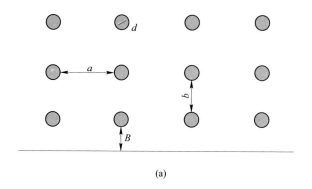

(a)

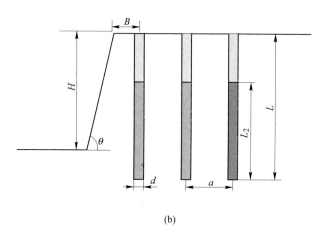

(b)

图 2-12　平切面模型（a）及竖剖面模型（b）示意图

（3）块体不均匀系数 d_{90}/d_{50}：极限破碎尺寸与平均破碎尺寸的比值；该值越小，块度分布越均匀；当该值为 1 时，表明通过率为 50%～90% 之间的块体尺寸完全一致。

（4）系统破裂度 F_r：已经发生破裂的虚拟界面面积与总虚拟界面面积的比值；该值越大，模型越破碎。

（5）大块率 B_r：特征尺寸超过 0.9m 的岩块体积与岩块总体积的比值。

（6）块内平均损伤因子 D_a：各破碎块体内部宏观损伤因子的平均值；该值越大，表明碎块内部的微观破裂越严重，后续的破磨将越容易。

2.2.2　炸药单耗的影响

2.2.2.1　计算模型及参数

炸药单耗是指每爆破一吨（t）矿岩石所耗费的炸药量（kg）。改变炸药单耗的方法有很多，本节主要探讨单纯改变间排距的情况下，引起的炸药单耗改变对爆破块度的影响规律。

建立如图 2-13 所示的双自由面 4 炮孔平切面数值模型。图中炮孔的间排距、首排炮孔到自由面的距离均为 L，炮孔的直径为 d，模型的左侧及上侧为临空面，右侧及下侧为无反射边界。为了便于观察爆区内岩体的破碎情况，对爆区划分了 A、B、C、D 四个研究域。

进行单纯改变间排距的分析时，固定炮孔直径 d 为 25cm，共研究 6 种间排距，分别为 3m、5m、6.5m、8m、10m 及 12m。采用 Gmsh 对上述六个计算模型进行网格剖分，6 种间距对应的三角形网格数分别为 4.1 万、11.4 万、19.2 万、28.9 万、45.3 万、64.7 万。

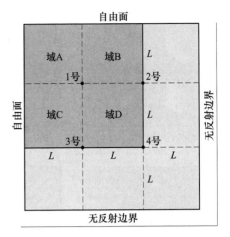

图 2-13 双自由面 4 炮孔平切面数值模型

炸药选用乳化炸药，采用朗道点火爆炸模型进行模拟。装药密度为 1150kg/m^3，爆轰速度为 4250m/s，爆热为 3.4MJ/kg。采用毫秒延时起爆技术，孔间延时 25ms；起爆顺序为 1 号炮孔先起爆，25ms 后 2 号、3 号同时起爆，50ms 以后 4 号炮孔开始起爆。

岩石类型为赤铁矿，普氏系数为 15.4，采用塑性-损伤-断裂模型进行模拟。单元的密度为 3200kg/m^3，弹性模量为 60GPa，泊松比为 0.25，黏聚力为 36MPa，抗拉强度为 12MPa，内摩擦角为 40°，剪胀角为 10°；虚拟界面的单位面积法向及切向刚度均为 5000GPa/m，黏聚力为 36MPa，抗拉强度为 12MPa，内摩擦角为 40°，拉伸极限应变为 0.1%，剪切极限应变为 0.3%。

不同间排距对应的炸药单耗换算公式为：

$$Q = \frac{\rho_w \pi d^2/4}{\rho L^2} \qquad (2-2)$$

式中，Q 为炸药单耗，kg/t；ρ_w 为炸药密度，kg/m^3；ρ 为岩体密度，t/m^3。

经过换算，间排距从 3m 增加至 12m，对应的炸药单耗分别为 1.96kg/t、0.71kg/t、0.42kg/t、0.28kg/t、0.18kg/t 及 0.12kg/t。

2.2.2.2 破碎块度分析

爆破后 6 种间排距下的破碎状态如图 2-14 所示。由图可得，随着间排距的增加，破坏效应逐渐减弱，破裂块度逐渐增大。当间排距为 3m 时，爆区内岩体已经完全破碎，并出现了抛掷现象。当间排距为 12m 时，仅在炮孔附近及自由面附近出现了较为密集的破碎带，两区中间的破裂块度较大。

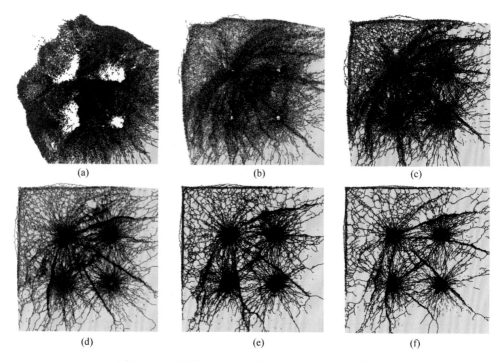

图 2-14　不同炮孔间排距在爆破 75ms 时的破碎效果

（a）$L=3m$；（b）$L=5m$；（c）$L=6.5m$；（d）$L=8m$；（e）$L=10m$；（f）$L=12m$

对区域 A 至区域 D 的爆破块度进行统计，获得不同间排距下的爆破块度分布曲线如图 2-15 所示。由图可得，随着特征尺寸的增加，通过率逐渐增加至 100%；间排距较大时（$L=10m$、$L=12m$），分布曲线在对数坐标系下呈下凹型；间排距较小时（$L=3m$、$L=5m$、$L=6.5m$），分布曲线在对数坐标系下呈上凸型；当间排距适中时（$L=8m$），分布曲线在对数坐标系下呈直线型。由图还可以看出，间排距越小，爆破块度越均匀，总体尺寸越小；当间排距为 3m 时，单块最大尺寸为 0.22m；当间排距为 12m 时，单块最大尺寸为 2.85m。

图 2-15 中不同间排距下爆破块度曲线的数值结果与 KUZ-RAM 模型的结果对比如图 2-16 所示。图中，Case1 至 Case6 表示不同间排距下的计算结果，对应的间排距分别为 3m、5m、6.5m、8m、10m 及 12m，对应的炸药单耗分别为 1.96kg/t、0.71kg/t、0.42kg/t、0.28kg/t、0.18kg/t 及 0.12kg/t。N 表示数值计算的结果，E 表示 KUZ-RAM 模型的结果。由图可得，当炸药单耗较小时，数值计算结果与 KUZ-RAM 的结果较为吻合；炸药单耗较大时，数值计算获得的块度明显小于 KUZ-RAM 模型的结果。

不同间排距下系统破裂度的时程曲线如图 2-17 所示。由图可得，随着爆破时间的增大，破裂度逐渐增大；存在三次破裂度的突变，分别发生在起爆后

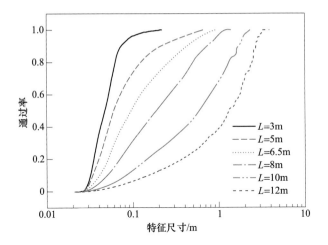

图 2-15 不同间排距下爆破块度分布曲线

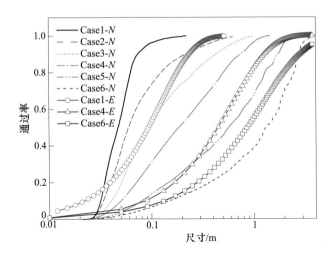

图 2-16 不同间排距下数值模拟结果与 KUZ-RAM 模型的对比

0ms、25ms 及 50ms，对应着三次孔内爆破；随着间排距的增加，终态的破裂度逐渐减小，间排距为 3m 时的终态破裂度为 86.6%，间排距为 12m 时对应的终态破裂度为 16.2%。

评价爆破块度的主要指标包括平均破碎尺寸 d_{50}、极限破碎尺寸 d_{90}、块体不均匀系数 d_{90}/d_{50}、系统破裂度 F_r、大块率 B_r 等。上述指标与炸药单耗间的对应关系如图 2-18 所示。

由图 2-18（a）、（b）可得，在双对数坐标下，爆破后的平均破碎尺寸及极限破碎尺寸均随着炸药单耗的增加而线性增大，其拟合公式分别为：

$$d_{50} = 0.0126Q^{-2.19} \tag{2-3}$$

$$d_{90} = 0.119Q^{-1.486} \tag{2-4}$$

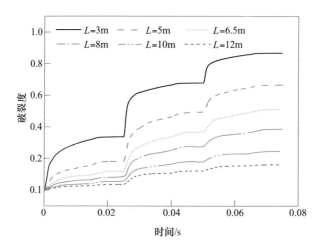

图 2-17　不同间排距下破裂度时程曲线

由图 2-18（c）可得，随着炸药单耗的增大，块体的不均匀系数逐渐增大，单耗从 0.05kg/t 增加至 0.8kg/t 时，对应的不均匀系数从 1.1 增大至 8.1；块体不均匀系数与炸药单耗间的拟合公式为：

$$d_{90}/d_{50} = 9.44Q^{0.704} \tag{2-5}$$

由图 2-18（d）可得，随着炸药单耗的增大，系统破裂度逐渐增大，但增大趋势逐渐变缓。当炸药单耗从 0.07kg/t 增大至 2kg/t 时，系统破裂度从 15% 增加至 87%。

由图 2-18（e）可得，随着炸药单耗的增大，大块率迅速减小；当炸药单耗大于 0.25kg/t 时，大块率已经小于 4%；当炸药单耗超过 0.6kg/t 时，大块率为 0.0%。

2.2.2.3　块体内部损伤程度分析

对不同间排距下大量破碎块体内部的宏观损伤因子进行统计，获得块体内部损伤因子的统计分布图（见图 2-19）。由图可得，随着损伤因子的增大，与该损伤因子对应的破碎块体的数量呈现出明显的指数下降特征，破碎块体的损伤因子主要集中在 0~0.05 之间；且随着间排距的增大，损伤因子处于 0~0.05 范围内的块体数逐渐增大，而高损伤因子区对应的块体数却逐渐减小。如间排距为 3m 时，损伤因子从 0 到 0.8 均有分布，且呈较好的指数下降型趋势；而当间排距为 10m 时，损伤因子的分布范围缩减至 0~0.4，且损伤因子在 0~0.05 区间内的块体数占比极大。

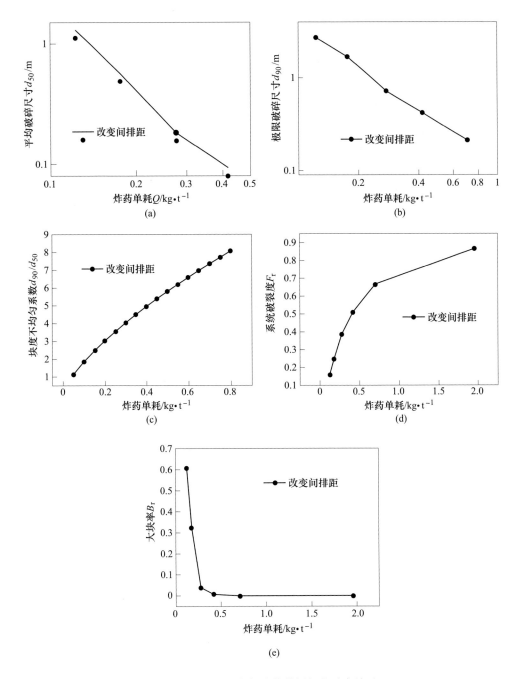

图 2-18　爆破块度与炸药单耗间的对应关系

（a）平均破碎尺寸与炸药单耗间的关系；（b）极限破碎尺寸与炸药单耗间的关系；

（c）不均匀系数与炸药单耗间的关系；（d）系统破裂度与炸药单耗间的关系；

（e）大块率与炸药单耗间的关系

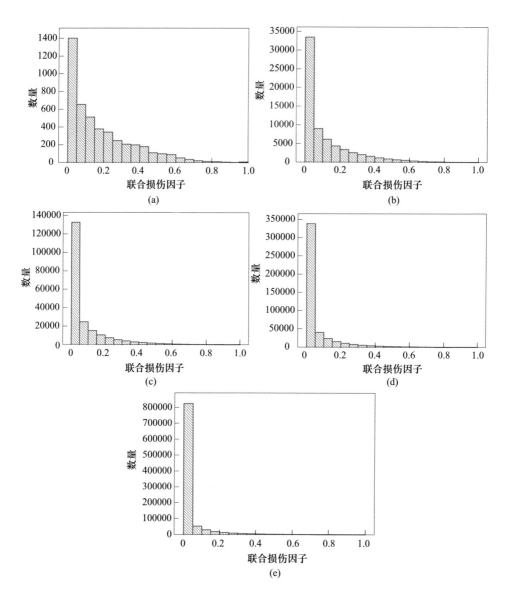

图 2-19　不同间排距下破碎块体内部的损伤因子统计图

（a）间排距＝3m；（b）间排距＝5m；（c）间排距＝6.5m；

（d）间排距＝8m；（e）间排距＝10m

对所有破碎块体内部的损伤因子进行统计平均，获得破碎块体的平均损伤因子与炸药单耗的对应关系（见图 2-20）。由图可得，随着炸药单耗的增大，平均损伤因子基本呈线性增大趋势；炸药单耗从 0.12kg/t 增加至 0.71kg/t，平均损伤因子则从 0.03 增大至 0.17。

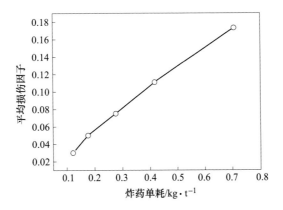

图 2-20　平均损伤因子与炸药单耗的对应关系

2.2.3　起爆顺序的影响

2.2.3.1　计算模型及参数

采用二维平切面模型进行起爆顺序的分析探讨，建立如图 2-21 所示的双自由面露天矿爆破模型。

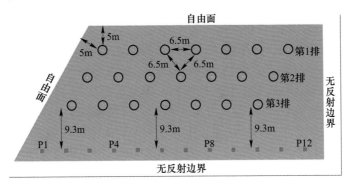

图 2-21　露天矿爆破模型

该模型的炮孔直径为 25cm，共分 3 排，每排 7 个炮孔，炮孔布置形式为等边三角形，相邻炮孔间的距离均为 6.5m，首排及首列炮孔到自由面的距离均为 5m。模型的上侧及左侧为自由面，右侧及下侧为无反射边界。采用 Gmsh 软件进行网格划分，共划分 28.95 万个三角形单元。

本节共探讨同时起爆、排间顺序起爆、排间奇偶式顺序起爆、斜线起爆、逐孔起爆等 5 种起爆顺序对爆破效果的影响规律。后 4 种起爆顺序的示意图如图 2-22 所示。

同时起爆时，21 个炮孔在 0ms 时刻同时点火爆炸；排间顺序起爆时（见图

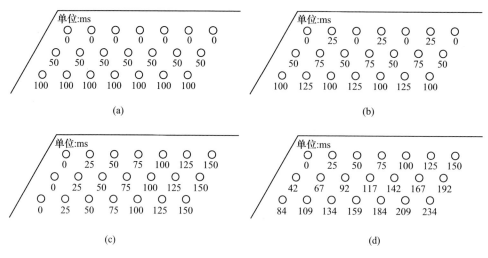

图 2-22　不同的起爆顺序示意图

2-22（a）），排间延时为 50ms，即第一排 7 个炮孔在 0ms 起爆，第二排 7 个炮孔在 50ms 时起爆，第三排 7 个炮孔在 100ms 时起爆；排间奇偶式顺序起爆时（见图 2-22（b）），排内奇数孔与偶数孔间的延时及排间的延时均为 25ms；斜线起爆时（见图 2-22（c）），各斜线间的延时均为 25ms；逐孔起爆时（见图 2-22（d）），孔间延时为 25ms，排间延时为 42ms。

炸药选用乳化炸药，采用朗道点火爆炸模型进行模拟。装药密度为 1150kg/m³，爆轰速度为 4250m/s，爆热为 3.4MJ/kg。岩石类型为赤铁矿，普氏系数为 15.4，采用塑性-损伤-断裂模型进行模拟。单元的密度为 3200kg/m³，弹性模量为 60GPa，泊松比为 0.25，黏聚力为 36MPa，抗拉强度为 12MPa，内摩擦角为 40°，剪胀角为 10°；虚拟界面的单位面积法向及切向刚度均为 5000GPa/m，黏聚力为 36MPa，抗拉强度为 12MPa，内摩擦角为 40°，拉伸断裂应变为 0.1%，剪切断裂应变为 0.3%。

2.2.3.2　破碎块度分析

爆破结束后，不同起爆顺序的破碎效果如图 2-23 所示。由图 2-23 可以直观看出，逐孔起爆的破碎效果最好，排间奇偶式顺序起爆及斜线起爆的破碎效果次之，排间顺序起爆及同时起爆的破碎效果最差。同时起爆时（见图 2-23（a））仅在炮孔附近及自由面附近出现局部破碎，而在被炮孔包围的区域则出现大量块度较大的块体，这主要是同时起爆时应力波相互叠加，在这些区域形成了较高的静水压力所致。排间顺序起爆时（见图 2-23（b））的破碎效果略优于同时起爆的破碎效果，在每排炮孔连线附近及自由面附近均出现了较厚的破碎带，被炮孔包围的区域也出现了一定的破碎。排间奇偶式顺序起爆（见图 2-23（c））的破碎效果较好，但存在奇数孔与偶数孔破碎效果不一致的情况，由于奇数孔存在 1

个自由面，偶数孔存在 3 个自由面，偶数孔的破碎效果明显优于奇数孔的破碎效果。斜线起爆时（见图 2-23（d）），在每一条斜线方向均出现较厚的密集破碎带，但两条斜线之间依然出现了尺寸较大的块体。逐孔起爆时（见图 2-23（e）），由于每个炮孔起爆时均存在两个自由面，因此破碎效果最好，块度也最均匀。

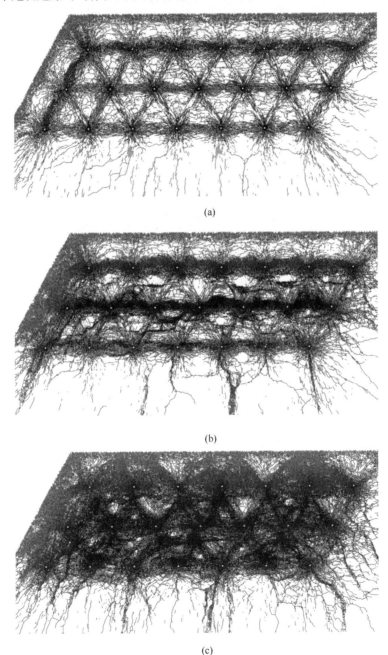

(a)

(b)

(c)

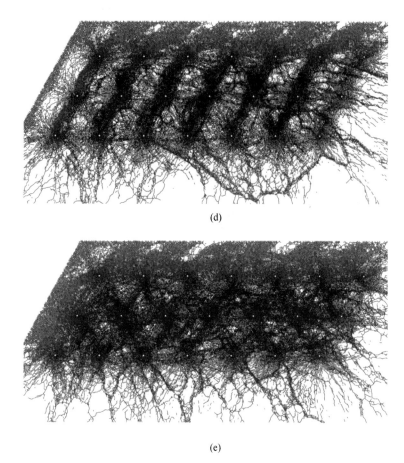

(d)

(e)

图 2-23　不同起爆顺序的破碎效果

（a）同时起爆；（b）排间顺序起爆；（c）排间奇偶式顺序起爆；（d）斜线起爆；（e）逐孔起爆

不同起爆顺序下爆破块度分布曲线如图 2-24 所示。由图可得，5 种起爆顺序破碎效果的排序为：逐孔起爆>排间奇偶式顺序起爆>斜线起爆>排间顺序起爆>同时起爆。逐孔起爆、排间奇偶式顺序起爆及斜线起爆的块度分布曲线基本一致，爆区内最大的块体尺寸均为 1~2m 左右，但斜线起爆的平均破碎尺寸 d_{50} 要大于逐孔起爆及排间奇偶式顺序起爆的平均破碎尺寸。排间顺序起爆及同时起爆的块度分布曲线的形态基本一致，爆区内最大的块体尺寸均为 3~4m 左右，但排间顺序起爆的平均破碎尺寸 d_{50} 明显小于同时起爆的平均破碎尺寸。

利用 KUZ-RAM 经验模型计算爆破块度分布曲线，各参数的取值为：最小抵抗线 B 取 5m，炮孔直径 D 取 250mm，临近系数 m 取 1，钻孔精度标准误差 δ 取 0.1m，底盘标高以上装药长度 L 取 8m，台阶高度 H 取 12m，岩石系数 A 取 10，炸药单耗 q 取 1.06kg/m^3，单孔装药量 Q_w 取 452kg，炸药相对质量威力 E 取 100。

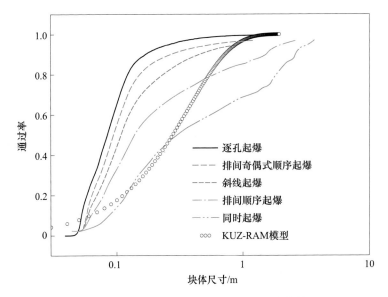

图 2-24　不同起爆顺序对应的块度分布曲线

由上述参数计算获得的块度不均匀指数 n 为 1.25，平均破碎尺寸 $\overline{X}(d_{50})$ 为 0.39m，特征尺寸 X_0 为 0.52m，计算获得上述爆破参数下的块度分布预测曲线如图 2-24 所示。

由图 2-24 可以看出，当通过率为 50% 以下时，KUZ-RAM 模型的结果与同时起爆的结果基本一致；当通过率大于 50% 时，KUZ-RAM 模型的预测结果逐渐向逐孔起爆的结果过渡；KUZ-RAM 模型预测的最大单块尺寸与逐孔起爆数值计算获得的最大单块尺寸基本一致。由图 2-24 还可以清晰看出，KUZ-RAM 模型无法反映起爆顺序对爆破块度分布曲线的影响，而数值模拟可以清晰反映这一点。

不同起爆顺序下爆区的平均破碎尺寸 d_{50}、极限破碎尺寸 d_{90}、大块率及系统破裂度等指标见表 2-2。

表 2-2　不同起爆顺序下的评价指标取值

起爆顺序	平均破碎尺寸/m	极限破碎尺寸/m	大块率/%	系统破裂度
A	0.084	0.17	0.64	0.78
B	0.087	0.21	0.71	0.75
C	0.10	0.36	2.8	0.75
D	0.13	1.3	14	0.65
E	0.29	2.7	32	0.50

表 2-2 中，起爆顺序 A、B、C、D、E 分别代表逐孔起爆、排间奇偶式顺序起爆、斜线起爆、排间顺序起爆及同时起爆（图 2-25 中 A、B、C、D、E 与此相

同）。从表中可以明显看出，从逐孔起爆到同时起爆，爆破效果逐渐减弱，逐孔起爆效果最好，同时起爆效果最差；从逐孔起爆到同时起爆，平均破碎尺寸、极限破碎尺寸、大块率均逐渐增大，但系统破裂度逐渐减小；逐孔起爆时，大块率仅为 0.64%，而同时起爆时，大块率已达 32%。

根据起爆网路的设计，可以初步估算出不同起爆顺序下每个炮孔的平均自由面数（见图 2-25）。由图可得，逐孔起爆、排间奇偶式顺序起爆的平均自由面数最多，均为 2；斜线起爆及排间顺序起爆的自由面数次之，分别为 1.3 及 1.1；同时起爆的平均自由面数最少，仅为 0.48。

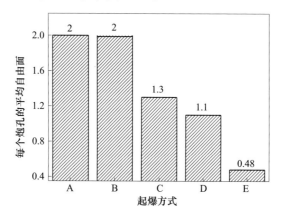

图 2-25　不同起爆顺序的平均自由面数

从图 2-25 及表 2-2 的对比可以看出，每种起爆顺序下的平均自由面数与该种顺序下岩体的破碎效果有很好的对应关系。平均自由面数越多，该种起爆顺序下岩体的破碎效果越好。

2.2.3.3　块体内部损伤程度分析

对各破碎块体内部的损伤因子进行统计，获得不同起爆顺序下的损伤因子概率分布如图 2-26 所示。

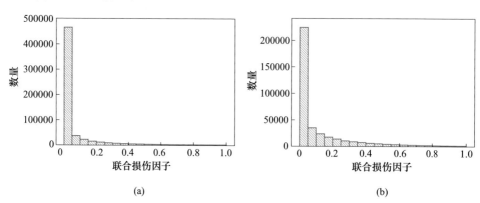

(a)　　　　　　　　　　　　　(b)

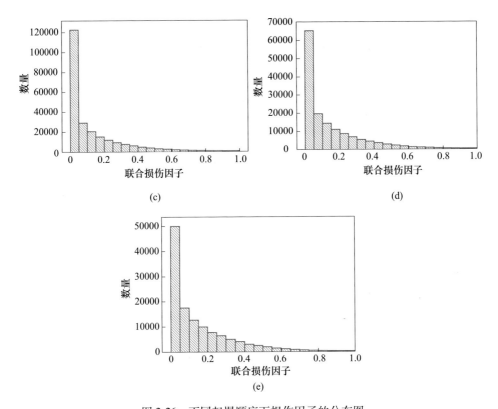

图 2-26　不同起爆顺序下损伤因子的分布图
（a）同时起爆；（b）排间顺序起爆；（c）斜线起爆；（d）排间奇偶起爆；（e）逐孔起爆

由图 2-26 可得，随着损伤因子统计区间的增大，相应区间内的块度数量总体呈指数衰减型逐渐减小；同时起爆时，0~0.05 范围内的损伤因子占比最大，损伤因子大于 0.05 后的块体数量迅速减小，损伤因子超过 0.4 的块体占比极小；逐孔起爆时，损伤因子从 0~0.8 均有分布，呈比较明显的指数下降型变化。

对不同起爆方式下破碎块体的平均损伤因子进行统计，绘制相应的曲线图（见图 2-27）。图中起爆顺序 A、B、C、D、E，分别

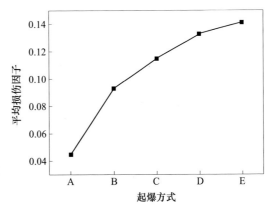

图 2-27　不同起爆顺序下的平均损伤因子

代表逐孔起爆、排间奇偶式顺序起爆、斜线起爆、排间顺序起爆及同时起爆。由图

可得，同时起爆时的平均损伤因子为 0.044，逐孔起爆时的平均损伤因子为 0.14；不同起爆方式下，平均损伤因子的变化规律与破碎块度的变化规律基本一致。

2.2.4 炮孔密集系数的影响

工程上定义炮孔密集系数 m 为炮孔间距 a 与炮孔排间 b 的比值。一般认为，炮孔密集系数大于 1 具有较好的爆破效果；在宽孔距、小抵抗线爆破中，炮孔密集系数一般取 3~4 甚至更大。本节将借助 CDEM 软件，重点探讨逐孔起爆、排间顺序起爆两种方式下，炮孔密集系数对爆破块度及块内损伤程度的影响。

2.2.4.1 计算模型及参数

建立如图 2-28 所示的多排炮孔模型，模型尺寸为 $(7a+15)\mathrm{m} \times (3b+15)\mathrm{m}$，在模型顶部设置 3 排炮孔，每排 7 个炮孔，共计 21 个炮孔。炮孔直径为 0.25m，孔间距离及首列孔到自由面的距离均为 a，排间距离及前排孔到自由面的距离均为 b。为了吸收人工边界处的反射波，在模型的右侧和底部设置 10m 渐进高阻尼消波层，模型右侧和底部进行全约束。为了保证虚拟节理的随机性，采用 Gmsh 软件进行网格剖分，网格特征尺寸为 0.2m。保持负担面积不变，即 $a \times b$ 的面积不变，改变布孔方式，选取如下六种工况进行计算：（a）$a=9.00\mathrm{m}$，$b=4.69\mathrm{m}$；（b）$a=8.50\mathrm{m}$，$b=4.97\mathrm{m}$；（c）$a=8.00\mathrm{m}$，$b=5.28\mathrm{m}$；（d）$a=7.50\mathrm{m}$，$b=5.63\mathrm{m}$；（e）$a=7.00\mathrm{m}$，$b=6.04\mathrm{m}$；（f）$a=6.50\mathrm{m}$，$b=6.50\mathrm{m}$。上述 6 种工况下对应的炮孔密集系数分别为 1.92、1.71、1.51、1.33、1.16、1.00。

炸药选用乳化炸药，装药密度为 1150kg/m³，爆轰速度为 4250m/s，爆热为 3.4MJ/kg，起爆方式有两种：第一种采用逐孔起爆方式，孔间延时为 43ms，排间延时为 65ms（起爆顺序时间用白色数字表示）；第二种采用排间顺序起爆，排间延时为 50ms（起爆顺序时间用红色数字表示），模型示意图及起爆时间如图 2-28 所示。爆破块度统计区域为红色边框内框选区域。

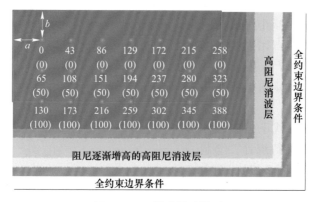

图 2-28 三排孔爆破模型

岩石类型为铁矿，普氏系数为 15.4，数值模拟时的计算参数见表 2-3。

表 2-3　铁矿参数

密度 /kg·m^{-3}	弹性模量 /GPa	泊松比	黏聚力 /MPa	抗拉强度 /MPa	内摩擦角 /(°)	剪胀角 /(°)
3200	60	0.25	36	12	40	10
法向刚度 /GPa·m^{-1}	切向刚度 /GPa·m^{-1}	黏聚力 /MPa	抗拉强度 /MPa	内摩擦角 /(°)	拉伸断裂能 /Pa·m	剪切断裂能 /Pa·m
5000	5000	36	12	40	400	8000

2.2.4.2　逐孔起爆下的损伤破裂效果分析

爆破结束后，不同炮孔密集系数下爆区岩体的破碎情况如图 2-29 所示。由图可得，逐孔起爆时，6 种工况下的计算结果相差不大，首排/列孔到自由面区域的破碎块度较大，各炮孔包围区域的破碎块度较小。

(a)

(b)

(c)

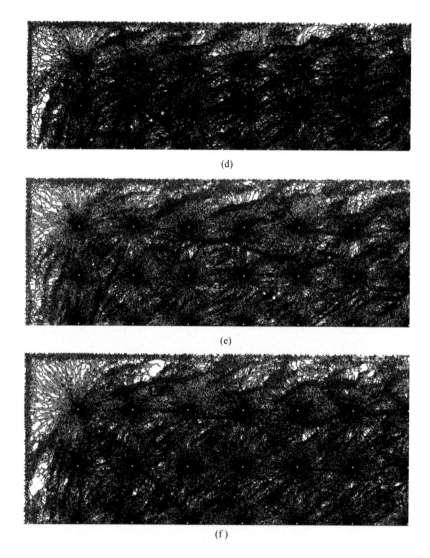

图 2-29　逐孔起爆时不同炮孔密集系数对应的破碎情况

（a）炮孔密集系数为 1. 92；（b）炮孔密集系数为 1. 71；（c）炮孔密集系数为 1. 51；

（d）炮孔密集系数为 1. 33；（e）炮孔密集系数为 1. 16；（f）炮孔密集系数为 1. 00

逐孔起爆时不同炮孔密集系数下的爆破块度分布曲线如图 2-30 所示。由图可得，6 种工况下的块度分布曲线几乎重合在了一起，说明逐孔起爆时不同的布孔方式对爆破效果的影响不大；由于逐孔起爆每次仅有一个炮孔起爆，每个炮孔起爆均有两个自由面（二维平切面情况），而爆破效果的好坏又取决于自由面的多少，因此 6 种工况下的爆破效果差别不大。

不同起爆顺序下爆区的平均破碎尺寸 d_{50}、极限破碎尺寸 d_{90}、大块率 B_r、系

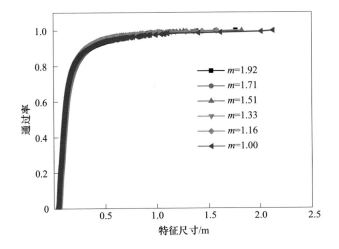

图 2-30　逐孔起爆时不同炮孔密集系数对应的块度分布曲线

统破裂度 F_r、平均损伤因子 D_a 等指标见表 2-4。从表中可看出，逐孔起爆时，布孔越均匀，爆破效果越好，且炮孔密集系数为 1 时的损伤破碎效果最好；但总体而言，不同炮孔密集系数下的损伤破碎特性差别不大。

表 2-4　逐孔起爆时不同炮孔密集系数下的评价指标取值

孔网参数	炮孔密集系数	平均破碎尺寸 /m	极限破碎尺寸 /m	大块率/%	系统破裂度	平均损伤因子
9.0×4.7	1.92	0.115	0.349	1.2	0.740	0.173
8.5×4.9	1.71	0.113	0.351	0.8	0.750	0.174
8.0×5.3	1.51	0.113	0.322	1.3	0.747	0.177
7.5×5.6	1.33	0.111	0.315	1.3	0.737	0.174
7.0×6.0	1.16	0.110	0.311	0.9	0.740	0.173
6.5×6.5	1.00	0.109	0.327	2.0	0.743	0.180

2.2.4.3　排间顺序起爆下的损伤破裂效果分析

爆破结束后，排间顺序起爆时不同炮孔密集系数下的破碎效果如图 2-31 所示。由图可得，排间顺序起爆时 6 种工况的计算结果差异较大，当负担面积不变时，随着炮孔密集系数的减小，爆区岩体的破碎效果逐渐变差。密集系数较大时，爆区内岩体的破碎较为均匀，仅在自由表面附近区域出现大块分布；随着密集系数的减小，由各炮孔包围的矩形区域中部出现大块分布，且密集系数越小，大块分布越明显。

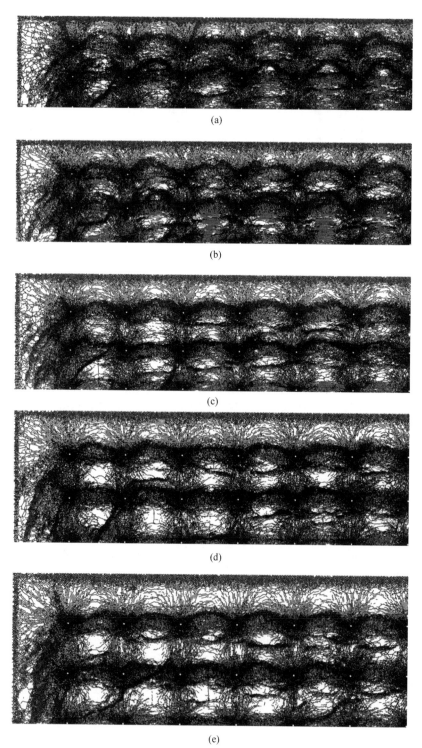

(a)

(b)

(c)

(d)

(e)

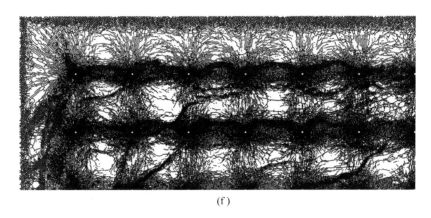

(f)

图 2-31 排间顺序起爆时不同炮孔密集系数对应的破碎效果

(a) 炮孔密集系数为 1.92；(b) 炮孔密集系数为 1.71；(c) 炮孔密集系数为 1.51；
(d) 炮孔密集系数为 1.33；(e) 炮孔密集系数为 1.16；(f) 炮孔密集系数为 1.00

排间顺序起爆时不同密集系数下的爆破块度分布曲线如图 2-32 所示。由图可得，当负担面积相同时，随着密集系数的增大，爆区岩体的破碎效果逐渐变好，说明排间顺序起爆时宽孔距爆破效果优于均匀布孔方式下的爆破效果。

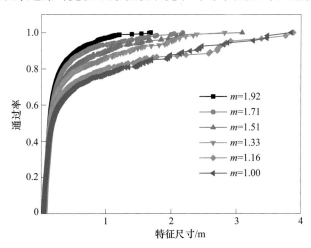

图 2-32 排间顺序起爆时不同炮孔密集系数对应的块度分布曲线

排间顺序起爆时不同炮孔密集系数下爆区的平均破碎尺寸 d_{50}、极限破碎尺寸 d_{90}、大块率 B_r、系统破裂度 F_r、平均损伤因子 D_a 等指标见表 2-5。从表中可看出，相同负担面积下，排间顺序起爆时，随着密集系数的增大，平均破碎尺寸逐渐减小，极限破碎尺寸逐渐减小，大块率逐渐减小，系统破裂度逐渐增大，平均损伤因子逐渐增大。所有指标均表明，排间顺序起爆时适当增大孔间距及缩小孔排距（即增大炮孔密集系数）可以改善爆破效果。

表 2-5   排间顺序起爆时不同炮孔密集系数下的评价指标取值

孔网参数	炮孔密集系数	平均破碎尺寸 /m	极限破碎尺寸 /m	大块率 /%	系统破裂度	平均损伤因子
9.0×4.7	1.92	0.126	0.557	2.80	0.699	0.161
8.5×4.9	1.71	0.134	0.696	6.60	0.688	0.160
8.0×5.3	1.51	0.146	1.030	10.0	0.645	0.158
7.5×5.6	1.33	0.148	1.380	13.9	0.624	0.156
7.0×6.0	1.16	0.162	2.710	20.1	0.598	0.155
6.5×6.5	1.00	0.178	2.400	22.5	0.579	0.152

2.2.5   岩体节理性质的影响

地质体内部存在着大量的节理，其力学特性及几何特性将会对露天矿台阶爆破的破碎效果产生较大影响。分析节理特性对爆破效果的影响规律，是进行节理化岩体区域爆破参数科学设计的前提与基础。本节将基于 CDEM 软件，重点探讨节理强度、节理刚度、节理强度-刚度联合、节理间距及节理倾角等对爆破效果的影响规律。

2.2.5.1   计算模型及参数

数值计算模型如图 2-33 所示。该模型的炮孔直径为 250mm，共分 3 排，每排 3 个炮孔，采用矩形布孔方式，相邻炮孔间的距离均为 6.5m，首排及首列炮孔到自由面的距离均为 6.5m。模型的上侧及左侧为自由面，右侧及下侧为全约

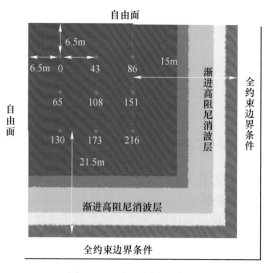

图 2-33   露天矿爆破模型

束边界条件，在最外侧炮孔和边界条件之间设置10m渐进的高阻尼消波层，从炮孔向边界过渡的阻尼系数取值依次为0.15、0.3、0.45、0.60、0.75，红色框内为爆破块度的统计区域。采用Gmsh软件进行网格划分，共划分16.18万个三角形单元。

为了研究岩体节理对爆破效果的影响，本文共探讨节理强度、节理刚度、节理强度-刚度联合、节理间距、节理倾角等5种节理性质对爆破破碎效果的影响规律。典型的节理分布模型如图2-34所示，蓝色线条为节理，节理间距为S，节理倾角为α。

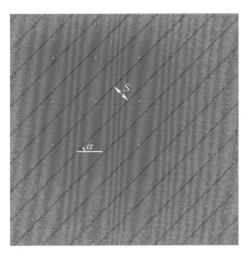

图2-34 赤铁矿岩体节理性质计算示意图

爆破时炸药选用乳化炸药，爆源采用朗道点火爆炸模型，装药密度为1150kg/m^3，爆轰速度为4250m/s，爆热为3.4MJ/kg。

岩石类型为赤铁矿，普氏系数为15.4，采用块体弹性和虚拟界面的断裂能模型进行模拟。单元的密度为3200kg/m^3，弹性模量为60GPa，泊松比为0.25，黏聚力为36MPa，抗拉强度为12MPa，内摩擦角为40°，剪胀角为10°；虚拟界面的单位面积法向及切向刚度均为5000GPa/m，黏聚力为36MPa，抗拉强度为12MPa，内摩擦角为40°，拉伸断裂能为400Pa·m，剪切断裂能为8000Pa·m。

当研究节理强度影响时，固定节理单位面积法向及切向刚度均为5000GPa/m，节理间距为$S=3.0$m，节理倾角为45°；改变节理强度，节理强度依次取岩体强度的1、10^{-1}、10^{-2}、10^{-3}、10^{-4}、10^{-5}倍。

当研究节理刚度的影响时，固定节理强度为岩体强度，节理间距为$S=3.0$m，节理倾角为45°；改变节理刚度，节理刚度依次取初始刚度的1、10^{-1}、10^{-2}、10^{-3}、10^{-4}、10^{-5}倍。

考虑到节理的存在会导致强度和刚度的同时降低，因此，研究节理刚度-强度共同的影响规律。此时，固定节理间距为 $S = 3.0\text{m}$，节理倾角为 $45°$，同时改变节理的刚度和强度，依次取岩体的 1、10^{-1}、10^{-2}、10^{-3}、10^{-4}、10^{-5} 倍。

当研究节理间距影响时，固定节理强度和刚度为岩体的 10^{-3} 倍，节理倾角为 $45°$；改变节理间距，节理间距依次取 0.5m、1.0m、2.0m、3.0m、4.0m、5.0m，如图 2-35 所示。

当研究节理倾角影响时，固定节理刚度和强度为岩体的 10^{-3} 倍，节理间距为 3.0m；改变节理倾角，节理倾角依次取 $15°$、$30°$、$45°$、$60°$、$75°$、$90°$，如图 2-36 所示。

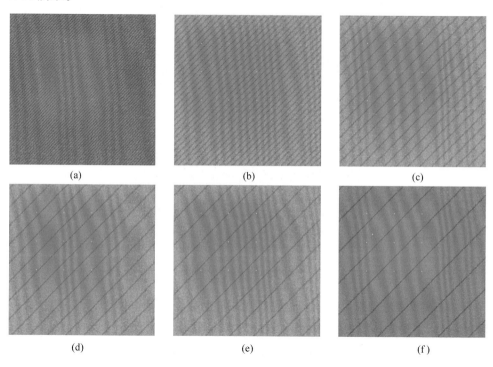

(a) (b) (c)

(d) (e) (f)

图 2-35　不同节理间距的计算模型

（a）0.5m；（b）1.0m；（c）2.0m；（d）3.0m；（e）4.0m；（f）5.0m

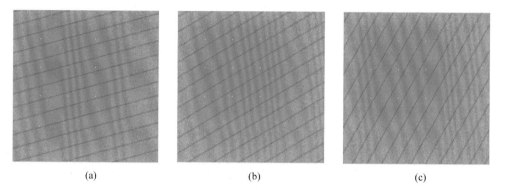

(a) (b) (c)

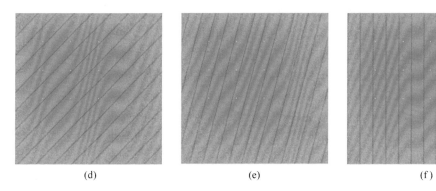

(d)   (e)   (f)

图 2-36   不同节理倾角的计算模型

（a）15°；（b）30°；（c）45°；（d）60°；（e）75°；（f）90°

2.2.5.2 节理强度的影响

不同节理强度下，爆区内岩体的最终破碎效果如图 2-37 所示。由图可得，爆破载荷激活了几乎所有的预设节理面，在自由边界处有密集的反向拉伸破坏现象。从爆破的最终破碎效果图可以看出，当节理强度等于岩体强度时的爆破效果最好，随着节理强度的减小，破碎效果逐渐减弱；当节理强度小于岩体强度的千

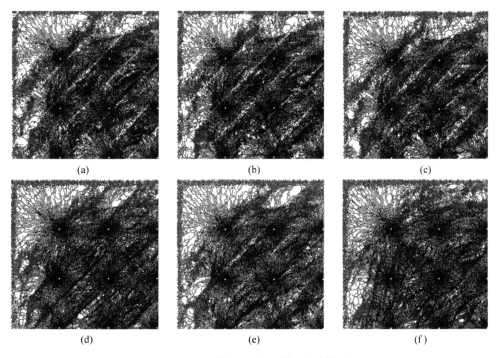

(a)   (b)   (c)

(d)   (e)   (f)

图 2-37   不同节理强度的爆区破碎效果

（a）10^{-5} 倍；（b）10^{-4} 倍；（c）10^{-3} 倍；（d）10^{-2} 倍；（e）10^{-1} 倍；（f）1 倍

分之一后,强度继续减小对破碎效果的影响不大。

不同节理强度对应的破碎块度分布曲线如图 2-38 所示。由图可得,爆破效果随着节理强度的减小逐渐变差,节理强度和岩体强度一致时,爆破效果最好;当节理强度小于岩体强度的千分之一后,统计区域的级配曲线变化不大。

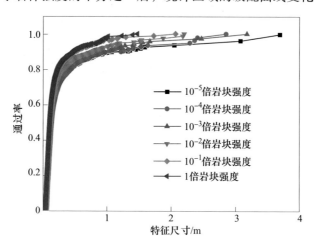

图 2-38   不同节理强度的破碎块度级配曲线

经过数据处理得到统计区域内破碎块体的平均破碎尺寸、极限破碎尺寸、系统破裂度、大块率、平均损伤因子等评价指标,列于表 2-6 中。从各指标的值可看出,节理强度和岩体强度一致时,爆破效果最好,即岩石越均匀爆破效果越好。

表 2-6   不同节理强度的爆破破碎评价指标取值

节理强度/ 岩块强度	平均破碎尺寸 /m	极限破碎尺寸 /m	大块率 /%	系统破裂度	平均损伤因子
10^{-5}	0.129	1.070	10.3	0.689	0.215
10^{-4}	0.129	1.240	10.4	0.686	0.215
10^{-3}	0.129	1.020	10.0	0.688	0.210
10^{-2}	0.123	0.790	7.5	0.709	0.183
10^{-1}	0.118	0.512	4.0	0.728	0.164
1	0.116	0.475	1.5	0.740	0.171

2.2.5.3   节理刚度的影响

不同节理强度下,爆区内岩体的最终破碎效果如图 2-39 所示。由图可得,节理刚度较高时,爆区内岩体发生了较为均匀的破碎,仅在自由面处出现大块,且在自由面处出现了大量的反射拉伸裂缝。当节理刚度较低时,仅在节理面附近出现大量破碎,在自由表面无法观察到发射拉伸裂缝。计算结果表明,节理刚度越弱，爆炸载荷的作用越被限制在爆炸点附近局部范围；传播过程中的爆炸应力波碰到了低刚度的节理，发生了提前反射，致使远离爆炸点的岩体未被破碎。

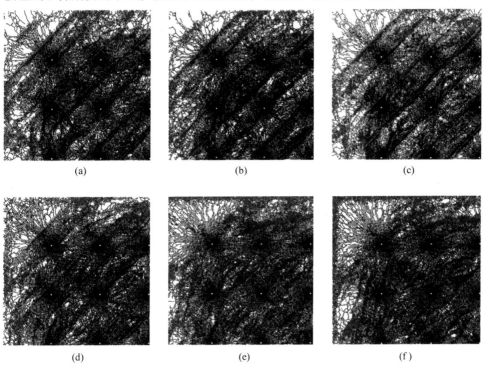

图 2-39　不同节理刚度的爆区破碎效果

（a）10^{-5}倍；（b）10^{-4}倍；（c）10^{-3}倍；（d）10^{-2}倍；（e）10^{-1}倍；（f）1 倍

不同节理刚度下的破碎块度分布曲线如图 2-40 所示。从图中可知，爆破效

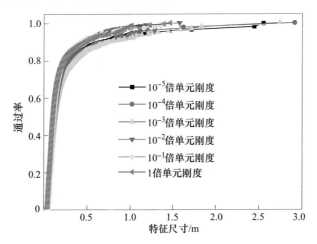

图 2-40　不同节理刚度的破碎块度级配曲线

果随着节理刚度的减小而逐渐变差，当节理的刚度小于单元刚度的千分之一后，统计区域的级配曲线变化不大。

经过数据处理得到平均破碎尺寸、极限破碎尺寸、系统破裂度、大块率、平均损伤因子等评价指标见表 2-7。从各指标的值可看出，节理刚度和岩体刚度一致时，爆破效果最好，即岩石越均匀爆破效果越好。

表 2-7   不同节理刚度的爆破破碎评价指标取值

节理强度/ 单元刚度	平均破碎尺寸 /m	极限破碎尺寸 /m	大块率 /%	系统破裂度	平均损伤因子
10^{-5}	0.127	0.683	6.4	0.695	0.135
10^{-4}	0.129	0.738	5.7	0.696	0.134
10^{-3}	0.131	0.764	8.3	0.687	0.132
10^{-2}	0.126	0.482	2.2	0.687	0.151
10^{-1}	0.117	0.438	2.5	0.738	0.171
1	0.116	0.475	1.5	0.740	0.171

2.2.5.4 节理刚度-强度联合作用的影响

在工程实际中，节理的性质相比于岩块而言不仅强度较低，而且刚度也会低于岩块。本节将节理强度和刚度同时按照一定比例折减取值，探讨刚度及强度对爆破破碎效果的共同作用。不同节理强度-刚度下，爆区内岩体的最终破碎效果如图 2-41 所示。由图可得，节理的刚度-强度较低时，爆破载荷激活了所有的预设节理面，节理面附近岩石严重破碎；节理的刚度-强度较高时，整个爆区发生了较为均匀的破碎，仅在自由面附近出现了一定比例的大块。计算结果表明，爆炸应力波在首次通过低参数的节理面时就发生了应力波的反射，反射拉伸波诱发节理附近出现了大量的破碎，而爆炸能量也被限制在爆炸点与节理面之间，从而导致远离爆炸点的位置破碎不完全。

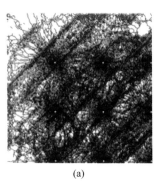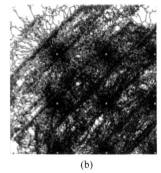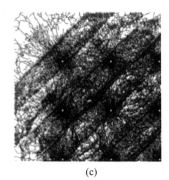

| (a) | (b) | (c) |

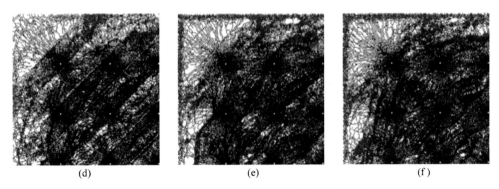

（d）　　　　　　　　　　（e）　　　　　　　　　　（f）

图 2-41　不同节理刚度-强度的爆区破碎效果

（a）10^{-5}倍；（b）10^{-4}倍；（c）10^{-3}倍；（d）10^{-2}倍；（e）10^{-1}倍；（f）1 倍

不同节理刚度-强度下的破碎块度分布曲线如图 2-42 所示。从图中可知，爆破效果随着节理刚度-强度的减小而逐渐变差。

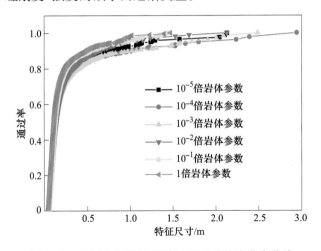

图 2-42　不同节理刚度-强度下的破碎块度分布曲线

经过数据处理得到平均破碎尺寸、极限破碎尺寸、系统破裂度、大块率、平均损伤因子等评价指标见表 2-8。从各指标的值可看出，节理参数和岩体参数一致时，爆破效果最好，即岩石越均匀爆破效果越好。

表 2-8　不同节理刚度-强度下的爆破破碎评价指标取值

节理刚度-强度与岩块的比值	平均破碎尺寸/m	极限破碎尺寸/m	大块率/%	系统破裂度	平均损伤因子
10^{-5}	0.128	0.771	7.0	0.689	0.202
10^{-4}	0.128	1.010	10.2	0.685	0.199

节理刚度-强度与岩块的比值	平均破碎尺寸/m	极限破碎尺寸/m	大块率/%	系统破裂度	平均损伤因子
10^{-3}	0.131	1.080	10.0	0.680	0.198
10^{-2}	0.133	0.614	4.2	0.691	0.192
10^{-1}	0.120	0.540	4.4	0.725	0.166
1	0.116	0.475	1.5	0.740	0.171

2.2.5.5 节理间距的影响

当研究节理间距影响时，固定节理强度和刚度为岩体参数的 10^{-3} 倍，节理倾角为 45°，改变节理间距，节理间距依次取 0.5m、1.0m、2.0m、3.0m、4.0m、5.0m。

不同节理间距下，爆区内岩体的最终破碎效果如图 2-43 所示。由图可得，当前节理参数下，随着节理间距的减小，爆破效果逐渐变差；节理的存在使得应力波在传播过程中能量大幅度衰减，当节理很密集时，岩体的破坏仅仅发生在炮孔附近，对远处岩体的破碎效果明显减弱。

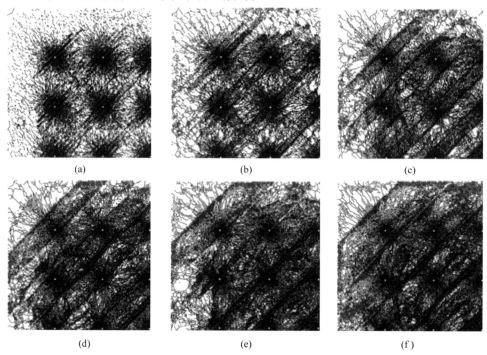

| (a) | (b) | (c) |
| (d) | (e) | (f) |

图 2-43　不同节理间距的爆区破碎效果

（a）间距＝0.5m；（b）间距＝1.0m；（c）间距＝2.0m；

（d）间距＝3.0m；（e）间距＝4.0m；（f）间距＝5.0m

不同节理间距下破碎块度分布曲线如图 2-44 所示。从图中可知，节理间距对爆区内岩体的破碎效果影响明显；随着节理间距的减小，爆破块度迅速增大；当节理间距为 0.5m 时，最大的爆破块度已经超过了 12m。

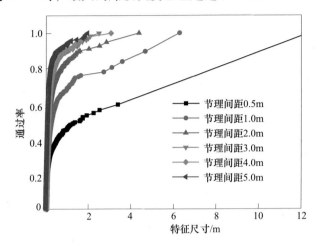

图 2-44　不同节理间距的破碎块度级配曲线

　　经过数据处理得到平均破碎尺寸、极限破碎尺寸、系统破裂度、大块率、平均损伤因子等评价指标见表 2-9。由表可得，平均破碎尺寸随着节理间距的增大逐渐减小，极限破碎尺寸随着节理间距的增大逐渐减小，大块率随着节理间距的增大而减小，系统破裂度随着节理间距的增大而增大，平均损伤因子整体变化不大。从各指标的值可看出，节理间距越大时，爆破效果越好，即岩石越均匀爆破效果越好。

表 2-9　不同节理间距的爆破破碎评价指标取值

节理间距 /m	平均破碎尺寸 /m	极限破碎尺寸 /m	大块率 /%	系统破裂度	平均损伤因子
0.5	1.600	15.000	54.5	0.433	0.290
1.0	0.284	4.670	31.5	0.501	0.220
2.0	0.158	1.610	16.0	0.620	0.193
3.0	0.131	1.050	10.0	0.680	0.198
4.0	0.134	0.889	9.5	0.677	0.190
5.0	0.116	0.517	5.8	0.732	0.198

2.2.5.6　节理倾角的影响

　　当研究节理倾角影响时，固定节理刚度和强度为岩体的 10^{-3} 倍，节理间距为 3.0m，改变节理倾角，节理倾角依次取 15°、30°、45°、60°、75°、90°。

不同节理倾角情况下，爆区内岩体的最终破碎效果如图 2-45 所示。从图中可直观的看出，当节理倾角变化时，爆破的破碎效果变化不大；在节理面附近出现了密集的破碎带，在靠近自由面的两层节理范围内出现了大量的大块。

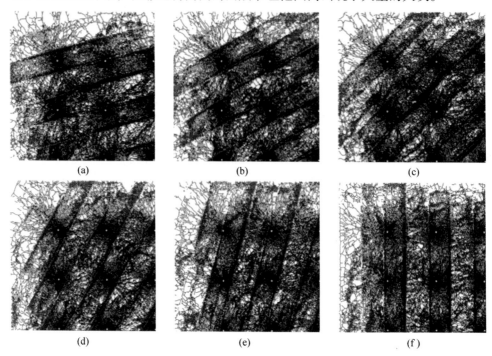

图 2-45　不同节理倾角对应的爆区破碎效果

（a）倾角=15°；（b）倾角=30°；（c）倾角=45°；（d）倾角=60°；（e）倾角=75°；（f）倾角=90°

不同节理倾角的破碎块度级配曲线如图 2-46 所示。从图中可知，爆破效果

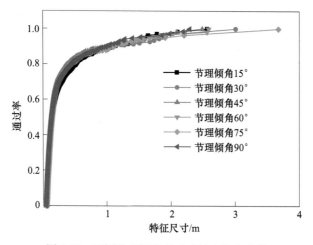

图 2-46　不同节理倾角的破碎块度级配曲线

随着节理倾角的变化有微小变化但整体差异不大，节理倾角为45°时爆破效果最好。

经过数据处理得到平均破碎尺寸、极限破碎尺寸、系统破裂度、大块率、平均损伤因子等评价指标见表2-10。从表中可以看出，各个破碎评价指标随着节理倾角的增大变化不大，节理倾角为45°时，爆破效果略优于其他岩层倾角时的效果。

表 2-10 不同节理倾角的爆破破碎评价指标取值

节理倾角/(°)	平均破碎尺寸/m	极限破碎尺寸/m	大块率/%	系统破裂度	平均损伤因子
15	0.145	1.130	10.8	0.648	0.176
30	0.137	1.040	10.7	0.666	0.190
45	0.131	1.050	10.0	0.680	0.198
60	0.137	1.060	10.4	0.662	0.185
75	0.138	1.110	11.7	0.666	0.187
90	0.138	0.982	9.5	0.666	0.184

2.2.6 顶部半截辅助孔的影响

2.2.6.1 计算模型及参数

建立如图2-47所示的二维台阶爆破数值模型，台阶高度12m，台阶角度80°。常规炮孔模式下（见图2-47（a）），共布设3个炮孔，分别命名为A、B、C，炮孔直径为250mm，炮孔深度为15m，填塞7m，装药8m，炮孔排距及首排孔A到顶部自由面的距离均为6.5m。含顶部辅助孔模式下（见图2-47（b）），炮孔A、B、C的参数与图2-47（a）的一致，仅在顶部设置a、b、c三个半截孔，半截孔的直径为250mm，孔深为7m，填塞3m，装药4m，首排半截孔到顶部自由面的距离为3.25m，各排半截孔间的距离为6.5m。

爆区岩体为赤铁矿，密度为3200kg/m³，弹性模量为60GPa，泊松比为0.25，黏聚力为36MPa，抗拉强度为12MPa，内摩擦角为40°，拉伸断裂能为50Pa·m，剪切断裂能为500Pa·m。采用瑞利阻尼进行能量耗散，临界阻尼比为10%，显著频率为500Hz。

炸药类型为乳化炸药，装药密度为1150kg/m³（二维等效后为176.9kg/m³），爆速为5600m/s，爆热为3.4MJ/kg，孔底起爆，各炮孔间延时均为42ms，爆生气体有效作用时间为15ms。常规布孔模式下的起爆顺序为A→B→C；辅助孔模式下的起爆顺序为a→A→b→B→c→C。

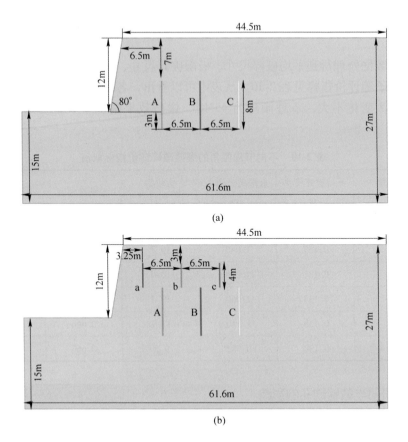

图 2-47　炮孔布设数值模型

（a）常规布孔模式（9.95 万三角形单元）；（b）含顶部辅助孔的布孔模式（10.48 万三角形单元）

2.2.6.2　计算结果分析

不同爆破时刻下，普通布孔模式下爆区岩体的破碎情况如图 2-48 所示。由图可得，首排孔起爆瞬间，孔底出现了大量的破碎现象（见图 2-48（a））；当爆炸波在斜坡表面及顶部发生反射后，导致斜坡表面及顶部表层出现大量的拉伸裂缝（见图 2-48（b））；随着爆炸波的进一步传播，在远离炮孔的位置出现了大量的拉伸裂缝（见图 2-48（c））；当爆炸时间超过 42ms 后，第二排炮孔起爆，进而导致首排与第二排之间的岩体进一步发生挤压破碎，并导致第二排炮孔后方的岩体出现破碎（见图 2-48（d））；随着爆炸时间的推移，爆区内的岩体相继破碎，在 3 个炮孔包含的区域出现了密集破碎带，而在填塞区域及自由面附近的破碎并不完全（见图 2-48（e）、（f））。

含顶部辅助孔的布孔模式下，不同爆破时刻对应的爆破岩体破碎情况如图 2-49所示。由图可得，由于辅助孔 a 先起爆，导致辅助孔 a 的孔底出现了大量的破碎

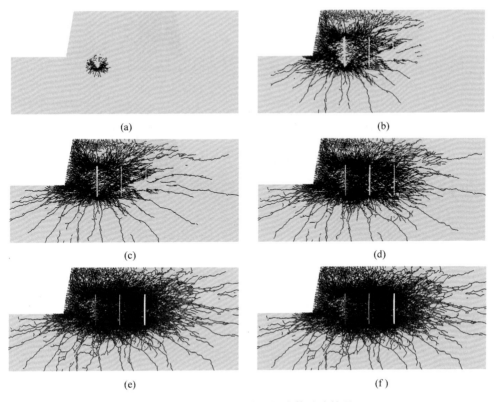

图 2-48 普通布孔方式下的岩体破碎情况

（a）0.97ms；（b）6.97ms；（c）19.0ms；（d）49.0ms；（e）103ms；（f）142ms

（见图 2-49（a））；随着爆炸时间的推移，辅助孔 a 周围的岩体均出现了充分破碎，并出现了大量延伸较远的张拉裂缝（见图 2-49（b）、（c））；当爆破时间超过 42ms 时，第二个炮孔 A 开始起爆，并导致 A 炮孔的底部出现大量的破碎（见图 2-49（d））；随着爆炸时间的推移，A 炮孔爆破产生的爆炸应力波在 a 爆破产生的裂缝处发生发射，导致在原有裂缝附近出现了大量反射拉伸缝（见图 2-49（e）、（f））；随着爆炸的继续，爆区内的岩体逐渐发生破碎解体，形成大量碎块，且自由表面处及填塞处的岩体也发生了充分的破碎（见图 2-49（g）、（h））。

　　爆破结束后，普通布孔模式及顶部辅助孔布孔模式下，爆区岩体的破碎情况如图 2-50 所示。由图可以明显看出，普通布孔模式下（见图 2-50（a）），在炮孔间的岩体较为破碎，但在填塞段、自由表面处及首个炮孔 A 的前侧破碎并不完全，存在尺寸较大的碎块；而顶部辅助孔布孔模式下（见图 2-50（b）），爆区内各处的破碎均较充分，破碎块度均较小。由图 2-50（a）及图 2-50（b）的对比可以看出，顶部辅助孔可有效改善爆破效果，减小破碎尺寸，降低大块率。

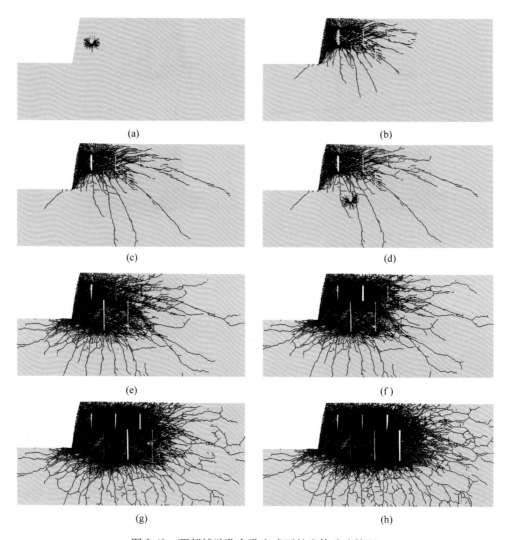

图 2-49　顶部辅助孔布孔方式下的岩体破碎情况
(a) 0.70ms；(b) 6.70ms；(c) 18.7ms；(d) 42.7ms；(e) 72.7ms；(f) 127ms；
(g) 175ms；(h) 262ms

　　两种布孔方式下，系统破碎度随爆炸时间的变化规律如图 2-51 所示。由图可得，普通布孔模式下，由于经历 3 次起爆，破裂度存在三次跃升，每次爆破引起的破裂度增加量基本一致，爆破完毕后的最终破裂度为 43%；顶部辅助孔布孔模式下，经历了 6 次起爆，因此存在 6 次破裂度的跃升，最终的破裂度约为 54%。

　　两种布孔模式下，爆破块度的分布规律如图 2-52 所示。由图可得，含辅助孔的爆破块度及大块率明显小于普通布孔模式的情况。普通布孔模式下，大块率

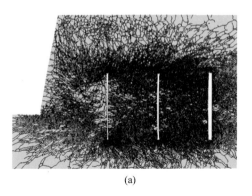
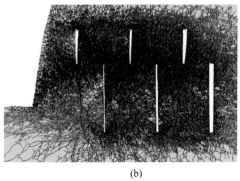

（a）   （b）

图 2-50　两种布孔模式下爆区岩体破碎情况对比

（a）普通布孔模式；（b）顶部辅助孔模式

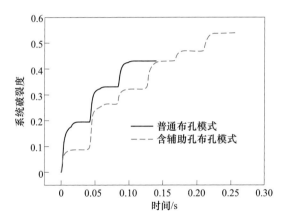

图 2-51　两种布孔模式下系统破裂度随时间的变化规律

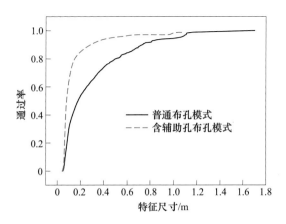

图 2-52　两种布孔模式下的爆破块度分布规律

为5.5%，平均破碎尺寸d_{50}为18cm；含顶部辅助孔的布孔模式下，大块率降低至1.5%，平均破碎尺寸d_{50}降低至8.2cm。

两种布孔模式下的爆破效果统计指标对比见表2-11。由表可以清晰地看出，炸药单耗提升50%，平均破碎尺寸d_{50}减小54%，碎块内损伤因子增大103%。由此可知，顶部设置半截辅助孔可有效改善爆破效果。

表2-11　两种布孔模式的爆破破碎评价指标对比

项　　目	普通布孔模式	含顶部辅助孔布孔模式	增减幅/%
炸药单耗/kg·t^{-1}	0.28	0.42	50
d_{50}/m	0.18	0.082	−54
大块率/%	5.5	1.5	−73
破裂度/%	43	54	26
平均损伤因子	0.059	0.12	103

2.2.7　装药结构的影响

2.2.7.1　计算模型及参数

建立如图2-53所示的二维台阶爆破数值模型，并采用9.89万三角形单元进行剖分。该台阶边坡为直立边坡，台阶高度为12m，共设置A、B、C三个炮孔，炮孔深度为15m，炮孔直径为250mm，各炮孔间的排距及首排孔到自由面的距离均为6.5m。

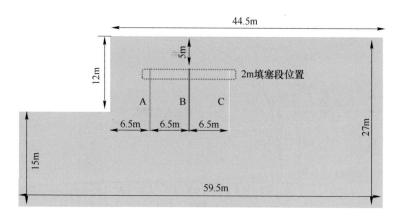

图2-53　装药结构数值模型

爆区岩体为赤铁矿，密度为 3200kg/m³，弹性模量为 60GPa，泊松比为 0.25，黏聚力为 36MPa，抗拉强度为 12MPa，内摩擦角为 40°，拉伸断裂能为 50Pa·m，剪切断裂能为 500Pa·m。采用瑞利阻尼进行能量耗散，临界阻尼比为 10%，显著频率为 500Hz。

炸药类型为乳化炸药，装药密度为 1150kg/m³（二维等效后为 176.9kg/m³），爆速为 5600m/s，爆热为 3.4MJ/kg，孔底起爆，各炮孔间延时均为 42ms，爆生气体有效作用时间为 15ms。各炮孔的起爆顺序为 A→B→C。

填塞段长度为 5m+2m，装药段总长度为 8m。重点研究 2m 填塞段所处的位置对爆破效果的影响规律。共探讨 5 种情况，分别为 2m 填塞段距孔底 0~2m（下部）、2m 填塞段距孔底 2~4m（中下部）、2m 填塞段距孔底 4~6m（中部）、2m 填塞段距孔底 6~8m（中上部）、2m 填塞段距孔底 8~10m（上部，传统方案）。

2.2.7.2　计算结果分析

爆破结束后，2m 填塞段处于不同位置时爆破岩体的破碎情况如图 2-54 所示。由图可得，除了传统方案外（见图 2-54（e）），其他方案均可使爆区的顶部充分破碎，减少大块率；图 2-54（a）中，当 2m 填塞位于孔底时，将导致超深减小至 1m，存在爆破后存留根底、岩墙的风险。因此，为了增加爆区顶部的破碎程度，同时降低根底、岩墙的风险，可将 2m 填塞设置于中下部、中部或中上部。

5 种填塞方案下的爆破块度分布曲线如图 2-55 所示，平均破碎尺寸及大块率随着 2m 填塞位置的变化规律如图 2-56 所示。由图 2-55 可得，当 2m 填塞位于上部时，块度分布曲线最靠右侧，表明爆破块度普遍偏大；当 2m 填塞位于下部时，块度分布曲线最靠左侧，表明爆破块度较小。由图 2-56 可以看出，随着 2m 填塞位置的上移，大块率呈先减小后增大的趋势，且当 2m 填塞位于中部时，大块率达到最小值，约为 3.5%；当 2m 填塞位于下部、中下部及中部时，平均破碎尺寸变化不大，约为 13cm；而当 2m 填塞位于中上部及上部时，平均破碎尺寸迅速增大至 17cm。

计算模型的系统破裂度及爆区内破碎块体内的平均损伤因子随着 2m 填塞位置的变化规律如图 2-57 所示。由图可得，随着填塞位置的上移，系统破裂度呈现出先增大后减小的趋势，当 2m 填塞段位于中部时系统破裂度达到最大值，约为 44.8%；随着 2m 填塞位置的上移，碎块内的平均损伤因子则呈现出逐渐减小的趋势。

基于以上分析可得，当 2m 填塞段距孔底 4~6m（中部）时，可以获得最佳的爆破效果。

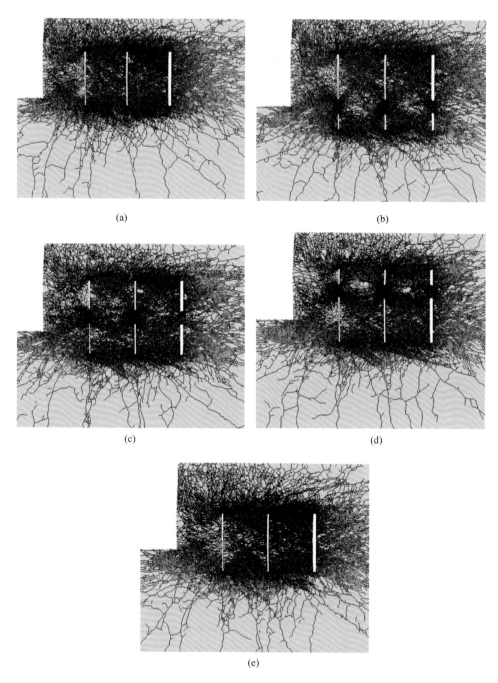

(a)

(b)

(c)

(d)

(e)

图 2-54 爆破结束后爆破岩体的破碎情况

（a）2m 填塞段距孔底 0~2m；（b）2m 填塞段距孔底 2~4m；（c）2m 填塞段距孔底 4~6m；

（d）2m 填塞段距孔底 6~8m；（e）2m 填塞段距孔底 8~10m（传统方案）

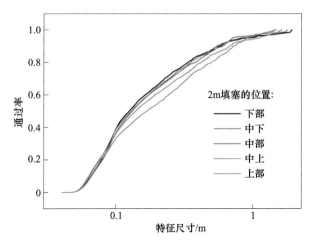

图 2-55 不同填塞方案下的块度分布曲线

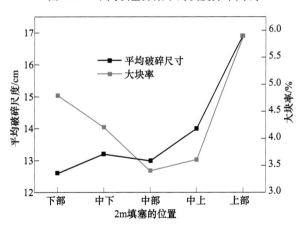

图 2-56 平均破碎尺寸及大块率随 2m 填塞位置的变化规律

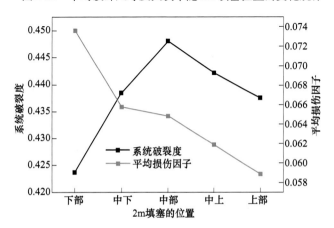

图 2-57 系统破裂度及平均损伤因子随 2m 填塞位置的变化规律

2.3 爆破参数对机械破磨效率影响规律的小型实验

本节将通过爆破漏斗实验及小台阶实验，讨论炸药单耗对爆坑体积及爆堆形态的影响，并重点分析炸药单耗对后续机械破磨能耗的影响规律。基于上述两类小型实验，一方面可以获得破碎块度、破碎总体积与炸药单耗间的对应关系，进而通过小型球磨设备的碾磨评价不同单耗下相同质量矿石碾磨成粉的效率及能耗；另一方面，小型实验结果可为数值模拟提供对比案例，检验数值模拟的正确性。

2.3.1 爆破漏斗实验

2.3.1.1 现场爆破实验概述

本次爆破漏斗实验位于鞍千矿北采区 48m 平台，矿石种类为赤铁石英岩，共布设了 8 个炮孔，炮孔直径 140mm、孔深 1.2m，各炮孔的距离约为 5～6m，炮孔布设图如图 2-58 所示。

上述 8 个炮孔共分四组（各组参数见表 2-12），其中 1 号与 5 号炮孔为第一组，每孔装药 1.5kg；2 号与 6 号炮孔为第二组，每孔装药 2kg；3 号及 7 号炮孔为第三组，每孔装药 3kg；4 号和 8 号炮孔为第四组，每孔装药为 4.3kg。

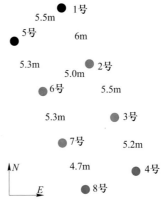

图 2-58 鞍千矿爆破漏斗实验炮孔布设图

表 2-12 各组炮孔装药情况

组别	孔号	单孔药量/kg	耦合情况	余高/m
第一组	1 号、5 号	1.5	不耦合	1.11、1.10
第二组	2 号、6 号	2	不耦合	1.05、0.98
第三组	3 号、7 号	3	耦合	0.86、0.93
第四组	4 号、8 号	4.3	耦合	0.93、0.93

爆破漏斗实验所选用的炸药为 2 号岩石乳化炸药，一卷 4.2kg。具体实验时，采用导爆管雷管进行起爆，采用 8 号电雷管在孔底起爆，并采用 10 段导爆管进行微差爆破，各组的微差起爆顺序为：第一组、第二组、第三组及第四组。

2.3.1.2 爆坑形态及破碎块度

爆破完毕后，清理漏斗区碎石，测量各漏斗的可见半径及可见深度，并对同一组内两个炮孔的测量数据进行平均，获取平均可见半径及平均可见深度与药量的关系（见图 2-59）。由图可得，随着药量的增加，平均可见半径及平均可见深度均逐渐增大，但增大趋势逐渐变缓；当药量从 1.5kg 增大至 4.3kg，平均可见半径从 0.8m 增大至 1.7m，平均可见深度从 0.3m 增大至 0.8m。

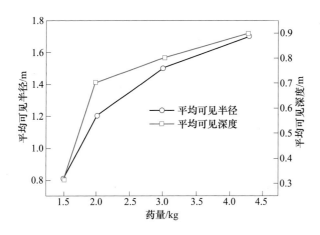

图 2-59　平均可见半径及平均可见深度随药量的变化规律

每一组各取 25kg 破碎块体进行筛分，筛孔尺寸分别为：63.0mm、53.0mm、37.5mm、20.0mm、10.0mm。各组的筛分数据见表 2-13。

表 2-13　不同组别爆破碎块的筛分

第 1 组，1 号、5 号装药量分别为 1.5kg，共计 3kg					
试样质量/g	筛孔尺寸/mm	分计筛余量/g	分计筛分率/%	累计筛分率/%	通过百分率/%
25000	>63	18800	75.2	75.2	24.8
	53~63	4300	17.2	92.4	7.6
	37.5~53	1100	4.4	96.8	3.2
	20~37.5	250	1	97.8	2.2
	10~20	100	0.4	98.2	1.2
	0~10	450	1.8	100	0
筛后总质量/g	25000				

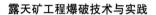

续表 2-13

		第 2 组，2 号、6 号装药量分别为 2kg，共计 4kg			
试样质量/g	筛孔尺寸 /mm	分计筛余量 /g	分计筛分率 /%	累计筛分率 /%	通过百分率 /%
25000	>63	16700	66.8	66.8	33.2
	53~63	5100	20.4	87.2	12.8
	37.5~53	1600	6.4	93.6	6.4
	20~37.5	700	2.8	96.4	3.6
	10~20	150	0.6	97	3
	0~10	745	2.98	99.98	0.02
筛后总质量/g			24995		
		第 3 组，3 号、7 号装药量分别为 3kg，共计 6kg			
试样质量/g	筛孔尺寸 /mm	分计筛余量 /g	分计筛分率 /%	累计筛分率 /%	通过百分率 /%
25000	>63	14600	58.4	58.4	41.6
	53~63	7350	29.4	87.8	12.2
	37.5~53	1950	7.8	95.6	4.4
	20~37.5	100	0.4	96	4
	10~20	500	2	98	2
	0~10	495	1.98	99.98	0.02
筛后总质量/g			24995		
		第 4 组，4 号、8 号装药量分别为 4.3kg，共计 8.6kg			
试样质量/g	筛孔尺寸 /mm	分计筛余量 /g	分计筛分率 /%	累计筛分率 /%	通过百分率 /%
25000	>63	10100	40.4	40.4	59.6
	53~63	4100	16.4	56.8	43.2
	37.5~53	6760	27.04	83.84	16.13
	20~37.5	2750	11	94.84	5.16
	10~20	500	2	96.84	3.16
	0~10	790	3.16	100	0
筛后总质量/g			25000		

　　基于表 2-13 的统计结果，绘制四组药量下的爆破块度曲线，如图 2-60、图 2-61 所示。由图可得，随着药量的增加，爆区内岩体的破碎程度逐渐增加，

平均破碎尺寸逐渐减小；63mm 筛孔通过率随着药量的增加，几乎呈线性增加趋势。

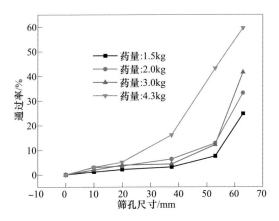

图 2-60   四组药量下的块度分布曲线

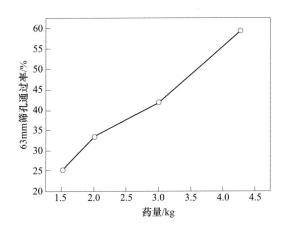

图 2-61   不同药量下 63mm 筛孔的通过率与药量的关系

2.3.1.3   矿石机械破磨能耗及效率分析

对不同药量下的爆破块度进行统计后，将表 2-13 中 10mm 以上的筛上矿石量放入破碎机中破碎，破至 2mm 以下，不同药量下的破碎能耗如图 2-62 所示。由图可得，随着药量的增加，将矿石碎块破碎至 2mm 的能耗逐渐减小，但减小趋势逐渐变缓。

矿石破碎至 2mm 后，把 25kg 矿石分成 16 等份，取其中 1 份，在此份中称量出 150g 进行筛分，筛孔尺寸分别为 1mm、0.28mm、0.154mm、0.075m，筛分结果见表 2-14。

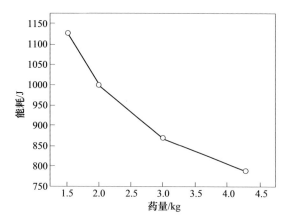

图 2-62　将矿石破碎至 2mm 所消耗的能量与药量的关系

表 2-14　不同组别破碎至 2mm 后的粒径分布

第 1 组，1 号、5 号装药量分别为 1.5kg，共计 3kg								
试样质量 /g	筛孔尺寸 /mm	Ⅰ			Ⅱ			累计筛余 百分率 平均值 /%	通过百分率 /%
		分计 筛余量 /g	分计 筛分率 /%	累计 筛分率 /%	分计 筛余量 /g	分计 筛分率 /%	累计 筛分率 /%		
100	1.0	22.6	22.6	22.6	28.7	28.7	28.7	25.7	74.3
	0.28	26.1	26.1	48.7	27.5	27.5	56.2	52.5	47.5
	0.154	20.4	20.4	69.1	18.7	18.7	74.9	72	28
	0.075	10.7	10.7	79.8	8.6	8.6	83.5	81.7	18.3
	筛底	20.1	20.1	99.9	16.4	16.4	99.9	99.9	0.1
筛后总质量/g		99.9			99.9				
第 2 组，2 号、6 号装药量分别为 2kg，共计 4kg								
试样质量 /g	筛孔尺寸 /mm	Ⅰ			Ⅱ			累计筛余 百分率 平均值 /%	通过百分率 /%
		分计 筛余量 /g	分计 筛分率 /%	累计 筛分率 /%	分计 筛余量 /g	分计 筛分率 /%	累计 筛分率 /%		
100	1.0	29.6	29.6	29.6	27.5	27.5	27.5	28.6	71.4
	0.28	25	25	54.6	24.2	24.2	51.7	53.2	46.8
	0.154	17.1	17.1	71.7	18.4	18.4	70.1	70.9	29.1
	0.075	10.7	10.7	82.4	11.4	11.4	81.5	82	18
	筛底	17.6	17.6	100	18.4	18.4	99.9	100	0
筛后总质量/g		100			99.9				

第3组，3号、7号装药量分别为3kg，共计6kg								
试样质量 /g	筛孔尺寸 /mm	I			II			累计筛余 百分率 平均值 /%	通过百分率 /%
		分计 筛余量 /g	分计 筛分率 /%	累计 筛分率 /%	分计 筛余量 /g	分计 筛分率 /%	累计 筛分率 /%		
100	1.0	24.2	24.2	24.2	26.5	26.5	26.5	25.4	74.6
	0.28	27.4	27.4	51.6	23.0	23.0	49.5	50.6	49.4
	0.154	17.1	17.1	68.7	20.2	20.2	69.7	69.2	30.8
	0.075	11.3	11.3	80	11.0	11.0	80.7	80.4	19.6
	筛底	19.9	19.9	99.9	19.2	19.2	99.9	99.9	0.1
筛后总质量/g		99.9			99.9				

第4组，4号、8号装药量分别为4.3kg，共计8.6kg								
试样质量 /g	筛孔尺寸 /mm	I			II			累计筛余 百分率 平均值 /%	通过百分率 /%
		分计 筛余量 /g	分计 筛分率 /%	累计 筛分率 /%	分计 筛余量 /g	分计 筛分率 /%	累计 筛分率 /%		
100	1.0	27.8	27.8	27.8	30.1	30.1	30.1	29.0	71
	0.28	28.6	28.6	56.4	24.2	24.2	54.3	55.4	44.6
	0.154	15.1	15.1	71.5	18.7	18.7	73.0	72.3	27.7
	0.075	9.4	9.4	80.9	8.9	8.9	81.9	81.4	18.6
	筛底	19.1	19.1	100	17.8	17.8	99.7	99.9	0.1
筛后总质量/g		100			99.7				

绘制表 2-14 中不同药量下的颗粒级配曲线，具体如图 2-63 所示。由图可得，4 种药量下的级配曲线基本一致，平均破碎尺寸 d_{50} 约为 0.3mm。

将不同药量破碎至 2mm 以下的矿石样品中分别取 500g 进行研磨，研磨时间分别为 3min、5min、10min 和 30min。达到设定的碾磨时间后，从样品中取出 100g 进行筛分，每个药量共取样筛分 2 次。筛孔尺寸为 1mm、0.28mm、0.154mm、0.075mm。不同磨矿时间下，各药量对应的筛分曲线如图 2-64 所示。由图可得，碾磨相同时间，药量越大，碾磨获得的矿粉尺寸总体越小；碾磨 10min 后，小于 $75\mu m$ 的矿粉已达 90% 以上；碾磨 30min 后，小于 $75\mu m$ 的矿粉已达 99.6% 以上。

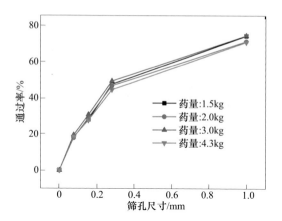

图 2-63 将矿石破碎至 2mm 后的颗粒级配曲线（碾磨前）

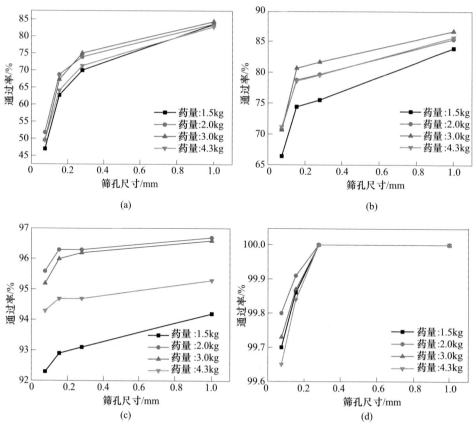

图 2-64 不同碾磨时间对应的矿粉筛分曲线

（a）碾磨 3min；（b）碾磨 5min；（c）碾磨 10min；（d）碾磨 30min

2.3.2 小型台阶爆破实验

2.3.2.1 模型实验破碎效果的预估

A 起爆延时对爆破效果的影响研究

建立如下的多排岩石爆破模型（见图 2-65），在模型顶部设置 3 排炮孔，每排 5 个炮孔，共计 15 个炮孔。炮孔直径为 0.042m，孔间距为 1.0m，到自由面的距离为 1.0m，排间距离为 1.0m，前排到自由面的距离为 1.0m，为了吸收人工边界处的反射波，在模型的右侧和底部设置 2m 渐进高阻尼消波层，模型右侧和底部进行全约束，为了保证虚拟节理的随机性，采用 Gmsh 软件进行网格剖分，网格特征尺寸为 0.02m。

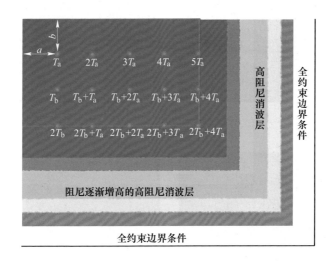

图 2-65　三排孔岩体爆破模型及起爆顺序

炸药选用乳化炸药，装药密度为 1150kg/m³，爆轰速度为 4250m/s，爆热为 3.4MJ/kg，起爆方式采用逐孔起爆方式，孔间延时为 T_a，排间延时为 T_b（起爆顺序时间用白色数字表示），模型示意图及起爆时间如图 2-65 所示。爆破块度统计区域为红色边框内框选区域。岩石类型为铁矿，普氏系数为 15.4，数值模拟时的计算参数见表 2-3。

为了研究爆破延时对爆破效果的影响作用，且考虑到当前雷管主要有 9ms、17ms、25ms、42ms、65ms 延时 5 种规格，设计如下计算案例见表 2-15，共计计算工况 10 个，在计算时始终保证排间延时大于孔间延时。

表 2-15　排间和孔间延时组合表　　　　　　　　　　　（ms）

孔间延时	排间延时			
9	17	25	42	65
17	—	25	42	65
25	—	—	42	65
42	—	—	—	65

爆破结束后，不同孔间-排间延时组合下破碎效果如图 2-66 所示。由图可以直观看出，10 种组合工况下的计算结果差异性不大。

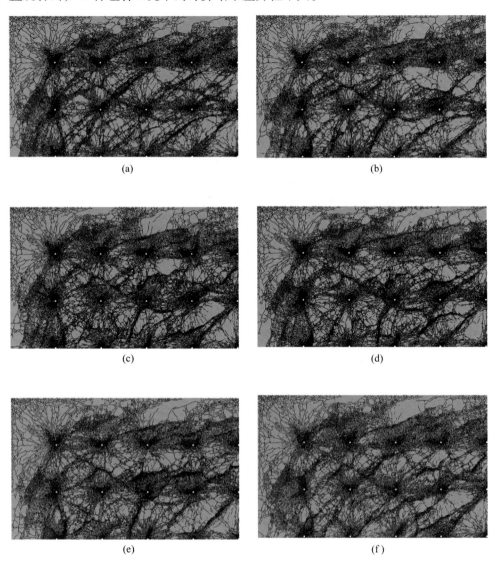

(a)　　　　　　　　　　　　　　　　　　(b)

(c)　　　　　　　　　　　　　　　　　　(d)

(e)　　　　　　　　　　　　　　　　　　(f)

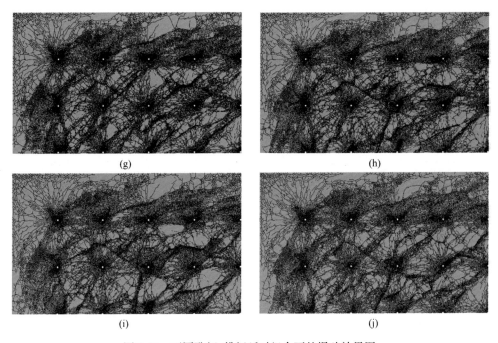

图 2-66　不同孔间-排间延时组合下的爆破效果图

（a）孔间 9ms-排间 17ms；（b）孔间 9ms-排间 25ms；（c）孔间 9ms-排间 42ms；

（d）孔间 9ms-排间 65ms；（e）孔间 17ms-排间 25ms；（f）孔间 17ms-排间 42ms；

（g）孔间 17ms-排间 65ms；（h）孔间 25ms-排间 42ms；

（i）孔间 25ms-排间 65ms；（j）孔间 42ms-排间 65ms

不同孔间-排间延时组合下的爆破块度分布曲线如图 2-67 所示。由图可得，所有的爆破破碎块体级配曲线差别不大。

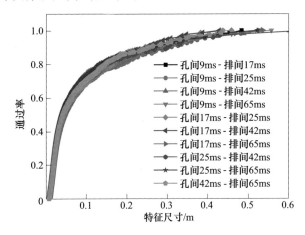

图 2-67　不同孔间-排间延时组合下对应的块度分布曲线

逐孔起爆不同孔间-排间延时组合下爆区的平均破碎尺寸 d_{50}、极限破碎尺寸 d_{90}、大块率及系统破裂度、平均损伤因子等指标见表2-16。从表中可以看出，孔间17ms排间42ms的延时情况下爆破效果最好，但整体的差别不大。

表2-16　不同孔间-排间延时组合下的评价指标取值

孔间-排间延时	平均破碎尺寸/m	极限破碎尺寸/m	系统破裂度	平均损伤因子
9ms-17ms	0.046	0.277	0.462	0.147
9ms-25ms	0.046	0.301	0.464	0.148
9ms-42ms	0.046	0.278	0.473	0.150
9ms-65ms	0.045	0.248	0.463	0.147
17ms-25ms	0.042	0.245	0.480	0.152
17ms-42ms	0.040	0.248	0.493	0.150
17ms-65ms	0.040	0.278	0.490	0.149
25ms-42ms	0.041	0.302	0484	0.150
25ms-65ms	0.041	0.268	0.493	0.146
42ms-65ms	0.042	0.251	0.482	0.150

B　炸药单耗对爆破效果的影响研究

建立如图2-68所示的多排岩石爆破模型，在模型顶部设置3排炮孔，每排5个炮孔，共计15个炮孔。炮孔直径为0.09m，孔间距为 a，到自由面的距离为 a，排间距离为 b，前排到自由面的距离为 b，为了吸收人工边界处的反射波，在模型的右侧和底部设置3m渐进高阻尼消波层，模型右侧和底部进行全约束，为了保证虚拟节理的随机性，采用Gmsh软件进行网格剖分，网格特征尺寸为0.05m。

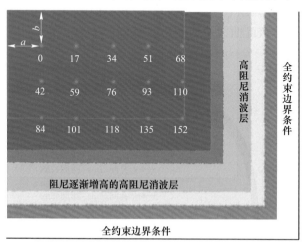

图2-68　三排孔岩体爆破模型及起爆顺序

炸药选用乳化炸药，装药密度为1150kg/m³，爆轰速度为4250m/s，爆热为

3.4MJ/kg，起爆方式采用逐孔起爆方式，孔间延时为17ms，排间延时为42ms（起爆顺序时间用白色数字表示），模型示意图及起爆时间如图2-68所示。爆破块度统计区域为红色边框内框选区域。岩石类型为铁矿，普氏系数为15.4，数值模拟时的计算参数见表2-3。

为了研究炸药单耗对爆破效果的影响作用，改变孔网参数，共设计计算工况6个，分别为：（1）$a=b=0.4$m；（2）$a=b=0.6$m；（3）$a=b=0.8$m；（4）$a=b=1.0$m；（5）$a=b=1.2$m；（6）$a=b=1.4$m。

爆破结束后，不同单耗下的爆破效果如图2-69所示。由图可以直观看出，6种工况下的破碎效果差异很大，随着孔网参数的变大（单耗的减小），破碎块度逐渐增大，破碎效果逐渐变差。

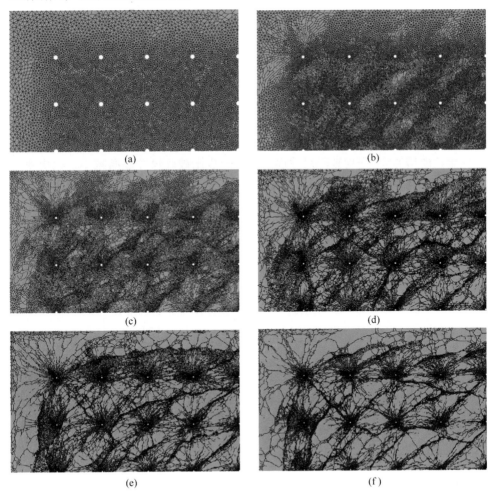

图2-69　不同单耗下的爆破效果图

（a）$a=b=0.4$m；（b）$a=b=0.6$m；（c）$a=b=0.8$m；（d）$a=b=1.0$m；（e）$a=b=1.2$m；（f）$a=b=1.4$m

不同单耗下的爆破块度分布曲线如图 2-70 所示。由图可得，随着孔网参数的变大（单耗的减小），破碎尺寸逐渐变大，破碎效果越来越差。

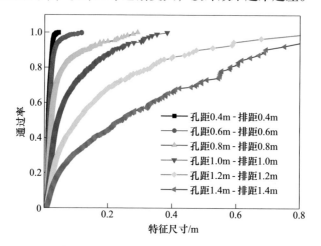

图 2-70　不同单耗下对应的块度分布曲线

逐孔起爆不同单耗下爆区的平均破碎尺寸 d_{50}、极限破碎尺寸 d_{90}、大块率及系统破裂度、平均损伤因子等指标见表 2-17。从表中可看出，随着孔网参数的减小（单耗的增加），平均破碎尺寸逐渐减小，极限破碎尺寸逐渐减小，大块率逐渐减小，系统破裂度逐渐增大，平均损伤因子逐渐增大，所有指标都表明，增大单耗可以明显改善爆破效果。

表 2-17　不同孔间-排间延时组合下的评价指标取值

孔网参数	平均破碎尺寸/m	极限破碎尺寸/m	系统破裂度	平均损伤因子
0.4×0.4	0.012	0.023	0.937	0.320
0.6×0.6	0.015	0.031	0.607	0.233
0.8×0.8	0.022	0.135	0.311	0.180
1.0×1.0	0.044	0.219	0.167	0.150
1.2×1.2	0.106	0.512	0.0004	0.000
1.4×1.4	0.242	0.691	0.0003	0.000

2.3.2.2　现场实验

在前期预研分析以及第一次小台阶实验工作的基础上，在鞍千矿北采区西部 36m 平台开展第二次小台阶爆破实验研究，以期为工程设计提供有力的数据支持。小台阶实验的尺度缩比仍为 1∶10，通过改变孔网负担面积来控制单耗药量，以及单耗不变条件下改变装药结构，并通过对比寻求优化的方案。该区矿石的种类为赤铁石英岩。

A 实验方案设计

随着认识的不断深入，根据第一次小台阶实验结果并结合现场的施工条件，仍进行连续装药结构的实验，分为 4 个不同爆破参数的区域，每区 16 个孔，布孔形式为矩形，每孔用 2 发雷管在孔底起爆。根据每孔的平均负担面积，单耗药量变化范围为 0.18~0.56kg/t。最终实验的参数见表 2-18。

表 2-18 实验用孔网参数

| 区号 | 孔数 | 孔网参数/m | | | | | 孔担面积/m² | 爆破量/t | 装药量/kg | | 装药长度/m | 填塞长度/m | 单耗/kg·t⁻¹ |
		孔距	排距	孔深	底盘抵抗线	超深			单孔药量	总药量			
Ⅰ区	16	1.2	1.0	1.5	0.8	0.3	1.20	4.752	1.00	16	1.00	0.5	0.2104
Ⅱ区	16	1.0	1.0	1.5	0.8	0.3	1.00	3.96	1.00	16	1.00	0.5	0.2525
Ⅲ区	16	1.0	0.8	1.5	0.8	0.3	0.80	3.168	0.80	12.8	0.80	0.7	0.2525
Ⅳ区	16	0.8	0.8	1.4	0.7	0.2	0.64	2.5344	0.80	12.8	0.80	0.6	0.3157
Ⅴ区	16	0.8	0.6	1.4	0.7	0.2	0.48	1.9008	0.80	12.8	0.80	0.6	0.4209
Ⅵ区	16	0.6	0.6	1.4	0.7	0.2	0.36	1.4256	0.80	12.8	0.80	0.6	0.5612
合计	96									83.2			

注：1. 段高 1.2m，坡面角 65°，矿石体积质量 3.3t/m³；

2. 炮孔孔径 42mm，按布孔按矩形（4m×4m），每区 16 个；

3. 各区沿台阶走向布置，各区之间间隔距离 2.5~3m；

4. 药卷直径 32mm，长度 200mm，单重 200g；

5. 用导爆管雷管起爆，每孔 2 发。

B 现场爆破实验及块度测试

实验于 2017 年 12 月 10 日进行，爆破前首先进行了孔网参数的测量及确认（见图 2-71），测量完毕后进行起爆网路的连接（见图 2-72）。

起爆网路连接并检查完毕后，开始起爆，4 个区域一次完成爆破。爆破后人员进场，对各区域的爆破块度进行拍照统计（见图 2-73）。

C 矿石破磨能耗测试及分析

在每个爆区随机取 25kg 破碎块体，并将这些块体破碎至 2mm，所消耗的能量见表 2-19。由表可得，随着炸药单耗的增大，将特定体积矿石破碎至 2mm 矿

图 2-71　孔网参数的测量及确认

图 2-72　起爆网路的连接

粒所消耗的能量呈逐渐减小趋势；当炸药单耗超过 0.32kg/t 后，随着炸药单耗的增大，破磨消耗的能量变化不大。

表 2-19　不同爆区爆破碎块破碎至 2mm 所消耗的能量

爆区名称	I	II	III	IV
炸药单耗/kg·t^{-1}	0.18	0.25	0.32	0.56
消耗能量/J	918	804	716	708

图 2-73 不同爆区爆破后的块度分布测试

（a）Ⅰ区爆破块度；（b）Ⅱ区爆破块度；（c）Ⅲ区爆破块度；（d）Ⅳ区爆破块度

从不同药量破碎至 2mm 以下的矿石样品中分别取 500g 进行研磨，研磨时间分别为 3min、5min、10min 和 30min。达到设定的碾磨时间后，从样品中取出 100g 进行筛分，每个样品共取样筛分 2 次。筛孔尺寸为 1mm、0.28mm、0.154mm、0.075mm。不同碾磨时间下不用药量对应的颗粒尺寸见表 2-20~表 2-23。

不同碾磨时间下的矿粉级配曲线如图 2-74 所示。由图可得，随着碾磨时间的增大，矿粉颗粒逐渐减小；当碾磨时间超过 10min 后，小于 75μm 的矿粉颗粒达到 92% 以上；碾磨 30min 后，小于 75μm 的矿粉颗粒达到 99% 以上。由图还可以看出，随着炸药单耗的增大，相同碾磨时间下对应的矿粉颗粒越细，表明高单耗有助于提高矿石内部的损伤程度，进而提升碾磨效率。

表 2-20　磨矿时间 3min 的矿样研磨筛分记录表

第 1 组实验（炸药单耗为 0.18kg/t）								
试样质量 /g	筛孔尺寸 /mm	Ⅰ			Ⅱ			累计筛余 百分率 平均值 /%	通过百分率 /%
		分计 筛余量 /g	分计 筛分率 /%	累计 筛分率 /%	分计 筛余量 /g	分计 筛分率 /%	累计 筛分率 /%		
100	1.0	13.8	13.8	13.8	14.4	14.4	14.4	14.1	85.9
	0.28	10.4	10.4	24.2	10.9	10.9	25.3	24.8	75.2
	0.154	9.7	9.7	33.9	8.3	8.3	33.6	33.8	66.2
	0.075	9.6	9.6	43.5	10.8	10.8	44.4	44.0	56
	筛底	56.4	56.4	100	55.5	55.5	100	100	0
筛后总质量/g		99.9			99.9				

第 2 组实验（炸药单耗为 0.25kg/t）								
试样质量 /g	筛孔尺寸 /mm	Ⅰ			Ⅱ			累计筛余 百分率 平均值 /%	通过百分率 /%
		分计 筛余量 /g	分计 筛分率 /%	累计 筛分率 /%	分计 筛余量 /g	分计 筛分率 /%	累计 筛分率 /%		
100	1.0	13.6	13.6	13.6	12.5	12.5	12.5	13.0	87
	0.28	13.4	13.4	27.0	12.3	12.3	24.8	25.9	74.1
	0.154	8.8	8.8	35.8	10.5	10.5	35.3	35.6	64.4
	0.075	10.6	10.6	46.4	11.9	11.9	47.2	46.8	53.2
	筛底	53.5	53.5	100	52.8	52.8	100	100	0
筛后总质量/g		99.9			100				

第 3 组（炸药单耗为 0.32kg/t）								
试样质量 /g	筛孔尺寸 /mm	Ⅰ			Ⅱ			累计筛余 百分率 平均值 /%	通过百分率 /%
		分计 筛余量 /g	分计 筛分率 /%	累计 筛分率 /%	分计 筛余量 /g	分计 筛分率 /%	累计 筛分率 /%		
100	1.0	10.6	10.6	10.6	11.6	11.6	11.6	11.1	88.9
	0.28	9.7	9.7	20.3	9.2	9.2	20.8	20.6	79.4
	0.154	13.5	13.5	33.8	12.1	12.1	32.9	33.4	66.6
	0.075	9.4	9.4	43.2	11.2	11.2	44.1	43.7	56.3
	筛底	56.8	56.8	100	55.8	55.8	100	100	0
筛后总质量/g		100			99.9				

续表 2-20

试样质量 /g	筛孔尺寸 /mm	第4组实验（炸药单耗为0.56kg/t）						累计筛余 百分率 平均值 /%	通过百分率 /%
		I			II				
		分计 筛余量 /g	分计 筛分率 /%	累计 筛分率 /%	分计 筛余量 /g	分计 筛分率 /%	累计 筛分率 /%		
100	1.0	8.8	8.8	8.8	9.4	9.4	9.4	9.1	90.9
	0.28	9.3	9.3	18.1	8.9	8.9	18.3	18.2	81.8
	0.154	10.6	10.6	28.7	9.8	9.8	28.1	28.4	71.6
	0.075	8.6	8.6	37.3	9.4	9.4	37.5	37.4	62.6
	筛底	62.7	62.7	100	62.5	62.5	100	100	0
筛后总质量/g		100			100				

表 2-21　磨矿时间 5min 的矿样研磨筛分记录表

试样质量 /g	筛孔尺寸 /mm	第1组实验（炸药单耗为0.18kg/t）						累计筛余 百分率 平均值 /%	通过百分率 /%
		I			II				
		分计 筛余量 /g	分计 筛分率 /%	累计 筛分率 /%	分计 筛余量 /g	分计 筛分率 /%	累计 筛分率 /%		
100	1.0	7.6	7.6	7.6	8.2	8.2	8.2	7.9	92.1
	0.28	7.2	7.2	14.8	6.3	6.3	14.5	14.7	85.3
	0.154	5.9	5.9	20.7	6.6	6.6	21.1	20.9	79.1
	0.075	2.6	2.6	23.3	5.3	5.3	26.4	24.9	75.1
	筛底	76.6	76.6	100	73.5	73.5	100	100	0
筛后总质量/g		99.9			99.9				

试样质量 /g	筛孔尺寸 /mm	第2组实验（炸药单耗为0.25kg/t）						累计筛余 百分率 平均值 /%	通过百分率 /%
		I			II				
		分计 筛余量 /g	分计 筛分率 /%	累计 筛分率 /%	分计 筛余量 /g	分计 筛分率 /%	累计 筛分率 /%		
100	1.0	8.6	8.6	8.6	7.3	7.3	7.3	8.0	92
	0.28	5.4	5.4	14.0	6.2	6.2	13.5	13.8	86.2
	0.154	6.2	6.2	20.2	5.0	5.0	18.5	19.4	80.6
	0.075	3.4	3.4	23.6	4.1	4.1	22.6	23.1	76.9
	筛底	76.4	76.4	100	77.4	77.4	100	100	0
筛后总质量/g		100			100				

续表 2-21

第3组实验（炸药单耗为 0.32kg/t）								
试样质量 /g	筛孔尺寸 /mm	I			II			累计筛余 百分率 平均值 /%	通过百分率 /%
		分计 筛余量 /g	分计 筛分率 /%	累计 筛分率 /%	分计 筛余量 /g	分计 筛分率 /%	累计 筛分率 /%		
100	1.0	5.3	5.3	5.3	7.4	7.4	7.4	6.4	93.6
	0.28	7.4	7.4	12.7	4.1	4.1	11.5	12.1	87.9
	0.154	4.8	4.8	17.5	3.2	3.2	14.7	16.1	83.9
	0.075	4.4	4.4	21.9	5.7	5.7	20.4	21.2	78.8
	筛底	78.0	78.0	100	79.5	79.5	100	100	0
筛后总质量/g		99.9			99.9				

第4组实验（炸药单耗为 0.56kg/t）								
试样质量 /g	筛孔尺寸 /mm	I			II			累计筛余 百分率 平均值 /%	通过百分率 /%
		分计 筛余量 /g	分计 筛分率 /%	累计 筛分率 /%	分计 筛余量 /g	分计 筛分率 /%	累计 筛分率 /%		
100	1.0	4.3	4.3	4.3	3.9	3.9	3.9	4.1	95.9
	0.28	6.8	6.8	11.1	4.8	4.8	8.7	9.9	90.1
	0.154	3.7	3.7	14.8	3.5	3.5	12.2	13.5	86.5
	0.075	5.5	5.5	20.3	6.9	6.9	19.1	19.7	80.3
	筛底	79.7	79.7	100	80.9	80.9	100	100	0
筛后总质量/g		100			100				

表 2-22　磨矿时间 10min 的矿样研磨筛分记录表

第1组实验（炸药单耗为 0.18kg/t）								
试样质量 /g	筛孔尺寸 /mm	I			II			累计筛余 百分率 平均值 /%	通过百分率 /%
		分计 筛余量 /g	分计 筛分率 /%	累计 筛分率 /%	分计 筛余量 /g	分计 筛分率 /%	累计 筛分率 /%		
100	1.0	3.6	3.6	3.6	4.2	4.2	4.2	3.9	96.1
	0.28	0.6	0.6	4.2	1.3	1.3	5.5	4.9	95.1
	0.154	1.9	1.9	6.1	1.6	1.6	7.1	6.6	93.4
	0.075	1.5	1.5	7.6	1.3	1.3	8.4	8.0	92.0
	筛底	92.3	92.3	100	91.5	91.5	100	100	0
筛后总质量/g		99.9			99.9				

第 2 组实验（炸药单耗为 0.25kg/t）								
试样质量 /g	筛孔尺寸 /mm	I			II			累计筛余 百分率 平均值 /%	通过百分率 /%
		分计 筛余量 /g	分计 筛分率 /%	累计 筛分率 /%	分计 筛余量 /g	分计 筛分率 /%	累计 筛分率 /%		
100	1.0	3.6	3.6	3.6	3.1	3.1	3.1	3.4	96.6
	0.28	0.4	0.4	4.0	1.0	1.0	4.1	4.1	95.9
	0.154	1.2	1.2	5.2	0.8	0.8	4.9	5.1	94.9
	0.075	1.2	1.2	6.4	1.1	1.1	6.0	6.2	93.8
	筛底	93.6	93.6	100	94.0	94.0	100	100	0
筛后总质量/g		100			100				

第 3 组实验（炸药单耗为 0.32kg/t）								
试样质量 /g	筛孔尺寸 /mm	I			II			累计筛余 百分率 平均值 /%	通过百分率 /%
		分计 筛余量 /g	分计 筛分率 /%	累计 筛分率 /%	分计 筛余量 /g	分计 筛分率 /%	累计 筛分率 /%		
100	1.0	2.3	2.3	2.3	1.5	1.5	1.5	1.9	98.1
	0.28	1.4	1.4	3.7	1.6	1.6	3.1	3.4	96.6
	0.154	0.5	0.5	4.2	0.8	0.8	3.9	4.1	95.9
	0.075	1.1	1.1	5.3	1.6	1.6	5.5	5.4	94.6
	筛底	94.6	94.6	100	94.4	94.4	100	100	0
筛后总质量/g		99.9			99.9				

第 4 组实验（炸药单耗为 0.56kg/t）								
试样质量 /g	筛孔尺寸 /mm	I			II			累计筛余 百分率 平均值 /%	通过百分率 /%
		分计 筛余量 /g	分计 筛分率 /%	累计 筛分率 /%	分计 筛余量 /g	分计 筛分率 /%	累计 筛分率 /%		
100	1.0	1.5	1.5	1.5	1.6	1.6	1.6	1.6	98.4
	0.28	1.4	1.4	2.9	0.6	0.6	2.2	2.6	97.4
	0.154	0.5	0.5	3.4	1.2	1.2	3.4	3.4	96.6
	0.075	0.8	0.8	4.2	0.4	0.4	3.8	4.0	96
	筛底	95.8	95.8	100	96.2	96.2	100	100	0
筛后总质量/g		100			100				

表 2-23 磨矿时间 30min 的矿样研磨筛分记录表

		第1组实验(炸药单耗为 0.18kg/t)							
		I			II			累计筛余	
试样质量 /g	筛孔尺寸 /mm	分计 筛余量 /g	分计 筛分率 /%	累计 筛分率 /%	分计 筛余量 /g	分计 筛分率 /%	累计 筛分率 /%	百分率 平均值 /%	通过百分率 /%
	1.0	0	0	0	0	0	0	0	100
	0.28	0	0	0	0	0	0	0	100
100	0.154	0.2	0.2	0.2	0.1	0.1	0.1	0.15	99.85
	0.075	0.5	0.5	0.7	0.5	0.5	0.6	0.65	99.35
	筛底	99.2	99.2	100	99.4	99.4	100	100	0
筛后总质量/g		99.9			100				

		第2组实验(炸药单耗为 0.25kg/t)							
		I			II			累计筛余	
试样质量 /g	筛孔尺寸 /mm	分计 筛余量 /g	分计 筛分率 /%	累计 筛分率 /%	分计 筛余量 /g	分计 筛分率 /%	累计 筛分率 /%	百分率 平均值 /%	通过百分率 /%
	1.0	0	0	0	0	0	0	0	100
	0.28	0	0	0	0	0	0	0	100
100	0.154	0.2	0.2	0.2	0.4	0.4	0.4	0.30	99.70
	0.075	0.3	0.3	0.5	0.1	0.1	0.5	0.5	99.50
	筛底	99.5	99.5	100	99.4	99.4	100	100	0
筛后总质量/g		100			99.9				

		第3组实验(炸药单耗为 0.32kg/t)							
		I			II			累计筛余	
试样质量 /g	筛孔尺寸 /mm	分计 筛余量 /g	分计 筛分率 /%	累计 筛分率 /%	分计 筛余量 /g	分计 筛分率 /%	累计 筛分率 /%	百分率 平均值 /%	通过百分率 /%
	1.0	0	0	0	0	0	0	0	100
	0.28	0	0	0	0	0	0	0	100
100	0.154	0.1	0.1	0.1	0.1	0.1	0.1	0.1	99.9
	0.075	0.1	0.1	0.1	0.2	0.2	0.3	0.2	99.8
	筛底	99.7	99.7	100	99.7	99.7	100	100	0
筛后总质量/g		99.9			100				

试样质量 /g	筛孔尺寸 /mm	I			II			累计筛余 百分率 平均值 /%	通过百分率 /%
		分计 筛余量 /g	分计 筛分率 /%	累计 筛分率 /%	分计 筛余量 /g	分计 筛分率 /%	累计 筛分率 /%		
		第 4 组实验（炸药单耗为 0.56kg/t）							
100	1.0	0	0	0	0	0	0	0	100
	0.28	0	0	0	0	0	0	0	100
	0.154	0.1	0.1	0.1	0.1	0.1	0.1	0.1	99.9
	0.075	0.1	0.1	0.2	0.1	0.1	0.2	0.2	99.8
	筛底	99.8	99.8	100	99.8	99.8	100	100	0
筛后总质量/g		100			100				

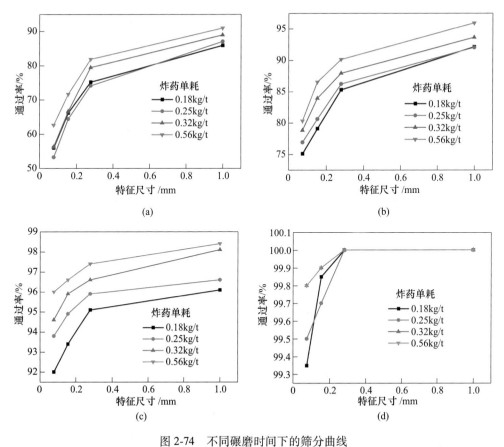

图 2-74 不同碾磨时间下的筛分曲线

（a）碾磨 3min；（b）碾磨 5min；（c）碾磨 10min；（d）碾磨 30min

不同碾磨时间下，小于75μm的矿粉比例随炸药单耗的变化规律如图2-75所示。由图可以清晰地看出，随着炸药单耗的提升，相同碾磨时间下，小于75μm的矿粉比例将逐渐提升，表明提高炸药单耗确实可以提升碾磨效率，降低碾磨成本。由图还可以进一步看出，随着碾磨时间的增大，炸药单耗对碾磨效率的提升将逐渐减小。

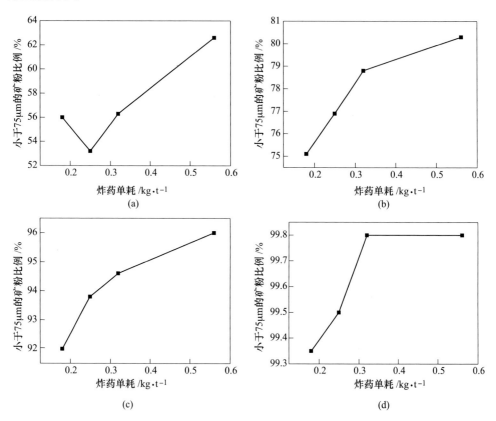

图 2-75　不同碾磨时间下小于75μm的矿粉比例与炸药单耗的关系

（a）碾磨 3min；（b）碾磨 5min；（c）碾磨 10min；（d）碾磨 30min

2.4　基于断裂能耗的矿石破磨成本估算

2.4.1　影响采选总成本的主控因素及计算框架

爆破开采是露天矿开采的首要环节，爆破效果将直接影响后续的铲装、运输、破磨等多个环节。因此，研究采选总成本的主控因素，重点需要研究影响爆破效果的主控因素。经过分析，影响爆破效果的因素包含炸药参数、岩块参数、节理参数、台阶及孔网几何参数等4个类别，共35个参数，具体为：

（1）炸药参数（3个）：装药密度ρ_w、爆速D、爆热Q_w。

（2）岩块参数（8个）：密度ρ、纵波波速c_p、横波波速c_s、抗拉强度σ_t、黏聚力c、内摩擦角ϕ、拉伸断裂能G_t及剪切断裂能G_s。

（3）节理参数（12个）：倾向φ_i、倾角κ_i、间距d_i、迹长R_i、空隙G_i、节理单位面积法向刚度k_n、节理单位面积切向刚度k_s、节理黏聚力C_i、节内摩擦角Φ_i、节理抗拉强度T_i、节理拉伸断裂能G_{fi}、节理剪切断裂能G_{si}。（i为第i组节理）

（4）台阶与孔网几何参数（12个）：坡高H、坡角θ、孔间距a、排距b、钻孔直径d、堵塞长度L_1、装药长度L_2、底盘抵抗线W、炮孔列数n_1、炮孔排数n_2、孔间延时t_1、排间延时t_2。

对上述35个参数进行综合分析，可形成3个主控的无量纲量，分别为动态与岩体强度的比$\dfrac{\rho_w D^2}{8\sigma_t}$，输入能量与破裂耗能的比$\dfrac{\rho_w Q_w d^3}{G_f ab}$，以及炸药单耗$Q$。

同时，形成了3个用于评价爆破效果的主要指标，分别为爆区碎块平均损伤因子D_a（主要用于评价机械破磨成本）、大块率B_r（主要用于评价二次爆破成本）及爆堆松散系数K（主要用于评价铲装成本）。

研究爆破效果与影响因素间的关系，重点是要研究上述3个无量纲自变量与3个无量纲因变量之间的关系，具体见式（2-6）。

$$D_a,\ B_r,\ K = f\left(\frac{\rho_w D^2}{8\sigma_t},\ \frac{\rho_w Q_w d^3}{G_f ab},\ Q\right) \tag{2-6}$$

由此，可以建立采选总成的计算框架，为：

$$\underset{\text{总成本}}{M_t} = \boxed{\underset{\text{爆破成本}}{M_0 V} + \underset{\text{机械破磨成本}}{M_1(1-D_a)V}} + \underset{\text{二次破碎成本}}{M_2 B_r V} + \underset{\text{铲装成本}}{M_3 K V} \tag{2-7}$$

式中　M_t——采选总成本；

M_0——爆破单位体积矿石所消耗的成本（根据炸药单耗、钻孔等计算）；

M_1——将单位体积完整矿块破碎成矿粉的成本；

M_2——二次破碎单位体积矿石所消耗的成本；

M_3——铲装单位体积矿石所消耗的成本；

V——爆区体积；

D_a——破碎块体平均损伤因子；

B_r——大块率；

K——爆堆松散系数。

注：式中，运输成本是一个固定量，计算总成本时不予考虑。

2.4.2 破碎尺度与破碎能耗的对应关系

无论用化学能，还是用机械能，为了将矿石变成矿粉，均需要消耗能量；将单位体积的矿石破碎成特定尺寸的矿粉，所必需消耗的最小能量是确定的，这主要由岩石的断裂及破裂面积决定。

断裂能是矿石发生单位面积断裂所消耗的能量，断裂能是材料表面自由能的2倍。

$$G_f = 2\gamma_s \tag{2-8}$$

式中，G_f 为材料的断裂能，γ_s 为材料的表面能。

设待破碎的矿石体积为 V，并假设破碎成的小块为立方体，且立方体尺寸为 x，则破碎出的小块数量 n 可表述为：

$$n = V/x^3 \tag{2-9}$$

单个立方块的表面积为：

$$S = 6x^2 \tag{2-10}$$

所有立方块的总表面积可表示为：

$$S_t = 6V/x \tag{2-11}$$

则矿石破碎到对应块度需要消耗的能量为：

$$E = 6\gamma_s V/x = 3G_f V/x \tag{2-12}$$

令某矿石的体积 $V = 1\mathrm{m}^3$，断裂能为 $100\mathrm{J/m}^2$，则矿石的破碎块度与能耗之间的关系如图 2-76 所示。由图可得，随着破碎尺度的减小，断裂单位体积的能耗迅速增大。

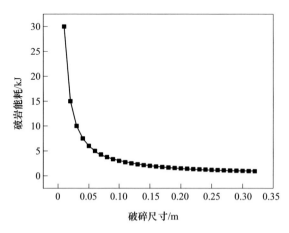

图 2-76 一致性强度下破岩能耗与破碎尺寸的对应关系

根据前人的研究成果，随着尺度的减小，岩石的强度逐渐提高，可以表示为

$$\sigma_e = \sigma_m + \sigma_0 e^{-x/d_0} \tag{2-13}$$

式中，σ_e 为当前尺度下岩体的强度；σ_m 为无限大尺寸下岩体的强度；σ_0 为特征强度；d_0 为特征尺寸。

可假定不同尺度下的断裂能也满足式（2-13）所示的形式，为：

$$G_f = G_m + G_0 e^{-x/d_0} \tag{2-14}$$

式中，G_f 为当前尺度下岩体的断裂能；G_m 为无限大尺寸下岩体的断裂能；G_0 为特征断裂能。

将式（2-14）代入式（2-12），可得破碎到特定尺寸时消耗的能量为：

$$E = 3V(G_m + G_0 e^{-x/d_0})/x \tag{2-15}$$

令 $V = 1\text{m}^3$，G_m 为 100J/m^2，G_0 为 200J/m^2，d_0 为 0.2m，则矿石的破碎块度与能耗之间的关系如图 2-77 所示。

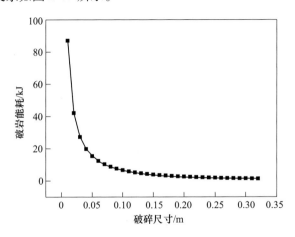

图 2-77 非一致性强度下破岩能耗与破碎尺寸的对应关系

在实际的矿石破碎过程中，矿石破碎的块度尺寸是存在一定分布的，并不是一个统一的值。工程中常采用 R-R 曲线进行块度分布的表征，为：

$$R = 1 - e^{-(x/X_0)^n} \tag{2-16}$$

式中，R 为某粒径下的筛下累积率（通过率）；x 为岩块粒径或筛孔直径，m；X_0 为特征粒径，其数值等于筛下累积率为 63.21% 的块度尺寸，m；n 为块度分布不均匀指数。

对式（2-16）求导可得块度分布的密度函数，为：

$$f = \frac{1}{X_0}\left(\frac{x}{X_0}\right)^{n-1} e^{-(x/X_0)^n} \tag{2-17}$$

取 X_0 为 0.2m，n 取 0.3、0.7、1.1、1.5、1.9，则基于 R-R 曲线的块度分布曲线及概率密度特征如图 2-78 所示。由图可得，不均匀指数 n 越小，小尺寸的块度占比越大，不均匀指数 n 越大，大尺寸的块度占比越小；当不均匀指数 n

小于 1 时，特征尺寸越小，概率密度越大；当不均匀指数 n 大于 1 时，随着特征尺寸的增大，概率密度呈现出先增大后减小的发展趋势，且随着 n 的增大，概率密度出现峰值时的特征尺寸也逐渐增大。

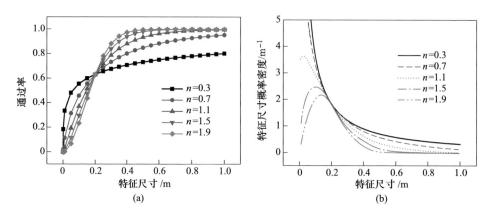

图 2-78　基于 $R\text{-}R$ 分布的块度分布曲线及概率密度曲线

根据式（2-17），破碎块体的尺寸从 x 到 $x+\mathrm{d}x$ 对应的破碎体积为：

$$\mathrm{d}V_x = \frac{1}{X_0}\left(\frac{x}{X_0}\right)^{n-1}\mathrm{e}^{-(x/X_0)^n}V\mathrm{d}x \tag{2-18}$$

根据式（2-15）可得，破碎块体消耗的总能量可表述为：

$$E = \int_0^V \frac{3(G_\mathrm{m} + G_0\mathrm{e}^{-x/d_0})}{x}\mathrm{d}V_x \tag{2-19}$$

将式（2-18）代入式（2-19），可得：

$$E = \int_{d_\mathrm{min}}^{d_\mathrm{max}} \frac{3(G_\mathrm{m} + G_0\mathrm{e}^{-x/d_0})}{x}\frac{1}{X_0}\left(\frac{x}{X_0}\right)^{n-1}\mathrm{e}^{-(x/X_0)^n}V\mathrm{d}x \tag{2-20}$$

式中，d_min 及 d_max 为破碎块体群中的最小破碎尺寸及最大破碎尺寸。

若不考虑断裂能的尺度效应，则根据式（2-21）可得考虑块度分布情况下的破碎能耗为：

$$E = \int_{d_\mathrm{min}}^{d_\mathrm{max}} \frac{3G_\mathrm{f}}{x}\frac{1}{X_0}\left(\frac{x}{X_0}\right)^{n-1}\mathrm{e}^{-(x/X_0)^n}V\mathrm{d}x \tag{2-21}$$

考虑到式（2-20）及式（2-21）没有积分解，实际计算时，可采用数值积分的方式，获得近似解。

2.4.3　矿石爆破–破磨成本估算

根据理论分析及数值模拟的结果，爆堆的平均块度 d_{50} 与炸药单耗间呈负指数关系（见式（2-22）），爆堆内各破碎块体的平均损伤因子 D_a 与炸药单耗间呈线性关系（见式（2-23））。

$$d_{50} = aQ^b d \tag{2-22}$$

$$D_a = \alpha + \beta \ln(Q + \gamma) \tag{2-23}$$

式中，d_{50}为平均破碎尺寸，m；D_a为平均损伤因子；Q为炸药单耗，kg/t；d为炮孔直径，m；a、b、α、β、γ为待定系数。

设未爆破前，爆区岩体的平均断裂能为G_{f0}；爆破后，各破碎块体内部均出现了微损伤，因此爆破后各破碎块体内部的断裂能变为：

$$G_{f1} = (1 - D_a) G_{f0} \tag{2-24}$$

将特定体积的铁矿层V通过爆破、机械破磨至尺寸为L的矿粉，机械破磨部分的能耗随炸药单耗的变化规律见式（2-25）。

$$E_{c\&m} = \frac{3G_{f1}V}{L} - E_b \tag{2-25}$$

式中，$E_{c\&m}$为机械破磨的能耗，J。

将式（2-22）~式（2-24）代入式（2-25）可得：

$$E_{c\&m} = \frac{3\{1 - [\alpha + \beta \ln(Q + \gamma)]\} G_{f0} V}{L} - \frac{3 G_{f0} V}{aQ^b d} \tag{2-26}$$

根据前期的研究成果，对于鞍山的典型露天铁矿，a可取0.05，b可取−2.2，α可取0.126，β可取0.0676，γ可取0.0591，炮孔直径d一般为25cm。

设需要爆破的原始铁矿层的总体积V为1万立方米，最终矿粉尺寸L为40μm，铁矿石的初始断裂能为200J/m^2，则机械破磨能耗与炸药单耗间的对应关系如图2-79所示。由图可得，随着炸药单耗的增加，机械破磨总能耗逐渐减小，但减小趋势逐渐变缓。

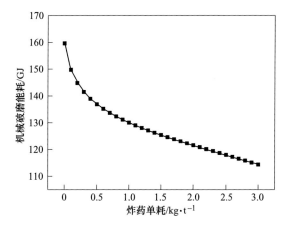

图2-79 机械破磨能耗与炸药单耗的对应关系

爆破的成本主要来自炸药的费用及钻孔的费用，设炸药的单价为 M_p（元/千克），钻孔的单价为 M_d（元/米），设铁矿的密度为 ρ_r（t/m³）、装药密度 ρ_p（kg/m³）、炮孔直径为 d(m)、堵塞长度与装药长度的比为 α、炸药单耗为 Q，则爆破特定体积 V(m³) 的铁矿层，需要的爆破成本消耗与炸药单耗间的关系为：

$$M_b = \rho_r V Q M_p + \frac{4\rho_r V Q(1+\alpha)}{\rho_p \pi d^2} M_d \tag{2-27}$$

设机械破磨的综合能量利用率（钢球、衬板等的耗损也计入能量利用率）为 ξ，则实际机械破磨消耗的总能耗为：

$$E_{c\&m-r} = E_{c\&m}/\xi \tag{2-28}$$

将机械破磨的能耗折算成电耗，设每度电的单价为 M_e（元/度），则机械破磨需要消耗的成本为：

$$M_{c\&m} = \frac{E_{c\&m-r}}{3.6 \times 10^6} M_e \tag{2-29}$$

将式（2-26）、式（2-28）代入式（2-29）可得：

$$M_{c\&m} = \frac{\dfrac{3(1-cQ)G_{f0}V}{L} - \dfrac{3G_{f0}V}{aQ^b d}}{3.6 \times 10^6 \xi} M_e \tag{2-30}$$

基于式（2-27）及式（2-30），即可给出爆破成本及破磨成本随着炸药单耗的变化规律。设 M_p 为 4.0 元/千克，M_d 为 80 元/米，M_e 为 1 元/度，ρ_r 为 3.3t/m³，ρ_p 为 1100kg/m³，α 为 0.8，ξ 为 2.5%，其他参数与 2.2 节的一致，则爆破并破磨 10000m³ 铁矿，爆破成本、机械破磨成本及总成本随炸药单耗的变化规律如图 2-80 所示。由图可得，随着炸药单耗的增加，爆破成本呈线性增加趋势，机械破磨成本呈逐渐减小趋势，但减小趋势逐渐变缓；而爆破、破磨总成本则呈现出先减小后增大的趋势，当炸药单耗为 0.35kg/t 时，爆破、破磨总成本达到最低。

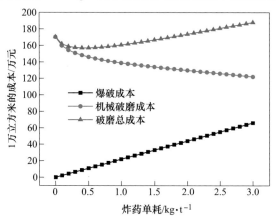

图 2-80　炸药单耗与破磨总成本的关系

2.5 采选联合优化的工业实验

从 2017 年 8 月开始，在鞍千矿开展了 30 余次生产爆破试验。生产爆破试验研究的重点是考察炸药单耗的改变对机械破磨效率及采选总成本的影响规律。试验开始前，鞍千矿矿石的炸药单耗为 0.327kg/t，试验时将矿石的炸药单耗调整至 0.358kg/t（即上调 9.48%）。

2.5.1 爆破块度及铲装效率的对比

在鞍千矿开展工业试验前后爆堆形态及爆破块度的测试工作，对比分析炸药单耗调整前后爆堆表面块度及电铲装车效率的变化规律。

2.5.1.1 第一组台阶爆破的测试分析

该次爆破位于 36 平台，炮孔数共 55 个，其中矿 46 个，岩 9 个。爆破量为矿 72860.37t、岩 10324.39t，炸药单耗为每吨矿 0.298kg，采用乳化铵油炸药进行爆破，炸药总计 24750kg。炮孔深度为 15m，超深为 2.84m，段高为 12.16m，间排距为 7m×7m，采用逐孔起爆方式及连续装药结构，孔间延时 42ms，排间延时 65ms，连线方式为串并联联结。炮孔位置及起爆顺序如图 2-81 所示。

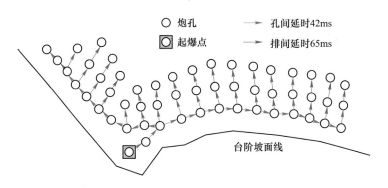

图 2-81　炮孔位置及起爆顺序示意图

采用 UniStrong 的手持 GPS（亚米级精度）测试爆破后爆堆的形态，如图 2-82 所示。对图 2-82 中 A、B、C 三点的爆破块度进行拍照及图像分析，获得爆破块度的空间分布，如图 2-83 所示。

基于图 2-83 中的块度分布图，可给出 A、B、C 三点的典型块度分布曲线（见图 2-84）。

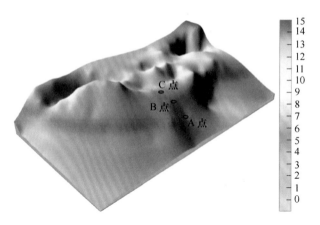

图 2-82　爆堆形态

2.5.1.2　第二组台阶爆破的测试分析

第二组矿石爆破位于 48 平台，炮孔个数为 40 个，爆破量为 72850t，炸药为乳化炸药，用量为 18.8t。该次爆破后的爆堆形态如图 2-85 所示。

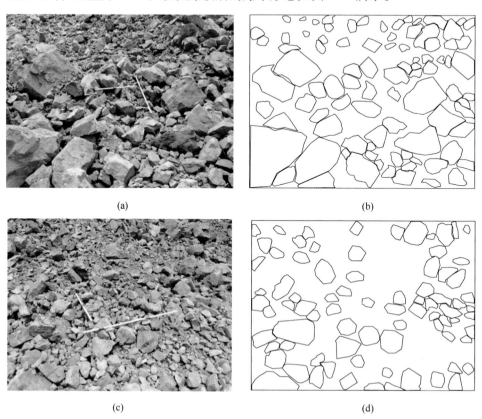

(a)

(b)

(c)

(d)

(e)　　　　　　　　　　　　　　　　　(f)

图 2-83　爆破后爆堆上典型位置的块度分布

（a）A 点的块度分布图；（b）A 点的块度提取图；（c）B 点的块度分布图；
（d）B 点的块度提取图；（e）C 点的块度分布图；（f）C 点的块度提取图

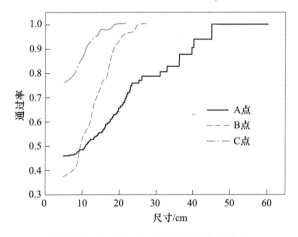

图 2-84　A、B、C 三点的块度分布曲线

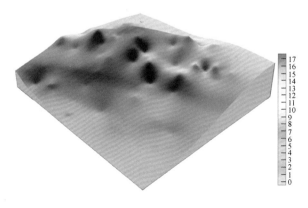

图 2-85　爆破后的爆堆形态

在爆堆的典型位置进行拍照，以获得不同位置的块度分布情况，现场照片如图 2-86 所示。

(a)　　　　　　　　　　　　　(b)

(c)　　　　　　　　　　　　　(d)

(e)　　　　　　　　　　　　　(f)

图 2-86　爆堆不同位置的矿石粒度照片
（a）东北侧 1 号~8 号孔；（b）中东部 9 号~14 号孔；（c）东南部 15 号~21 号孔；
（d）西南部 21 号~28 号孔；（e）中西部 29 号~33 号孔；（f）西北部 34 号~40 号孔

采用项目组推荐的孔网参数和最佳延时时间，结合岩层的走向和倾向，通过调整孔网参数、装药结构、起爆顺序等进行了多次爆破试验。爆破效果有显著改善，爆堆平均块度有所降低、块度均匀性增加，根块率明显减少，爆堆松散性提高，爆堆形状趋于合理，电铲装车效率提高了 5.3%，试验前后爆堆表面块度的对比见表 2-24，电铲的装车效率对比见表 2-25。

表 2-24 试验前后爆堆表面块度的对比

矿　石	试验前	试验后
爆堆表面平均块度/mm	452	426

表 2-25 试验前后电铲装车效率的对比

红　矿	试验前	试验后
爆堆表面平均块度/mm	452	426
平均单斗装车时间/s	62.65	59.33
	35.36	32.58
平均装车效率提高百分比/%	5.3	

2.5.2 机械破磨效率及能耗对比

采用辽宁科技大学自主研发的矿石粒度分析软件（软件界面截图见图 2-87）对生产试验前后鞍千矿初破、中破、细破各阶段的矿石破碎块度进行统计分析，分析试验前（炸药单耗 0.327kg/t）及试验后（炸药单耗 0.358kg/t）各破碎阶段矿石破碎尺寸的变化规律。

对鞍千矿试验前后，初破、中破和细破后的胶带表面粒度进行分析统计，结果如图 2-88~图 2-90 所示。

通过上述方法，将试验前后不同破碎阶段胶带表面粒度（各取 50 张照片）进行分析、对比，对比结果见表 2-26 及表 2-27。

表 2-26 试验前后统计分析粒度分布对照表

直径/mm	初　破					
	试验前			试验后		
	数量/个	频数/%	概率分布/%	数量/个	频数/%	概率分布/%
10	5	0.17	0.17	9	0.22	0.22
20	9	0.30	0.47	12	0.30	0.52
30	17	0.57	1.05	24	0.59	1.11
40	21	0.71	1.76	35	0.87	1.98

续表 2-26

直径/mm	初　破					
	试验前			试验后		
	数量/个	频数/%	概率分布/%	数量/个	频数/%	概率分布/%
50	45	1.52	3.27	52	1.29	3.27
60	47	1.59	4.86	59	1.46	4.73
70	35	1.18	6.04	50	1.24	5.97
80	47	1.59	7.63	52	1.29	7.26
90	34	1.15	8.77	68	1.68	8.94
100	87	2.94	11.71	98	2.43	11.37
110	69	2.33	14.04	105	2.60	13.97
120	98	3.31	17.34	134	3.32	17.29
130	93	3.14	20.48	156	3.86	21.15
140	87	2.94	23.42	176	4.36	25.51
150	89	3.00	26.42	187	4.63	30.15
160	54	1.82	28.24	184	4.56	34.70
170	69	2.33	30.57	197	4.88	39.58
180	76	2.56	33.13	208	5.15	44.74
190	89	3.00	36.13	398	9.86	54.59
200	167	5.63	41.77	367	9.09	63.69
210	176	5.94	47.71	287	7.11	70.80
220	149	5.03	52.73	256	6.34	77.14
230	137	4.62	57.36	187	4.63	81.77
240	121	4.08	61.44	167	4.14	85.91
250	287	9.68	71.12	134	3.32	89.22
260	297	10.02	81.14	109	2.70	91.92
270	198	6.68	87.82	98	2.43	94.35
280	156	5.26	93.08	76	1.88	96.23
290	107	3.61	96.69	85	2.11	98.34
300	98	3.31	100.00	67	1.66	100.00

中 破						
直径/mm	试验前			试验后		
	数量/个	频数/%	概率分布/%	数量/个	频数/%	概率分布/%
5	108	4.14	4.14	128	4.38	4.38
10	309	11.86	16.00	431	14.76	19.14
15	398	15.27	31.27	429	14.69	33.82
20	134	5.14	36.42	202	6.92	40.74
25	245	9.40	45.82	356	12.19	52.93
30	287	11.01	56.83	312	10.68	63.61
35	264	10.13	66.96	308	10.54	74.15
40	128	4.91	71.87	154	5.27	79.42
45	116	4.45	76.32	101	3.46	82.88
50	125	4.80	81.12	117	4.01	86.89
55	108	4.14	85.26	105	3.59	90.48
60	114	4.37	89.64	124	4.25	94.73
65	93	3.57	93.21	82	2.81	97.54
70	79	3.03	96.24	43	1.47	99.01
75	98	3.76	100.00	29	0.99	100.00

细 破						
直径/mm	试验前			试验后		
	数量/个	频数/%	概率分布/%	数量/个	频数/%	概率分布/%
3	134	5.16	5.16	146	5.85	5.85
6	476	18.32	23.48	496	19.86	25.71
9	423	16.28	39.76	465	18.62	44.33
12	487	18.75	58.51	503	20.14	64.48
15	356	13.70	72.21	325	13.02	77.49
18	312	12.01	84.22	252	10.09	87.59
21	256	9.85	94.07	179	7.17	94.75
24	154	5.93	100.00	131	5.25	100.00

表 2-27　试验前后统计分析平均粒度表

块度参数	初破		中破		细破	
	试验前	试验后	试验前	试验后	试验前	试验后
岩块总数/个	8694	9223	12564	13024	19575	19986
平均粒度/mm	202.55	180.43	60.74	53.16	11.74	9.39

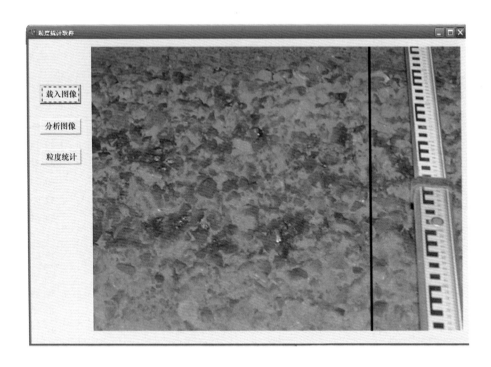

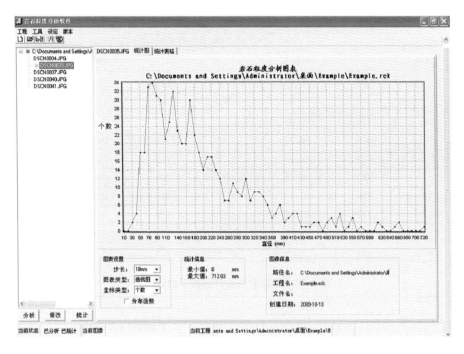

图 2-87　矿石粒度分析软件界面截图

(a)

(b)

图 2-88　鞍千矿初破碎胶带表面粒度图
(a) 试验前；(b) 试验后

对表 2-26 及表 2-27 进行深入分析可得，在不同破碎阶段，试验后粒度分布状况较试验前有所改善，平均粒度有不同程度的降低。初破碎平均粒度降低22.12mm，中破碎平均粒度降低 7.58mm，细破粒度平均降低 2.45mm。

对磨矿工序进行跟踪统计发现，采用新的炸药单耗后，钢球消耗降低 7%，衬板消耗及磨矿电单耗也有不同程度的减少。

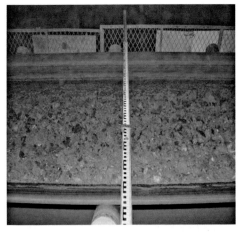

(a)

(b)

图 2-89 鞍千矿中破碎胶带表面粒度图

（a）试验前；（b）试验后

2.5.3 经济效益对比

该项目实施所带来的直接经济效益包括两方面：（1）通过优化爆破技术、调整爆破孔网参数、提高炸药单耗等措施，使爆破效果明显改善，爆破破碎块度均匀、根底率明显降低；同时由于爆堆形态和矿石破碎度的改善，使电铲的铲装效率得到相应的提高。（2）通过提高炸药单耗，使爆破碎块的内部损伤程度明

(a)

(b)

图 2-90 鞍千矿细破碎胶带表面粒度图
(a) 试验前；(b) 试验后

显加大，从而大大降低了后续机械破磨的能耗及成本。

鞍千矿工业试验的结果表明，优化后的爆破方案可使原矿爆破破碎粒度平均
直径减少 26mm，降低 5.7%；按现场实际标定计算，电铲装车效率提高 5.3%，
衬板单耗降低，从 2016 年的每万吨 1276.83kg 降至 1263.33kg，钢球消耗从 2016
年的 0.99kg/t 降至 0.92kg/t，采矿全工序用电单耗从 2016 年的 0.277kW·h/t 降
至 0.268kW·h/t；矿山综合效益提高 388.3 万元。

参 考 文 献

[1] McKee D J. Understanding Mine to Mill [M]. Brisbane：CRC ORE，2013.

[2] Scott A，Morrell S M，Clark D. Tracking and quantifying value from mine to mill improvement
[C] //Proceedings of Value Tracking Symposium，Proceedings. Melbourne：Australasian Insti-
tute of Mining and Metallurgy，2002：77-84.

[3] Adel G, Smith B, Kojovic T, et al. Application of mine to mill optimization to the aggregate industry [C] //SME Annual Meeting. St Louis: SME of AIME, 2006.

[4] McCaffery K, Mahon J, Arif J, et al. Controlled mine blasting and blending to optimize process production at Batu Hijau [C] //SAG 2006. Vancouver: University of British Columbia, 2006.

[5] 邵安林. 矿产资源开发地下采选一体化系统 [M]. 北京: 冶金工业出版社, 2012.

[6] 孙豁然, 毛凤海, 柳小波, 等. 矿产资源地下采选一体化系统研究 [J]. 金属矿山, 2010 (4): 15-19.

[7] 苑占永, 孙豁然, 李少辉, 等. 地下采选一体化系统采充平衡临界品位研究 [J]. 金属矿山, 2011 (3): 27-30.

[8] Orica mining services. SHOTPlus™5 overview [R]. http://www.oricaminingservices.com/au/en/page/products_ and_ services/blast_ design_ software/shotplus5/shotplus5_ overview.

[9] Soft-blast. Simulation and information management for blasting in mines: overview [R]. http://www.soft-blast.com/JKSimBlast/JKSimBlast.htm.

[10] Qu S J, Hao S H, Chen G P, et al. The BLAST-CODE model-A Computer-Aided Bench Blast Design and Simulation System [J]. Fragblast, 2002, 6 (1): 85-103.

[11] 李向明, 璩世杰, 李光华, 等. 台阶炮孔爆破软件 BLAST-CODE 及其在歪头山铁矿的应用 [J]. 金属矿山, 2008 (12): 51-54.

[12] Battison R, Esen S, Duggan R, et al. Reducing crest loss at barrick cowal gold mine [C] //Proceedings of 11th international symposium on rock fragmentation. Carlton Victoria: The Australasian Institute of Mining and Metallurgy, 2015.

[13] Goswami T, Martin E, Rothery M, et al. A holistic approach to managing blast outcomes [C]//Proceedings of 11th international symposium on rock fragmentation. Carlton Victoria: The Australasian Institute of Mining and Metallurgy, 2015.

[14] Minchinton A, Lynch P M. Fragmentation and heave modelling using coupled discrete element gas flow code [J]. Fragblast, 1997, 1 (1): 41-57.

[15] Nagarajan M, Green A, Brown P, et al. Managing coal loss using blast models and field measurement [C]//Proceedings of 11th international symposium on rock fragmentation. Carlton Victoria: The Australasian Institute of Mining and Metallurgy, 2015.

[16] Esen S, Nagarajan M. Muck pile shaping for draglines and dozers at surface coalmines [C]//Proceedings of 11th international symposium on rock fragmentation. Carlton Victoria: The Australasian Institute of Mining and Metallurgy, 2015.

[17] Preece D S, Tawadrous A, Silling S A, et al. Modelling full-scale blast heave with three-dimensional distinct elements and parallel processing [C]//Proceedings of 11th international symposium on rock fragmentation. Carlton Victoria: The Australasian Institute of Mining and Metallurgy, 2015.

[18] Preece D S. Rock motion simulation and prediction of porosity distribution for a two-void-level retort [R]. Sandia National Labs., Albuquerque, NM (USA), 1990.

[19] Preece D S, Knudsen S D. Coupled rock motion and gas flow modeling in blasting [R]. Sandia National Labs., Albuquerque, NM (United States), 1991.

［20］ Taylor L E E M, Preece D S. Simulation of blasting induced rock motion using spherical element models ［J］. Engineering computations, 1992, 9 (2): 243-252.

［21］ Onederra I, Ruest M, Chitombo G P. Burden movement experiments using the hybrid stress blasting model (HSBM) ［C］//Explo 2007 Blasting: Techniques and Technology, Proceedings. The Australasian Institute of Mining and Metallurgy, 2007, 7 (7): 177-183.

［22］ Sellers E, Furtney J, Onederra I, et al. Improved understanding of explosive-rock interactions using the hybrid stress blasting model ［J］. Journal of the Southern African Institute of Mining and Metallurgy, 2012, 112 (8): 721-728.

［23］ Onederra I A, Furtney J K, Sellers E, et al. Modelling blast induced damage from a fully coupled explosive charge ［J］. International Journal of Rock Mechanics and Mining Sciences, 2013, 58: 73-84.

［24］ Hustrulid H, Iverson S, Furtney J, et al. Developments in the numerical modeling of rock blasting ［R］. HSBM Project, http://www.infomine.com/library/publications/docs/Furtney-SME2009.pdf, 2009.

［25］ Wang YN, Zhao MH, Li Shihai, et al. Stochastic structural model of rock and soil aggregates by continumm-based discrete element method ［J］. Scinece in China Series E-Engineering & Materials Science, 2005, 48 (Suppl): 95-106.

［26］ Li SH, Zhao MH, Wang YN, et al. A new numerical method for DEM-block and particle model ［J］. International Journal of Rock Mechanics and Mining Sciences, 2004, 41 (3): 436.

［27］ 李世海, 刘天苹, 刘晓宇. 论滑坡稳定性分析方法 ［J］. 岩石力学与工程学报, 2009, 28 (S2): 3309-3324.

［28］ 王杰, 李世海, 周东, 等. 模拟岩石破裂过程的块体单元离散弹簧模型 ［J］. 岩土力学, 2013, 34 (8): 2355-2362.

［29］ 王杰, 李世海, 张青波. 基于单元破裂的岩石裂纹扩展模拟方法 ［J］. 力学学报, 2015, 47 (1): 105-118.

［30］ 冯春, 李世海, 刘晓宇. 半弹簧接触模型及其在边坡破坏计算中的应用 ［J］. 力学学报, 2011, 43 (1): 184-192.

［31］ Feng C, Li S H, Liu X Y, et al. A semi-spring and semi-edge combined contact model in CDEM and its application to analysis of Jiweishan landslide ［J］. Journal of Rock Mechanics and Geotechnical Engineering, 2014, 6 (1): 26-35.

［32］ Wang J, Li S H, Feng C. A shrunken edge algorithm for contact detection between convex polyhedral blocks ［J］. Computers and Geotechnics, 2015, 63: 315-330.

［33］ Ma Z S, Feng C, Liu T P, Li S H, An optimized algorithm for discrete element system analysis using cuda ［C］. 6th International Conference on Discrete Element Methods (DEM6), Golden, Colorado, USA, 2013. 08. 05-08. 06.

［34］ Ma Z S, Feng C, Liu T P, Li S H, A GPU accelerated continuous-based discrete element method for elastodynamics analysis ［C］. The fifth international conference on discrete element methods (DEM5), London, U. K., 2010. 08. 25-08. 26.

［35］ 郑炳旭, 冯春, 宋锦泉, 等. 炸药单耗对赤铁矿爆破块度的影响规律数值模拟研究［J］.

爆破，2015，32（3）：62-69.

[36] JKTech. JKSIMMET V6 RELEASED [R]. http：//jktech. com. au/jksimmet-v6-released.

[37] Herbst J A, Pate W T. Dynamic simulation of size reduction operations from mine-to-mill [R]. http：//www. metso. com/miningandconstruction/MaTobox7. nsf/DocsByID/ 531613164 D206AAE42256B510041E659 /$File/jah_ mine_ to_ mill_ simulation. pdf.

[38] Split Engineering. Split-desktop software [R]. http：//www. spliteng. com/products/split-desktop- software/.

[39] Split Engineering. Split-online systems [R]. http：//www. spliteng. com/products/split-online-systems/.

[40] Brent G F, Rothery M, Dare-Bryan P, et al. Ultra-high intensity blasting for improved ore comminution [C].//Proceedings of Tenth International Symposium on Rock Fragmentation by Blasting [M], Boca Raton：CRC Press, 2012.

[41] Brent G F, Dare-Bryan P, Hawke S, et al. Ultra-high intensity blasting：a new paradigm in mining [C].//Proceedings of World Gold [M], Melbourne：The Australasian Institute of Mining and Metallurgy, 2013.

[42] Hawke S J, Dominguez A. A simple technique for using high energy in blasting [C]//Proceedings of 11th International Symposium on Rock Fragmentation. Carlton Victoria：The Australasian Institute of Mining and Metallurgy, 2015.

[43] Ziemski M. blasting for comminution [R]. AMSRI project report, AMSRI project 1. 2b, AMIRA, Brisbane, 2011.

[44] Gaunt J, Symonds D, Mcnamara G, et al. Optimization of drill and blast for mill throughput improvement at ban houayxai mine [C]//Proceedings of 11th International Symposium on Rock Fragmentation. Carlton Victoria：The Australasian Institute of Mining and Metallurgy, 2015.

[45] Hakami A, Mansouri H, Ebrahimi F M A, et al. Study of the effect of blast pattern design on autogenous and semi-autogenous mill throughput at Gol-e-Gohar Iron Ore Mine [C]//Proceedings of 11th International Symposium on Rock Fragmentation. Carlton Victoria：The Australasian Institute of Mining and Metallurgy, 2015.

[46] Rosa D L, Caron K, Valery W, et al. Blast Fragmentation Impacts on Downstream Processing at Goldfields Cerro Corona [C]//Proceedings of 11th International Symposium on Rock Fragmentation. Carlton Victoria：The Australasian Institute of Mining and Metallurgy, 2015.

[47] Silva A C, Martins P A A, Silva E M S, et al. Fragmentation Optimisation-Adopting Mine to Mill for Reducing Costs and Increasing Productivity [C]//Proceedings of 11th International Symposium on Rock Fragmentation. Carlton Victoria：The Australasian Institute of Mining and Metallurgy, 2015.

[48] Asgari A, Nejad F R, Norouzi S. Blast-Induced Rock Fracturing and Minimizing Downstream Comminution Energy Consumption [C] //Conference on Explosives and Blasting Technique. 2015.

[49] Lam M, Jankovic A, Valery W, et al. Maximising SAG mill throughput at Porgera gold mine by optimising blast fragmentation [C]//SAG 2001. Vancouver：University of British

Columbia，2001.

［50］Karageorgos J，Skrypniuk J，Valery W，et al. SAG milling at the Fimiston plant［C］//SAG 2001. Vancouver：University of British Columbia，2001.

［51］Paley N，Kojovic，T. Adjusting blasting to increase SAG mill throughput at the Red Dog mine ［C］//Proceedings of 27th Annual Conference on Explosives and Blasting Techniques. Cleveland：International Society of Explosives Engineers，2001.

［52］李景环. 论露天矿深孔爆破矿石块度优化的途径［J］. 金属矿山，1992（10），15-20.

3 精准数字爆破优化技术

3.1 数字化爆破

3.1.1 数字化爆破理念

露天矿山数字爆破系统是数字矿山的重要组成部分，是在实现爆破科学管理和精细管理的基础上又一次新的提升。十多年来，根据这一概念，在中国爆破行业协会支持下开展的中爆专网建设取得了积极进展。同时，随着信息技术的高速发展，汪旭光院士等人提出了智能爆破概念，并逐步被爆破技术人员及管理人员所接受，这又是一次革命性的提升，是在精细爆破和数字爆破基础上的继承和升华。智能爆破发展的目标是使爆破行业数字化、网络化、可视化、精细化和智能化，实现爆破行业的高效、安全和绿色，最终推动爆破行业向科学发展的更高战略目标迈进。

曲广建指出数字爆破是根据行业科学技术发展需要，在爆破行业应用计算机、通信、软件、数据库、网络、网格、GPS/GIS、CA 身份认证（数字证书）等高新技术，以行业数据库集群为基础，利用行业资源和数据信息，实现信息互联互通、资源共享，为爆破行业快速发展提供服务。数字爆破是爆破行业进行信息化建设和研究的一个重大专项工程，内容包括中爆专网建设、行业数据库建设、行业应用系统软件研发、数字档案馆、远程测振平台、数字爆破器材的研发和应用等。其建议的网络拓扑图如图 3-1 所示。从已有的数字爆破的概念可以看出，数字爆破系统的主要工作内容是信息的采集、管理和使用，更多的是信息交换技术，而对于爆破技术本身涉及不多。事实上，由于爆破技术的特殊性和矿山爆破环境与地质条件的复杂性，爆破技术本身更多地制约着爆破质量和以此为前提的矿山企业的后续生产和管理。因此矿山数字爆破系统的建立除了上面提出的内容外，还应包括爆破理论模型、工艺技术、质量评价及计算机仿真计算等内容，这些内容是真正实现数字爆破的最核心内容。

鞍钢矿业公司早在 20 世纪 90 年代初就开始了智能爆破设计的研究工作，并在国内率先开展了基于露天矿山爆破设计的专家系统的研究工作，进而结合矿山生产爆破的重复性特点，在国内首次建立了爆破人工神经网络专家系统的使用模型，探索了爆破大数据的采集与挖掘技术，并成功开发了爆破设计自主学习系

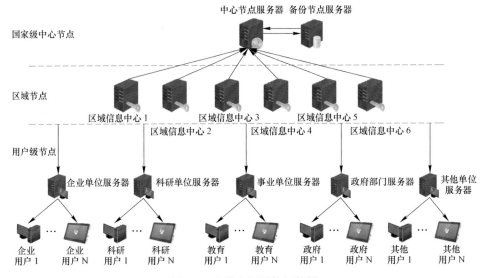

图 3-1　中爆专网网络拓扑图

统。但该系统的设计和运用仅仅局限于爆破设计，距离数字爆破尚有一定距离，而对于形成完善的智能爆破更有巨大差距。随着爆破技术的不断进步和矿山信息化进程的加快，基于物联网技术的智能爆破初见端倪，智能爆破是基于物联网为核心的新一代信息技术，可以实现对工程爆破全生命周期的数字化、可视化及智能化，即将爆破器材运输、爆破现场管理和爆破振动监测等综合信息全面数字化，将物联网技术、云计算技术、系统工程技术和智能应用技术等与现代工程爆破技术紧密相结合，构成人与人、人与物、物与物互联的网络，动态详尽地描述并控制工程爆破全生命周期，以高效、安全、绿色爆破为目标，实现工程爆破的可持续发展。汪旭光院士提出了未来智能爆破的总体框架，如图 3-2 所示。

从图 3-2 中可以看出，感知层通过图像、条码、射频识别、传感器、工业仪表、测绘仪器等在内的采集设备获取信息。传输层通过无线或有线模式，将信息传输到中央数据仓库中，分层次建立海量的数据中心库和分库。应用层是将海量数据进行分类、整理、挖掘分析，建立各种算法，实施仿真或类比等设计，并实现各工艺环节的信息共享与交换。应用层由应用支撑子层和应用子层构成。应用支撑子层主要包括信息开放平台、云计算平台和服务支撑平台等信息平台；应用子层主要包括爆破器材智能管理、爆破现场智能监测管理和爆破振动智能监测与分析等智能应用系统。

在现有的关于智能爆破的概念中，仍然以爆破的信息管理与运用为主，更多的是基于爆破安全管理的考量，对爆破器材、爆破过程的监控和爆破振动的监控讨论较多，但对于爆破优化设计数字化的讨论较少，这可能是基于一般工程爆破

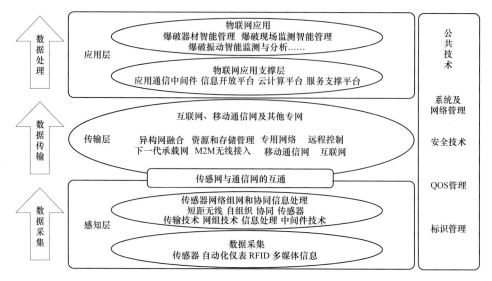

图 3-2　智能爆破总体框图

的特定案例的不可重复性以及设计的不可再现性的考虑。但对于矿山爆破来说，更能够从积累的海量数据中挖掘出规律性，并且用于指导日复一日、年复一年的爆破生产作业，同时岩石爆破破碎理论和规律对爆破设计具有重要影响，也是矿山数字爆破中爆破优化的根本，因此在矿山数字爆破中，不仅要在管理层面实现数字化，同时更要为数字化的爆破提供核心技术支持。在 MGIS 和三维实体建模的基础上，根据采矿计划的制定，有效实施爆破优化设计与爆破施工、炸药与爆材发放与控制、爆破质量信息采集、采场测量验收工艺过程等，并辅以牙轮钻精准定位系统、电铲能耗监控系统、炸药车数字化控制系统、运输车辆油耗监控系统、移动破碎能耗监控系统等实现原矿生命周期全过程管理，实现以爆破为矿山生产核心工艺过程的数字化带动数字矿山的建设，用爆破信息化技术促进采矿管理更新换代。

3.1.2　数字化爆破现实的技术条件

根据建设数字矿山的要求和对数字爆破的认识，露天矿山数字爆破系统应该是以现在岩石破碎与炸药理论、实验室科学实验为基础，以矿山实际岩体岩性和结构条件为前提，以爆破数据采集与爆破挖掘为支撑，以计算机仿真计算和人工智能为依托，以矿山区域信息网络和云服务为平台，以 MGIS 和 AMS 及制度化规范为保障，建立起以爆破技术为核心、以数字化信息采集与运用为手段的矿山数字爆破系统，实现采场原矿的全生命周期管理。

公司级的数字爆破系统是为各个矿山提供技术支持和信息共享服务，实现全公司固化爆破信息的管理，还通过人工智能系统实现数据挖掘，建立和不断更新训练人工神经网络模型，实现类比设计和爆破效果经验预测；同时仿真计算中心可实现在既定参数下的爆破应力分析与计算，为修改设计方案提供参考（见图3-3）。

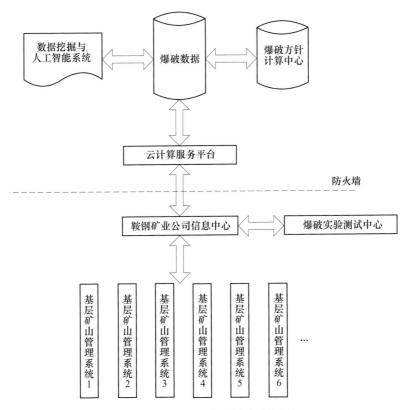

图3-3 矿业公司级数字爆破系统框架

矿山级数字爆破系统是以各个矿山的采场数字化动态模型和地理信息系统为基础，并通过对以往爆破数据的积累，不断扩充和丰富爆破数据库，形成动态变化的矿山级爆破数据仓库。通过数字化爆破设计系统完成爆破参数设计和起爆网路设计，并在设计确认后下达爆破作业指令，由爆破作业系统实施爆破作业，并由信息采集系统完成各阶段数据信息采集，实现向爆破数据仓库的动态信息添加，当原矿破碎后离开采场即完成了矿山级的原矿的全寿命周期信息管理，至此爆破动态信息得到固化，并实现固化数据向公司数据仓库的添加（见图3-4）。

3.1.2.1 模块功能

数字爆破是以爆破设计为核心的数据管理系统，公司级和矿山级的数字爆破

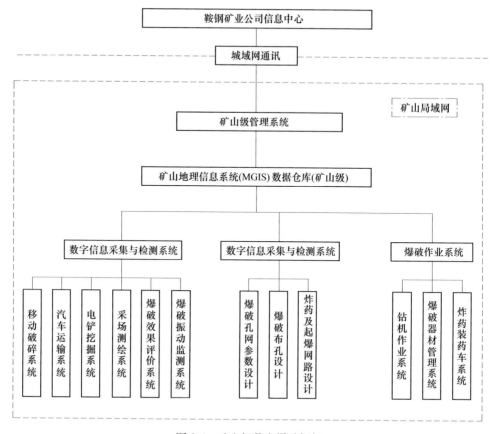

图 3-4 矿山级数字爆破框架

系统各个模块扮演不同角色。

3.1.2.2 矿山级管理系统

矿山级管理系统是矿山生产和运行的综合信息系统，也是矿山向下延伸到各车间、调度室、各个客户端的控制中心，也是矿山客户端向公司级管理中心发送请求的中心节点，由主服务器和备用服务器组成。矿山管理系统包括已普遍使用的矿山地理信息系统和采场数字化模型，该系统具有数字化模型及采场数据动态实时更新、设备状态及位置实时更新与显示、生产作业计划、矿岩量统计、生产调度指令下达以及上传请求指令的发送等。该管理系统是数字爆破信息管理系统的大脑，它还负责爆破动态数据库的管理，实现对来自不同信息采集设备的数据过滤、添加和修改，也实现动态数据到固化数据的转变及固化数据的自动上传。

3.1.2.3 数字信息采集系统

数字信息采集系统是数字爆破信息的主要来源，完成采场原矿的全寿命周期的信息采集。其中包括爆破振动信息采集系统，通过在设定点处设置拾振仪并通过无线传输系统将每次的爆破振动信号传输到数据采集与处理客户端，该客户端自动对爆破信号进行分析处理，获得主频、振幅、振速、加速度、持续时间、频带能量分布等信息，并作为动态信息添加到动态数据库中。

爆破效果评价系统是对爆破后的爆堆形态参数，如前冲、后冲、塌落高度、隆起高度、爆堆的块度分布、根底率、大块率等，通过无接触测绘系统直接测定，并通过无线通信传输到数据采集客户端，爆堆度分布通过爆堆图像采集与自动分析系统生成爆堆块度分布函数。采场测绘系统实现对采场状态变化的实时监测，包括爆破前后的台阶坡底线、坡顶线，爆堆形态信息、炮孔位置信息及参数信息、测震点位信息等。

电铲装车、汽车运输、移动破碎系统主要采集各工艺环节的生产效率及能耗，并将这些指标纳入爆破效果评价的重要信息源，这些信息通过在设备上安装的传感器和无线传输设备传入数据采集终端，作为动态信息添加到爆破动态数据库。此外，牙轮钻机、炸药装药车均能采集相应的信息并自动传递到动态数据库。

3.1.2.4　数字化爆破设计系统

数字化爆破设计系统是数字爆破的核心，该系统是基于采场和矿床数字化、可视化模型的建立，爆破效果预测模型和有限元仿真计算模型的建立以及数据仓库和信息通信平台的建立。

孔网参数设计单元是根据采掘计划确定爆破区域后，设计工程师在设计终端选定爆破区域，设计终端机会自动在采场数字模型和 MGIS 中提取相应的矿岩结构、力学性质及台阶坡面迹线等信息，并将设计请求通过矿山控制中心提交到公司信息中心进行初步的类比设计，公司信息中心将调用数据仓库数据并通过条件相似性检验匹配分析进而给出初步的设计参数和方案。在得到初步设计方案后，控制中心将方案提交给人工智能系统通过人工神经网络进行爆破效果预测，同时控制中心也把初步的孔网参数提交给仿真计算中心，仿真中心计算单元应力状态同时计算得出相应孔网参数的微差间隔时间等起爆参数，公司控制中心将所获的设计方案传送给矿山控制中心并下传到爆破设计单元。

爆破设计系统在得到爆破设计方案后即传送到布孔设计单元，布孔设计单元按确定的孔网参数进行可视化布孔，并把确定后的炮孔坐标点通过无线网络传送到指定牙轮钻机，钻机通过 GPS 精确定位系统按坐标点进行钻孔作业。钻孔结束后，爆破工程师将对炮孔验收，并将炮孔信息通过高精度 PAD 提交给设计系统，设计系统将请求装药及起爆网路设计单元进行详细设计，逐孔计算装药量和逐孔微差间隔时间，并形成完整的爆破施工方案，进入爆破审批与监控流程。

3.1.2.5 爆破作业系统

爆破设计系统将确定后的爆破方案上传到矿山控制中心，控制中心将爆破任务下达到爆破作业系统，牙轮钻机按孔位坐标采用 GPS 定位系统完成钻孔工作。同时钻机在钻孔过程中，还可把钻机的钻进效率、轴压等通过无线通信单元实时传到数据采集系统，从而获得岩体真实的力学特征，并作为仿真计算的重要参数。

钻孔接受并验收后，爆破工程师通过 PAD 提交进一步修正设计请求并得到装药及起爆网路参数后，控制中心将爆破器材需求及逐孔装药量发送给炸药装药车和爆材库，炸药车根据逐孔药量设计自动控制炮孔装药量。当装填作业完成后，爆破作业系统通过控制中心审批爆破作业，并通过矿山网络形成数字化起爆预警和引爆闭锁系统，即爆破作业起爆器实行双闭锁安全控制。一是爆破操作员的解锁钥匙，另一个是来自于控制中心通过无线网传输的数字闭锁信号，只有当矿山控制中心通过可视化系统确认爆破作业准备、人员及设备数字信息已全部在安全警戒范围外时，才通过无线网络向起爆器传送数字解锁密码，起爆员才能使用起爆器钥匙开启起爆器并实施爆破。

3.1.2.6 数据挖掘与计算

依托公司级数据仓库，数据挖掘与智能设计模块是一个爆破人工神经网络专家系统，可以完成类比设计和爆破效果预测。该模块根据控制中心提供的矿山爆破设计环境因素，通过类比设计规则，向爆破工程提供参考的设计方案，同时通过调用人工神经网络预测模型对爆破效果进行预测。

该模块还具有自主学习功能，根据已经建立的人工神经网络模型，对爆破仓库的数据自动进行分析，不断用新的数据对神经网络进行训练，从来自于不同矿山的大量数据中挖掘规律，并用来指导爆破设计。

虚拟计算模块利用大型有限元程序完成爆破模拟计算，对于设计系统提交的爆破设计方案，仿真中心根据选定的计算模型和相应的矿岩参数，详细计算岩体中各个单元体的受力状态及应力叠加作用特征，通过对不利爆破点的分析，进一步确定孔网参数和微差间隔时间等。

3.1.2.7 通信解决方案

数字爆破系统依托鞍钢矿业公司已经建立的 AMS 系统可以顺利实现各矿山与公司的数据交换和通信。矿山操作终端只需通过门户认证即可上传数据和调用公司数据仓库及仿真计算系统，这里不再讨论。下面介绍鞍钢矿业公司开发的基于矿山局域网的采场信息采集与通信解决方案。

在众多传输介质中进行选择，最终选择了 4G 为系统无线数据传输介质，其依据如下：首先，远距离数据传输方式选择。目前比较常用的远距离数据传输方式有光纤有线网络传输、无线网络传输等。数字爆破系统需要传输的数据在露天采区，受分布范围广、地理环境复杂等因素的约束，无法使用光纤网络实现每个点的数据采集；即使能铺设光纤网络，成本造价过高，灵活性不强，且无法适应牙轮或电铲等设备移动工作的需要，所以只能采用无线传输方式。

在无线传输方式中比较常见的有电台传输和无线局域网、GPRS、4G 等移动通信网络方式。众所周知，电台传输是应用比较早的一种技术，它无论是传输速率或扩展性等方面无法与 WLAN（无线局域网）和 GPRS、4G 相比拟，所以数字爆破系统对采场的牙轮、电铲、汽车等定位数据传输方式从无线局域网、GPRS、4G 网络中进行选择。针对这三种方式比较如下：

（1）无线局域网方案。采用最先进的无线局域网技术（Mash，也称多跳网络），在一个采场周围至少需要架设 4 个基站来覆盖全部采场。同时在采场的每台牙轮上需安装一个移动站，主要用于将牙轮上数据通过周边基站传输到办公楼服务器中。为了接收采场无线基站传输来的数据，需要在服务器机房附近架设 1 个接收基站。因此覆盖整个采区的无线网络至少需要 5 个基站，6 台牙轮每台各一个移动站，即共 6 个移动站。为了给安装在山上的基站供电还需专用铺设电缆线 4 条或架设太阳能、风力供电设备以及电池等；为了避免无线基站被雷电击中，需安装避雷装置等。

（2）4G 网络传输方案。4G 无线网络是通信技术发展的必然趋势，是集 3G 与 WLAN 于一体，并能够快速传输数据，高质量音频、视频和图像等，同时也是一个成熟的技术。在采区联通 4G 网络传输速率峰值最高可以达到 100Mb/s。4G 网络传输具有无需自己架设无线传输基站、传输速度快、技术成熟等优点，可完全满足系统远程数据传输的需要。具体应用时，在采区的 GPS 差分基站上安装一张 4G 数据传输卡，用于基站和测量手持机之间的差分计算。在每台牙轮上的平板电脑上安装一张 4G 数据传输卡，用于牙轮司机操作的数据发送到服务器或从服务器读取数据。在爆破测量手持机（PDA）上安装一张 4G 电话卡，用于与 GPS 差分基站进行差分计算。

（3）GPRS 传输方案。GPRS 也可实现系统远距离数据传输功能，只是传输速度比 4G 慢一些，具体应用和前一代传输技术 3G 传输方案相同。

通过比选三种无线传输方案，建设无线局域网投入的费用是 4G 传输费用的数十倍，4G 网络传输方案不需要每年进行传输设备和网络维护，因此不会产生维护费，同时不需要考虑供电、避雷等问题。最主要的是 4G 网络不受地域限制，而无线局域网只能在架设的有限区域内起作用，超出范围后无信号。

因此，露天矿数字爆破系统的采场内采用 4G 传输方案。通信解决方案的确定为实现矿山控制中心服务器、爆破设计终端、设计人员（PAD 终端）、牙轮钻机、电铲、装药车等生产设备的数据传输和共享奠定了基础。

3.2 矿山精细化爆破

3.2.1 精细化爆破简述

精细爆破，即通过定量化的爆破设计和精心的爆破施工，进行炸药爆炸能量释放与介质破碎、抛掷等过程的控制，既达到预定的爆破效果，又实现爆破有害效应的有效控制，最终实现安全可靠、绿色环保及经济合理的爆破作业。

精细爆破理念在我国首次提出，它是基于现代信息技术的应用和爆破破碎理论的不断成熟而提出的。与传统控制爆破相比，精细爆破在定量化的爆破设计、炸药爆炸能量释放和介质破碎过程控制、爆破效果及爆破灾害的预测与控制等方面，提出了更高的要求。

精细爆破秉承了传统控制爆破的理念，但二者又存在显著的区别。精细爆破的目标比传统控制爆破的目标更高，既要求爆破过程或效果更加可控、危害效应更低、安全性更高，又要求爆破过程对环境影响更小、经济效益更佳。精细爆破不仅是一种爆破方法，而且是含义更为广泛的一种理念。精细爆破不仅含有精确精准，也含有模糊方面的内容，这种模糊并不代表不清晰，而是模糊理论在爆破领域的应用；精细爆破不仅是细心细致，更是一种态度，一种文化。精细爆破涵盖了有关爆破的技术、生产、管理、安全、环保、经济等方方面面的内容，是一个发展的概念，更是一个包容的概念，它将吸收最新科技成果的营养，融合发展，共同进步。

精细爆破自提出以来，已获得国内外爆破界同仁的广泛认可，并在不同行业的爆破工程中得到应用并取得了良好的效果。同时，许多专家学者和工程技术人员围绕精细爆破技术体系，通过理论研究和关键技术研发，在爆破技术和管理等方面取得了丰硕的成果，极大地丰富和延伸了精细爆破的内涵和外延。

精细爆破的核心内容已被电力行业标准《水电水利工程爆破安全监测规程》（DL/T 5333—2005）《水工建筑物岩石基础开挖工程施工技术规范》（DL/T 5389—2007）等采用，上述举措大大推动了行业进步，提升了行业的核心竞争力。我国爆破行业首部工具书《爆破手册》、全国工程爆破技术人员统一培训教材《爆破设计与施工》也将精细爆破的核心内容收录在内。后者还专门列为一节介绍了"精细爆破的定义与内涵""精细爆破的技术体系"。精细爆破已成为爆破工程技术人员必须了解的专业知识之一。

精细爆破较早是基于城市拆除控制爆破。由于城市拆除爆破环境复杂、构筑物结构特殊，其解体和倾倒有比较严格的要求，稍有不慎，极有可能造成周围环境或人员财产损失。因此，需要更加严格的勘测、可靠的设计、精确计算、高性能爆材、严密组织、规范施工以及可追溯的信息积累与管理规范。对于矿山爆破来说，精细爆破要比城市控制拆除爆破具有规模大、重复性、炸药消耗大、破碎质量要求高、岩体及地质条件多变等特点，因此矿山精细爆破既有城市拆除精细爆破的内涵，同时又有有别于城市精细爆破的特征。爆破基础理论研究的突破、计算机技术的应用、爆破器材的革新、检测技术的进步以及钻爆机具的改进等方面的进展，为精细爆破的实现提供了强有力的技术支撑。近年来，随着爆炸力学、岩石动力学、工程力学和工程爆破技术等基础理论研究的进展，借助飞跃发展的计算机技术、爆破实验和测量技术的进步，使得定量化的爆破设计成为可能。定量化的爆破设计不仅仅限于设计计算过程的定量化，还突出爆破效果及爆破危害的预测。

其次，精细爆破也广泛应用于水域、电力爆破。水利水电工程在防洪、发电、航运、灌溉等方面发挥着独特、巨大的作用，而工程爆破则是其主体工程第一道极具科技含量的关键施工环节。在水利水电工程爆破初、中期，对工程爆破质量、工期、安全和成本控制等各方面要求不是很高，这直接导致相当一部分人认为工程爆破是一种技术粗糙、管理粗放的工作。这种认知体现到具体爆破工作中，带来的是爆破超欠挖严重、开挖工期迟缓或拖延、爆破安全事故频发、施工成本超支等不利后果。20 世纪 90 年代末期，随着我国水利水电行业进入快速发展期，在长江科学院、中国水利水电第七、第十四工程局有限公司等科研和生产单位等的推动下，精细爆破理念在水利水电行业被广泛认可并得到迅速推广应用，在水电站高陡边坡、地下厂房和水下爆破等领域涌现出一批爆破精品工程。

在国外虽然没有明确提出矿山精细爆破概念，但高精度爆破器材、钻机定位与控制、数字化设计系统以及爆破效果监测评价系统等均有广泛的应用，但针对大型矿山，从岩体数据采集与测定开始，按工艺流程的关键控制要素来建立矿山精细爆破体系，在国内外尚属首次。

鞍钢矿业公司开展的矿山精细爆破技术研究，就是充分利用公司的技术优势，在近年来开展矿山爆破破碎理论研究与实践研究基础上，将过去的大孔径爆破优化设计研究、矿山数字爆破研究、钻机定位技术等研究基础整合，在精细爆破理念原则下，系统研究矿山精细爆破的技术体系和理论基础，形成具有普遍适用性的矿山精细爆破技术体系和工程示范，为推动矿山爆破技术进步和提升施工管理效率，降低矿山生产成本，引领国内矿山企业克服面临的生产难关，实现"资源节约型"和"环境友好型"矿山企业建设起到推动作用。

精细爆破作为我国工程爆破的发展方向，已获得爆破界同仁的广泛认可，并在不同行业的爆破工程中得到推广和应用。但是，精细爆破是一个发展的概念，除了对爆破基础理论和关键技术开展进一步研究之外，如何在新信息时代，开展精细爆破和相关学科的融合研究，是必须面对的重要课题。因此，为推动精细爆破的发展，需要爆破工作者付出更多的努力。

3.2.2 精细化爆破流程体系分析

精细爆破不是一项单纯的爆破技术，它是一项系统工程，是一种技术体系。精细爆破技术体系包括：目标、关键技术、支撑体系、综合评估体系和监理体系五个方面。其中，目标是方向，关键技术是核心，支撑体系是基础，综合评估体系和监理体系是保障。精细爆破的核心即关键技术，主要包括四个部分：定量化设计、精心施工、精细管理和实时监测与反馈。（1）定量化设计：包括爆破对象的综合分析、爆破参数的定量选择与确定、爆破效果和爆破有害效应的定量预测与预报；（2）精心施工：包括精确的测量放样、钻孔定位与炮孔精度控制、爆破设计与爆破作业流程的优化；（3）精细管理：运用程序化、标准化和数字化等现代管理技术，实施人力资源管理、质量安全管理和成本管理等，使爆破工作能精确、高效、协同和持续地工作；（4）实时监测与反馈：包括爆破块度和堆积范围等爆破效果的快速量测、爆破效应的跟踪监测与信息反馈以及基于反馈信息的爆破方案和参数优化。

根据国内大型露天开采矿山的调研结果，结合鞍钢矿业集团公司的生产实际，以爆破为核心的矿山开采技术流程可以归纳为以下的环节：

（1）矿山岩体结构调查。由于矿山生产爆破规模较大，矿山岩体发育过程中形成的地质结构面形态、产状、发育强度均会对系统爆破施工工艺和爆破破碎效果产生重要影响。这种特殊的爆破介质结构性影响也是矿山爆破的特殊之处，其结构面的走向和倾向直接影响台阶爆破的起爆顺序和抛掷方向，岩体的完整性同时关联影响台阶上部大块产出率，首要工作就是采场岩体地质结构调查。

（2）矿岩物理力学性质测定与分析。矿岩的物理力学性质直接影响爆破破碎效果，传统的矿岩容重、抗拉抗压强度、波阻抗、弹性模量等是炸药选择和破碎块度的直接影响因素，以及决定爆破参数的选择。对于矿山精细爆破而言，只掌握传统意义上的岩石性质还不够，对于爆破这一具有高应变率的爆破过程来说，岩石的动态力学特性具有更重要的影响，特别是岩石的动态应变率变化引起的岩石拉压强度的变化对炸药能量的有效利用和破碎效果影响至关重要。因此，实现矿山精细爆破必须获得准确的基础岩石力学性质和动态岩石力学性质，而且随着矿山开采深度的变化，这些性质也要不断测定和更新。

（3）爆破方案和施工工艺设计。爆破设计是精细爆破的核心内容，包括爆破孔网参数设计、装药结构设计、起爆方案设计、炸药参数设计、施工工艺设计等。为实现以上设计内容，根据长期的理论研究和矿山生产经验，第一步可采用类比设计方法，根据矿山采场实际情况，初步选出设计方案；第二部进行理论分析，根据已经建立的各种理论模型，在大块率和块度分布控制指标基础上，计算拟定的爆破参数；第三部计算机仿真计算，根据已经获得岩石动态力学参数和炸药能量结构参数，简单模拟模型，对爆破几何参数、装药结构参数、炸药能耗参数、微差起爆参数等进行仿真计算，从而获得准确可靠的起爆设计方案。数字化优化设计方案经审核确认后，将作为施工组织设计的基础。

（4）爆破施工组织与管理。数字化爆破施工组织与管理是矿山精细爆破的重要内容，这一过程包括：第一，孔网参数现场定位，设计人员根据设计方案经勘验施工台阶后，利用手持式数字化定位系统，在台阶精确确定钻孔外置，并将确定后的钻孔坐标数据和孔深自动上传到牙轮钻机接收系统，完成炮孔施工方案设计；第二，钻机施工，牙轮钻机收到布控坐标后，利用 GPS 定位系统自动确定钻机孔位，并根据岩石性质确定钻机钻进参数，完成炮孔施工；第三，钻机将施工后的钻孔实际位置和孔深参数回传到爆破数字系统，数字设计系统根据实际参数重新调整装药参数，并形成最终的炮孔装药方案和爆破器材消耗信息表，该爆破器材需求表自动传送到药品库和炸药装药车单元，爆破器材库根据要求准备爆材和装药车原料；第四，装药车根据存储的孔网参数坐标数据和炮孔设计装药参数自动控制装药车，按设计要求完成炮孔装药施工过程。

（5）爆破过程监控与效果评价。根据设计方案，装药施工过程中将爆破振动自动监控仪、高速摄影机等监控设备按要求设置，完成对爆破振动、炮孔起爆状态、岩石移动与抛掷、爆堆形态等爆破过程的监控。通过拾取和分析爆破的振动信号，研究炸药的振动衰减规律和有效能耗，为炸药与岩石的有效匹配和方案设计的改进提供参考；爆破后通过爆堆图像分析技术和岩石微观损伤分析，评价爆破的宏观效果和岩石对炸药能量的有效利用情况，岩石破碎效果的微观评价不仅反映爆破设计的优劣，更能有效指导后续破碎与磨矿工艺的能耗控制。

（6）信息提取与知识积累。矿山爆破不同于城市拆除爆破的最大特点是重复性，尽管每次爆破的岩性可能发生变化，但同一台阶岩体结构和岩石特性是相近的，因此爆破经验非常重要。矿山精细爆破的一个重要特征就是完善的数据采集与积累，通过建立大型爆破信息库，可以将每次爆破从地质条件到爆破效果评价的全部过程进行数字化处理并存储到数据库中，这不仅可以为爆破智能系统提供学习案例，更有利于矿山信息管理。

具体布局如图 3-5 所示，矿山精细爆破过程复杂，但流程清晰，流程中的步骤都影响精细爆破效果的实现，而要准确实施每个过程都要用心进行大量的基础研究和梳理工作。

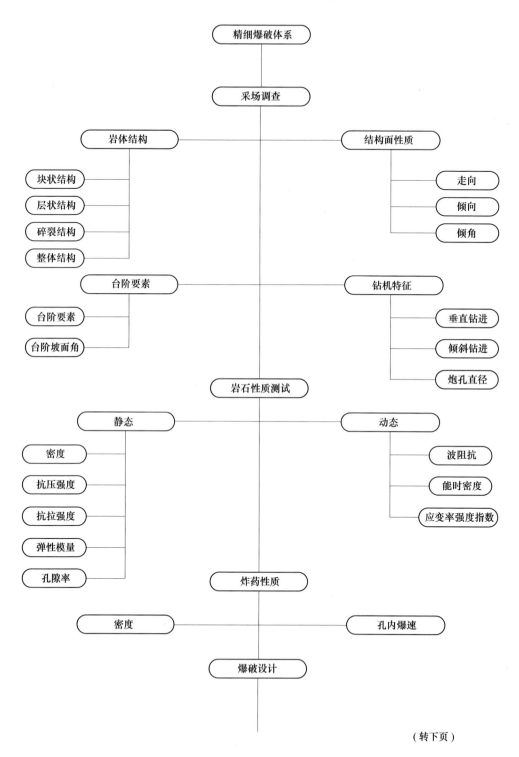

（转下页）

（接上页）

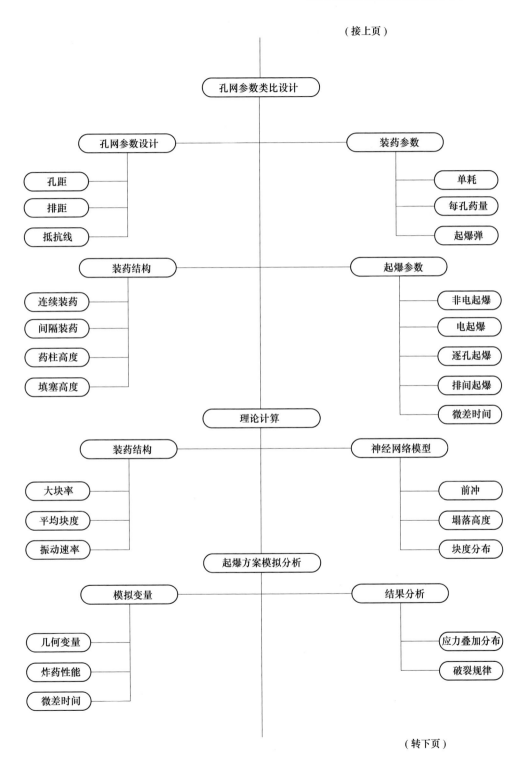

（转下页）

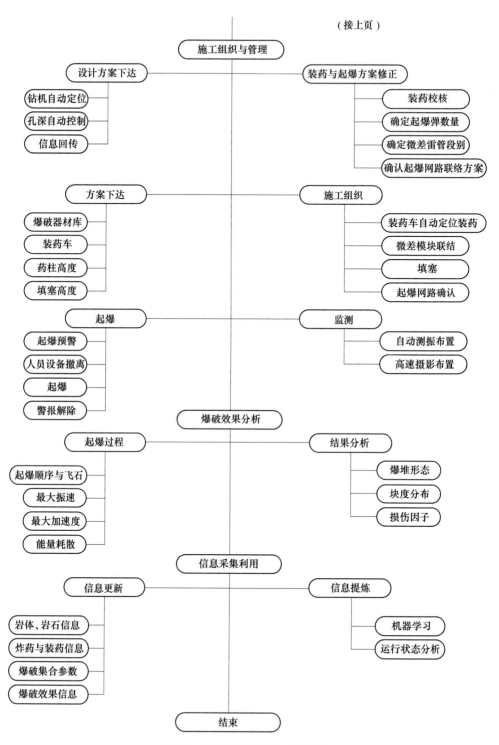

图 3-5　精准爆破体系构成框架图

3.3 岩石动态破碎机理研究

3.3.1 霍普金森压杆试验

霍普金森压杆技术源于 1914 年 B. Hopkinson 测试压力脉冲的试验工作，后来 R. M. Davies 对它进行了改进。1949 年，H. Kolsky 在这些基础上建立了进行材料单轴动态压缩性能试验的试验方法，测试了高应变率下金属材料的力学性能，这个方法称为分离式霍普金森压杆技术。

3.3.1.1 霍普金森压杆实验介绍

A 实验装置原理

霍普金森压杆原理是将试件夹持于两个细长弹性杆（入射杆与透射杆）之间，由圆柱形子弹以一定的速度撞击入射弹性杆的另一端，产生压应力脉冲并沿着入射弹性杆向试件方向传播，如图 3-6 所示。当应力波传到入射杆与试件的界面时，一部分反射回入射杆，另一部分对试件加载并传向透射杆，通过贴在入射杆与透射杆上的应变片可记录入射脉冲、反射脉冲及透射脉冲，由一维应力波理论可以确定试件上的应力、应变率、应变随时间的变化以及应力、应变曲线。

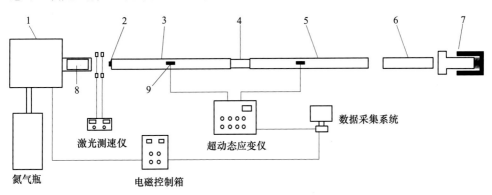

图 3-6 分离式霍普金森压杆原理图

1—高压气缸；2—波形整形器；3—入射杆；4—岩石试件；5—透射杆；
6—缓冲杆；7—阻尼卸荷装置；8—撞击杆；9—应变片

整套设备必须保证冲头、入射杆、透射杆是由同一材料制成并具有相同的尺寸，为了应力波能毫无阻碍地传播，要使压杆保持同一高度并固定在铸铁 T 形平台上，将试件夹在被分离的两杆之间，将试件与压杆接触的地方涂上凡士林，使表面光滑。这样做是为了使试件与压杆之间更紧密接触，消除实验时可能在端部产生摩擦效应而影响实验结果。通过调试高压气体的大小来控制冲头（子弹）的速度使之与入射杆进行对心撞击，此时会在入射杆端部产生一个入射脉冲，并沿着杆轴方向传播，形成入射波。当这个入射波到达试件界面时，由于试件材料和透射材料的惯性效应，试件将被压缩。由于试件的波阻抗比压杆小，则有的入射波会被反射回入射杆变成反射波，而有的通过试件透射进输出杆形成透射波，接着透射波将进入吸收杆并从自由端反射回来，从而使透射波中的能量耗散，最终到达静止状态。入射波、反射波从贴在入射杆上的应变片测得，而透射波则由贴在透射杆上的应变片测得。岩石的动态力学本构关系就是通过这三种脉冲来反映的。图 3-7 为霍普金森压杆实物图。

SHPB 实验是在一维应力假设和均匀性假设这两个基础上的，即假设压杆

图 3-7　霍普金森压杆实物图

和试样在实验中均满足单轴应力状态及在冲击过程中试样的受力平衡，分布均匀。根据一维应力假设可得到试件的应变率 $\dot{\varepsilon}(t)$、应变 $\varepsilon(t)$、应力 $\sigma(t)$ 为：

$$\dot{\varepsilon}(t) = \frac{c_0}{B}[\varepsilon_i(t) - \varepsilon_r(t) - \varepsilon_t(t)] \tag{3-1}$$

$$\varepsilon(t) = \frac{c_0}{B}\int_0^t [\varepsilon_i(t) - \varepsilon_r(t) - \varepsilon_t(t)]\,dt \tag{3-2}$$

$$\sigma(t) = \frac{EA_b}{2A_s}[\varepsilon_i(t) - \varepsilon_r(t) - \varepsilon_t(t)] \tag{3-3}$$

由均匀化假设，则有：

$$\varepsilon_i(t) + \varepsilon_r(t) = \varepsilon_t(t) \tag{3-4}$$

所以式（3-1）~式（3-3）可简化为：

$$\sigma(t) = \frac{A_b}{A_s}E\varepsilon_t(t) \tag{3-5}$$

$$\varepsilon(t) = \frac{2c_0}{B}\int_0^t \varepsilon_r(t)\,dt \tag{3-6}$$

$$\dot{\varepsilon}(t) = \frac{2c_0}{B}\varepsilon_r \tag{3-7}$$

式中，A_s 为试样的圆盘面积；B 为试样的厚度；A_b 为压杆的横截面积；E 为压杆的弹性模量；c_0 为压杆的纵波速度，即 $c_0 = (E/\rho)^{1/2}$。

B 实验试件的制备

选取的三种岩石（花岗岩、千枚岩、磁铁石英岩）为某矿现场取样带回的岩石种类，在岩样加工的实验室，首先岩石钻孔机进行钻芯取样，把取出岩芯按要求的尺寸进行切割，把切割之后的岩样双端面磨石机上加工出高精度的圆柱体试样，假如试样的端面平整度还不满足要求，可以在磨石机上再次研磨同时结合手工的操作。岩石试样加工完成后就可用于 SHPB 试验，在加工过程中要符合下列基本原则：

（1）为了保证岩石试样在结构与成分上的一致性，岩样要取来自同一块岩石石料，以此来增强试验的可信度与对比效果。

（2）岩样的尺寸要能体现岩石的基本力学性能，SHPB 试验中试件的选取一般要满足 $0.5 \leqslant d/h \leqslant 1.0$。试件制作过程中，要研磨抛光试样的两端面，用以满足平行度、平整度和光洁度的要求，具体而言就是直径和端面波动误差小于 0.2mm，平整度误差小于 $0.001r$。

（3）试验当中为了减少试样与输入杆和输出杆端面之间的摩擦，从而引起端头效应，应在试件的两个端面上均匀涂抹凡士林，然后将试样夹在入射杆和透射杆之间，并力求试样、压杆及撞击杆在同一条轴线上。

C 实验内容

岩石在 SHPB 装置条件下动态冲击试验分析岩石动态力学性质，对比分析同种条件下不同岩种力学指标差异及不同条件下同种岩石力学性质变化关系等。

D 波形整形器

SHPB 实验成立的基础之一便是试件受到冲击时，其内部的应力或应变要均匀分布。然而，随着 SHPB 尺寸的不断加大，压杆中质点横向惯性运动引起的弥散效应也越来越明显，使得实验的有效性与真实性受到质疑。这是因为实验中，采用的是与入射杆、透射杆直径相同的圆柱形撞击杆，这会产生一个矩形加载波，组成这种加载波的频率高低不等，而他们各自对应的应力脉冲的传播也有快有慢，这样一来势必会产生弥散现象，使得在波头处会产生高频振荡。同时实验表明，加载波在试样中来回反射三次以上才能达到应力平衡的要求，而岩石的破坏应变非常小，由于矩形加载波的上升沿时间相对较短并且波阵面前锋处所产生的高频振荡使得岩石在发生破坏时试样还处于应力不均匀的状态，这就违背了均匀性假设是实验成立基础的原理。因此，有效地改善弥散效应，提高入射波的上升沿是不容忽视的问题。

E 基于 Matlab 的数据处理

得到的数据是输入杆和透射杆上的应变片所测得的入射波、反射波以及透射波，为了进一步得到岩石的应力应变，需要对数据进行处理。采用 Matlab 软件进行编程，来实现应力应变、弹性模量、抗拉强度以及能量的计算。

3.3.1.2 霍普金森压缩实验

在子弹直径均为 50mm，长度分别为 500mm、400mm、300mm 的三个系列的 SHPB 试验中，对花岗岩、千枚岩、极贫矿、磁铁石英岩分别加载 0.16 ~ 0.44MPa，步长为 0.04MPa 的递增气压进行冲击试验。每组的岩样均取自同一岩芯，为避免冲击荷载作用下岩石试件应变率的变化引起试验数据分析的误差，通常采用最大应变率来计量。试验数据见表 3-1 ~ 表 3-3。

表 3-1 500mm 子弹冲击试验结果

编号	试件尺寸 /mm	冲击速度 /m·s⁻¹	应变率 /s⁻¹	峰值应力 /MPa	峰值应变 /10⁻³	动态强度 增强因子
H1-1	25.5/50	7.14	62.10	2.00	4.46	0.03
H1-2	25.4/50	8.29	64.08	140.96	3.85	2.07
H1-3	25.0/50	10.62	120.86	128.34	13.34	1.88
H1-4	25.7/50	11.49	107.41	83.54	11.28	1.22
H1-5	24.5/50	12.03	118.53	77.66	9.72	1.14
H1-6	25.4/50	13.19	137.27	102.04	12.18	1.50
H1-7	24.5/50	14.36	145.19	128.34	15.23	1.88
H1-8	24.3/50	14.91	177.62	119.80	16.91	1.76
Q1-1	24.2/50	6.80	67.65	106.02	4.61	1.48
Q1-2	24.4/50	8.37	59.93	152.86	4.72	2.14
Q1-3	25.4/50	9.83	68.24	60.90	5.25	0.85
Q1-4	25.3/50	11.53	81.10	102.3	5.34	1.43
Q1-5	25.8/50	12.49	150.33	90.72	11.32	1.27
Q1-6	24.4/50	13.65	104.83	118.88	5.61	1.66
Q1-7	25.3/50	14.24	121.84	95.60	12.32	1.34
Q1-8	25.7/50	14.59	134.70	112.56	11.51	1.58
J1-1	26.1/50	6.32	54.59	99.96	4.43	1.10
J1-2	25.2/50	7.90	83.67	134.32	5.03	1.47
J1-3	25.8/50	9.88	74.18	83.16	6.52	0.91
J1-4	24.4/50	11.64	85.26	98.46	10.7	1.08
J1-5	25.0/50	12.44	147.85	116.24	14.1	1.27
J1-6	25.3/50	13.33	104.47	93.08	10.1	1.02
J1-7	25.1/50	14.36	175.45	103.72	17.5	1.14
J1-8	25.6/50	14.79	213.62	85.22	22.31	0.93
C1-1	25.9/50	6.95	56.17	11.12	3.84	0.10
C1-2	25.8/50	8.21	34.42	11.52	2.53	0.11
C1-3	24.6/50	10.19	45.69	72.24	2.62	0.66
C1-4	25.8/50	11.65	57.16	98.78	3.31	0.90
C1-5	24.7/50	12.66	124.81	179.92	8.75	1.64
C1-6	24.8/50	13.37	135.69	110.98	13.18	1.01
C1-7	25.4/50	14.29	211.25	117.92	20.92	1.08
C1-8	25.3/50	14.94	279.89	112.64	25.91	1.03

表 3-2　400mm 子弹冲击试验结果

编号	试件尺寸 /mm	冲击速度 /m·s⁻¹	应变率 /s⁻¹	峰值应力 /MPa	峰值应变 /10⁻³	动态强度 增强因子
H2-1	25.2/50	6.43	15.03	26.20	0.56	0.38
H2-2	24.3/50	10.06	83.67	62.66	7.71	0.92
H2-3	24.5/50	11.03	65.27	52.32	4.32	0.77
H2-4	25.8/50	12.27	76.55	79.26	4.23	1.16
H2-5	25.7/50	14.10	240.72	214.84	16.24	3.15
H2-6	25.6/50	14.58	107.21	107.92	7.62	1.58
H2-7	25.3/50	15.42	125.80	84.86	11.31	1.24
H2-8	25.2/50	15.48	130.74	79.42	12.72	1.16
Q2-1	25.4/50	7.26	28.29	46.86	2.83	0.66
Q2-2	25.6/50	9.13	39.56	73.82	2.08	1.03
Q2-3	25.8/50	11.15	74.97	68.90	5.32	0.96
Q2-4	25.7/50	13.19	132.23	121.78	6.71	1.70
Q2-5	25.3/50	13.38	77.14	80.44	4.43	1.13
Q2-6	25.6/50	14.37	103.25	111.98	10.12	1.57
Q2-7	25.7/50	14.93	90.01	157.72	5.51	2.21
Q2-8	25.1/50	16.86	175.05	136.72	15.63	1.91
J2-1	24.8/50	6.16	10.88	24.20	0.51	0.27
J2-2	25.2/50	9.84	52.02	48.40	4.72	0.53
J2-3	25.4/50	9.93	35.41	62.88	1.91	0.69
J2-4	25.3/50	12.94	66.65	90.18	5.14	0.99
J2-5	24.8/50	13.94	77.34	40.58	7.08	0.44
J2-6	24.6/50	14.52	132.13	115.32	11.83	1.26
J2-7	25.1/50	16.12	168.72	98.68	15.72	1.08
J2-8	25.3/50	16.77	181.58	99.26	15.91	1.09
C2-1	25.8/50	6.12	13.05	58.58	0.92	0.54
C2-2	25.9/50	10.42	54.19	55.06	3.51	0.50
C2-3	25.3/50	11.96	117.89	120.38	6.53	1.10
C2-4	25.4/50	12.75	53.99	35.14	3.24	0.32
C2-5	25.1/50	13.95	109.38	83.34	7.91	0.76
C2-6	25.0/50	15.16	96.92	120.02	8.62	1.10
C2-7	25.5/50	15.56	121.25	39.80	8.93	0.36
C2-8	25.8/50	16.73	167.14	125.48	15.74	1.15

表 3-3　300mm 子弹冲击试验结果

编号	试件尺寸 /mm	冲击速度 /m·s⁻¹	应变率 /s⁻¹	峰值应力 /MPa	峰值应变 /10⁻³	动态强度增强因子
H3-1	25.4/50	7.40	14.64	30.28	1.08	0.44
H3-2	24.2/50	11.25	80.31	105.98	5.91	1.55
H3-3	25.7/50	13.51	77.54	105.40	5.64	1.55
H3-4	24.3/50	14.87	105.82	112.62	7.72	1.65
H3-5	24.4/50	16.10	145.19	109.12	10.31	1.60
H3-6	25.8/50	17.22	36.96	34.38	0.64	0.50
H3-7	25.5/50	18.03	121.65	126.26	7.93	1.85
H3-8	24.7/50	18.68	139.05	100.68	11.21	1.48
Q3-1	24.9/50	7.70	18.59	35.12	1.82	0.49
Q3-2	24.7/50	10.66	48.86	63.06	4.84	0.88
Q3-3	25.0/50	12.33	34.22	126.34	2.82	1.77
Q3-4	25.3/50	14.65	94.55	74.76	7.31	1.05
Q3-5	25.1/50	14.24	39.16	44.92	1.31	0.63
Q3-6	25.2/50	16.92	91.58	78.66	7.15	1.10
Q3-7	25.4/50	18.10	119.08	106.52	11.51	1.49
Q3-8	25.3/50	19.23	166.55	128.24	11.24	1.79
J3-1	24.9/50	8.57	17.80	25.18	1.34	0.28
J3-2	25.1/50	10.42	73.38	37.28	7.07	0.41
J3-3	24.6/50	12.72	85.45	72.22	6.41	0.79
J3-4	24.7/50	13.96	132.82	86.58	8.63	0.95
J3-5	25.1/50	16.26	154.28	79.26	13.14	0.87
J3-6	25.0/50	16.67	133.12	91.74	10.81	1.01
J3-7	25.2/50	18.35	113.73	120.62	8.61	1.32
J3-8	25.3/50	19.46	177.43	114.76	15.52	1.26
C3-1	25.1/50	8.83	36.79	63.06	3.74	0.58
C3-2	25.4/50	10.09	55.58	69.44	11.81	0.63
C3-3	24.8/50	12.73	89.40	97.38	6.73	0.89
C3-4	24.7/50	13.67	59.74	100.94	3.41	0.92
C3-5	25.2/50	15.71	209.89	111.06	7.14	1.01
C3-6	25.0/50	17.12	67.65	118.70	4.52	1.08
C3-7	24.9/50	19.00	164.17	125.26	10.91	1.14
C3-8	25.1/50	19.10	149.54	135.82	12.13	1.24

子弹上膛位置距离入射杆粘贴波形整形器保持在 2m，但由于子弹是紧贴于膛筒内部射出的，所以不可避免同一种子弹射出后，速度会有个别的小差异。图 3-8 显示了 SHPB 实验装置加载递增的气压的情况下，岩石试样的最大应变率随子弹冲击速度增加而增加的关系，且在相同的冲击速度作用下，500mm 子弹作用于入射杆使岩石试件引起的最大应变率最大，400mm 子弹作用于入射杆使岩石试件引起的最大应变率次之，300mm 子弹作用于入射杆使岩石试件引起的最大应变率最小，岩石试样的最大应变率 $\dot{\varepsilon}$ 与子弹冲击速度 v 的拟合关系曲线如下：

$$\text{花岗岩：} \dot{\varepsilon} = \begin{cases} 13.734v - 41.63 \quad (R^2 = 0.9226，500\text{mm}) \\ 0.1874v^{2.4607} \quad (R^2 = 0.8229，400\text{mm}) \\ 0.4405v^{1.9351} \quad (R^2 = 0.5763，300\text{mm}) \end{cases} \tag{3-8}$$

$$\text{千枚岩：} \dot{\varepsilon} = \begin{cases} 28.185\text{e}^{0.1048v} \quad (R^2 = 0.7281，500\text{mm}) \\ 0.5137v^{2.0127} \quad (R^2 = 0.8804，400\text{mm}) \\ 1.1227v^2 - 19.132v + 106.57 \quad (R^2 = 0.8811，300\text{mm}) \end{cases} \tag{3-9}$$

$$\text{极贫矿：} \dot{\varepsilon} = \begin{cases} 2.7735v^2 - 43.706v + 233.95 \quad (R^2 = 0.8301，500\text{mm}) \\ 0.0761v^{2.7313} \quad (R^2 = 0.9576，400\text{mm}) \\ 0.9924v^2 + 39.631v - 242.83 \quad (R^2 = 0.8391，300\text{mm}) \end{cases} \tag{3-10}$$

$$\text{磁铁石英岩：} \dot{\varepsilon} = \begin{cases} 7.3681v^2 - 135.39v + 646.36 \quad (R^2 = 0.9823，500\text{mm}) \\ 0.2009v^{2.3556} \quad (R^2 = 0.8843，400\text{mm}) \\ 1.0456v^{1.6804} \quad (R^2 = 0.6181，300\text{mm}) \end{cases} \tag{3-11}$$

当很小的压缩应力作用于试件时，其主要的破坏形式是轴向劈裂；当中等水平的压缩应力作用于试件时，岩石试件因应力作用发生层错或宏观剪切破坏；当更大的压缩应力作用于试件时，岩石试件发生脆性到韧性的转变，其应力-应变关系与金属相类似，如图 3-9 所示。

第一阶段——非线性压密阶段 OA：模量较低，在此阶段存在于岩石内部固有的原生裂纹和天然缺陷在外载荷作用下逐渐闭合、相互摩擦滑移，导致了非弹性变形，试件表现为刚度逐渐增大。

第二阶段——线弹性阶段 AB：应力与应变关系呈线性，此时岩石的压缩模量反映了真实的弹性模量。

第三阶段——稳定破裂发育阶段 BC：一般 B 点发生在应力峰值的 1/2、1/3 或 2/3 处，应力与应变关系脱离线性，逐渐转变为微裂纹成核阶段，岩石内部的微裂纹、微空隙逐渐萌生和扩展。

第四阶段——不稳定破裂阶段 CD：岩石内部固有的原生裂纹尖端或岩石内部缺陷、夹杂等引起局部应力集中（形成塑性区）或裂隙面的剪切运动而引起

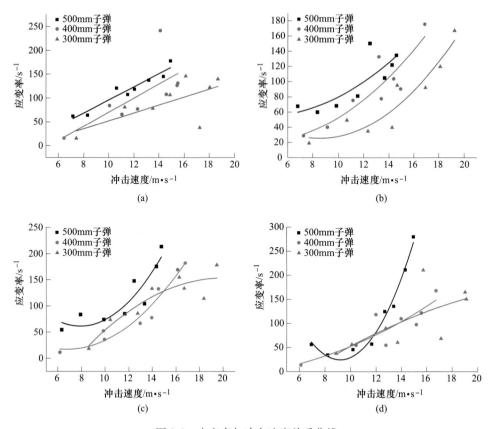

图 3-8　应变率与冲击速度关系曲线

（a）花岗岩；（b）千枚岩；（c）极贫矿；（d）磁铁石英岩

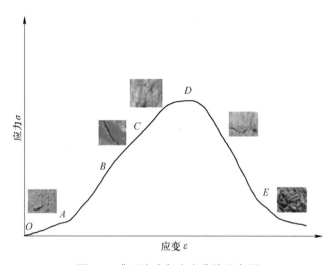

图 3-9　典型应力与应变曲线示意图

微裂纹的进一步扩展、贯通，在此阶段原生微裂纹的扩展和贯通方向及新裂纹的起裂和扩展方向与岩石被加载的最大压应力的作用方向一致，法向矢量位于微裂纹扩展区的所有微裂纹都发生了扩展，即沿霍普金森压杆的轴向方向。

第五阶段——峰后软化阶段 DE：岩石的应力达到峰值以后就开始进入软化阶段，岩石试件的变形随应力下降而增长，岩石试件内部大量微裂隙产生不稳定扩展，最终汇合成宏观裂纹，把岩石分割成大小不等的块状及粉末状。

图 3-10 为气压是 0.44MPa 冲击试验的四种岩石材料在三种弹头作用下的应力-应变关系曲线，图 3-10（a）显示了花岗岩试件在 500mm 子弹冲击作用下，应力峰值及其对应的应变值最大，300mm 子弹的次之，400mm 子弹的较小；图 3-10（b）~（d）显示了千枚岩、极贫矿、磁铁石英岩试件在 300mm 子弹冲击作用下，应力峰值较大，其对应的应变值较小，400mm 子弹的次之，500mm 子弹的较小；其中，300mm 子弹于岩石试件时，试件的弹性模量较大，表现为试件的刚度较大，400mm 子弹的次之，500mm 子弹的较小。

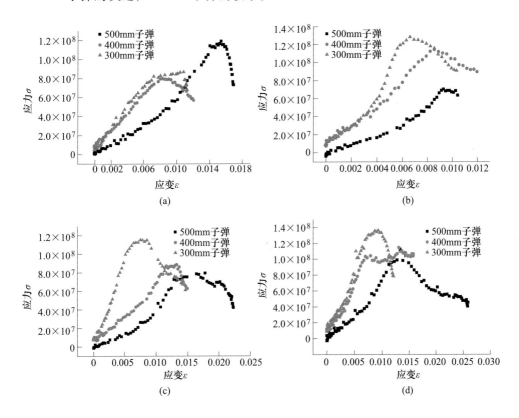

图 3-10 四种岩石的应力-应变曲线

（a）花岗岩；（b）千枚岩；（c）极贫矿；（d）磁铁石英岩

考虑到在冲击破碎岩石材料时，只有施加的应力大于岩石破碎强度时，岩石材料才会达到有效破碎的效果，因此不宜用静态抗压强度去估计和衡量岩石材料在动载作用破碎过程中的抵抗力作用大小。因此，引入动态强度增强因子作为衡量和估计岩石动态破碎中抗力大小的指标。

动态强度增强因子（DIF）为岩石试件动态抗压强度和静态抗压强度的比值，是冲击荷载下岩石材料抗压强度增加幅度的一个度量指标，即：

$$DIF = \frac{f_{r,d}}{f_{r,s}}$$ (3-12)

式中，$f_{r,d}$、$f_{r,s}$ 分别为岩石材料的动态抗压强度及静态抗压强度。

进行冲击劈裂实验时，动态拉伸强度的动态强度增强因子的数值与应变率的 1/3 次方呈线性关系。图 3-11（a）为三种弹头作用于四种岩石材料的动态压缩强度的动态强度增强因子与试件的最大应变率的关系，图 3-11（b）为三种弹头作用于四种岩石材料的动态压缩强度的动态强度增强因子与试件最大应变率的 1/3 次方关系。图 3-11 显示了在三种弹头冲击作用下，四种岩石材料的动态压缩强度的动态增强因子变化趋势也基本一致，随试件最大应变率的增加而增加。

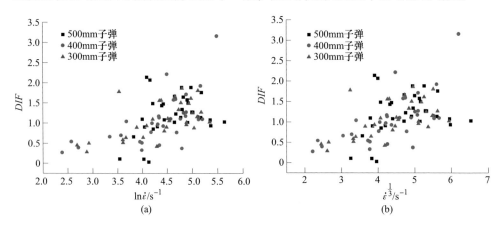

图 3-11　动态强度增强因子与应变率的关系

（a）三种弹头作用于四种岩石材料的动态压缩强度的动态强度增强因子与试件的最大应变率的关系；
（b）三种弹头作用于四种岩石材料的动态压缩强度的动态强度增强因子与试件最大应变率的 1/3 次方关系

三种弹头冲击作用于四种岩石材料的峰值应力均是随最大应变率的 1/3 次方的增加而递增的，同一弹头作用于同一种岩石材料时，岩石材料的动态抗压强度随应变率的增幅趋势保持一致，但动态抗压强度数值大小不同的主要原因是岩石材料的不同岩性导致它们对应变率的敏感程度有所不同，而且，不同岩石材料本身内部所固有的缺陷（孔隙、晶界裂纹等）存在着较大的差异，因为同种岩石内部的缺陷也存在分布的随机性。所以，岩石材料内部的缺陷在不同量级的应变率加载条件下就会表现出不同的特性。

岩石材料在静载作用下,其内部固有的最大缺陷承担了附加到其他较小缺陷上的大部分应力变形所受的力,并通过变形的方式来削弱外载荷对应力释放区内部的其他较小缺陷的影响;岩石材料在动载作用下,由于应力快速增加或者应变增幅速度较快,裂纹扩展速度要小于岩石材料整体受力变形的速度,岩石材料内部最大的缺陷应力释放区区域大于较小的缺陷的应力释放区区域,当最大的缺陷应力释放区面积比邻、覆盖或者有共同区域时,最大的缺陷应力释放区区域会合并较小缺陷的应力释放区区域,导致岩石材料内部所有相对较大的缺陷及其周边区域的较小缺陷共同来承担外载荷的作用力,也就是动态的应变率效应导致单一缺陷应力释放区以及它周围应力降低的区域来不及阻止其他较小的缺陷或者亚缺陷被激活,因此导致动态作用下岩石弹性模量与静态作用下弹性模量相比较高,并且其抗压强度增幅大。

图 3-12 所示,对于花岗岩而言,当应变率的 1/3 次方小于 4.3 时,300mm 作用于花岗岩试件的应力峰值最大,500mm 的次之,400mm 的最小;当应变率的 1/3 次方在 4.3~5.2 范围内时,300mm 作用于花岗岩试件的应力峰值最大,400mm 的次之,500mm 的最小;当应变率的 1/3 次方大于 5.2 时,400mm 作用于花岗岩试件的应力峰值最大,300mm 的次之,500mm 的最小。对于千枚岩而言,当应变率的 1/3 次方小于 3.6 时,500mm 作用于千枚岩试件的应力峰值最大,300mm 的次之,400mm 的最小;当应变率的 1/3 次方大于 3.6 时,400mm 作用于千枚岩试件的应力峰值最大,300mm 的次之,500mm 的最小。对于极贫矿而言,500mm 作用于极贫矿试件的应力峰值最大,400mm 的次之,300mm 的最小。对于磁铁石英岩而言,当应变率的 1/3 次方小于 4.3 时,300mm 作用于磁铁石英岩试件的应力峰值最大,400mm 的次之,500mm 的最小;当应变率的 1/3 次方在 4.3~6 范围内时,300mm 作用于磁铁石英岩试件的应力峰值最大,500mm 的次之,400mm 的最小;当应变率的 1/3 次方大于 6 时,500mm 作用于磁铁石英岩试件的应力峰值最大,300mm 的次之,400mm 的最小。

通过试验数据分析,岩石的动态应力峰值与最大应变率高度相关,四种岩石在三种弹头作用的应力峰值 σ_f 和最大应变率的 1/3 次方 $\dot{\varepsilon}^{1/3}$ 的拟合曲线如下:

$$\text{花岗岩:} \quad \sigma_f = \begin{cases} 76.486\dot{\varepsilon}^{\frac{1}{3}} - 268.45 & (R^2 = 0.7908,\ 500\text{mm}) \\ 45.306\dot{\varepsilon}^{\frac{1}{3}} - 116.41 & (R^2 = 0.738,\ 400\text{mm}) \\ 33.746\dot{\varepsilon}^{\frac{1}{3}} - 58.844 & (R^2 = 0.8043,\ 300\text{mm}) \end{cases} \quad (3\text{-}13)$$

$$\text{千枚岩:} \quad \sigma_f = \begin{cases} 11.53\dot{\varepsilon}^{\frac{1}{3}} + 44.281 & (R^2 = 0.094,\ 500\text{mm}) \\ 34.104\dot{\varepsilon}^{\frac{1}{3}} - 56.161 & (R^2 = 0.8886,\ 400\text{mm}) \\ 32.164\dot{\varepsilon}^{\frac{1}{3}} - 58.206 & (R^2 = 0.923,\ 300\text{mm}) \end{cases} \quad (3\text{-}14)$$

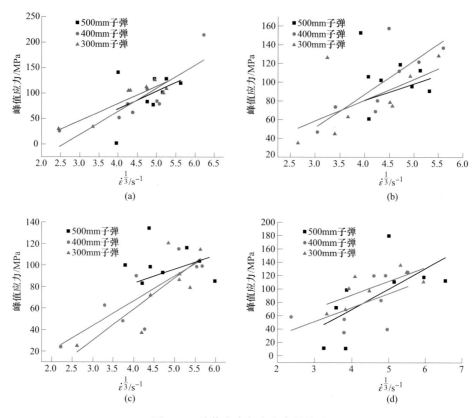

图 3-12 峰值应力与应变率的关系

（a）花岗岩；（b）千枚岩；（c）极贫矿；（d）磁铁石英岩

$$
极贫矿：\sigma_{\mathrm{f}} = \begin{cases} 30.54\dot{\varepsilon}^{\frac{1}{3}} - 52.403 & (R^2 = 0.4153,\ 500\mathrm{mm}) \\ 40.14\dot{\varepsilon}^{\frac{1}{3}} - 102.48 & (R^2 = 0.4083,\ 400\mathrm{mm}) \\ 20.578\dot{\varepsilon}^{\frac{1}{3}} + 9.2759 & (R^2 = 0.552,\ 300\mathrm{mm}) \end{cases} \tag{3-15}
$$

$$
磁铁石英岩：\sigma_{\mathrm{f}} = \begin{cases} 9.3385\dot{\varepsilon}^{\frac{1}{3}} + 55.536 & (R^2 = 0.3313,\ 500\mathrm{mm}) \\ 26.107\dot{\varepsilon}^{\frac{1}{3}} - 30.293 & (R^2 = 0.8112,\ 400\mathrm{mm}) \\ 31.632\dot{\varepsilon}^{\frac{1}{3}} - 66.231 & (R^2 = 0.6894,\ 300\mathrm{mm}) \end{cases} \tag{3-16}
$$

3.3.2 动态荷载作用下岩石劈裂试验

3.3.2.1 应力-应变曲线的处理方法

在岩石爆破作用中，岩体中裂隙的生成与断裂主要是爆炸应力波的拉伸作用，为了掌握岩石动态抗拉强度与动态应力的关系，鞍钢矿业公司开展了动态拉伸实验，其实验原理如图 3-13 所示。

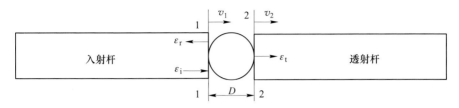

图 3-13　动态拉伸实验原理图

自 1978 年国际岩石力学学会颁布了将巴西圆盘作为静态测试准则后，至今已经有 40 多年的历史，在这期间，学者们对其不断地研究和持续改进，因此目前为止对于静态的技术无论是理论上还是技术上都比较成熟。也正是因为学者们的不断创新，动态巴西圆盘劈裂试验也随之被提出，并能够与静态测试较好地结合。一方面通过对霍普金森压杆的应用实现了对圆盘的径向加载，使我们对所得到的数据能够进行更简便的处理；另一方面借用了静态的劈裂原理并通过进一步的改进能够准确得到岩石的动态抗拉强度。

但是岩石的动态加载要比静态加载的力学性质复杂得多。由于试件与压杆端面是相切的，接触面积非常少，因此不能用一维应力假设对巴西圆盘试件进行计算。

设试件的两个端面的受力分别为：

$$P_1 = E_0 A_0 (\varepsilon_i + \varepsilon_r) \tag{3-17}$$

$$P_2 = E_0 A_0 \varepsilon_t \tag{3-18}$$

由于巴西圆盘的试样的直径要比子弹的长度小很多，因此将试样两端所受应力的平均值看成整个试样内的应力，故试样中的拉伸应力为：

$$\sigma_y = \frac{P_1 + P_2}{\pi DB} = \frac{E_0 A_0}{\pi DB}[\varepsilon_i(t) + \varepsilon_r(t) + \varepsilon_t(t)] = \frac{E_0 D_0^2}{4DB}[\varepsilon_i(t) + \varepsilon_r(t) + \varepsilon_t(t)] \tag{3-19}$$

当 $\varepsilon_i(t) + \varepsilon_r(t) = \varepsilon_t(t)$ 时，则有：

$$\sigma = \frac{P_1 + P_2}{\pi DB} = \frac{E_0 D_0^2}{2DB}\varepsilon_t(t) \tag{3-20}$$

式中，E_0、A_0、D_0 分别为压杆的弹性模量、横截面积以及直径；D、B 分别为试验岩石试样的直径和厚度。

而对于拉伸应变和拉伸应变率的求法，目前还没有统一的公式进行计算。不能像求静态载荷时一样，通过得到的弹性模量和某一点的 X 方向和 Y 方向的应力来计算。因此为了有成熟的公式来借鉴，也为了防止一些未知量带来的偏差，可采用岩石试样内的压缩应变和压缩应变率来进行计算。

表3-4~表3-6为三种岩石的实验结果，虽然严格控制了每组试验中的相同气压和冲头位置，但发射出的子弹速度也会有所差异，这可能是跟实验时的室内温度、子弹与炮管间的摩擦阻力等因素有关。为了便于分析，本书不以同种气压作为分析依据，而是找到这些气压下的相同速度进行重新归纳整理。由于岩石是脆性材料，离散性较大，尽管在同种速度下得到的应变率大小和试样的破碎形式也会有所不同，因此只选用同一速度下三组较为接近的数据，排除无效性的数据进行对比分析。

对于破坏时间的确定，以透射波起点时刻与峰值时刻的差计算得到。曾有学者分别用在试样中心处、偏离试样中心一定距离处垂直粘贴应变片的方法来获取试样的破坏时间，并与从透射波上计算得到的破坏时间相比较。发现前者只比后者提前了 $4\sim5\mu s$，这种相差对于试样在整个受载时间来说微乎其微，因此可以证明从透射波上计算得到的破坏时间是准确的。并且从表3-4~表3-6可以看出破坏时间、应变率与冲击速度的关系比较简单，随着冲击速度的增大，破坏时间随之减小，而应变率与冲击速度成正比关系。在研究岩石的动态力学特性中，经常寻找其参数与应变率之间是否存在某种关系。

表 3-4　千枚岩部分试样实验结果

编号	速度 /m·s⁻¹	应变率 /s⁻¹	破坏时间 /μs	峰值应力 /MPa	抗拉强度 /MPa	弹性模量 /GPa	敏感系数
P1-1	5.972	88.165	140.8	12.1	13.8	100	0.87
P1-3	5.923	81.935	140.8	11.9	13.5	97.5	0.7
P1-5	5.768	78.085	142.3	9.8	15.7	137.2	0.98
P2-1	7.858	135.57	130	14.6	16.5	115	0.74
P2-4	7.749	106.65	136.6	13.2	15.3	153	1.06
P2-5	7.695	118.03	138	12.8	14	102	0.77
P3-1	10.85	155.73	115.1	17.4	18.8	174.3	1.38
P3-2	10.044	128.3	120	15.8	20.9	155.5	1.01
P3-4	10.432	125.32	114.3	16.3	14	166	0.63
P4-2	13.97	295.7	90.8	22.5	22.1	144.3	1.8
P4-4	13.672	246.1	95.2	19.8	20.7	188.2	1.62
P4-5	13.657	221.15	95.3	19.5	19.8	208	1.5
P5-1	15.438	341.11	75	24.2	21	196.5	1.28
P5-3	15.853	315.37	71.5	25.6	20	175.5	2.09
P5-4	15.122	351.42	78.3	23.3	18.9	212	1.69

表 3-5   磁铁矿部分试样实验结果

编号	速度 /m·s⁻¹	应变率 /s⁻¹	破坏时间 /μs	峰值应力 /MPa	抗拉强度 /MPa	弹性模量 /GPa	敏感系数
M1-1	5.276	76.973	149.5	13.97	13.5	137	0.71
M1-2	4.651	57.17	150.4	14.1	17.3	156	1.17
M1-4	4.98	65.32	158.8	12.8	12.8	147.8	1.2
M2-1	7.402	121.72	136.6	17.5	16.7	176.5	1.1
M2-2	7.979	140.4	125.4	24.8	22.7	160.7	1.87
M2-3	7.892	128.65	130.2	23.72	22.5	157	1.85
M3-2	10.495	166.87	118.4	33.67	29.2	161	2.70
M3-4	10.162	151.48	120.2	30.6	15.3	176	0.93
M3-5	10.678	166.51	112	33	18.3	155.57	1.31
M4-1	13.678	194.66	88	39.2	24.36	155.7	2.08
M4-3	13.192	189.71	95.5	38.77	18.9	176	1.39
M4-5	13.457	151.15	90.9	36.2	13	200	1.15
M5-2	15.953	331.63	70.3	50.86	31.1	165.4	2.94
M5-3	15.919	338.43	70	52.9	32.2	195.3	3.08
M5-4	15.377	310.41	77.1	46.25	31.8	233.1	3.03

表 3-6   花岗岩部分试样实验结果

编号	速度 /m·s⁻¹	应变率 /s⁻¹	破坏时间 /μs	峰值应力 /MPa	抗拉强度 /MPa	弹性模量 /GPa	敏感系数
G1-1	5.961	73.421	140.2	16.81	16.1	68	1.02
G1-2	5.829	72.272	142.3	15.7	19.2	76.8	1.56
G1-3	5.563	71.117	150.8	15.2	12.9	72	1.64
G2-2	7.083	117.01	139	21.28	23.9	88.2	2.02
G2-4	7.52	108.6	130.3	19.9	19.1	70.9	1.80
G2-5	7.36	112.5	137.2	20.51	21	99.5	1.40
G3-1	10.413	184.13	118	27.6	22.3	95	2.25
G3-3	9.889	156.64	128.8	24.32	23.6	77	1.99
G3-4	10.739	160.31	113.4	25.88	22	80	2.15
G4-3	13.525	247.38	95	37.8	28.1	96	2.38
G4-4	13.99	198.17	88.3	33.76	25.1	106	2.20
G4-5	13.779	242.29	92.1	36.95	27.1	93	2.29
G5-2	15.241	389.9	78	47.1	25.8	89	3.24
G5-3	15.562	379	74.4	45.5	27.5	114	3.05
G5-4	15.971	361	70.4	42.36	29	97.5	3.53

对于动态拉伸破坏的应力-应变曲线分析，可以采用与静态试验一样的方式即把曲线划分为四大部分。

第一部分表示初始压密阶段：此阶段的因岩石内部原有的微裂隙逐渐闭合，岩石被压实，故此阶段曲线呈凹形。

第二部分为岩石的弹性变形阶段，该阶段的应力-应变曲线接近为一条直线，其斜率为一定值，表现为较强的弹性特征以及较高的冲击忍耐强度。

第三部分为非线性弹性阶段，顾名思义，该阶段的曲线表现为非线性变形，进入本阶段后，试件的微裂纹开始初步扩展开来，出现了质的变化。岩石内部的裂隙在冲击载荷作用下开始增加、发展。该阶段的最高点也就是到达了试件的峰值强度，之后，试样便开始发生破坏，导致应力急剧下降。

第四部分为破裂后阶段，岩石的承载力到达了极限后，其内部发生损伤，试件内部的微裂纹快速发展，形成了宏观断裂面。此后，岩石的承载力随变形增大而快速下降，但试件的总应变会持续增加。

图 3-14 为三种岩石在 5 个应变率下的应力-应变曲线。从图 3-14 中可以看出，在整个实验过程中所得到的应力-应变曲线都比较完整。岩石的应力随着应变的增加都是先增大后逐渐减小，这是由于在岩石变形的初期，内部已有的空隙受到挤压而闭合，岩石为了抵抗外部的力量不得不提高自身的强度。随着冲击不断加大，岩石内部的微裂纹不断扩大、贯通，其自由表面不断增加，岩石传递荷载能力不断减小，因此其强度急剧下降。

三种岩石中，花岗岩和磁铁矿基本都遵循了静态下的四个阶段，在初始加载阶段呈现下凹状上升的情况，但千枚岩却不太明显，这有可能是因为冲击太大，岩石内部的微裂纹还没有来得及闭合就发生了破裂，直接跳到了第二阶段。并且在峰前，三者的应力应变曲线均沿正斜率直线上升，加载曲线比较重合，其初始弹性模量基本不随应变率的增加而发生明显的变化，也就是说三种岩石的初始弹性模量对应变率不敏感。到达峰值时，可以发现，三种岩石应力峰值及其所对应的应变都随着应变率的增加而增大，表现了很强的率敏感性，应力峰值之所以能增大是因为在冲击荷载不断加大的情况下，岩石内部需要更多的能量来产生逐渐增多的裂纹，与此同时，冲击荷载所用的时间却逐渐变短，造成岩石试样的变形缓冲作用减少，故而只有通过增加其本身应力来抵消外部能量。而三种岩石相比，磁铁矿的应力峰值要大于花岗岩更大于千枚岩，这说明磁铁矿比其他两个岩石有着更好的动态拉伸性能。之后，花岗岩和磁铁矿都沿着负斜率缓慢下降，且曲线较为密集，离散度小。而千枚岩，随着应变率的增高，应力-应变曲线会随着应力降到一定程度后将不再降低而变形却能持续增加，这可能因为岩石试件已经从压杆中脱落，使得岩石试件与钢杆之间的接触面成为自由状态。

3.3.2.2 抗拉强度及弹性模量的处理方法

事实上，由于动力学推导是一个非常复杂的过程，人们难以用一个简便的公

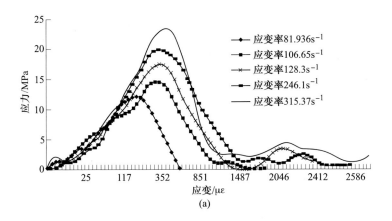

(a)

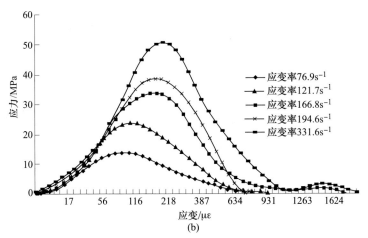

(b)

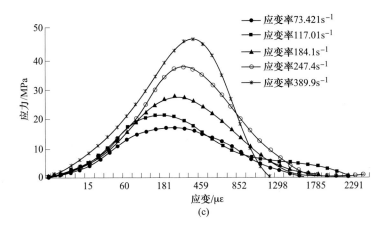

(c)

图 3-14 三种岩石的应力-应变曲线

（a）千枚岩；（b）磁铁矿；（c）花岗岩

式来描述动态力学特性，对于试样内部的应力分布也主要源于数字模拟。宋小林等人利用 ANSYS 对巴西圆盘内部的应力分布进行模拟，得到其应力分布状态与静态下基本一致，并认为随着应变率的增加，其试件的劈裂形式并不随之改变，所得到的应力-应变曲线也与静态的极为相似，他们有相同的初始断裂的起始点。故可认为取静态的抗拉强度来进行计算是可行的。根据 Griffith 的强度准则，巴西圆盘的抗拉强度计算公式：

$$\sigma_t = \frac{2P_{max}}{\pi DB} \tag{3-21}$$

对于平台巴西圆盘，王启智认为用原始的计算方式不能真实地反映出此时的抗拉强度并给出了当平台中心角 $2\alpha = 20°$ 时的抗拉强度计算公式：

$$\sigma_t = 0.95 \frac{2P_{max}}{\pi DB} \tag{3-22}$$

岩石的抗拉强度是随着应变率的增大而不断变化的，因此研究拉伸强度的敏感性至关重要。其公式为：

$$s = \frac{\sigma_{dyn} - \sigma_{stat}}{\sigma_{stat}} \tag{3-23}$$

对于弹性模量，静载荷作用下，其值为应力与应变之比，然而，它是随时间而变化的，ISRM 建议采用弹性范围内接近直线部分的斜率作为岩石的弹性模量，但王启智认为用这种方法来计算平台巴西圆盘的弹性模量是不准确的，这是由于平台巴西圆盘劈裂是平面问题，应该是双向受力的。同时考虑拉伸和压缩两个方向的应力和应变，因此，平台巴西圆盘的弹性模量计算公式见式（3-24）。

$$E = \frac{\sigma_x(t) - \mu\sigma_y(t)}{\varepsilon_x(t)} \tag{3-24}$$

对于 $2\alpha = 20°$ 的平台巴西圆盘，则有：

$$\sigma_x(t) = 0.964 \frac{2P}{\pi DB} \tag{3-25}$$

$$\sigma_y(t) = 2.973 \frac{2P}{\pi DB} \tag{3-26}$$

整理得：

$$\sigma(t) = 1.856 \frac{2P(t)}{\pi DB} \tag{3-27}$$

式中，$P(t)$ 为荷载；D、B 为试件的直径和厚度。

对于动态研究，探讨岩石的力学特性是否对应变率敏感是实验的首要任务，因此在实验中一般将所测得的岩石的力学参数都与应变率相对应。可以计算出三种岩石的抗拉强度，通过与静态下的拉伸强度进行对比，发现动态抗拉强度要比静态高出很多，磁铁矿的动态抗拉强度是静态的 1.5~3.6 倍，千枚岩的动态抗拉强度是静态的 1.5~3.4 倍，花岗岩的动态抗拉强度是静态 2.4~5.5 倍。由此可见，花岗岩的动态抗拉强度对应变率的敏感性要比磁铁矿和千枚岩大很多。此次实验将抗拉强度与应变率之间进行了乘幂拟合曲线，即 $\sigma = a\dot{\varepsilon}^b$，表 3-7 为三种岩石抗拉强度的参数取值。

表 3-7　三种岩石的动态抗拉强度参数取值

岩种	a	b	R^2
千枚岩	3.5245	0.3155	0.7386
磁铁矿	2.1892	0.3960	0.7515
花岗岩	4.412	0.3423	0.7271

可以看出，拟合优度在 0.7 以上说明曲线拟合程度较好，也就是说岩石的抗拉强度主要与应变率有关，它近似等于应变率的 1/3 次幂，这与前人研究结果"岩石的动态抗压强度与应变率之间的关系为 $\sigma \propto \dot{\varepsilon}^{\frac{1}{3}}$，并通过实验证明其与何种加载波形无明显关系而是主要取决于岩石的种类以及应变率大小"的结论类似。不过可以看出，千枚岩的动态抗拉强度随着应变率的增大而增加，但也不是无限制的增加，当应变率到达一个临界值时，岩石的动态抗拉强度基本保持不变且略有下降，千枚岩临界值为 14m/s。但花岗岩和磁铁矿由于只把速度限制在 15m/s 之内，在这段范围内，其抗拉强度也随着应变率的增加而增加，但没有找到使抗拉强度保持不变的临界值。

而对于抗拉强度的敏感程度，从表 3-4~表 3-6 中已经给出，在这 5 个速度冲击下，千枚岩的动态拉伸强度的率敏感性系数在 0.7~2 之间，磁铁矿的动态拉伸强度的率敏感性系数在 0.7~3 之间，花岗岩的动态拉伸强度的率敏感性系数在 1~3.5 之间，而这三种岩石在相同条件下进行动态压缩强度测试中率敏感性系数分别为 0.4~0.8、0.4~0.6 以及 0.2~0.6 之间。这说明三种岩石的动态压缩强度的率敏感性要明显低于其动态拉伸强度。并且在同一速度条件下，花岗岩的动态抗拉强度的率敏感性要明显高于千枚岩和磁铁矿。

5 种冲击荷载作用下，弹性模量虽然随着应变率的增加也会有点上升但不明显，对应变率的依赖性较小，故可认为其与应变率之间没有太大的联系。与静态相比却高出很多，千枚岩的弹性模量基本在 100~210GPa 之间，与静态相比高出 1.4~2.9 倍；花岗岩的弹性模量基本在 70~114GPa 之间，与静态相比高出 1.7~2.1 倍；磁铁矿的弹性模量基本在 137~230GPa 之间，与静态相比高出 1.55~2.6 倍。

3.3.2.3　平台巴西圆盘与巴西圆盘的比较

选用矿山花岗岩试件做实验与平台进行比较，共 10 个试样，几何参数见表 3-8，图 3-15 为巴西圆盘试样的实物图，图 3-16 为巴西圆盘试样的原理图。

表 3-8　花岗岩的巴西圆盘几何参数

编号	直径/mm	厚度/mm	编号	直径/mm	厚度/mm
B1-1	49	24.5	B2-1	49.2	25.6
B1-2	48.54	24.8	B2-2	49.8	24.7
B1-3	49.72	25.1	B2-3	49.5	24.8
B1-4	49	25.3	B2-4	49.9	24.3
B1-5	50	25	B2-5	48.8	25

图 3-15　巴西圆盘试样实物图

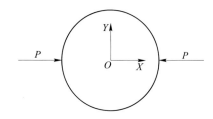

图 3-16　巴西圆盘试样原理图

实验采用基本相同的速度对花岗岩的巴西圆盘与平台巴西圆盘的试样进行冲击，其数据结果见表 3-9，其破坏形式如图 3-17 和图 3-18 所示。

表 3-9　巴西圆盘与平台巴西圆盘的实验数据比较

试样编号	速度/m·s⁻¹	应变率/s⁻¹	破坏时间/μs	时间不均匀性/μs
B1-1	5.887	74.55	173	80
B1-3	5.25	43.21	216	76
B2-2	5.204	79.48	186	65
B2-3	5.687	94.66	211	70
B2-5	5.926	84.58	134	55
G1-1	5.961	73.421	117	42
G1-2	5.829	72.272	126	40
G1-3	5.563	71.117	145	48
G1-4	5.23	72.3	165	52
G1-5	4.97	69.8	228	52

图 3-17　巴西圆盘劈裂形式

图 3-18　平台巴西圆盘劈裂形式

由以上实验可以总结出以下几点：

（1）在同种冲击速度条件下，巴西圆盘所得到的应变率不是很稳定，这是因为试件在实验过程中两个端面受到的应力过于集中且不受控制，所以即使在同种冲击速度下所得到的应变率也是有所差距的。这对研究高应变率下的岩石抗拉强度是不利的。而平台巴西圆盘由于存在两个加载面，使应力能够平均分布，因此就减小了应力过于集中的现象，所得到的应变率也相对稳定些。也正是因为应力分布均匀所以所测得的应变率要比巴西圆盘的略小一些。

（2）同种条件下，巴西圆盘的时间不均匀性要比平台的长，这就导致试件的左右两端在很长一段时间内存在载荷差异，从而试件内部应力达到平衡的时间就相对减少。因此有可能某些岩石在应力未平衡的时候就发生破裂而造成实验失败。

（3）巴西圆盘的破坏时间也没有平台的稳定，并且时间与平台的相比也要长，其主要原因是因为应力过于集中。

（4）巴西圆盘的破坏形式没有平台的好，从图 3-17 中我们可以看到，巴西圆盘试样在较低的冲击速度情况下便出现了区域性粉碎，并且很多试件都不是从中心处开裂，而是从接触点开始沿着内部存在的微裂纹裂开。

3.3.3　岩石破碎能耗分析

冲击条件下，应力波激活岩石材料自身存在很多不同尺寸的裂纹、空隙、缺陷等，使岩石的破碎形成。岩石的破碎在矿山开采、石料加工、隧道桥梁的修建等领域广泛应用，这一应用中就涉及了岩石的破碎效果，如何既能够最大限度地有效利用冲击的动能，又减少了有效能耗的消散就具有理论意义和实践价值。岩石在外部条件下从裂纹的起裂、成核、贯通至破坏的过程就是能量耗散的过程，本节从能量耗散与释放的角度对岩石的变性破坏进行阐述，通过其与筛分试验的结合，直观建立起能量与破碎粒度之间的联系，为指导爆破工程应用奠定基础。

3.3.3.1　SHPB 实验中能量的转换关系

在 SHPB 实验过程中，在不考虑其他能量损耗的前提下并假设冲头的动能完全转化为入射波所携带的能量。则岩石的能量耗散主要与入射波、反射波、透射波所带的能量有关。其吸收的能量可根据式（3-28）进行计算：

$$W_{ed} = W_i - (W_r + W_t) \tag{3-28}$$

式中，W_{ed} 为岩石吸收的能量；W_i、W_r、W_t 分别为入射波、反射波、透射波所携带的能量，可以通过压杆中应力与时间的关系计算出来。其公式为：

$$W_{ed} = \frac{A_e c_e}{E_e} \int_0^t \sigma^2(t)\,dt \tag{3-29}$$

式中，A_e、c_e、E_e 分别为输入杆和输出杆的横截面积、纵波速度和弹性模量。

在冲击荷载作用下，通常用能耗密度来衡量能量指标，它是指冲击过程中，试件单位体积所吸收的能量，其公式如下：

$$e = \frac{W_{ed}}{V} \tag{3-30}$$

式中，V 为试样的体积。

3.3.3.2　破碎能耗与平均应变率

SHPB 冲击试验中，产生多种形式的能量，但大多数的能量不能被有效利用。有关研究表明，散失掉的能量占据总能量的近一半，因此，研究破碎过程中的能量耗散一方面能够为提高能量的利用率开辟新的途径，另一方面可以节约生产生活成本。以花岗岩、千枚岩及磁铁石英岩为例，从图 3-18 中可以看出相关的能量情况分布，据此得出三种岩石的破碎能耗与平均应变率关系，见表 3-10。

表 3-10　三种岩石的破碎能耗与平均应变率关系

岩石类型	拟合曲线	相关系数 R^2
花岗岩	$Y = 0.0021X^2 + 0.0019X + 63.302$	0.8986
千枚岩	$Y = -0.0045X^2 + 1.7178X - 71.03$	0.7096
磁铁石英岩	$Y = 0.0021X^2 + 0.0019X + 63.302$	0.7640

　　利用上述的拟合曲线，可以提出一个率耗敏感度系数（在所有的外围条件一定的情况下，与单位的能耗所对应的平均应变率），从图 3-19 中可以看出，花岗岩与磁铁石英岩的破碎能耗随平均应变率的变化而处于变化之中，并且二者的变化规律很有一致性，在不同冲击速度试验中的破碎能耗都是有一个相对稳定的变化范围，而千枚岩则有不同之处，破碎能耗不大的情况下，就有一个很大的平均应变率，相对而言对破碎能耗很敏感，其中花岗岩的率耗敏感度系数范围从 0.69~4.55，磁铁石英岩的率耗敏感度系数范围从 0.75~3.20，千枚岩的率耗敏感度系数范围从 1.72~29.10。由此可见，在本次试验中千枚岩的率耗敏感度范围远大于其他两种岩石，这也就对上文中千枚岩的破坏过程进行了侧面的说明，不需要很大的破碎能耗，就会产生明显的破坏效果。针对不同岩石，破碎能耗增加，对应的应变率有不同变化，在试验加载范围内，花岗岩和磁铁石英岩应变率均随之增大，但千枚岩却在某一能耗处应变率最大（见表 3-11）。

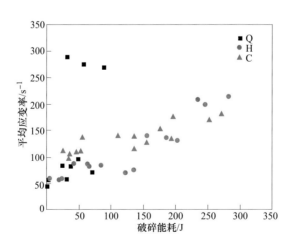

图 3-19　岩石破碎能耗与平均应变率关系图

3.3.3.3　破碎能耗密度与入射能关系

　　SHPB 冲击试验条件下，岩石破碎过程中所消耗能量除采用破碎能耗这个绝对指标外，有另外一个相对衡量指标，即单位体积岩样所消耗的能量，这对

表 3-11　三种岩石的率耗敏感度

花岗岩			千枚岩			磁铁石英岩		
平均应变率 /s^{-1}	破碎能耗 /J	率耗敏感度	平均应变率 /s^{-1}	破碎能耗 /J	率耗敏感度	平均应变率 /s^{-1}	破碎能耗 /J	率耗敏感度
56. 60	19. 92	2. 84	46. 56	1. 24	37. 55	110. 76	26. 67	4. 15
57. 56	6. 77	8. 50	46. 68	1. 73	26. 98	102. 28	36. 88	2. 77
58. 32	25. 36	2. 30	48. 05	2. 11	22. 77	95. 56	35. 58	2. 69
84. 96	63. 92	1. 33	58. 35	2. 43	24. 01	110. 28	53. 74	2. 05
87. 38	43. 53	2. 01	59. 40	4. 26	13. 94	105. 88	46. 75	2. 26
80. 35	66. 68	1. 21	50. 37	2. 05	24. 57	137. 57	56. 19	2. 45
83. 20	86. 91	0. 96	99. 93	49. 59	2. 02	114. 91	136. 14	0. 84
68. 20	123. 93	0. 55	86. 19	25. 50	3. 38	137. 90	135. 43	1. 02
74. 38	135. 32	0. 55	89. 45	38. 45	2. 32	125. 88	155. 75	0. 81
135. 57	186. 52	0. 73	61. 69	32. 36	1. 91	155. 37	174. 77	0. 89
130. 12	202. 22	0. 64	74. 38	70. 94	1. 05	135. 06	193. 48	0. 70
139. 07	154. 72	0. 90	85. 04	38. 22	2. 23	140. 72	111. 96	1. 26
196. 26	245. 66	0. 80	294. 01	32. 19	9. 13	181. 53	270. 59	0. 67
213. 07	281. 06	0. 76	271. 68	89. 46	3. 04	171. 26	251. 42	0. 68
207. 90	234. 87	0. 89	280. 35	58. 88	4. 76	175. 36	194. 79	0. 90

指导爆破设计中的炸药能耗确定具有重要意义，本书采用破碎能耗密度 $W_{L\rho}$ 来表示。

$$W_{L\rho} = \frac{W_L}{V} \tag{3-31}$$

式中，V 为岩样的体积，单位的取用根据实际情况而定。

3.3.3.4　冲击破碎能耗与 k 的关系

岩样在冲击加载的条件下，应力波中三种能量形式的计算方法上文已有介绍，下面将上文中的计算表达式代入，有岩石的试样在试验的过程中所吸收的能量 W_L 可以采用以下的方式进行计算：

$$W_R = (A_1 C_1 / E_1) \int_0^\tau \sigma_R^2(t)\, \mathrm{d}t = k^{14} \frac{A_1 C_1}{E_1} \int_0^\tau \sigma_I^2(t)\, \mathrm{d}t = k^{14} W_I \tag{3-32}$$

$$W_T = (A_1 C_1 / E_1) \int_0^\tau \sigma_T^2(t)\, \mathrm{d}t = (1 - k^8)^2 \frac{A_1 C_1}{E_1} \int_0^\tau \sigma_I^2(t)\, \mathrm{d}t = (1 - k^8)^2 W_I$$

$$\tag{3-33}$$

于是岩石试样的吸收能可以简化成：

$$W_L = W_I - (W_R + W_T) = W_I - k^{14} W_I - (1 - k^8)^2 W_I = (2k^8 - k^{14} - k^{16}) W_I$$

$$\tag{3-34}$$

这表明了入射能量和吸收能量的关系，在入射能一定的情况下，吸收能量越多，表明能量的运用效率越高，这也是岩石冲击破碎中追求的目标之一。为便于表述，则定义 η 为岩石的能量吸收率：

$$\eta = \frac{W_L}{W_I} = 2k^8 - k^{14} - k^{16} \tag{3-35}$$

从上述表达式来分析，在不考虑其他条件比如加载的强度、加载的波形的情况下，岩石在冲击荷载的作用下的能量吸收情况只与岩石的自身波阻抗有关联。不妨定义岩石的能量吸收率 η 为相关系数，随着 C_{sps}/C_{0p0} 的值增大，相关系数先增大而后减小，但是两者关系中有一个峰值点，与总的吸收能量相比还不超过 50%，与很多研究结论也吻合。

3.3.3.5 拉伸断裂能耗分析

在 SHPB 实验过程中，在不考虑其他能量损耗的前提下并假设冲头的动能完全转化为入射波所携带的能量。则岩石的能量耗散主要与入射波、反射波、透射波所带的能量有关。其吸收的能量可根据式（3-36）进行计算：

$$W_{ed} = W_i - (W_r + W_t) \tag{3-36}$$

式中，W_{ed} 为岩石吸收的能量；W_i、W_r、W_t 分别为入射波、反射波、透射波所携带的能量，可以通过压杆中应力与时间的关系计算出来。

3.3.3.6 应变率强度与能时密度

长期以来，人们一直关注的问题就是如何把岩石的动态特性、炸药的能量特征同岩石的破碎效果结合起来，遗憾的是迄今为止还没有一个清晰表述。值得庆幸的是，通过实验室研究和分析，提出了岩石应变率强度系数和炸药能时密度的概念，他们能够清楚而简洁地说明岩石的动态特性以及与炸药的能量输出特性间的关系，并进而建立了岩石破碎效果与岩石应变率强度系数和炸药能时密度等参数的关系模型，这对研究炸药与岩石的有效匹配无疑具有重要的推动作用。

研究发现，岩石在冲击荷载作用下的强度随外荷载的强度变化而变化，动态特征是个变化量，其变应力、应变、弹性模量与破碎效果均随着应变率的变化而变化，通过归纳分析，建立了不同岩石的动态应变率与动态强度关系模型，即：

$$[\sigma] = K_1 \dot{\varepsilon}^{K_2} \tag{3-37}$$

式中，$[\sigma]$ 为岩石的动态强度；$\dot{\varepsilon}$ 为动态应变率；K_1、K_2 是岩石应变率强度系数。这里 K_1、K_2 反映的是岩石的动态强度与变形特性，在不同冲击强度下，岩石表现出不同的变形速率，也显示出不同的动态强度，不同岩石强度随应变率有规律变化，这个指数关系刻画了岩石的动态受力变形特征。另一方面，通过分析入射能量与岩石的变形特征，可以构建入射能应变率关系，并且通过应变率这一指标可以有效地将外荷载作用联系起来。通过对上面的破碎能耗及加载速度的分析，鞍钢矿业提出了能时密度的概念。

$$K_3 = \frac{W_I - W_R - W_T}{tV\rho} \tag{3-38}$$

能时密度反映的是能量的输出特性，T 为反射应力作用时间，ρ 是试件密度，V 是试件体积。在冲击实验系统中，是冲击杆单位时间内输入到试件中单位体积的能量，它反映出了能量施加的速度，不仅是能量的大小，更反映出能量的释放与作用时间。这一概念的提出，可以很好地将实验室的机械冲击能量与实际爆破中炸药的能量输出结合在一起。爆破中，能时密度 K_3 反映的是炸药的性能，对于爆破，岩石应变率强度系数可以认为与室内试验是一样的，但能时密度与室内试验是不一样的，其能量输入形式不同，爆破的能量输入是直径为 D 的炮孔中装填单位高度，密度为 ρ_0 的药柱向所爆破的岩体中释放的能量。

$$K_3 = \frac{\pi D_0^2 \rho_0 D}{4ab\rho} \tag{3-39}$$

式中，D_0 是炮孔直径，m；ρ_0 是装药密度；D 是炸药爆速，m/s；ab 是炮孔负担面积。

K_3 的量纲运算：$\mathrm{m^2 \cdot J/kg \cdot kg/m^3 \cdot m/s \cdot 1/m^3 \cdot m^3/kg = J/s \cdot kg^3}$。

能时密度与动态应变率的关系可以表达为多项式关系，现对定义其入射能应变率指数 α_1、α_2、α_3，则：

$$\dot{\varepsilon} = \alpha_1 K_3^2 + \alpha_2 K_3 + \alpha_3 \tag{3-40}$$

对于花岗岩，拟合出，$\alpha_1 = 10^{-8}$，$\alpha_2 = 0.0012$，$\alpha_3 = 54.046$，公式为：

$$\dot{\varepsilon} = 10^{-8} K_3^2 - 0.0012 K_3 - 54.046 \tag{3-41}$$

同样可以获得千枚岩和磁铁石英岩的入射能应变率指数，分别是：

千枚岩：$\alpha_1 = 10^{-8}$，$\alpha_2 = 0.0017$，$\alpha_3 = 35.997$；

磁铁石英岩：$\alpha_1 = 3 \times 10^{-8}$，$\alpha_2 = 0.0014$，$\alpha_3 = 94.469$。

通过室内冲击试验所建立的岩石与破碎能耗之间的关系可很好地移植到实际爆破中。通过统计分析不同加载条件下的破碎力度，根据已有的粒度分布公式：

$$y = 1 - \mathrm{e}^{-\left(\frac{x}{x_0}\right)^n} \tag{3-42}$$

求出粒度的特征系数 x_0，n，进而建立破碎粒度与岩石应变率强度系数、能时密度等参数的关系模型，则有：

$$[x_0, n] = F(K_1, K_2, K_3, \eta, \alpha_1, \alpha_2, \alpha_3) \tag{3-43}$$

该模型完全考虑了岩石的动态强度特性、炸药的能量输出特性及炸药的能耗等，这无疑是认识炸药与岩石相互作用是一种新的探索。

3.4　矿山数字化、精细化爆破工业设计及实现

3.4.1　岩石与炸药合理匹配分析

在岩石爆破破碎理论中，爆炸气体膨胀、应力波、膨胀气体与应力波联合作

用、内部缺陷作用等假设和分析均离不开能量释放和传递。一些研究者认为岩石的破碎主要靠爆炸气体的静态压力完成，冲击波只对初始裂隙的形成起作用；另一些研究者认为，岩石的破碎取决于能量有效匹配，即炸药波阻抗与岩石波阻抗的匹配关系，高波阻抗岩石受应力波影响较大，低波阻抗岩石受膨胀气体影响较大。炸药和爆破参数与矿岩性态间的合理匹配一直是爆破工程中的一个重要研究课题。关于岩石与炸药合理匹配作用研究国内外有过大量报道，北京科技大学的于亚伦教授、中南大学的李夕兵教授、北京建筑大学的高文学教授、北京理工大学的张奇教授等均对岩石破碎的能量消耗问题进行过系统的理论与实验研究，取得了一系列丰硕成果。

3.4.1.1　有效能耗匹配

随着精细爆破理念的提出和矿用炸药装药车的成功研制使用，针对不同的爆破岩种现场配制不同爆炸威力的炸药已成为可能，这为提高炸药有效能量利用率，实施精细爆破，建设绿色矿山奠定了基础，正如汪旭光院士在中国第十届工程爆破学术会议报告《中国爆破技术现状与发展》所提到的，"研究炸药能量转化过程中的精密控制技术，提高炸药能量利用率，降低爆破有害效应是新世纪工程爆破的发展战略。因此，必须深入研究和不断创新，通过对各种介质在爆炸强冲击动载荷作用下的本构关系，选择与介质匹配的炸药、不耦合装药、控制边界条件的影响，分段起爆顺序等的实验技术，研究提高炸药能量利用率的新工艺、新措施，最大限度地降低能量转化过程中的损失，控制其对周围环境的影响。"

合理的炸药岩石匹配将大大提高炸药的能量利用率和改善爆破效果。由于炸药和岩石波阻抗能分别反映炸药的爆压等爆炸性和岩石的强度及其对应力波的敏感程度等岩石可爆性指标，所以长期以来，人们一直以炸药和岩石的波阻抗作为匹配的依据，认为最佳的炸药岩石波阻抗匹配是炸药波阻抗等于岩石波阻抗；也有研究认为能取得良好的爆破效果的炸药波阻抗往往不一定要趋近于被爆介质的波阻抗，要保证爆轰波能量向岩石的输入量最大和取得较好的爆破效果，高阻抗的岩石必须使用高密度和较高爆轰速度的炸药；也有学者提出采用等效阻抗法来改善炸药在不同矿岩中的爆炸的能量传递效果，即通过在孔壁增加某种中间介质材料来调和炸药与岩石的阻抗间的明显差距。

以上所有的研究基本假设是基于应力波的弹性传播，追求的基本目标就是炸药能量向岩体中传递比例最大化，但这里存在两个问题，一是引起岩石拉压破坏的不是在岩石中传播的弹性波，而是弹塑性波，因而基于纵波速度的波阻抗匹配值得进一步研究；其二就是传递到岩体中的能量有多少是用来破碎岩石，又有多少转变成了有害的地震波（弹性波）扩散了。因而炸药与岩石的合理匹配不仅是传递能量最大化，同时要使有效能耗最大化。

前面的 Hopkinson 压杆系统的岩石冲击试验已经表明，破碎岩石的有效吸收能是输入能量减掉反射能和透射能得结果。

按以往能量匹配理论，炸药能量向岩体中透射的能量越高，两者间的匹配就越好，但如果透射到岩体中的能量不能引起破碎作用，而是以弹性波的形式继续着透射传播，那这种高比例的能量透射就是无效的。从以上公式中也可以看出，输入的机械动能只有 E_A 是有效的，而 E_R、E_T 是无效的。在寻求炸药与岩石的合理匹配中，尤其应重视对 E_T 的研究，因为它不仅是浪费掉的能量，同时也是引起爆破振动破坏的主要根源。因此炸药与岩石的能量匹配应该是有效能耗匹配。

根据传统的爆破理论，岩石爆破破碎过程可分为四个阶段，即：第一阶段，炸药爆炸瞬间产生高温高压，在炮孔孔壁一定范围内形成岩石粉碎区；第二阶段，在粉碎区外，由径向压应力衍生出的环向拉压力形成的径向裂隙和应力波反射拉应力形成的环向裂隙构成的主要破碎区；第三阶段，即为爆生气体膨胀作用会导致岩石中的裂隙进一步发育和贯穿，并推动岩石移动；第四阶段，即是爆炸应力波衰减为地震波引起的周围岩体弹性震动。

从爆破破碎过程可以看出，第一阶段爆破附近的岩石过度粉碎并不是爆破本身期望的，其过度消耗的爆炸能一大部分是浪费，第二阶段和第三阶段的能量消耗是有效能耗，第四阶段的地震能耗是无效且有害的。因此从炸药能量利用的角度看，降低第一阶段和第四阶段的能量消耗，提高第二、第三阶段的能量利用是改善爆破破碎效果、提高炸药能量利用的关键环节。如何有效利用炸药能量，C. W. Livingston 通过分析不同岩石在不同埋深下的爆炸试验提出了爆破漏斗理论，该理论分析了炸药能量在岩石中的几种分配形式，提出了以炸药能量平衡为准则的爆破破碎漏斗理论，对炸药释放的能量大小和释放速度对岩石的爆破破碎效果进行了系统的分析，在岩石性质一定时，炸药释放能量的多少取决于装药量，而岩石吸收有效破碎能多少则取决于炸药能量的释放速度及与岩石的匹配程度，而炸药能量的释放速度与炸药的爆速密切相关。以爆破漏斗为特征的能量平衡理论揭示了爆炸能与岩石的爆破破碎关系，为爆破设计特别是装药量确定提供了理论依据，也为炸药的选择建立了有效的试验手段。

3.4.1.2 阻抗匹配理论

A 炸药能量的有效传递

炸药爆炸能量释放表现为冲击能和膨胀能两种形式，研究表明冲击能会在爆炸瞬间产生较高的原生爆炸冲击应力波，它对孔壁产生粉碎性冲击；而稍后由膨胀能引起的次生应力波会与原生应力波一起对岩石产生拉压破坏，由于次生应力波的峰值小于原生应力波产生的峰值，所以膨胀能的主要破碎作用是在静压和准静压力作用下，与应力波一起促成岩石裂隙的生成和扩展。

从炸药性能来看，炸药的冲击能量主要取决于炸药的平均能量密度和爆炸压力，而膨胀能主要取决于炸药的平均爆速。爆破不同性质的岩石，希望使用不同特性的炸药。当岩石较硬，抗压强度较高时，其波阻抗也较大，应使用能量密度较高、炸药冲击能与膨胀能之比较高的炸药；对于硬度较低，波阻抗较小的岩石，应使用冲击能较低而膨胀能较高的炸药。针对不同的岩石性质，通过选择或控制炸药的爆炸冲击能与膨胀能的比例关系，可以实现炸药能量有效传递和充分利用。已有研究建议岩石与炸药的匹配关系见表3-12。

表 3-12　岩石与炸药合理匹配对应关系

岩石特征			炸药性能		
波阻抗 /MN·m·(m³·s)⁻¹	抗压强度 /MPa	密度 /g·cm⁻³	爆压 /MPa	爆速 /m·s⁻¹	潜能 /kJ·kg⁻¹
160~200	140~200	1.2~1.4	20000	6300	500~550
140~160	90~140	1.2~1.4	16500	5600	475~500
100~140	50~90	1.0~1.2	12500	4800	420~475
80~100	30~50	1.0~1.2	5800	4000	350~420
40~80	10~30	1.0~1.2	4800	3000	300~350
20~40	5~10	0.8~1.0	2000	2500	280~300

炸药在炮孔中爆炸应遵循能量守恒定律，即 $W = W_E + W_U$。其中，W 是炸药爆炸产生的能量。W_E 是破碎岩石的有效能耗，W_U 是爆破过程损耗的能量。炸药的有效能耗又分为冲击能 W_S 和膨胀能 W_B，即 $W_E = W_S + W_B$。其关系见表3-13。

表 3-13　炸药在不同岩石中的能量利用率

炸药	花岗岩			石英岩			砂岩		
	W_S	W_B	合计	W_S	W_B	合计	W_S	W_B	合计
TNT	20.8	38.7	59.5	12.1	44.4	56.5	29.4	33.6	63.0
2号岩石	17.2	34.2	51.4	9.8	38.9	48.7	25.0	29.4	64.4
铵油	13.9	39.3	53.8	5.8	44.3	50.1	23.0	34.0	57.0

表3-13给出了几种不同炸药在岩石爆破破碎中的能量利用率。从表3-13中可以看出，有效能量利用率在 1/3~1/2 之间，其余能量为对破碎无效甚至对周围环境有害的能量损耗。冲击能与膨胀能均形成冲击波在岩体中传播，应力波在岩体中的传播规律为 $\sigma = p(r/R)^\alpha$，其中 $p = kp_0$，$p_0 = \rho_e D^2/8$。式中，σ 是介质内某点的径向应力；R 是某点到炮孔中心线的距离；r 是装药半径；p 是孔壁透射压力；α 是应力波衰减系数；k 是爆炸压力透射系数；p_0 是孔壁入射压力；ρ_e 是炸药密度；D 是炸药爆速。式中，α 主要取决于岩石性质，而孔壁的入射压力取决于炸药的密度和爆速，密度与爆速的提高可以显著提高孔壁的入射压力，但也会使透射系数降低，因此如果要使孔壁透射压力增大，就必然会降低孔壁透射系

数，两者间的最佳组合才能提高炸药能量的有效利用率。同一种岩石可通过式（3-44）判断较大破碎范围。

$$F = K_1 \frac{\rho_{e1} D_1^2}{8} \left(\frac{\rho_{e1} Q_1}{\rho_{e2} Q_2} \right)^{\frac{\alpha}{2}} - K_2 \frac{\rho_{e2} Q_2}{8} \tag{3-44}$$

当 $F>0$ 时，认为第一种炸药效果更好；当 $F<0$ 时，第二种炸药效果更好。

    B   炸药与岩石合理匹配试验

鞍钢矿业铁矿矿岩性质变化较大，长期以来由于受到炸药品种和生产加工的限制，各类型矿岩中基本使用同一种性质的炸药，尽管在爆破优化中做了大量工作，但由于受到炸药与岩石匹配关系的影响，爆破效果未能达到理想状态。随着乳化炸药加工新工艺和现场混装炸药车性能的改善，炸药性能在一定范围内调整成为可能，因而研究现场爆破炸药与岩石合理匹配的问题有了开展工作的基础。根据已有研究，岩石密度与炸药密度之比不同或岩石声波速度与炸药声波速度之比不同时，其合理的岩石与炸药波阻抗关系如图 3-20 所示。

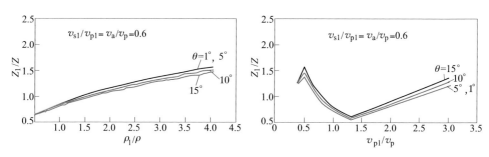

图 3-20 岩石与炸药波阻抗关系图

根据采场实际情况，选取有代表性的三种岩石进行试验研究，测得其力学参数及声波参数，并计算出波阻抗，见表 3-14。

表 3-14 不同岩种的力学性质参数与波阻抗的关系

岩石名称	纵波速度 /m·s⁻¹	块体密度 /10³kg·m⁻³	抗压强度 /MPa	波阻抗 /MN·m·(m³·s)⁻¹	抗剪参数		变形参数	
					内聚力 /MPa	内摩擦角 /(°)	弹性模量 /GPa	泊松比
片麻岩	2611	2.65	53.145	67.9	7.865	41.32	54.425	0.295
花岗岩	2658	2.57	68.2	67.0	16.13	41.33	41.86	0.225
铁矿石	3217	3.63	109.47	114.6	20.795	41.23	88.35	0.23

上述三种矿岩的波阻抗中，磁铁石英岩的波阻抗几乎是岩石波阻抗的两倍，所以采用一种炸药爆破必然会存在某种岩石爆破能量利用低效问题，进而影响爆破效果。矿山所用的炸药爆速监测值见表 3-15。

表 3-15　炸药爆速监测值

炸药名称	爆速 v/m·s^{-1}	装药密度 ρ/g·cm^{-3}	波阻抗/MN·m·(m^3·s)$^{-1}$
铵油炸药	4418	0.98	42.47
乳化炸药	5944	1.20	69.97

通过调研目前矿山使用的炸药和爆破效果分析，铁矿石波阻抗较高时，普遍选用爆速高、密度大的乳化炸药，而对于波阻抗较低的岩石，应选用低爆速的铵油炸药。但是由于矿山爆破炮孔含水问题，考虑到水对爆破效果的影响，在岩石爆破中也不得不使用乳化炸药，这就影响了炸药能量利用率。

从表 3-16 看出，采用乳化炸药爆破铁矿石，其阻抗匹配管理很好，说明能量利用率较好，相反，爆破岩石则阻抗匹配不合理，说明炸药能量利用率低，影响爆破效果，应当改进。最直接的方法就是通过现场混装调整炸药的爆速，来改变炸药的波阻抗，使岩石阻抗与炸药阻抗尽可能接近合理范围，达到提高炸药能量利用率和改善爆破效果的目的。

表 3-16　乳化炸药与爆破岩石的密度、波速及阻抗关系

岩石名称	波速比	密度比	实际阻抗比	最佳阻抗比
片麻岩	0.439	2.21	0.974	1.4~1.5
花岗岩	0.447	2.14	0.958	1.3~1.5
铁矿石	0.541	3.03	1.638	1.6~1.7

3.4.2　爆破优化设计

3.4.2.1　爆破优化神经网络模型

由于采场爆破的特殊性以及影响因素的复杂性，目前已有的传统爆破质量控制模型不能完全满足特定矿山的生产实际需要，通过计算机模拟研究确定了最优爆破参数，随着爆破生产的进行，将每次的爆破数据收集起来，根据神经网络的自学习原理构建爆破参数自动优化模型，将保证爆破参数的实时优化。人工神经网络模型如图 3-21 所示，基本架构是：建立以矿岩自然条件、设计参数和起爆方式为影响因素，以块度指标为优化目标的前馈式神经网络优化模型，采用三层式神经网络，隐含层的功能函数为压缩函数。

神经网络输入单元包括：

（1）采场条件参数：岩石类型、密度、强度指标、波速、岩体结构、裂隙发育程度、节理走向与工作线走向夹角（度）、节理面倾角、岩体含水状况、自由面数、孔径、台阶高度、台阶坡面角。

（2）爆破设计参数：前排抵抗线（米）、孔距（米）、排距（米）、超深（米）、孔深（米）、选取的炸药种类、炸药单耗（千克/立方米）、装药结构、装

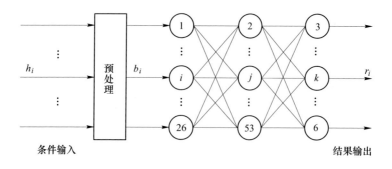

图 3-21　神经网络模型

药高度（米）、填塞高度（米）、布孔方式、微差时间（毫秒）。

（3）质量评价参数：平均块度、大块率、根底率、R-R 分布特征尺寸、R-R 分布均匀系数。

神经元的激活函数为：

$$r_i = f(P_i) = 1/(1 + e^{P_i}) \tag{3-45}$$

$$P_i = \sum_j W_{ij} b_j \tag{3-46}$$

3.4.2.2　系统开发工具

露天矿爆破优化设计系统应用 VB6.0 开发 Access 2003 数据库。具体开发流程如图 3-22 所示。

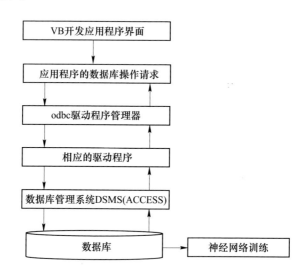

图 3-22　系统开发流程

图 3-23 所示为系统运行时的主界面。

爆破设计　爆破效果预测　神经网络训练　数据库管理　退出

露天矿爆破优化设计系统

Version 2.0

图 3-23　露天矿爆破优化设计系统

3.4.2.3　数据库框架设计

神经网络模型的建立需要足够的爆破数据来训练网络，所以爆破数据库的建立既可实现信息管理功能，又可为神经网络提供训练样本。

数据库中的数据记录三个方面的内容：（1）每次爆破的已知条件的特征描述，如岩体结构、裂隙发育程度等；（2）爆破设计参数，包括孔网参数、装药参数及起爆参数等；（3）反馈信息，主要记录对不同爆破条件下采用不同的参数所产生的各种爆破效果的评价指标、满意度及所选取的评价指标在爆破效果综合评价中所占的权重值。评价指标包括爆破矿岩的平均块度、大块率、根底率等。

在该系统模块中，主要实现了数据库文件的建立和删除，对数据库中数据的增加、查询、修改、删除等功能。

图 3-24 为数据库程序流程图。

A　数据库建立

输入数据库名称，如图 3-25 所示。然后显示数据库文件的输入界面（见图 3-26），并在该界面内输入相应的数据。

B　数据库删除

输入想要删除的数据库路径，然后删除该数据库（见图 3-27）。

C　数据库中数据的增加

在所要增加的数据的数据库文件中，使用增加功能，直接在文本框中输入要增加的数据即可，如图 3-28 所示。

D　数据库中数据的查询

在所显示的数据库中，输入或选择查询日期，可以对该日期的爆破数据参数进行查询，如图 3-29 所示。

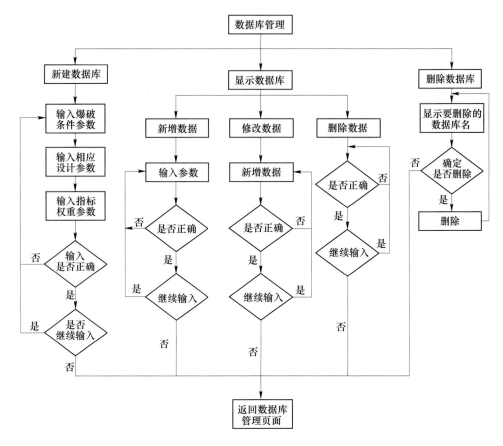

图 3-24　数据库处理流程

图 3-25　输入新建数据库文件名称

E　数据库中数据的修改

在修改数据界面中，先按下修改按钮，使数据变成可编辑状态，然后修改所需要修改的数据，退出该界面后保存数据，如图 3-30 所示。

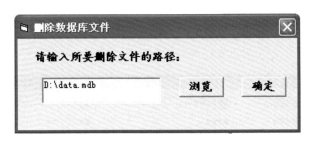

图 3-26 露天矿爆破优化设计系统参数设置界面

图 3-27 删除数据库

F 数据库中数据的删除

输入要删除的数据日期范围，并将该日期内的所有爆破记录删除，如图 3-31 所示。

3.4.2.4 爆破效果预测

该部分运用神经网络的反向传播算法（BP 算法）对爆破数据库中的实例数据进行神经网络训练。反传算法是一种有教师指导的多层神经网络算法，每一个训练范例在网络中经过两遍传递计算：一遍向前传播计算，从输入层开始，传递各层并经过处理后，产生一个输出，并得到该实际输出和所需输出之差的差错矢量；一遍向反向传播计算，从输出层至输入层，利用差错矢量对权值进行逐层修改。BP 算法的学习过程如图 3-32 所示。

神经网络应用于爆破效果预测模型如图 3-33 所示。

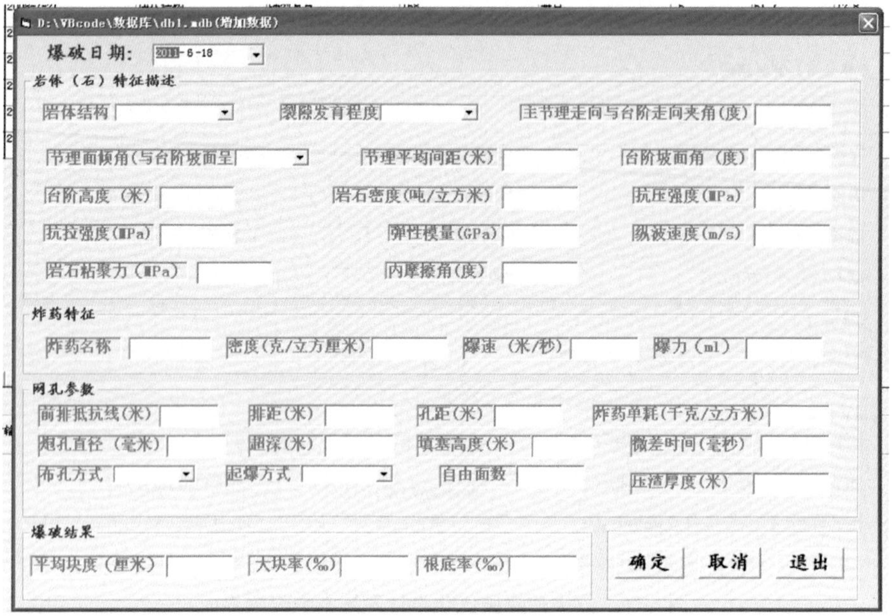

图 3-28 增加数据界面

图 3-29 数据查询界面

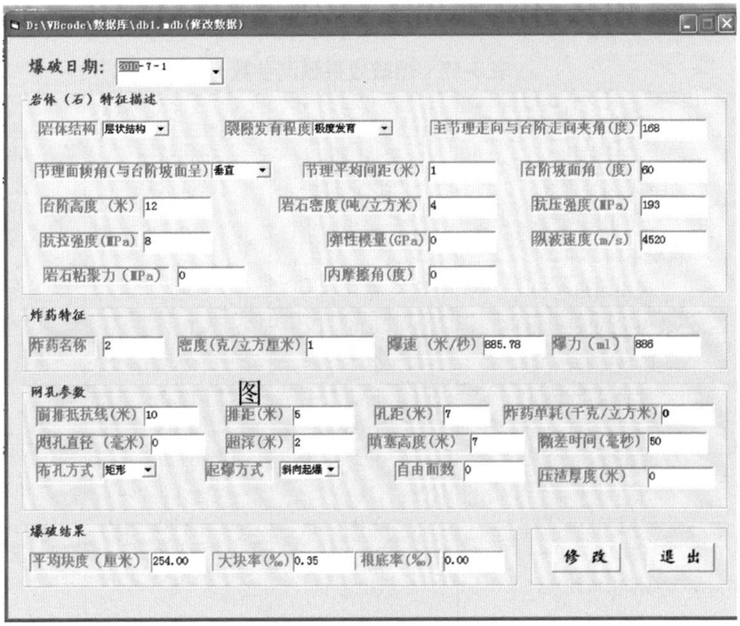

图 3-30　修改数据界面

图 3-31　删除数据界面

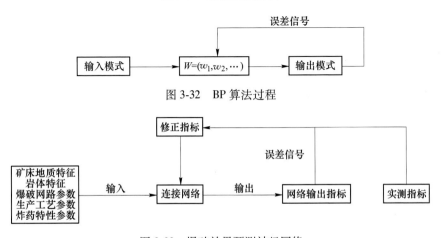

图 3-32　BP 算法过程

图 3-33　爆破效果预测神经网络

根据神经网络模型，进行爆破效果预测，结果见表 3-17。

表 3-17 爆破效果预测参数

项目	序 号	1	2	3
输入参数	岩体结构	块状结构	层状结构	层状结构
	裂隙发育程度	强烈发育	极度发育	极度发育
	主节理走向与台阶走向夹角/(°)	168	172	170
	节理面倾角/(°)	垂直	垂直	同向
	节理平均间距/m	0.6	0.7	0.7
	台阶坡面角/(°)	61.7	62.7	60.7
	台阶高度/m	12.8	12.8	12
	岩石密度/kg·m^{-3}	4.03	4.03	4.03
	纵波速度/m·s^{-1}	4729	4729	4729
	密度/kg·m^{-3}	1	1	1
	爆速/m·s^{-1}	2700	2690	2690
	爆力/mL	885.76	884.76	890.98
	前排抵抗线/m	7.5	7	8
	排距/m	6	6	6
	孔距/m	7	6.5	7.2
	炸药单耗/kg·m^{-3}	0.202	0.208	0.208
	超深/m	2.5	2.5	2
	填塞高度/m	6.5	6	6
	微差时间/ms	50	50	50
	布孔方式	矩形	矩形	三角形
	起爆方式	逐孔起爆	逐排起爆	逐排起爆
输出参数（实测/预测）	平均块度/mm	150/185	180/202	234/257
	大块率/%	0.784/0.951	0.678/1.09	0.905/1.67
	根底率/%	0.36/0.9	0.42/0.87	0.6/1.3

3.4.3 精细爆破数字化施工管理

3.4.3.1 牙轮钻机 GPS 定位

穿孔作为矿山爆破工作的关键环节，炮孔的测量孔位工作量繁重、专业技术要求较高、专业测量人员匮乏，成为当今矿山企业尤为突出的问题，更是制约矿山企业高效生产的瓶颈。为解决这一矿山生产难题，项目组研发了牙轮钻孔精确定位系统，该系统与矿山 MGIS 采矿综合信息系统无缝结合，数据共享，以三维实体模型为基础，运用 GPS 定位技术精确定位炮孔信息，第一时间回传最真实的炮孔数据，不需现场人员干预，远程指导高精度打孔，大大减少了测量工作量。同时，严格规范火药使用流程，有效规避安全隐患，真正实现爆破工作数字化、可视化，测量工作无人化，显著提高矿山生产管理水平，大为提升矿山生产效率。

牙轮钻 GPS 定位系统作为数字爆破布孔与施工的主要内容，具有以下特点：

采用先进的高精度卫星定位技术，实现远程钻机自主精确定位和施工；高性能的机载设备研制与安装调试，能够满足气温变化、雨雪环境、高频振动、粉尘等作业条件；钻孔深度高精度实时数据采集与测定技术；牙轮钻机运行数据采集和数据处理，实现对钻机效率和能耗的实时监测；钻机运行轨迹回放技术可实现生产调度的可视化和跟踪管理；手持定位终端优化设计可实现技术员爆破作业现场对设计方案的快速修正与信息共享，极大提高工作效率和爆破工作的安全性。

设计研发的数字定位系统的工作环境具有：

（1）牙轮钻机 GPS 定位设备能够达到在自然环境下工作的要求，具备在 −40℃ 低温和 60℃ 高温及雨雪天气下正常工作的性能。

（2）牙轮钻机 GPS 定位设备能够达到在牙轮钻机特殊的工作环境要求，具备防尘、防震性能。

（3）PDA 手持定位设备布孔设计功能精度达到±5cm 以内。

（4）PDA 手持定位设备可以进行爆破区域测量，布孔设计、炮孔参数设置，炮孔属性更新，及时调整设计药量。

（5）牙轮钻机钻头定位精度在±5cm 以内。

（6）牙轮钻机位移信息实时上传，牙轮历史轨迹即时查询。

3.4.3.2　数字化布孔

A　实体模型布孔

通过数字爆破系统与《采矿综合信息系统》的结合，布孔设计可以通过两种方式实现：（1）《采矿综合信息系统》的实体模型设计；（2）通过牙轮钻孔 GPS 精确定位系统在现场进行的调整设计。

在《采矿综合信息系统》的实体模型布孔设计首先是从设计终端确定爆破作业区后，经过前述的类比设计和仿真计算获得最终的设计参数，然后按照既定的参数对实体模型中机型进行布孔设计。

（1）从数字爆破系统中获得爆破参数并调用《采矿综合信息系统》进行设计（见图 3-34）。

（2）进行设计，绘制布孔区域范围、绘制崖边线、绘制布孔排距方向（见图 3-35）。

（3）将布孔设计中的炮孔参数导入到 DAT 中（见图 3-36）。

（4）将布孔设计数据通过 GPRS/4G 无线传输到 PDA 和牙轮钻（见图 3-37）。

B　PAD 布孔

爆破技术人员可以利用手持高精度 PAD 和牙轮钻孔 GPS 精确定位系统在现场进行布孔设计。

（1）爆破技术员根据爆破系统下载的爆破参数和爆破方案，并结合采场实际现场情况，调整并进行布孔设计，指导牙轮钻打孔生产（见图 3-38）。

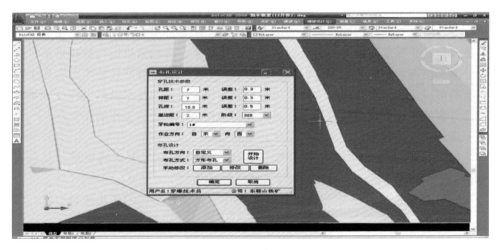

图 3-34　爆破参数调用

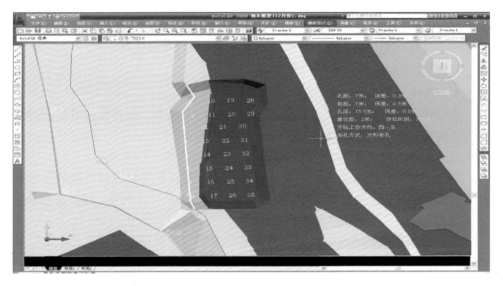

图 3-35　绘制布孔区域

（2）爆破技术员通过摆放标识物的方式进行布孔设计，确定牙轮钻打钻位置（见图 3-39）。

（3）爆破技术员标识物摆放结束后，用高精准 PDA 对设计炮孔进行数据采集（见图 3-40）。

（4）使用高精准 PDA，对标识物进行测量定位，并添加详细布孔设计参数，如排距、孔距、孔深、崖边距等（见图 3-41）。

（5）高精准 PDA 将布孔设计数据上传给服务器并发送给牙轮钻，服务器更

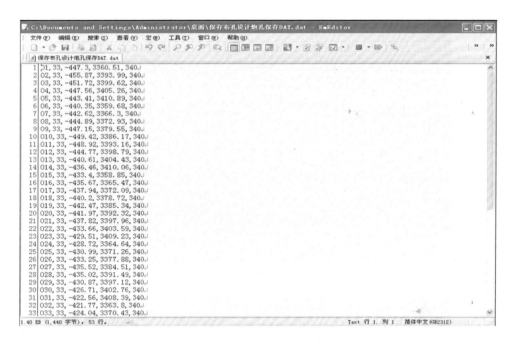

图 3-36　炮孔参数导入

GPRS 无线或 4G 网络传输

图 3-37　布孔数据传输

新动态数据库，牙轮钻显示屏同步显示布孔设计坐标数据，以便指导牙轮钻打孔（见图 3-42）。

图 3-38　调整布孔设计

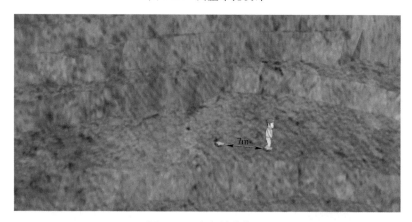

图 3-39　确定钻孔位置

图 3-40　炮孔进行数据采集

图 3-41 使用高精准 PDA 测量定位

图 3-42 数据传输

C 施工作业可视化监控

布孔完成后，爆破设计与施工系统可以跟踪施工进展，矿山相关部门也可以根据采场动态数据变化及时掌握相关信息并配合爆破工作。

（1）孔位及钻机跟踪。从数字爆破系统中，控制中心调度指挥员在调度指挥中心的大屏幕前，可清晰地查看到布孔设计，显示红色设计炮孔（见图 3-43）。

同时牙轮钻上指示屏显示设计炮孔，牙轮钻打孔结束后，会显示出实际炮孔。当钻机钻孔完成后，爆破作业系统和爆破技术员的 PAD 将会收到牙轮钻机上传的炮孔数据，在得到施工系统确认后，信息采集系统的地测人员在办公室就可以在《采矿综合信息系统》查询到已经完成的炮孔，测绘人员可以直接进行爆破出图的工作或者经补充测绘进行出图工作（见图 3-44）。

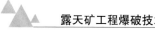

图 3-43　炮孔孔位跟踪模式

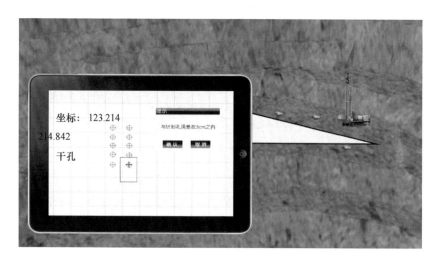

图 3-44　爆破出图界面

矿山指令中心调度指挥员在调度指挥中心的大屏幕前，可以直观地查看牙轮钻打孔情况及运行轨迹等相关信息（见图 3-45）。

（2）数据库及 MGIS 修改。牙轮钻机打孔结束后，自动将打孔数据传给服务器及 PDA，测量员使用《采矿综合信息系统》进行工作，将实际炮孔数据展现在采场实体模型上，在实体模型上绘制爆破后冲线（见图 3-46）。

测量员根据底盘抵抗线、崖边线、爆破后冲线在采场实体模型上绘制爆破区域，生成爆破模型（见图 3-47）。

地质员根据现场情况，修改由测量员提供爆破区域的地质界线，并及时更新

图 3-45　现场运行情况观察

图 3-46　爆破数据修改

MGIS 系统中的状态数据（见图 3-48）。

地质员在爆破区域中插入爆破图框，显示出本爆区详细地质信息、爆破量及负责人（见图 3-49）。

（3）计算爆破量。地质员在爆破区域使用《采矿综合信息系统》计算爆破区域的体积，根据矿岩比重，自动生成爆破量（见图 3-50）。

（4）爆破网路设计。爆破技术员根据爆破方案进行模拟爆破网路联线，雷管、起爆孔、孔内管等进行爆破网路设计，指导现场生产（见图 3-51）。

图 3-47　生成爆破模型

图 3-48　更新系统数据

图 3-49　更新爆区信息

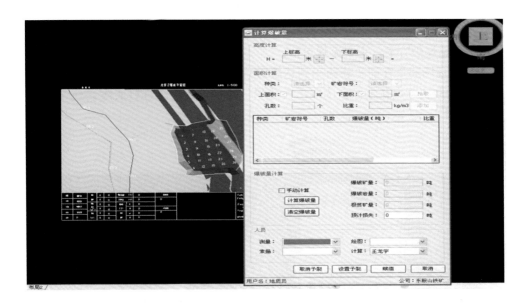

图 3-50 计算爆破量

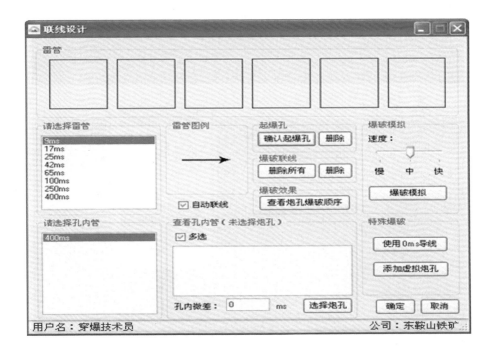

图 3-51 爆破网路设计

3.4.3.3 装药审核与调整

当钻孔完成并经过验收后，爆破技术员将在设计系统中根据炮孔实际参数重新审核调整爆破方案，主要流程包括：

（1）现场药量查询。装药车到达爆破现场后，爆破技术员通过手持式高精准 PDA 测取实际炮孔坐标，读取出火药量，并指导装药车进行实际装药（见图3-52）。

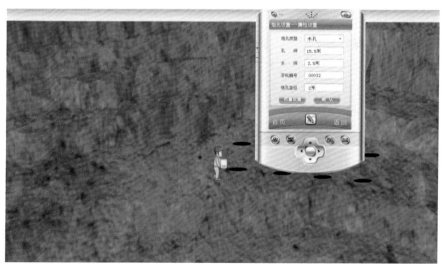

图 3-52　现场装药

（2）计算本次爆破的装药量。爆破技术员通过炮孔类型、容重、排距、孔距、炮孔个数、微差间隔时间、岩体结构等因素，重新计算各个炮孔装药量和总药量，并确定雷管、起爆弹、导爆管等爆破器材规格和数量（见图3-53）。

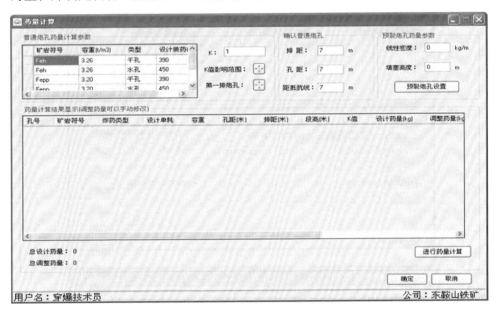

图 3-53　重新计算药量

（3）制作爆破设计说明书。爆破技术员使用数字化爆破系统的模板编制完成爆破设计说明书，说明书除爆破施工要求外，还要对爆破振动监测地点及技术要求作出说明，同时要对爆破效果进行预报分析，如图 3-54 所示。

（4）制作爆破施工指令书。根据采场实际，爆破技术员利用系统制作生成爆破施工指令书，如图 3-55 所示。

（5）爆破审批。爆破技术员将详细的爆破方案传送到爆破主管工程师，主管工程师对联线设计、药量计算、爆破设计说明书、爆破施工指令书等进行网上审查，审批结果通过矿山调度中心经网络自动传送到矿山各相关部门和炸药厂，炸药厂将爆破器材和炮孔装药量通过有线或无线网络分别传送给器材库和炸药装药车，炸药车控制与显示系统自动生成炸药输送控制指令，如图 3-56 所示。

（6）药量调整。爆破当日清晨，爆破技术员到采场作业现场查看炮孔有无变化，如无变化，正常进行爆破生产，如有变化，技术人员根据现场炮孔属性的变化，使用高精准 PDA 对炮孔药量进行调整，并通过 GPRS/4G 无线网络的方式发送至服务器，再由服务器发送至炸药厂，达到药量调整的目的，如图 3-57 所示。

图 3-54　制作爆破设计说明书

炸药厂接收最新的调整药量指令后，及时调整炸药车装药量，系统自动记录整个药量设计与调整过程，并将调整后的炮孔药量数据发送到装药车，如图 3-58 所示。

（7）PDA 现场装药指导。装药车到达爆破现场后，其控制屏幕实时显示爆破区施工平面图和各炮孔位置及装药量，爆破技术员通过手持式高精准 PDA 测取实际炮孔坐标，读取出火药量并通过与炸药车信息互认，控制炸药车自动完成装药，如图 3-59 所示。

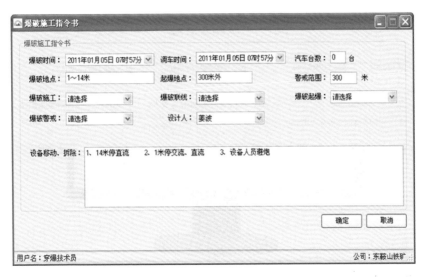

图 3-55　制作爆破施工指令书

图 3-56　爆破审批

图 3-57　药量调整

图 3-58　调整后的炮孔药量数据发送

图 3-59　自动完成装药

（8）数据更新。整个爆区的炸药量及消耗爆材等信息会通过系统自动发送到服务器并存储到矿山动态数据仓库中，作为爆破数据仓库的重要内容。火药库可以随时查阅某次爆破的实际火药发放量，如图 3-60 所示。

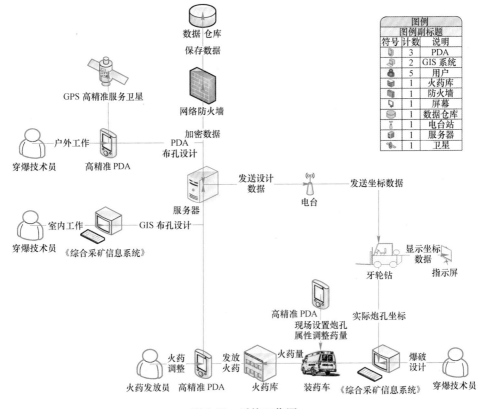

图 3-60 系统工作图

3.5 爆破监测分析体系

3.5.1 爆破振动监测与特征分析

爆破振动监测是为了了解和掌握爆破地震波的特征、传播规律以及对建(构)筑物的影响、爆破振动传递参数、破坏机理、岩体动荷载分布特性等,以防止和减小爆破振动对结构体的破坏,最终控制振动地震波的危害。

爆破振动监测的内容主要包括两个方面:一方面是研究爆破过程地震波的衰减规律、地质构造及地形条件对它的影响、地震波参数和爆破方式的关系,包括质点振动速度测试、振动位移测试、振动加速度测试、振动频率测试;另一方面是研究建(构)筑物对于爆破振动的响应特征、响应特性和爆破方式,构筑物结构特点的关系,这方面的测试主要是指反应谱测量。

爆破振动记录仪的种类很多,下面以四川动态测试研究所研制的 EXP3850 爆破振动记录仪为例进行简要操作说明:

（1）量程的设置。爆破振动记录仪量程的设置对获得正确的振动波形是至关重要的。量程选择过小时，因实际振动量相对过大，使得记录到的爆破振动波形削峰（限幅），从而丢失了峰值振动速度；量程选择过大时，因为实际振动量相对较小，使得振动波形呈小锯齿形，测试精度降低，难以区分不同幅值的差异变化，也不便作其他的分析处理。根据鞍钢矿山的实际情况，一般设置为 2.0V 和 400mV。

（2）采样率的设置。采样率即为模数转换的速率，一般应高于被采信号的高频段 10 倍以上，即一个周期有 10 个以上的样点才能保证描绘的波形不至于失真。虽然波形精细，但因记录信号总的时间长度缩短（因为仪器的缓存空间是固定的）可能造成信号尾部丢失。以鞍钢矿山的实际情况为例，一般设置为 8K 和 10K。

（3）触发的设置。"触发"在仪器工作过程中的物理意义是通知缓存计数器开始保留各模数转换后数据的起始信号。该仪器用通道的被测信号本身作为触发电源，其起始时刻更便于确定和掌握，也可选择上升沿（rise）或下降沿（fall）触发。根据鞍钢矿山的实际情况，一般设置为 4.69%。

（4）测点布置原则。根据爆破规模设置测点，一般每次爆破试验布置不少于 4 个测点，孔深 1.7~2.2m，测孔与爆破孔直径为 100mm。测孔平面布置图如图 3-61 所示。

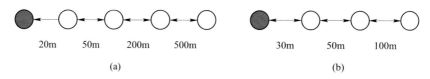

图 3-61　测孔平面布置图
（a）方案一；（b）方案二

（5）爆破振动数据的采集。通过 EXP3850 数据分析软件工具条上的"取数"按钮对数据进行预览和读取，并可在主波形窗显示多个通道波形。选择所需要的采集数据波形图，即选择不同时间段的波形图。当进行"取数"时，弹出数据预览子窗口，如图 3-62 所示。根据用户不同需求，EXP3850 可实现数据的存储、读取和分析。

爆破振动信号分析在 MATLAB 中进行，因此在信号分析前，需要将爆破振动信号转化为 MATLAB 可读入的数据。对 EXP3850 所测得的数据进行导入，主要分为以下三个步骤：

（1）进入 EXP3850 界面，点击"文件"打开＊.wfm 格式文件，如图 3-63 所示。

（2）点击"文件格式"下"设置"，弹出对话框，勾选＊.csv，并选择 192 文件存储格式，如图 3-64 所示，并点击"应用"。

（3）文件格式设置完成后，点击"存储"将采集信号保存为＊.csv 文件格

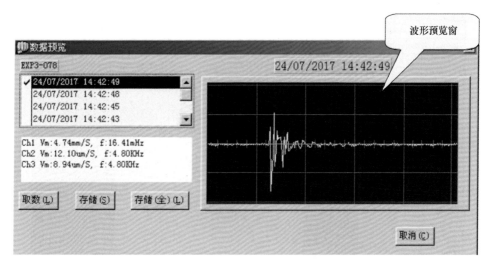

图 3-62 数据预览图

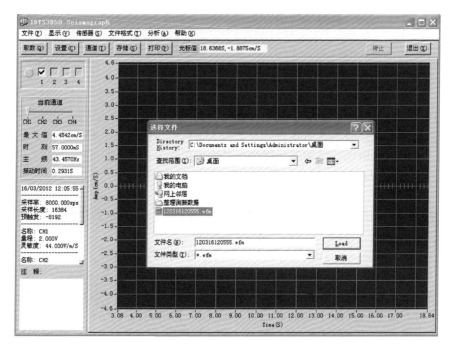

图 3-63 打开文件图

式，这是一种用来存储数据的纯文本格式，将其拷到 MATLAB 工作路径下，此文件可用 MATLAB 的 csvread 命令读取，读入该文件后，执行相关程序。

3.5.1.1 基于 HHT 方法的爆破振动特征分析

HHT 方法是一种全新的分析技术，它由 EMD 方法和 Hilbert 变化两部分组

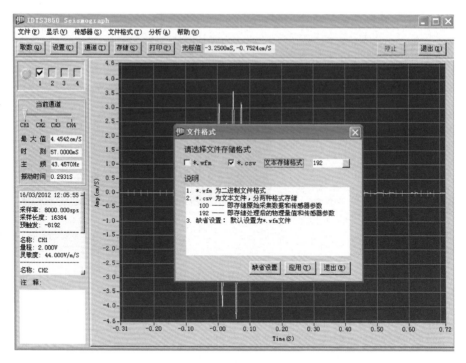

图 3-64　存储文件图

成。HHT 利用 EMD 分解法，对任一原始信号 $X(t)$，首先找出 $X(t)$ 上所有极值点，然后用三次样条函数曲线对所有的极大值点进行插值，从而拟合出原始信号的上、下两条包络线。将两条包络线的平均值记作 $m_1(t)$，将 $X(t)$ 与 $m_1(t)$ 的差记作 $h_1(t)$，即：

$$X(t) - m_1(t) = h_1(t) \tag{3-47}$$

视 $h_1(t)$ 为新的 $X(t)$，重复以上操作，直到 $h_k(t)$ 满足条件时，记：

$$c_1(t) = h_k(t) \tag{3-48}$$

$c_1(t)$ 视为第一个 IMF，从 $X(t)$ 中减去 $c_1(t)$ 得到残差 $r_1(t)$：

$$X(t) - c_1(t) = r_1(t) \tag{3-49}$$

将 $r_1(t)$ 视为新的 $X(t)$，重复以上过程，经过多次运算可得到全部残差 $r_i(t)$：

$$r_{i-1}(t) - c_i(t) = r_i(t) \qquad (i = 2, 3, \cdots, n) \tag{3-50}$$

直到 $c_n(t)$ 或 $r_n(t)$ 满足给定的终止条件时筛选终止。由此可得到原始信号 $X(t)$ 的分解式：

$$X(t) = \sum_{i=1}^{n} c_i(t) + r_n(t) \tag{3-51}$$

EMD 法基于信号的局部特征属性，将信号分解为带有不同特征时间尺度的若干个 IMF 分量之和，对各个 IMF 分量进行 Hilbert 变换，以此得到各个 IMF 分量的瞬时幅值和瞬时频率，综合所有 IMF 分量的瞬时频谱可得到一种新的时频描述方式，这种描述方式即为 Hilbert 时频谱。

对 $\mathrm{IMF}(t)$ 作 Hilbert 变换：

$$H[c(t)] = \frac{1}{\pi} PV \int_{-\infty}^{\infty} \frac{c(t')}{t - t'} \mathrm{d}t' \qquad (3\text{-}52)$$

则有：

$$z(t) = c(t) + jH[c(t)] \qquad (3\text{-}53)$$

$z(t)$ 为构造解析信号，可写为：

$$z(t) = a(t)\mathrm{e}^{j\Phi(T)} \qquad (3\text{-}54)$$

$$a(t) = \sqrt{c^2(t) + H^2[c(t)]} \qquad (3\text{-}55)$$

$$\Phi(t) = \arctan \frac{H[c(t)]}{c(t)} \qquad (3\text{-}56)$$

瞬时频率可定义为：

$$f(t) = \frac{\mathrm{d}\Phi(t)}{\mathrm{d}t} \qquad (3\text{-}57)$$

可见，瞬时频率 $f(t)$ 是时间的函数。

每一个 IMF 分量进行 Hilbert 变换后，可把原始信号表示成式 (3-85)：

$$X(t) = \mathrm{Re} \sum_{i=1}^{n} a_i(t)\mathrm{e}^{j\Phi_i(t)} = \mathrm{Re} \sum_{i=1}^{n} a_i(t)\mathrm{e}^{\int \overline{\omega_i(t)}\mathrm{d}t} \qquad (3\text{-}58)$$

这里省略了残余函数 r，Re 表示取实部。而对同样的信号用 Fourier 级数可表示为：

$$X(t) = \mathrm{Re} \sum_{i=1}^{n} a_i(t)\mathrm{e}^{j\omega_i(t)} \qquad (3\text{-}59)$$

式 (3-59) 可把信号幅度在三维空间中表达成时间与瞬时频率的函数，信号幅度也可以表示为时间-频率平面上的等高线。这种经过处理的时间频率平面上的幅度分别称为 Hilbert 谱，其表达式为：

$$H(\omega, t) = \mathrm{Re} \sum_{i=1}^{n} a_i(t)\mathrm{e}^{\int \omega_i(t)\mathrm{d}t} \qquad (3\text{-}60)$$

对时间进行积分可进一步定义边际谱：

$$h(\omega) = \int_0^T H(\omega, t)\mathrm{d}t \qquad (3\text{-}61)$$

作为 Hilbert 边际谱的附加结果，可以定义 Hilbert 瞬时能量如下：

$$IE(t) = \int_{\omega} H^2(\omega, t)\mathrm{d}\omega \qquad (3\text{-}62)$$

振幅的平方对时间积分，可以得到 Hilbert 能量谱：

$$ES(\omega) = \int_0^T H^2(\omega, t)\mathrm{d}t \qquad (3\text{-}63)$$

信号经过 HHT 法后，时频图能定量地描述时间与瞬时频率的关系。Hilbert

能量谱能清晰地刻画出信号能量随时间、频率的分布。Hilbert-Huang 变换是一种全新的具有自适应的局部化时频分析方法，它可根据信号的局部时频特征进行自适应的时频分解，去除了人类主观因素干扰，从而具有很高的时频分辨能力，非常适合对非线性、非平稳信号进行分析。HHT 法能很好地提取信号变化的主要特征，更能适应具有突变快、衰减快等特征的爆破振动信号分析，该法的出现为爆破振动信号的分析与处理提供了新的方法。

工程爆破中的地震波一般为三维，爆破振动记录仪记录的震动信号分别是垂直向、水平向和径向。我国采用质点竖向振速峰值作为爆破振动强度的指标，由于垂直分量的代表性好，根据 HHT 方法求取现场爆破检测原始波形的 IMF 分量、边际谱和 Hilbert 能量谱，结合现场实际情况进行处理分析，得出相应结果。采用某爆破工程的爆破振动检测信号，采样频率为 8kHz，信号如图 3-65 所示，它是一个典型的非平稳信号，现用 HHT 方法对该信号进行分析。

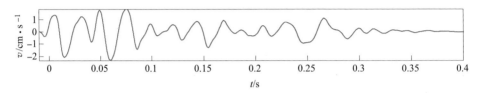

图 3-65　爆破振动信号

通过 EMD 方法对原始信号进行分解，为了验证分解后的信号是否能真实反映原始信号，对分解后的信号进行重构，重构后的信号及其与原信号的误差如图 3-66 和图 3-67 所示。

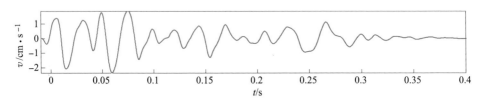

图 3-66　重构信号

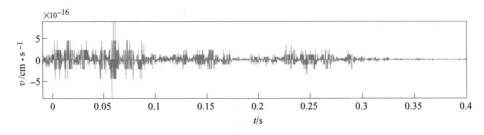

图 3-67　重构误差

从图 3-67 中可以看出，重构后的信号与原信号的误差量级在 10^{-16} 以上，可完全满足工程计算和分析要求。因此，用 HHT 方法对爆破振动信号进行分解的过程中，信号的能量损失可以忽略不计，表明所用分析方法是可靠的。

对图 3-65 爆破振动信号进行分解，分解后的分量及其功率谱密度分别如图 3-68 和图 3-69 所示。

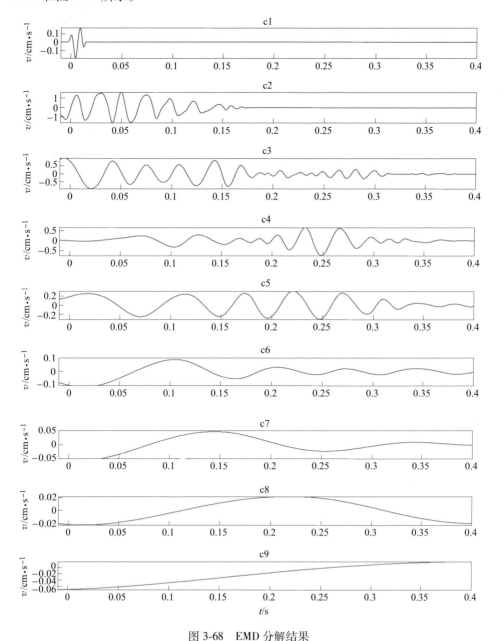

图 3-68　EMD 分解结果

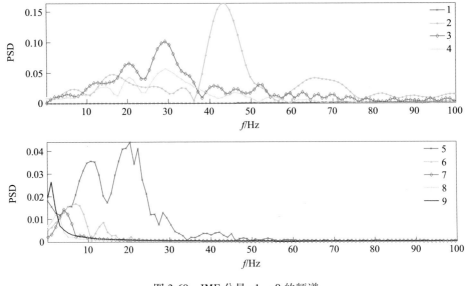

图 3-69　IMF 分量 $c_1 \sim c_9$ 的频谱

经 EMD 分解，原始信号分解为 9 个 IMF 分量，从图 3-68 和图 3-69 中可以看出：

（1）第一个 IMF 分量 c_1 是原始信号中分解出的频率最高、波长最短的波动，随着分解的进行，所得 IMF 分量频率逐渐变低、波长越来越长，直到分解出频率已经很低的最后一个 IMF 分量 c_9。各 IMF 分量包含了不同的时间特征尺度，可以不同的分辨率显示信号特征，说明 EMD 分解中分辨率是自适应的，而且与小波分析相比更加简单。

（2）IMF 分量中 c_1 频率最高，所占能量非常小，代表了信号中的噪声或高频成分，需要在分析中去噪。分量 c_2、c_3、c_4 和 c_5 占据了信号的大部分能量，为爆破振动信号的优势频率段，体现了信号最显著的信息，它们的频率逐渐降低，说明在地震波的传播过程中高频已大幅衰减。分量 c_6、c_7 和 c_8 是频率更小的分量，可能是信号固有，也可能是其他情况引起的。最后的余量 c_9，是一个单调变化幅值很小的序列，具有明确的物理意义，表示采集仪器的飘零或信号微弱的变化趋势。

（3）信号的频谱丰富，且大部分分布在 100Hz 以下。爆破振动信号的优势频谱主要集中在 $10 \sim 80$Hz，如图 3-69 中分量 c_2、c_3、c_4 和 c_5 各自的主频率所示，这与图 3-70 中原始信号的频谱均一致。并且图 3-69 中显示的主频为 44Hz，与 EXP3850 的测试结果一致，验证了 EMD 分解及频谱分析的准确性。

对 EMD 分解得到的 IMF 分量进行 Hilbert 变换，可分别得到能量谱和边际谱。图 3-71 的瞬时能量谱清晰地显示了信号能量随时间的变化规律，可以看

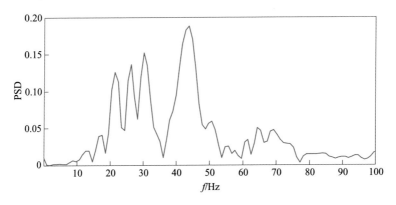

图 3-70   原始信号的频谱

出，所测信号是一个多段雷管作用的结果。图 3-72 为对应的等高线能量，它代表了原始信号的能量分布，从图中可以看出，能量主要集中在 50Hz 以下的低频区域。图 3-73 为信号的三维能量谱，反映了原始信号的频率-时间-能量分布特征。

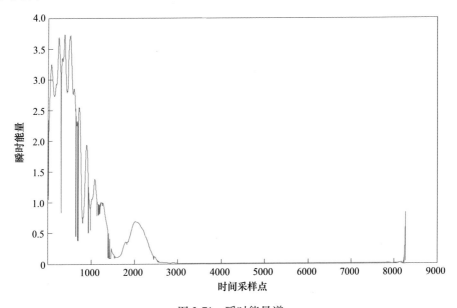

图 3-71   瞬时能量谱

3.5.1.2   爆破振动与爆破有效能耗评价

爆破振动信号是一种典型的非平稳随机信号，有短时、突变等特点，爆破振动信号分析方法要有突出的时频局域化特点。现有爆破振动原始信号，分别用 EMD 包络和 HHT 瞬时能量来识别该微差爆破中所用雷管的实际延迟时间。

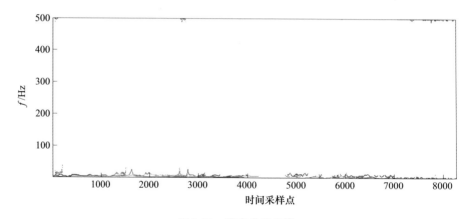

图 3-72　等高线能量谱

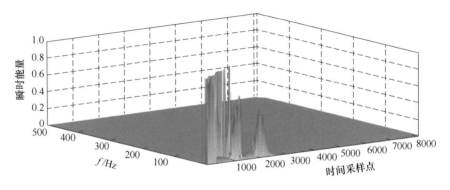

图 3-73　三维能量谱

A　EMD 识别法

EMD 识别法是将爆破振动信号分解成多个 IMF 分量，再根据 IMF 主成分分量的包络幅值来识别爆破实际微差延时。

EMD 分解图 3-65 所示爆破原始信号，所得的第二个 IMF 分量为主成分分量，其时域波形如图 3-74 所示。对此 IMF 分量作 Hilbert 变换，再提取其包络曲线，结果如图 3-75 所示，从图中可以明显地看到 8 个波峰，即雷管起爆时刻。

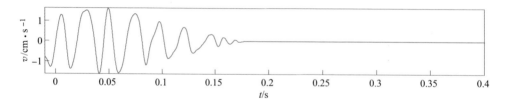

图 3-74　第二个 IMF 分量

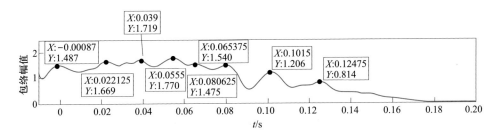

图 3-75　第二个 IMF 分量的包络

B　HHT 瞬时能量识别法

图 3-76 为图 3-65 爆破振动信号对应的 HHT 瞬时能量图。图 3-76 中共出现了 8 个明显的波峰点。其时刻分别为：-0.62ms、21.875ms、38.75ms、54ms、65.25ms、80.625ms、101.5ms、123.875ms。

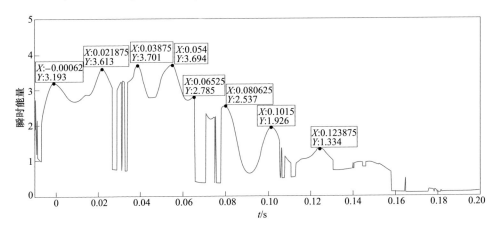

图 3-76　爆破振动信号瞬时能量图

表 3-18 综合了两种识别方法的处理结果，可以看出，两种识别方法的结果基本一致。将爆破振动记录的起始点作为爆破中所采用的最低段位雷管的起爆时刻，则此次爆破中采用的各雷管的实际起爆时刻分别为 0ms、23ms、40ms、56ms、66ms、81ms、102ms、125ms，从而得到各段之间的实际延迟时间分别为 23ms、17ms、16ms、10ms、15ms、21ms、23ms。

表 3-18　识别方法的分析结果

识别方法	识别时刻/ms							
	1	2	3	4	5	6	7	8
EMD 识别法	-0.87	22.125	39	55.5	65.375	80.625	101.5	124.75
HHT 瞬时能量识别法	-0.62	21.875	38.75	54	65.25	80.625	101.5	123.875

将爆破实际微差时间与理论设计的微差时间进行比较，可以获得所用雷管性能的优劣，从而指导雷管的设计和爆破参数的优化，以达到更佳的爆破效果。

3.5.1.3 爆破振动能量分布规律

A 爆心距对爆破振动能量分布规律的影响

利用所测得的数据进行能量分析，爆破的具体参数见表3-19，对应的爆破振动信号如图3-77所示。信号1、信号2和信号3为某铁矿1中某一次爆破不同距离所测得的振动信号，信号4和信号5为某铁矿2中某一次爆破不同距离所测得的振动信号。现对图3-77中5条爆破振动信号在MATLAB中进行HHT分析，得到各频带的能量分布图，如图3-78所示。为了方便比较，将各信号不同频带能量占该信号总能量的百分比统计于表3-20。

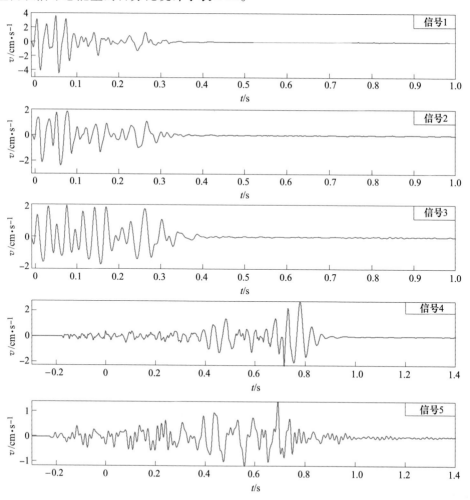

图3-77 爆破振动信号

表 3-19　爆破参数

序号	测点安装距离/m	总药量/kg	单孔最大药量/kg
信号 1	30	18500	460
信号 2	50	18500	460
信号 3	100	18500	460
信号 4	50	16700	420
信号 5	100	16700	420

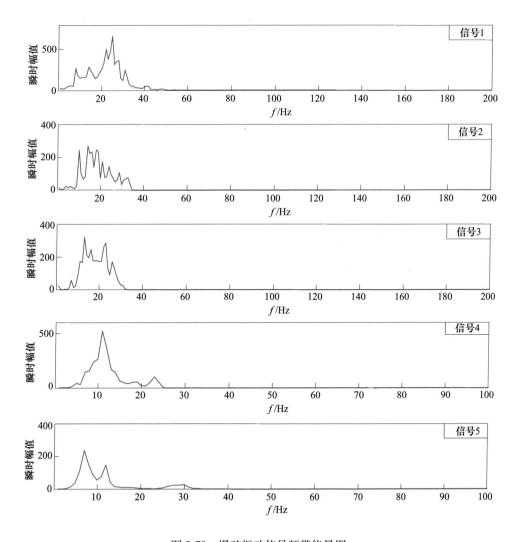

图 3-78　爆破振动信号频带能量图

表 3-20　爆破振动信号各频带能量百分比

序号	频带/Hz						
	0~10	10~20	20~30	30~40	40~50	50~100	>100
信号 1	10.38	25.79	49.97	10.46	2.70	0.30	0.39
信号 2	8.03	54.33	28.85	8.37	0.13	0.15	0.14
信号 3	4.92	53.36	40.01	1.57	0.04	0.02	0.07
信号 4	29.22	59.78	9.59	0.68	0.32	0.40	0.01
信号 5	55.89	30.40	10.31	3.36	0.01	0.01	0.02

　　频带能量图能够直观地反映爆破振动信号能量在频率上的集中程度，便于观测。因此，从图 3-77、图 3-78 和表 3-20 中可以看出：随着测点安装距离的增加，质点振动速度降低，爆破振动信号的能量不断衰减，且高频成分比低频成分衰减更快；随着传播距离的增加，爆破振动信号的主振频带宽度增加，并有向低频发展的趋势。信号 1、信号 2 和信号 3 的振动频率主要集中在 10~30Hz，信号 4 和信号 5 的振动频率主要集中在 0~20Hz。

　　B　药量对爆破振动能量分布规律的影响

　　利用所测得的数据进行能量分析，选取不同爆破的 4 条信号作为分析信号，其对应的具体爆破参数见表 3-21，相应的速度-时间曲线如图 3-79 所示。对图 3-79 中 4 条爆破振动信号进行 HHT 分析，对应的频带能量分布如图 3-80 所示。爆破振动信号各频带能量百分比见表 3-22。

表 3-21　爆破参数

序　号	测点安装距离/m	总药量/kg	单孔最大药量/kg
信号 1	50	16700	420
信号 2	50	35400	480
信号 3	100	15500	460
信号 4	100	35400	480

表 3-22　爆破振动信号各频带能量百分比

序号	频带/Hz						
	0~10	10~20	20~30	30~40	40~50	50~100	>100
信号 1	13.77	31.23	34.53	13.50	5.00	1.66	0.31
信号 2	6.96	39.60	39.14	6.65	5.80	1.50	0.35
信号 3	4.53	42.09	23.44	13.57	8.13	8.17	0.07
信号 4	23.42	50.28	18.82	5.00	1.20	1.27	0.01

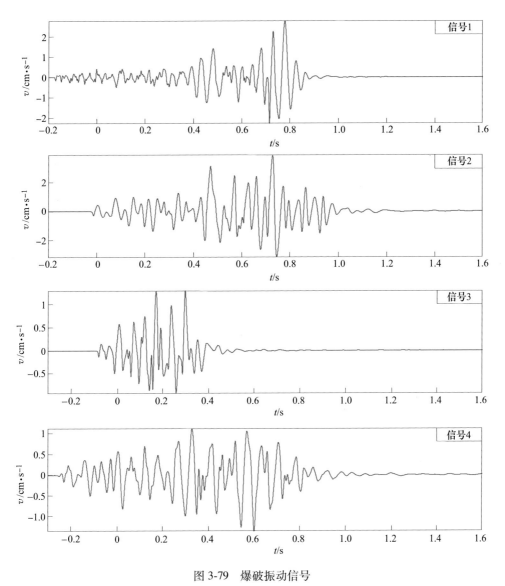

图 3-79　爆破振动信号

通过以上分析可看出，随着单孔最大药量的增加，爆破振动信号的主振频带有向低频发展的趋势。在其他条件基本相同时，随着总药量的增加，爆破振动信号频带所携带的能量也明显增加。因此，爆破振动强度不仅仅简单地取决于单孔最大药量，还与爆破总药量这一指标有关。

3.5.2　矿石爆破破碎块度分析

快速准确分析每次爆破块度有利于提炼爆破数据、积累爆破经验、指导爆破设计，因此建立一套准确、易用的爆破块度定量评价系统无疑对矿山生产有重要

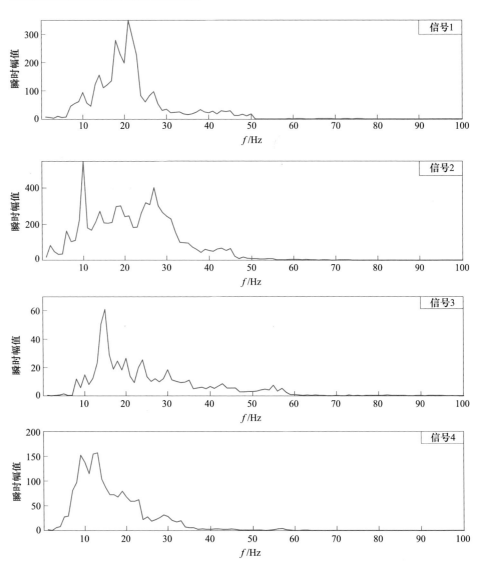

图 3-80 爆破振动信号频带能量图

的现实意义。国内外很多爆破工作者开展了大量研究和实验工作，也取得了丰富成果，从标准照片对比法到以体视学为基础的爆堆表（断）面随机测线截取的体视概率计算法，从以分维数为基础的分形分布推断法到以图像处理为基础的平面图像分割统计分析法，均从不同角度对爆堆摄影统计分析方法进行了研究和实践，对统计中涉及的取样、图像分析和算法选择、分布模型、小块修正等研究取得了良好效果，个别研究成果也在实践中获得了较好的应用，但缺乏针对不同矿山爆破块度统计实用性强的系统分析方法。

3.5.2.1　爆堆取样

通过大量的观察发现，露天矿爆破中，起爆后岩块在空间不同方向的抛掷和回落，在爆堆表面形成了不同的粒度分布区。在爆堆的抛物面上，一般以靠近坡脚部分粒度较大，在曲线背部粒度较小，而爆堆中部的粒度则介于两者之间。根据这一特点，采取在爆堆表面进行分区抽样拍照具有较好的代表性，即在爆堆表面横向按岩块的均匀程度把爆堆分成三个带状区：大粒区、中粒区、小粒区，同区中的爆堆表面粒度相对比较均匀，在各区中再分别按随机抽样进行摄影，这样既解决了纯随机抽样中小粒度与大粒度区粒度分布差异较大的问题，又在各区中充分运用了随机抽样的原则，从而保证了所拍摄的照片具有更高的代表性。

设爆堆表面积为 S，则一张照片的拍摄面积为 A，爆堆表面可拍照片总张数为 $N = S/A$。每拍摄一张照片就是从母体中抽得一个样本，将会得到一组粒度分布值，即一个随机向量。设该随机向量为：

$$\vec{x}_i^{(k)} = (x_{i1}^{(k)} , x_{i2}^{(k)} , \cdots , x_{ij}^{(k)} , \cdots , x_{im}^{(k)})^T$$

式中，$\vec{x}_{ij}^{(k)}$ 为第 i 区拍摄的第 k 张照片中统计到的第 j 个粒度级别的矿岩质量百分含量；$\vec{x}_i^{(k)}$ 为第 i 区的第 k 张照片上统计到的各粒度质量百分含量向量，$i = 1$，2，3；$j = 1$，2，3，$\cdots$，m；$k = 1$，2，$\cdots$，n_i。

若在整个爆堆表面抽样拍摄 n 张照片，根据分区抽样的原则，各区的抽样数按各区表面积的相对比例来分配，若所分三区的表面积为 S_1，S_2，S_3，于是各组抽样拍摄数分别为：$n_1 = S_1/S$；$n_2 = S_2/S$；$n_3 = S_3/S$。

根据抽样规则，照片与照片间可视为互相独立的随机样本，依据随机抽样理论可得到在不同精度下的抽样牌照数量为：

$$n = \frac{(Vt)^2 \cdot N}{\varepsilon^2 N + (Vt)^2} \tag{3-64}$$

式中，n 为抽样拍照数量；V 为预设的抽样样本离差；t 为与置信度对应的置信区间值；ε 为预设的平均相对误差；N 为爆堆表面可拍摄的照片综述。

3.5.2.2　矿岩几何形态分析

无论是胶片拍照还是数码拍照，均是将爆堆表面岩块的三维形态拍摄成照片从而变成平面图向，而爆破质量定量评价系统是要通过对照片平面图像的分析，尽可能复原其三维特征，从而计算出其质量分布。目前有些图像分析块度评价方法是通过对平面面积的分割计算来直接推断岩块的块度分布，这显然是不准确的。因为岩体的结构和结晶构造不同，爆破形成的岩块颗粒的几何表现也不同，仅仅靠平面面积并不能准确代表岩块的质量，因此对不同种类岩石进行形态分析，建立平面特征与三维特征的关系可以提高图像处理系统的精度和可靠性。

对某矿山主要岩种爆破后的岩块取样，在实验室内逐一测定岩块三维特征尺寸和质量，分别计算长宽比、长厚比和平面面积与厚度比，形成岩块几何形状的数字特征，通过对以数字特征为基础构成的平面几何形状分析，计算出拟合面积，在此基础上确定出厚度与拟合面积关系，利用这些关系即将照片经图像分析得到的平面尺寸转换成相应的质量。

经过实验室统计分析，得到不同岩种照片根据平面面积推断其厚度的公式，见式（3-65）～式（3-67）。

红矿：

$$h = 5.6947S^{-0.9622} \tag{3-65}$$

碳酸铁：

$$h = 6.1264S^{-0.9939} \tag{3-66}$$

千枚岩：

$$h = 5.3706S^{-0.9332} \tag{3-67}$$

根据式（3-65）～式（3-67）可获得岩块质量计算公式：

红矿：

$$G = 21.1273S^{1.0378} \tag{3-68}$$

碳酸铁：

$$G = 21.6262S^{1.0061} \tag{3-69}$$

千枚岩：

$$G = 14.6080S^{1.0668} \tag{3-70}$$

在上述的各式中，其中 h 表示推断岩块厚度，cm；S 表示爆堆岩块平面图像面积，cm^2；G 表示岩块转换后质量，g。

只要获得爆堆图像经分割后的每个岩块的平面面积，可计算出相应的质量。

3.5.2.3　图像识别与统计

岩块形态复杂，岩块的分割由于形状、遮挡、亮暗面等因素，精确分割十分困难。基于形态学重建的分水岭图像分割方法，在形态学梯度图像的基础上，利用形态学开闭重建运算，在保留重要区域轮廓的同时去除细节和噪声，避免了标准分水岭变换存在的过度分割现象（见图3-81）。

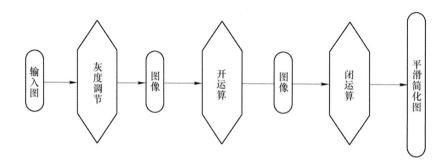

图 3-81　爆堆图像处理流程图

3.5.2.4 统计误差修正

如前所述，建立爆破块度评价系统的关键是图像分析技术，尽管采用了多种算法，但由于评价对象的特殊性，图像分割仍然不能完全再现图像的真貌，如较小的颗粒无法分割，灰暗面相近的相邻岩块被圈定为一块，这些均造成了统计结果向大粒级漂移，小粒级比重下降或缺失。为了使图像统计结果能真实反映实际情况，通过实验室筛分试验建立起软件统计结果与真实结果的相关关系。

假设不同粒级的真实质量与照片统计质量关系为：

$$G_i = K_i G_i' \tag{3-71}$$

式中，G_i 为第 i 级真实质量 kg；K_i 为第 i 级质量修正系数；G_i' 为第 i 级照片统计质量。

修正系数 K_i 随着粒度分级尺度的不同而不同，实验室筛分与拍照统计的质量分布对比见表 3-23。

表 3-23 照片统计和实际筛分对比

粒径 r_i/mm	照片统计质量/kg	实际质量/kg	实际与统计之比/K_i
40	0.23	2.08	9.26
60	6.86	48.97	7.14
80	29.92	122.63	4.24
100	46.34	170.06	3.67
120	55.53	155.5	2.8
140	59.97	154.73	2.58
180	112.02	266.6	2.38
220	107.14	156.43	1.46
260	166.51	228.11	1.37
300	196.14	284.41	1.45
350	267.04	253.69	0.95
400	301.69	298.67	0.99
450	319.18	169.16	0.53
500	342.44	239.71	0.7
550	336.94	212.27	0.63
600	282.5	127.12	0.45
650	392.44	207.99	0.53
700	1316.55	908.42	0.69

从图 3-82 的分析得到修正公式：

$$K_i = 437.22 r^{-1.0575} \tag{3-72}$$

式中，r 为分级尺寸，mm。

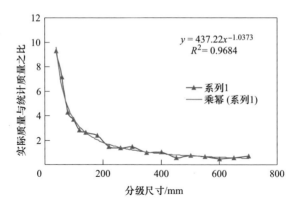

图 3-82　不同粒级统计质量与实际质量对比

3.5.2.5　取样与统计分析

根据建立的统计与修正模型，对某矿山的矿石爆破效果进行统计分析，通过建立块度分布模型对爆破质量进行跟踪评价。

利用已开发的图像分析处理系统对爆破后的爆堆进行抽样拍照，经修正后获得爆堆块度分布数据。根据已有研究，爆堆块度分布较好的符合 R-R 分布，即：

$$y = 100\left(1 - \mathrm{e}^{-\left(\frac{x}{x_0}\right)^n}\right) \tag{3-73}$$

通过分析求出 R-R 分布的特征系数 x_0 和 n 值，求得 $n = 1.7268$，$x_0 = 266.77\mathrm{mm}$。得到矿石爆破块度分布公式为：

$$y = 100\left(1 - \mathrm{e}^{-\left(\frac{x}{266.77}\right)^{1.7268}}\right) \tag{3-74}$$

图 3-83 给出了统计出的爆破块度筛下质量累计百分比与拟合后的筛下质量累计百分比的对照关系。

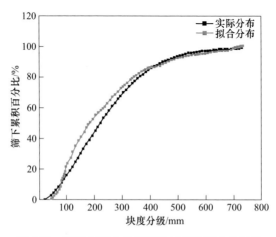

图 3-83　统计与拟合的筛下质量累计百分比对比

3.5.3 微结构分析方法

评价岩石破碎有效能耗，体现在块度上和碎块内部的微裂隙生成与分布。为定量描述岩块破碎前后的微裂隙生长结果，采用岩石扫描电镜图片分析是一个有效途径。图3-84为扫描电镜的实物图，图3-85（a）是岩石试件冲击之前的扫描电镜图像，图3-85（b）是岩石试件被冲击作用后的典型碎块的扫描电镜图像。

图 3-84　扫描电镜实物图

采用分形维数在为定量描述节理裂隙密度的指标，盒维数法是常用的方法之一。计盒法（box-counting method）是一种常用的计算分形图形分维的实用方法。取边长为 r 的小盒子（可以理解为拓扑维为 d 的小盒子），把分形覆盖起来。由于分形内部各种层次的孔洞和缝隙，导致有些小盒子是空的，有些小盒子覆盖了分形的一部分。计算非空盒子数量并记为 $N(r)$。然后缩小盒子的尺寸 r，所得 $N(r)$ 自然要增大。当 $r \to 0$ 时，得到计盒法定义的分维：

$$D_0 = \lim_{r \to 0} \frac{\lg N(r)}{\lg r} \tag{3-75}$$

在实际应用中只能取有限的 r。通常的作法是求一系列的 r 和 $N(r)$，然后由双对数坐标中 $\lg N$-$\lg r$ 的直线斜率求 D_0。这里要强调的是，式（3-75）必须要求存在标度关系：

$$N(r) \sim r^{-D_0} \tag{3-76}$$

本次选取的 SEM 图像的尺寸为 1380×1380，参数选择为盒子的开始尺寸设置为 51，盒子终止尺寸为 80，步长为 1。

3.5.3.1 微结构分形分布

试件表面的扫描电镜图像是取的试样的中心部位，碎块是选取冲击试验后岩

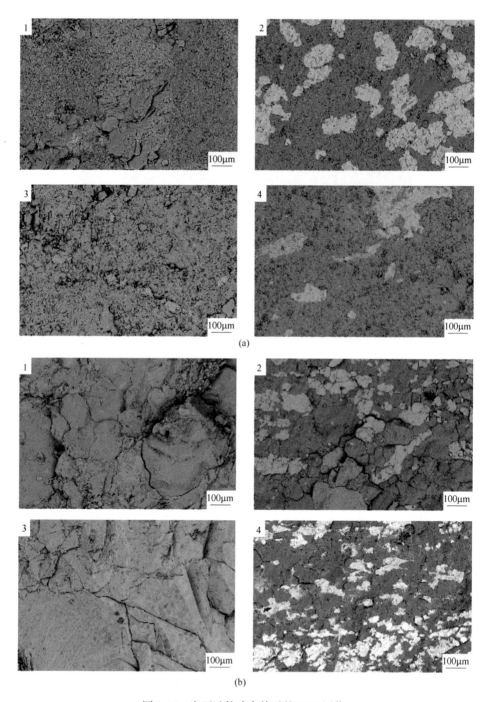

图 3-85　岩石试件冲击前后的 SEM 图像

（a）冲击前典型岩石试件细观尺度的 SEM 图像；（b）冲击后典型岩石碎块细观尺度的 SEM 图像

1—花岗岩；2—千枚岩；3—极贫矿；4—磁铁石英岩

石破碎并散落在平板的中心部位的典型碎块并进行电镜扫描，试验数据见表3-24~表3-26。

表 3-24　500mm 弹头的试验数据

编　号	试件表面分形维数	碎块表面分形维数	无量纲 k 值
H1-1	1.849	1.889	1.022
H1-2	1.806	1.899	1.051
H1-3	1.221	1.982	1.623
H1-4	1.017	1.634	1.607
H1-5	1.096	1.577	1.439
H1-6	1.115	1.946	1.745
H1-7	0.807	1.571	1.947
H1-8	0.572	1.438	2.514
Q1-1	1.503	1.601	1.065
Q1-2	1.508	1.796	1.191
Q1-3	1.757	1.895	1.079
Q1-4	1.675	1.721	1.027
Q1-5	1.719	1.435	0.835
Q1-6	1.817	1.852	1.019
Q1-7	1.273	1.789	1.405
Q1-8	1.160	1.885	1.625
J1-1	1.762	1.845	1.047
J1-2	1.835	0.198	0.108
J1-3	1.785	1.888	1.058
J1-4	1.744	1.787	1.025
J1-5	1.206	1.906	1.580
J1-6	0.821	1.825	2.223
J1-7	1.857	1.876	1.010
J1-8	1.896	1.901	1.003
C1-1	1.604	1.462	0.911
C1-2	1.688	1.436	0.851
C1-3	1.681	1.693	1.007
C1-4	1.703	1.832	1.076
C1-5	1.352	1.552	1.148
C1-6	1.305	1.822	1.396
C1-7	1.287	1.817	1.412
C1-8	1.389	1.818	1.309

表 3-25 400mm 弹头的试验数据

编 号	试件表面分形维数	碎块表面分形维数	无量纲 k 值
H2-1	1.826	0.128	0.070
H2-2	1.907	1.465	0.768
H2-3	1.921	1.701	0.885
H2-4	1.764	1.643	0.931
H2-5	1.787	1.512	0.846
H2-6	1.791	1.343	0.750
H2-7	1.756	1.712	0.975
H2-8	1.021	1.527	1.496
Q2-1	1.747	1.716	0.982
Q2-2	1.514	1.617	1.068
Q2-3	1.695	1.590	0.938
Q2-4	1.766	1.904	1.078
Q2-5	1.875	1.844	0.983
Q2-6	1.815	1.443	0.795
Q2-7	1.664	1.414	0.850
Q2-8	1.633	1.693	1.037
J2-1	1.919	1.392	0.725
J2-2	1.882	1.544	0.820
J2-3	1.889	1.870	0.990
J2-4	1.826	1.827	1.001
J2-5	1.984	1.737	0.876
J2-6	1.832	0.856	0.467
J2-7	1.488	1.609	1.081
J2-8	1.161	1.744	1.502
C2-1	1.652	1.822	1.103
C2-2	1.891	1.242	0.657
C2-3	1.589	0.826	0.520
C2-4	1.402	1.552	1.107
C2-5	1.727	1.289	0.746
C2-6	0.794	1.651	2.079
C2-7	1.628	0.806	0.495
C2-8	1.624	1.330	0.819

表 3-26　300mm 弹头的试验数据

编　　号	试件表面分形维数	碎块表面分形维数	无量纲 k 值
H3-1	0.868	1.679	1.934
H3-2	1.692	1.463	0.865
H3-3	1.565	1.967	1.257
H3-4	1.832	1.899	1.037
H3-5	1.899	1.774	0.934
H3-6	1.899	1.705	0.898
H3-7	1.715	1.866	1.088
H3-8	1.914	1.790	0.935
Q3-1	1.534	1.337	0.872
Q3-2	1.862	1.904	1.023
Q3-3	1.868	1.837	0.983
Q3-4	1.669	1.769	1.060
Q3-5	1.641	1.775	1.082
Q3-6	1.165	1.819	1.561
Q3-7	1.262	1.938	1.536
Q3-8	1.776	1.731	0.975
J3-1	1.956	1.587	0.811
J3-2	1.856	1.696	0.914
J3-3	1.902	0.565	0.297
J3-4	1.999	1.749	0.875
J3-5	1.826	1.764	0.966
J3-6	1.905	1.688	0.886
J3-7	1.922	1.798	0.935
J3-8	1.282	1.731	1.350
C3-1	1.979	1.787	0.903
C3-2	1.988	1.566	0.788
C3-3	1.292	1.817	1.406
C3-4	1.830	1.746	0.954
C3-5	1.401	1.688	1.205
C3-6	1.819	1.901	1.045
C3-7	1.903	1.183	0.622
C3-8	1.960	1.668	0.851

3.5.3.2　分形分布分析

综合前文中的破碎碎块的块度分布表可以发现，当弹头冲击速度较小时，对于花岗岩采用500mm弹头冲击表面分形维数大的试件，最终的破碎块度分形维数是小的，碎块表面分形维数基本不变；采用400mm弹头冲击表面分形维数大的试件，试件没有破碎，表面分形维数减小；采用300mm弹头冲击表面分形维数相对较大的试件，最终的破碎块度分形维数是小的，但均匀性系数相对较大，碎块表面分形维数增大。当弹头冲击速度较大时，对于花岗岩采用500mm弹头冲击表面分形维数小的试件，最终的破碎块度分形维数是大的，碎块表面分形维数增大；采用400mm弹头冲击表面分形维数大的试件，最终的破碎块度分形维数是大的，表面分形维数变化不大；采用300mm弹头冲击表面分形维数相对较大的试件，最终的破碎块度分形维数是小的，碎块表面分形维数变化不大。

当弹头冲击速度较小时，对于千枚岩采用500mm弹头冲击表面分形维数小的试件，最终的破碎块度分形维数是大的，碎块表面分形维数基本不变；采用400mm弹头冲击表面分形维数大的试件，试件没有破碎，表面分形维数基本不变或减小；采用300mm弹头冲击表面分形维数大的试件，试件没有破碎，表面分形维数基本不变或减小。当弹头冲击速度较大时，对于千枚岩采用500mm弹头冲击表面分形维数小的试件，最终的破碎块度分形维数是大的，碎块表面分形维数增大；采用400mm弹头冲击表面分形维数大的试件，最终的破碎块度分形维数是大的，表面分形维数变大；采用300mm弹头冲击表面分形维数相对较小的试件，最终的破碎块度分形维数是小的，碎块表面分形维数变大。

当弹头冲击速度较小时，对于极贫矿采用500mm弹头冲击表面分形维数小的试件，最终的破碎块度分形维数是大的，碎块表面分形维数变大；采用400mm弹头冲击表面分形维数大的试件，最终的破碎块度分形维数是小的，表面分形维数减小；采用300mm弹头冲击表面分形维数大的试件，最终的破碎块度分形维数是更小的，碎块表面分形维数减小。当弹头冲击速度较大时，对于极贫矿采用500mm弹头冲击表面分形维数的试件，最终的破碎块度分形维数是大的，碎块表面分形维数基本不变；采用400mm弹头冲击表面分形维数大的试件，最终的破碎块度分形维数是大的，表面分形维数变小；采用300mm弹头冲击表面分形维数大的试件，最终的破碎块度分形维数是大的，碎块表面分形维数变小。

当弹头冲击速度较小时，对于磁铁石英岩采用500mm弹头冲击表面分形维数大的试件，最终的破碎块度分形维数是大的，碎块表面分形维数变小；采用400mm弹头冲击表面分形维数大的试件，最终的破碎块度分形维数是大的，表面分形维数减小；采用300mm弹头冲击表面分形维数大的试件，最终的破碎块度分形维数是小的，碎块表面分形维数减小。当弹头冲击速度较大时，对于磁铁石英岩采用500mm弹头冲击表面分形维数小的试件，最终的破碎块度分形维数是大的，碎块表面分形维数增大；采用400mm弹头冲击表面分形维数大的试件，最终的破碎块度分形维数是大的，表面分形维数变小；采用300mm弹头冲击表面分形维数大的试件，最终的破碎块度分形维数是小的，碎块表面分形维数变小。

从材料的微观结构的角度分析，岩石中的裂纹能够初期起裂是因为其原始微裂纹处应力突然集中造成的，但初期起裂后由于能量的转化而使相应部位原有的集中应力降低，使裂纹止裂。在岩石受挤压的早期变形中，其内部主要为微观裂纹，但当试件达到了所能承受的最大压力时，其内部微观裂纹便发生了彻底的变化，裂隙开始不断地延伸、扩展直至裂纹贯彻整个试件，最终变成了宏观裂纹，岩石发生破坏。

参 考 文 献

[1] 陶刘群，汪旭光. 基于物联网技术的智能爆破初步研究 [J]. 有色金属（矿山部分），2012，64（06）：59-62.

[2] 曲广建，黄新法，江滨，等. 数字爆破（Ⅰ）[J]. 工程爆破，2009，15（2）：23-28.

[3] 曲广建，黄新法，江滨，等. 数字爆破（Ⅱ）[J]. 工程爆破，2009，15（3）：5-13.

[4] 费鸿禄，郭连军. 爆破施工的数字化 [J]. 爆破，2015，32（03）：31-39.

[5] 郭连军，谭英显. 爆破专家 CAD 系统的开发研究 [J]. 鞍山钢铁学院学报，2000（3）：176-178.

[6] 郭连军，范文忠. 露天矿深孔爆破设计专家系统的研究 [J]. 中国矿业，1993（6）：57-61.

[7] 郭连军，范文忠，牛成俊. 露天矿爆破专家系统的类比设计方法 [J]. 鞍山钢铁学院学报，1993（03）：24-28.

[8] 单迪. 鞍钢露天矿山数字爆破系统设计与分析 [D]. 鞍山：辽宁科技大学，2014.

[9] 谢先启. 精细爆破发展现状及展望 [J]. 中国工程科学，2014，16（11）：14-19.

[10] 谢先启，精细爆破 [M]. 武汉：华中科技大学出版社，2010.

[11] 卢芳云，陈荣，等. 霍普金森实验技术 [M]. 北京：科学出版社，2013.

[12] 潘博，郭连军，宁玉滢，等. 循环动荷载作用下岩石动态响应分析 [J]. 矿业研究与开发，2018，38（8）：39-44.

[13] 刘鑫. 岩石的动态特性及其破碎特征分析 [D]. 鞍山：辽宁科技大学，2016.

[14] 郭连军，杨跃辉，华悦含. 冲击荷载作用下岩石的变形与破坏试验分析 [J]. 水利与建筑工程学报，2013，11（6）：31-34，49.

[15] 华悦含. 几种岩石动态拉伸破坏实验研究 [D]. 鞍山：辽宁科技大学，2014.

[16] 宋小林. 大理岩动态劈裂拉伸强度和裂纹起裂扩展特性 [D]. 成都：四川大学，2005.

[17] Asprone D, Cadoni E, Prota A, et al. Dynamic behavior of a Mediterranean natural stone under tensile loading [J]. International Journal of Rock Mechanic and Mining Sciences，2009.

[18] 李夕兵. 岩石动力学基础与应用 [M]. 北京：科学出版社，2014.

[19] 洪亮. 冲击荷载下岩石强度及破碎能耗特征的尺寸效应研究 [D]. 湖南：中南大学资源与安全工程学院，2008.

[20] 钮强，熊代余. 炸药岩石波阻抗匹配的试验研究 [J]. 有色金属，1988（4）：13-17.

［21］王敏，陈新，缪玉松．混装炸药参数与岩石爆破阻抗匹配的试验研究［J］.科技创新与应用，2016（2）：31-32.

［22］冷振东，卢文波，严鹏，等．基于粉碎区控制的钻孔爆破岩石-炸药匹配方法［J］.中国工程科学，2014，16（11）：28-35，47.

［23］李夕兵，古德生，赖海辉，等．岩石与炸药波阻抗匹配的能量研究［J］.中南矿冶学院学报，1992（1）：18-23.

［24］王创业，张飞天，韩万东．基于神经网络的露天矿爆破参数优化研究［J］.金属矿山，2011（3）：57-59.

［25］沈立晋．预裂爆破技术在露天边坡中的应用［J］.有色金属（矿山部分），2004（3）：28-29.

［26］张胜．HHT理论及其在岩土工程信号分析中的应用［D］.长沙：长沙理工大学，2011.

［27］陈颙，陈凌．分形几何学［M］.北京：地震出版社，2005.

［28］张济忠．分形［M］.北京：清华大学出版社，1995.

［29］宋锦泉，郑炳旭．我国爆破行业发展面临的问题与思考［J］.工程爆破，2017，23（5）：91-94.

［30］李莲花．矿山智能爆破优化设计与管理系统［D］.鞍山：辽宁科技大学，2001.

4 控制爆破技术

4.1 高效预裂爆破

4.1.1 鞍钢矿业集团所属露天矿山预裂爆破概况

鞍钢矿业集团所属矿山矿床大多为鞍山式沉积变质矿床。地质条件复杂多变，岩矿种类较多，岩性变化较大，部分矿床断层发育，岩体破碎现象十分显著，不同时期岩脉相互穿插，地质结构复杂。而部分矿床岩石稳定性较好，岩体较完整，断裂不发育。区域内岩石种类主要有：千山花岗岩、混合岩、片麻状混合岩、千枚岩、绿泥片岩。矿石品种主要有磁铁矿、赤铁矿（红矿）、亚铁矿、透闪矿、假象矿、碳酸铁等，矿石中除了红矿外，均属于难爆岩种，普氏坚固性系数大于 15。岩石中千枚岩、绿泥岩等相对易爆，普氏坚固性系数小于 10，千山花岗岩、片麻状混合岩等相对难爆，普氏坚固性系数介于 10~16 之间。

4.1.1.1 主要穿孔设备

现有牙轮钻机型号为 YZ-55 型、YZ-35 型、45R 牙轮钻机、KY250D 型、YZ-35D 型，钻孔直径主要为 250mm，齐矿有部分钻孔为 310mm 牙轮钻机，齐矿扩建、鞍千北采扩建和关宝山采区采用金科轻型潜孔钻机，孔径为 140mm。预裂孔以 250mm 垂直炮孔居多。

4.1.1.2 靠帮预裂爆破情况

根据生产要求，靠帮靠界部位，实施预裂爆破，设计参数一般为预裂孔孔距 2.5m，孔深 12~13m；缓冲孔孔距 4.5m，孔深 14.5~15.5m，预裂孔与缓冲孔排距 4m，缓冲孔距前排主爆孔 4~5m，孔径均为 250mm。装药结构如图 4-1 所示。起爆顺序：预裂孔→主爆孔→缓冲孔。

地表采用 40~65ms 非电雷管延时，孔内多使用奥瑞凯 400ms 非电雷管延时，底部集中装入 25~30kg 乳化炸药，孔口用编织袋装适量岩粉，吊装在孔口 3m 处进行堵塞。

从目前矿山生产情况看，虽然在靠帮部位进行了预裂爆破，但是，效果不理想，基本上见不到半壁孔。硬岩部位还好，但是软岩问题很多，亟须解决。

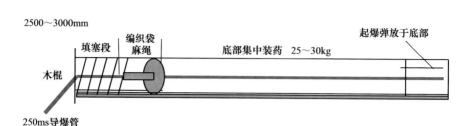

图 4-1　预裂孔装药结构示意图

但是随着开采深度不断下降，岩石种类和特性都发生了较大变化，而矿山由于条件限制，对这些矿岩的特性指标不具备及时分析和检测手段，不能及时为爆破设计提供基础数据；岩体的波阻抗和炸药的波阻抗之间的匹配关系发生了变化，致使多排孔爆破中的矿岩重复破碎的效率降低，因而制约了爆破质量的进一步提高。

4.1.2　露天边坡主要矿岩品种静态物理力学性质的测定

针对拟开展的研究，研究人员对鞍钢集团的大孤山、齐大山、东鞍山、鞍千矿业等矿山部分岩种，根据岩石力学试验规则，选取了部分岩样，并委托东北大学岩石力学实验室进行了岩石静态力学性质实验。几个典型岩种的岩石进行的物理力学性质实验室测定的结果汇总如表 4-1～表 4-8 及图 4-2～图 4-21所示。

（1）试验说明。

对现场采来的岩样分组进行岩石力学性质试验，包括块体密度、抗压强度、抗拉强度、内聚力、内摩擦角、弹性模量、泊松比等。

本试验执行标准：中华人民共和国国家标准《工程岩体试验方法标准》GB/T 50266—2013。

（2）试件加工现象说明。

磁铁矿透闪矿层里明显，按不同层理面加工试件及试验，混合岩、红矿层理不明显，试件加工及试验未区分层理面。

（3）岩石抗压强度破坏现象描述。

全部岩样强度较高，破坏形式大多为正常剪切破坏，试样中部分岩石试件含有不同程度的结构面，对强度有些影响。

（4）数据处理。

数据处理按岩石试验常规处理，岩石弹性模量给出的是平均弹性模量，即轴向应力-应变曲线中近似直线区段的平均斜率计算而得。

表 4-1 岩石块体密度记录（一）

岩石名称	轴向与层理关系	试件编号	直径/cm	高度/cm	质量/g	块体密度/g·cm⁻³	块体密度平均值/g·cm⁻³
千枚岩	平行	Q1	4.81	9.93	490.540	2.72	2.72
		Q2	4.79	9.53	469.790	2.74	
		Q3	4.79	9.04	441.410	2.71	
	垂直	Q4	4.82	9.96	494.770	2.72	
		Q1	4.82	8.30	411.900	2.72	
		Q2	4.82	7.40	366.890	2.72	
绿泥岩	平行	L1	4.87	9.27	585.890	2.58	2.53
		L2	4.89	8.57	579.700	2.60	
		L3	4.89	8.05	536.020	2.35	
	垂直	L4	4.87	9.27	602.960	2.49	
		L5	4.88	8.33	562.660	2.61	
		L6	4.88	8.58	570.360	2.55	
混合岩	不明显	1	4.85	10.06	489.630	2.63	2.62
		2	4.85	10.07	490.850	2.64	
		3	4.85	10.04	485.170	2.62	
		4	4.85	10.04	483.900	2.61	

表 4-2 岩石块体密度记录（二）

岩石名称	轴向与层理关系	试件编号	直径/cm	高度/cm	质量/g	块体密度/g·cm⁻³	块体密度平均值/g·cm⁻³
赤铁矿	不明显	1	4.77	10.15	623.350	3.44	3.28
		2	4.77	9.93	588.260	3.32	
		3	4.77	10.12	544.600	3.01	
		4	4.77	9.84	592.570	3.37	
磁铁矿	垂直	1	4.76	10.09	633.900	3.53	3.43
		2	4.76	10.02	611.690	3.43	
		3	4.76	10.03	628.480	3.52	
		4	4.76	10.04	604.020	3.38	
	平行	1	4.78	10.11	645.800	3.56	
		2	4.78	10.05	646.300	3.58	
		3	4.78	10.08	541.230	2.99	
		4	4.78	10.08	626.730	3.47	

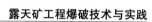

续表 4-2

岩石名称	轴向与层理关系	试件编号	直径 /cm	高度 /cm	质量 /g	块体密度 /g·cm⁻³	块体密度平均值 /g·cm⁻³
假象矿	平行	1	4.77	10.15	626.790	3.46	3.35
		2	4.77	9.93	602.850	3.40	
		3	4.77	10.12	602.300	3.33	
		4	4.77	9.84	608.670	3.46	
	垂直	1	4.85	9.96	614.150	3.34	
		2	4.85	9.06	531.240	3.17	
		3	4.85	7.95	483.750	3.29	
		4	4.85	8.18	503.030	3.33	

表 4-3　岩石抗压强度记录

岩石名称	加载方向与层理关系	试件编号	直径 /cm	高度 /cm	载荷 /kN	抗压强度 /MPa	抗压强度平均值/MPa
千枚岩	平行	Q1	4.81	9.93	111.0	61.09	62.54
		Q2	4.79	9.53	79.0	43.84	
		Q3	4.79	9.04	149.0	82.68	
	垂直	Q4	4.82	9.96	141.0	77.27	80.38
		Q1	4.82	8.30	200.00	109.6	
		Q2	4.82	7.40	99.00	54.3	
绿泥岩	平行	L1	4.84	9.41	101.0	54.76	57.56
		L2	4.74	9.77	91.0	46.01	
		L3	4.87	7.73	123.0	71.89	
	垂直	L4	4.88	9.73	150.0	81.25	97.93
		L5	4.89	9.45	108.0	110.48	
		L6	4.89	9.42	96.0	102.06	
混合岩	层理不明显	1	4.85	10.06	189.0	102.30	115.97
		2	4.85	10.07	249.0	134.78	
		3	4.85	10.04	224.0	121.25	
		4	4.85	10.04	195.0	105.55	

续表 4-3

岩石名称	加载方向与层理关系	试件编号	直径/cm	高度/cm	载荷/kN	抗压强度/MPa	抗压强度平均值/MPa
磁铁矿	垂直	1	4.76	10.09	442.0	248.38	231.94
		2	4.76	10.02	342.0	192.19	
		3	4.76	10.03	482.0	270.86	
		4	4.76	10.04	385.0	216.35	
	平行	1	4.78	10.11	268.0	149.34	180.13
		2	4.78	10.05	359.0	200.05	
		3	4.78	10.08	459.0	255.78	
		4	4.78	10.08	207.0	115.35	
假象矿	平行	1	4.77	10.15	379.0	212.09	135.00
		2	4.77	9.93	213.0	119.19	
		3	4.77	10.12	159.0	88.98	
		4	4.77	9.84	214.0	119.75	
	垂直	1	4.85	9.96	298.0	161.30	137.49
		2	4.85	9.06	319.0	172.7	
		3	4.85	7.95	256.0	138.6	
		4	4.85	8.18	143.0	77.4	
赤铁矿	层理不明显	1	4.77	10.15	356.0	199.22	196.42
		2	4.77	9.93	306.0	171.24	
		3	4.77	10.12	324.0	181.31	
		4	4.77	9.84	418.0	233.91	

表 4-4 岩石抗拉强度记录

岩石名称	加载方向与层理关系	试件编号	直径/cm	高度/cm	载荷/kN	抗压强度/MPa	抗压强度平均值/MPa
混合岩	层理不明显	1	4.86	2.23	8.31	4.88	6.10
		2	4.86	2.19	9.10	5.44	
		3	4.86	2.18	9.29	5.58	
		4	4.86	2.16	14.72	8.93	
		5	4.86	2.12	9.18	5.67	

续表 4-4

岩石名称	加载方向与层理关系	试件编号	直径/cm	高度/cm	载荷/kN	抗压强度/MPa	抗压强度平均值/MPa
磁铁矿	垂直	1	4.73	2.17	36.66	22.74	18.66
		2	4.76	2.20	33.67	20.47	
		3	4.73	2.20	25.62	15.67	
		4	4.76	2.09	25.58	16.37	
		5	4.75	2.19	29.52	18.07	
	平行	1	4.78	2.23	9.57	5.72	5.77
		2	4.77	2.16	5.98	3.69	
		3	4.77	2.20	11.40	6.92	
		4	4.81	2.18	9.13	5.54	
		5	4.79	2.17	11.41	6.99	
假象矿	平行	1	4.70	2.13	3.88	2.47	4.81
		2	4.70	2.17	9.55	5.96	
		3	4.70	2.16	9.34	5.86	
		4	4.79	2.13	5.92	3.69	
		5	4.72	2.14	9.65	6.08	
	垂直	1	4.85	2.20	10.13	6.04	4.89
		2	4.85	2.13	7.22	4.45	
		3	4.85	2.16	7.36	4.47	
		4	4.85	2.13	7.78	4.79	
		5	4.85	2.04	7.31	4.70	
赤铁矿	层理不明显	1	4.85	2.24	18.90	11.08	11.34
		2	4.85	2.17	16.34	9.88	
		3	4.85	2.21	25.53	15.16	
		4	4.85	2.15	17.45	10.65	
		5	4.85	2.10	15.89	9.93	

表 4-5 岩石直剪试验记录（一）

岩石名称	剪切面与层理关系	试件编号	直径/cm	高度/cm	法向荷载/kN	剪切荷载/kN	法向应力/MPa	剪应力/MPa	内聚力C/MPa	内摩擦角φ/(°)
假象矿	平行	1	4.85	7.67	25	27.71	13.53	15.00	7.53	33.23
		2	4.85	7.29	20	27.84	10.83	15.07		
		3	4.85	6.44	15	26.16	8.12	14.16		
		4	4.85	6.00	10	23.4	5.41	12.67		
		5	4.85	5.68	5	13.55	2.71	7.33		

岩石名称	剪切面与层理关系	试件编号	直径/cm	高度/cm	法向荷载/kN	剪切荷载/kN	法向应力/MPa	剪应力/MPa	内聚力 C/MPa	内摩擦角 φ/(°)
假象矿	垂直	1	4.77	10.09	25	47.27	13.99	26.45	11.10	52.92
		2	4.77	10.11	20	65.52	11.19	36.66		
		3	4.77	10.15	15	27.09	8.39	15.16		
		4	4.77	10.14	10	23.17	5.60	12.97		
		5	4.77	10.11	5	35.36	2.80	19.79		
磁铁矿	平行	1	4.76	10.02	25	39.27	14.05	22.07	15.46	54.23
		2	4.76	9.58	20	38.55	11.24	21.66		
		3	4.76	10.07	15	26.64	8.43	14.97		
		4	4.76	8.14	10	19.3	5.62	10.85		
		5	4.76	7.90	5	26.58	2.81	14.94		
	垂直	1	4.78	10.09	25	57.21	13.93	31.88	15.12	54.07
		2	4.78	10.18	20	54.59	11.15	30.42		
		3	4.78	10.12	15	58.79	8.36	32.76		
		4	4.78	10.09	10	37.18	5.57	20.72		
		5	4.78	10.10	5	31.42	2.79	17.51		
赤铁矿	层理不明显	1	4.82	8.63	25	46.46	13.70	25.46	11.10	43.90
		2	4.82	8.87	20	39.94	10.96	21.89		
		3	4.82	9.13	15	28.89	8.22	15.83		
		4	4.82	6.99	10	31.58	5.48	17.31		
		5	4.82	5.79	5	26.58	2.74	14.57		

表 4-6 岩石直剪试验记录（二）

岩石名称	剪切面与层理关系	试件编号	直径/cm	高度/cm	法向荷载/kN	剪切荷载/kN	法向应力/MPa	剪应力/MPa	内聚力 C/MPa	内摩擦角 φ/(°)
千枚岩	平行	Q7	4.81	6.96	50.0	42.63	27.52	23.46	7.38	35.82
		Q8	4.81	6.84	40.0	53.35	22.01	29.36		
		Q9	4.81	7.00	30.0	34.45	16.51	18.96		
		Q10	4.81	6.74	20.0	21.30	11.01	11.72		
		Q11	4.81	6.87	10.0	23.09	5.50	12.71		
		Q12	4.82	6.08	50.0	50.10	27.40	27.46		

续表 4-6

岩石名称	剪切面与层理关系	试件编号	直径/cm	高度/cm	法向荷载/kN	剪切荷载/kN	法向应力/MPa	剪应力/MPa	内聚力 C/MPa	内摩擦角 φ/(°)
千枚岩	垂直	Q13	4.82	9.98	50.0	73.95	27.40	40.53	9.06	43.43
		Q14	4.82	8.44	40.0	50.39	21.92	27.62		
		Q15	4.82	7.56	30.0	28.31	16.44	15.52		
		Q16	4.82	6.46	20.0	40.33	10.96	22.10		
		Q17	4.82	5.74	10.0	31.65	5.48	17.35		
混合岩	层理不明显	1	4.85	10.08	25	41.38	13.53	22.40	5.75	51.97
		2	4.85	10.02	20	37.83	10.83	20.48		
		3	4.85	10.03	15	31.71	8.12	17.16		
		4	4.85	9.52	10	19.47	5.41	10.54		
		5	4.85	8.96	5	18.6	2.71	10.07		

表 4-7 岩石变形试验结果总表

岩石名称	加载方向与层理关系	试件编号	弹性模量/GPa	弹性模量平均值/GPa	泊松比	泊松比平均值
磁铁矿	垂直	c2ch	70.53	90.04	0.20	0.24
		c3ch	76.03		0.25	
		c4ch	123.55		0.28	
	平行	c1p	116.47	91.04	0.24	0.21
		c3p	91.77		0.19	
		c4p	64.88		0.21	
假象矿	垂直	t1ch	60.02	61.50	0.34	0.30
		t2ch	64.48		0.22	
		t3ch	87.91		0.34	
		t4ch	33.59		0.31	
	平行	t1p	133.57	96.90	0.30	0.27
		t2p	89.28		0.32	
		t3p	65.17		0.18	
		t4p	99.58		0.26	
混合岩	层理不明显	e1	61.81	56.68	0.18	0.18
		e2	43.94		0.14	
		e3	64.28		0.22	
赤铁矿	层理不明显	h1	133.72	103.56	0.26	0.22
		h2	77.67		0.15	
		h4	99.28		0.25	

表 4-8 岩石力学性质试验结果总表

岩石名称	加载方向与层理关系	块体密度 /g·cm⁻³	抗压强度 /MPa	抗拉强度 /MPa	抗剪参数		变形参数	
					内聚力 /MPa	内摩擦角 /(°)	弹性模量 /GPa	泊松比
磁铁矿	垂直	3.43	231.94	18.66	15.12	54.07	90.04	0.24
	平行		180.13	5.77	9.37	41.75	91.04	0.21
假象矿	垂直	3.35	137.49	4.89	11.10	52.92	61.50	0.30
	平行		135.00	4.81	7.35	33.23	96.90	0.27
混合岩	层理	2.62	115.97	6.10	5.75	51.97	56.68	0.18
赤铁矿	不明显	3.28	196.42	11.34	11.10	43.9	103.56	0.22

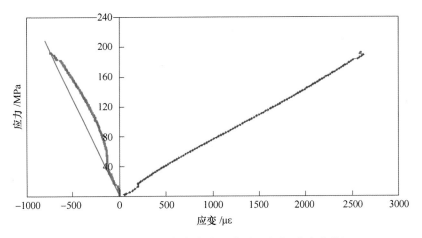

图 4-2 磁铁矿 2（加载方向垂直层理应力-应变曲线）

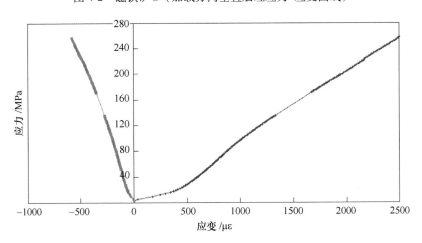

图 4-3 磁铁矿 3（加载方向垂直层理应力-应变曲线）

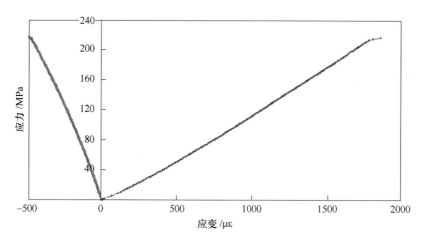

图 4-4　磁铁矿 3（c4 加载方向垂直层理应力-应变曲线）

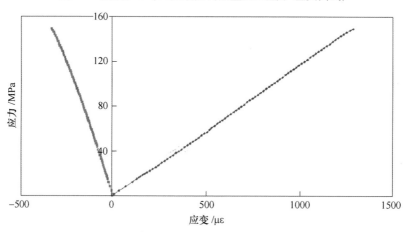

图 4-5　磁铁矿（c1 加载方向平行层理应力-应变曲线）

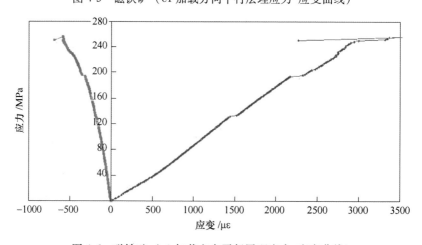

图 4-6　磁铁矿（c3 加载方向平行层理应力-应变曲线）

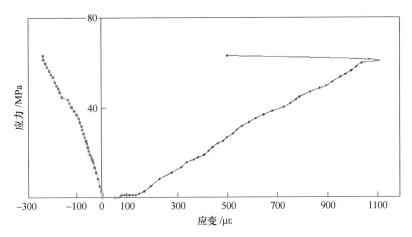

图 4-7　磁铁矿（c4 加载方向垂直层理应力-应变曲线）

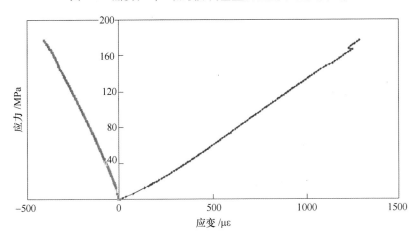

图 4-8　假象矿（T1 加载方向平行层理应力-应变曲线）

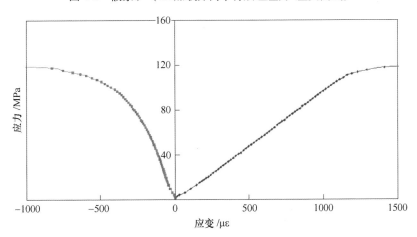

图 4-9　假象矿（T2 加载方向平行层理应力-应变曲线）

图 4-10　假象矿（T3 加载方向平行层理应力-应变曲线）

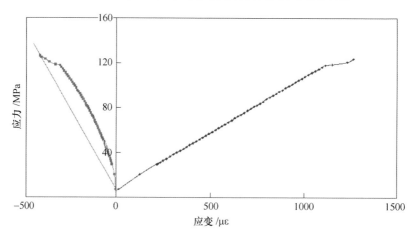

图 4-11　假象矿（T4 加载方向平行层理应力-应变曲线）

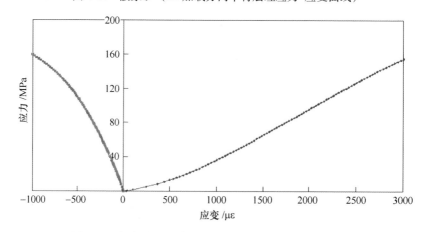

图 4-12　假象矿（T1 加载方向垂直层理应力-应变曲线）

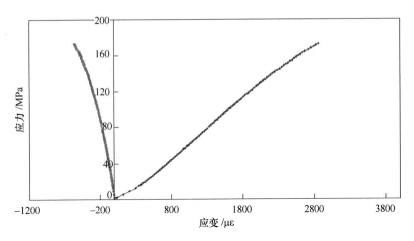

图 4-13 假象矿（T2 加载方向垂直层理应力-应变曲线）

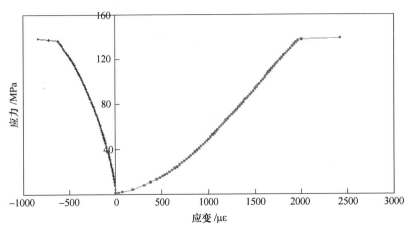

图 4-14 假象矿（T3 加载方向垂直层理应力-应变曲线）

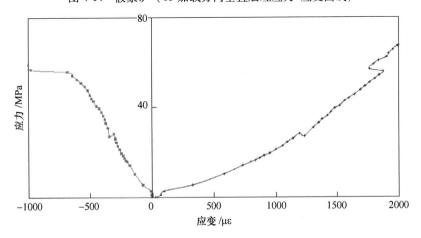

图 4-15 假象矿（T4 加载方向垂直层理应力-应变曲线）

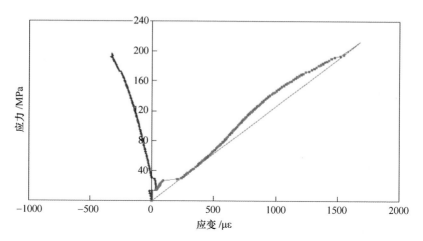

图 4-16　赤铁矿 H1 应力-应变曲线

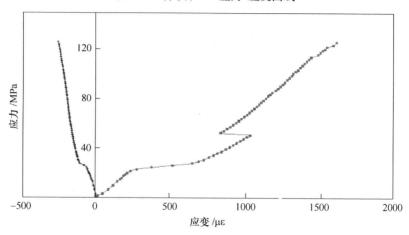

图 4-17　赤铁矿应力-应变曲线

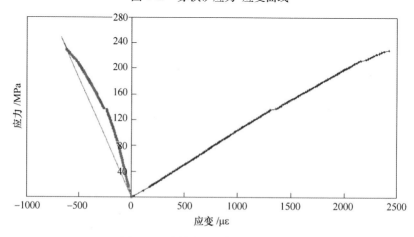

图 4-18　赤铁矿 H4 应力-应变曲线

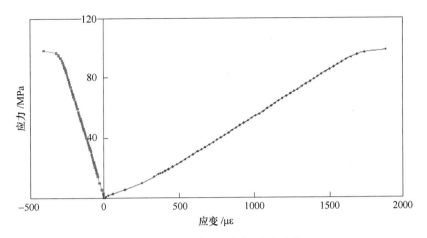

图 4-19　混合岩 E1 应力-应变曲线

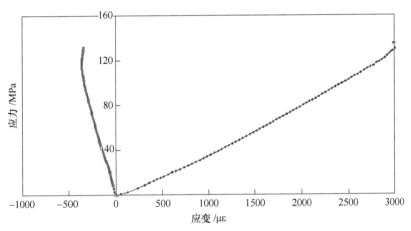

图 4-20　混合岩 E2 应力-应变曲线

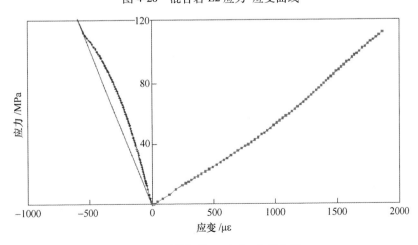

图 4-21　混合岩 E3 应力-应变曲线

4.1.3 不耦合装药爆破数值模拟

爆破试验费用昂贵、过程复杂、测量手段和条件有限，所以在一定程度上制约了爆破试验研究。随着计算机模拟技术的发展，数值模拟与爆破试验研究的联系更加紧密，数值模拟可以描述整个模拟过程以及各变量之间的关系，从而给研究人员提供更多的过程信息和合理的爆破参数。

4.1.3.1 建模

A 单元的选取

单元类型的选择是否合理是模型建立的先决条件，ANSYS/LS-DYNA 为单元的选取提供了类型丰富的单元库，在本节中选取如图 4-22 所示的 SOLID164 实体单元。该单元是在三维显示的结构实体单元，由 8 节点构成，而每个节点在 X、Y、Z 轴方向上有转动、速度和加速度三个自由度。

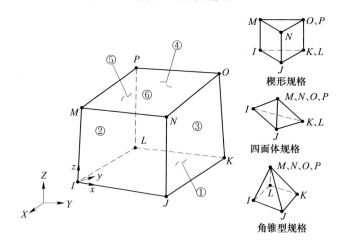

图 4-22 SOLID164 实体单元

①~⑥代表实体单元的 6 个表面：面① （J-I-L-K）；面② （I-J-N-M）；面③ （J-K-O-N）；

面④ （K-L-P-O）；面⑤ （L-I-M-P）；面⑥ （M-N-O-P）

B 材料模型选取

LS-DYNA 程序目前拥有丰富的材料模型，根据本书研究内容的需求，选择性的介绍几种材料模型，详情如下。

a 炸药模型

材料模型：定义炸药材料模型时，应用 LS-DYNA 程序中高能炸药燃烧材料模型（MAT_HIGH_EXPLOSIVE_BURN）来描述炸药性质，模型方程如下：$F=\max\left(F_1,F_2\right)$，需要输入的参数为爆速 D，C-J 压力 P_{CJ} 和燃烧系数 F，其中：

$$F_1 = \begin{cases} \dfrac{2(t-t_1)DA_{e_{max}}}{3v_e} & \text{当 } t > t_1 \\[2mm] 0 & \text{当 } t \leqslant t_1 \end{cases} \qquad (4\text{-}1)$$

$$F_2 = \beta = \frac{1-V}{1-V_{CJ}} \qquad (4\text{-}2)$$

式中，V_{CJ} 是 $C\text{-}J$ 的相对体积；t 是当前时间；t_1 表示爆轰波从起爆点传播至当前单元需要的最短时间。若 $F>1$，则设置 $F=1$。

JWL 状态方程形式如下：

$$P = A\left(1 - \frac{\omega}{R_1 V}\right) e^{-R_1 V} + B\left(1 - \frac{\omega}{R_2 V}\right) e^{-R_2 V} + \frac{\omega E_0}{V} \qquad (4\text{-}3)$$

式中，P 为爆轰压力；$V=v/v_0$ 为爆轰产物的相对体积；E_0 为初始比内能；A、B、R_1、R_2 为材料性质相关的待定常数；ω 为格林爱森参数，表示定容条件下，压力对于内能的变化率。炸药状态方程参数见表4-9。

表 4-9　炸药状态方程参数

密度 /kg·m^{-3}	爆速 /m·s^{-1}	A /GPa	B /GPa	ω	R_1	R_2	E /GPa
1100	4600	214.4	0.182	0.15	4.2	0.9	7

b　空气的材料模型

空气采用 NULL 材料模型以及 LINEAR_ POLYNOMIAL 状态方程加以描述。状态方程形式如下：

$$P = C_0 + C_1\mu + C_2\mu^2 + C_3\mu^3 + (C_4 + C_5\mu + C_6\mu^2)E \qquad (4\text{-}4)$$

$$\mu = \frac{1}{V} - 1$$

式中，P 为爆轰压力；E 为单位体积内能；V 为相对体积。当状态方程用于空气模型时：$C_0=C_1=C_2=C_3=C_6=0$；$C_4=C_5=0.4$。空气的密度取 1.225kg/m^3，初始相对体积 $V_0=1.0$。

c　矿岩的材料模型

矿岩选用非线性塑性材料模型（PLASTIC_ KINEMATIC 材料模型），该材料模型适用于包含应变率效应的各向同性塑性随动强化材料。

在大量实验基础上 Cowper 和 Symonds 提出了一个关于动态极限屈服应力 σ_y 和应变率 $\dot{\varepsilon}$ 之间的简单经验公式，即

$$\frac{\sigma_y}{\sigma_s} = 1 + \left(\frac{\dot{\varepsilon}}{C}\right)^{\frac{1}{p}} \qquad (4\text{-}5)$$

式中，σ_y 是静态极限屈服应力；C 和 p 是材料性质有关的参数。因此，$1+\left(\dfrac{\dot{\varepsilon}}{C}\right)^{\frac{1}{p}}$ 也被称作放大因子。

塑性随动强化模型就是在 Cowper 和 Symonds 关系式的基础上建立起来的。其表达式为：

$$\sigma_y = \left[\, 1 + \left(\frac{\dot{\varepsilon}}{C}\right)^{\frac{1}{p}}\,\right](\sigma_0 + \beta E_P \varepsilon_{\text{eff}}^p) \tag{4-6}$$

式中，σ_0 为初始屈服强度；C、p 与式（4-5）中的意义相同，均为材料常数；β 为可调参数，$\beta=0$ 为塑性随动强化模型，$\beta=1$ 时为等向强化模型。E_P 为塑性强化模型，其表达式为：

$$E_P = \frac{E_t E}{E - E_t} \tag{4-7}$$

$\varepsilon_{\text{eff}}^p$ 为等效塑性应变，其计算公式为：

$$\varepsilon_{\text{eff}}^p = \int_0^t \left(\frac{2}{3}\dot{\varepsilon}_{ij}^p \dot{\varepsilon}_{ij}^p\right)^{\frac{1}{2}} \mathrm{d}t \tag{4-8}$$

式中，$\dot{\varepsilon}_{\text{eff}}^p$ 为塑性应变率。

塑性应变率等于总应变率减去弹性应变率，即

$$\dot{\varepsilon}_{ij}^p = \dot{\varepsilon}_{ij} - \dot{\varepsilon}_{ij}^e \tag{4-9}$$

在 LS-DYNA 参数见表 4-10。

表 4-10 PLASTIC_ KINEMATIC 材料模型参数

符号	意义	符号	意义
ρ	密度（kg/m³）	β	强化参数
E	弹性模量（Pa）	SPC	应变率参数
μ	泊松比	SRP	应变率参数
ρ	屈服应力（Pa）	FS	失效应变
ETAN	切线模量（Pa）		

根据鞍钢集团矿业公司提供的大孤山铁矿地质资料以及结合工程实际施工位置，本次模拟分析的岩体为大孤山特有的岩种片麻岩，具体岩石物理力学参数见表 4-11。

表 4-11 岩石物理参数

岩体名称	密度 /kg·m⁻³	弹性模量 /Gpa	泊松比	内摩擦角 /(°)	抗拉强度 /MPa	黏聚力 /MPa	抗压强度 /MPa
片麻岩	2650	53.15	0.296	41.32	5.6	7.865	53.145

4.1.3.2 不耦合系数模拟

A 数值模型的建立

根据大孤山铁矿研究的实际需要,结合数值模拟计算的工作量,将模型简化为平面对称问题,先只建立一般对称模型。因此建立爆破介质模型尺寸为 800cm×200cm×1200cm 的矩形;孔径 $D=250mm$,双孔同时起爆,孔距 $L=2.5m$。为降低爆破冲击力和对保留岩体的破坏,采用径向不耦合空气间隔,不耦合系数分别取 $K=1$,$K=1.67$,$K=2.27$,$K=3.33$,$K=4.17$;炸药、空气和岩石采用 3D-SOLID164 三维实体单元;为了避免 Lagrange 算法由于网格畸形而终止计算,炸药、空气和岩石都采用 ALE 算法进行计算;模型中分别对 OXZ 对称面施加法向约束 UY,为避免模型底面和其余三个侧面的求解域受反射波的影响,故将此三个侧面和底面施加无反射边界;采用 cm-g-us 单位,岩体双孔爆破有限元模型如图 4-23 所示。

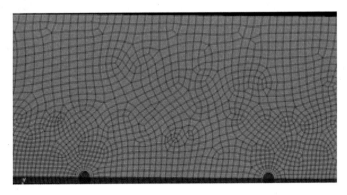

图 4-23 双孔爆破有限元模型

B 模拟结果及分析

由爆破破碎理论可知,爆破结果并不希望出现粉碎区(炮孔壁及其周围岩体)岩石的过度粉碎,过度粉碎浪费了大部分的爆炸能量,而破裂区消耗的炸药能量是有效的。为了降低爆炸产物对炮孔壁及其周围岩体的直接冲击压力峰值,减小对粉碎区的过度破坏,从而增加到达破裂区的能量,可以取得较好的爆破破碎效果,故采用径向空气不耦合装药来控制爆轰波对炮孔壁及其周围岩体的冲击作用,来达到上述目的。选取大孤山铁矿的预裂爆破参数进行数值模拟,以求取得最佳的不耦合系数。大孤山铁矿预裂爆破孔距为 2.5m，孔径为 250mm，耦合及各种不耦合系数的模拟应力云图如图 4-24 所示。

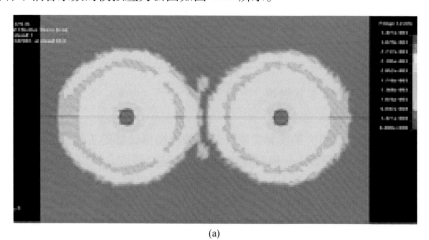

(a)

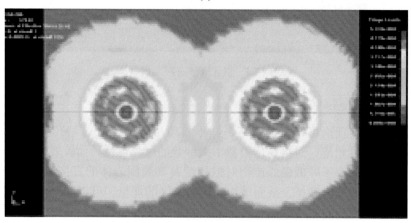

(b)

(c)

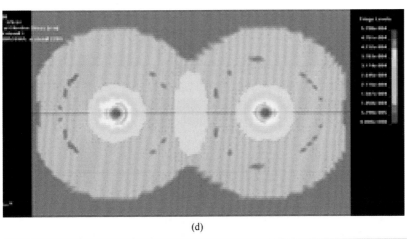

(d)

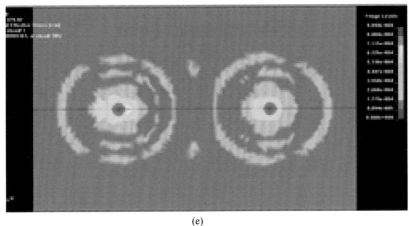

(e)

图 4-24 孔距 $L=2.5\mathrm{m}$，$t=379.35\mu\mathrm{s}$ 时的应力云图

（a）耦合装药 $K=1$；（b）不耦合系数 $K=1.67$；（c）不耦合系数 $K=2.27$；

（d）不耦合系数 $K=3.33$；（e）不耦合系数 $K=4.17$

从图 4-24 的应力云图可知，片麻岩在耦合装药情况下爆破应力响应最大，随着不耦合系数的增大应力响应逐渐减小，充分说明径向空气介质不耦合装药结构起到很好的储能和缓冲爆炸冲击力的作用，降低爆轰波对炮孔壁及其周围岩体的破坏。

爆破理论和数值模拟表明，预裂爆破作用过程首先从孔壁产生的裂隙开始，在爆生气体的作用下沿着两孔连线方向贯通发展，最终形成预裂缝。故选择两个炮孔壁单元以及两炮孔连线方向的中点单元作为破坏分析对象，同时起爆相邻两个预裂炮孔，根据炮孔壁单元以及连线中点单元所受应力大小来描述该单元的屈服破坏程度。提取单元点 $a\sim e$ 如图 4-25 所示，应力响应值见表 4-12。

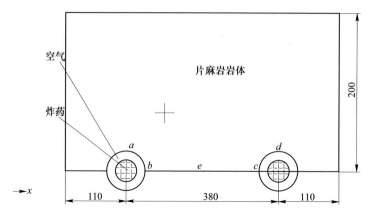

图 4-25 不同单元模拟提取位置图

表 4-12 预裂爆破模拟应力响应值

序号	孔径/mm	孔距/m	装药方式	炮孔壁不同单元压应力/MPa				相邻炮孔连线中点单元拉应力/MPa
				a	b	c	d	e
1	250	2.5	耦合	1615.03	2969.37	3092.78	1687.13	59.84
2	250	2.5	$K=1.67$	336.05	386.21	392.98	324.13	15.69
3	250	2.5	$K=2.27$	160.52	216.63	221.31	145.82	12.12
4	250	2.5	$K=3.33$	30.16	47.37	51.96	31.59	10.93
5	250	2.5	$K=4.17$	21.67	28.04	28.89	26.01	7.99

由爆破破碎机理可知,粉碎区(炮孔壁及其周围岩体)受压缩破坏作用,裂隙区在爆生气体和应力波的共同作用下受拉伸破坏,故表 4-12 数据在图 4-25 中的 a、b、c、d 处单元取压应力峰值,e 处取拉应力峰值。从图 4-25 中的 5 处单元点及表 4-12 可以发现,片麻岩在耦合装药条件下炮孔壁周围应力值远远大于其抗压强度,导致粉碎区过度破坏而产生强烈的爆破振动,加大了对保留区岩体的损坏。

当炮孔孔径 $D=250\mathrm{mm}$ 一定时,将表 4-12 数据中的不耦合系数 K 与两相邻炮孔连线中点(单元点 e)的拉应力进行回归分析,得如图 4-26 所示的关系图。

从图 4-26 可以看出,炮孔中点拉应力与不耦合系数 K 之间关系复杂,需要

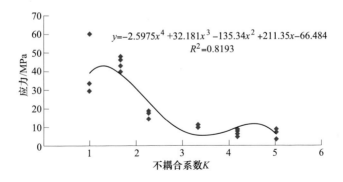

图 4-26 炮孔中点拉应力与不耦合系数关系图

分段研究。不耦合系数 K 在 $1\sim3$ 之间时，随着不耦合系数的增大，相邻炮孔连线中点单元拉应力峰值先增大再减小。因为在耦合装药条件下，炸药爆炸冲击能直接作用炮孔壁及其边缘，粉碎区消耗大量的能量，使得相邻炮孔连线中点单元得到的拉伸破坏能量减少，不利于预裂缝的贯通。随不耦合系数的增加，单位长度药量稍微减少，故炸药爆炸能减小但粉碎区消耗极大减少，粉碎区外的岩体得到的爆炸能相对增多，故相邻炮孔连线中点单元拉应力峰值增大。随不耦合系数继续增加，单位长度药量就明显减少，爆炸能继续减小，故相邻炮孔连线中点单元拉应力峰值持续下降；不耦合系数 K 在 $3\sim4.17$ 之间为最佳。

炸药在炮孔中爆破时，炮孔周围单元受到压缩和拉伸破坏。考虑岩体实际爆破受动载荷作用破坏，破坏情况可能较复杂，且动载荷抗拉破坏较静载破坏强度大，裂隙区由于自由面存在拉伸破坏，这对预裂缝的贯通起更为重要的主导作用，所以，在裂隙区即炮孔连线的中垂线附近单元材料失效主要由最大拉应力理论来判断。对比大孤山特有的岩种片麻岩的具体岩石物理力学参数，当不耦合系数在 $K=2.27$ 时，应力相应值较理想，能顺利拉裂岩体又不至于使岩体过度损害。故取相邻炮孔连线中点单元较大应力值，不耦合系数选取 $K=2.27$，即药柱直径为 110mm 进行下一步现场试验。

4.1.3.3 聚能不耦合装药模拟

A 模拟试验方案

依据影响聚能不耦合装药结构的参数（见图 4-27），制定具体模拟方案见表 4-13。

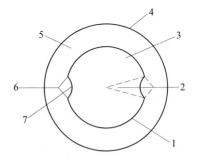

图 4-27 聚能不耦合装药结构平面图
1—药柱直径；2—穴内夹角；3—混合炸药；
4—炮孔；5—间隔空气；
6—穴外夹角；7—聚能穴

表 4-13   因素水平与试验方案

因数试验号	穴内夹角/(°)	药柱直径/mm	穴外夹角/(°)
1	30	160	50
2	30	140	60
3	30	110	70
4	40	160	60
5	40	140	70
6	40	110	50
7	50	160	70
8	50	140	50
9	50	110	60

B   模拟试验结果

分别在聚能穴方向上（X 轴）、垂直于聚能穴方向上（Y 轴）选取三个具有代表性的单元体 A（炸药介质与空气介质的临界单元体）、B（空气介质中的单元体）、C（空气介质与矿岩介质的临界单元体），如图 4-28 所示。

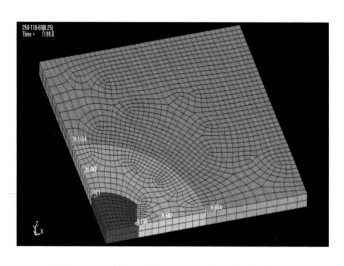

图 4-28 X 轴、Y 轴 A、B、C 单元选取示意图

模拟试验结果如图 4-29~图 4-37 所示。

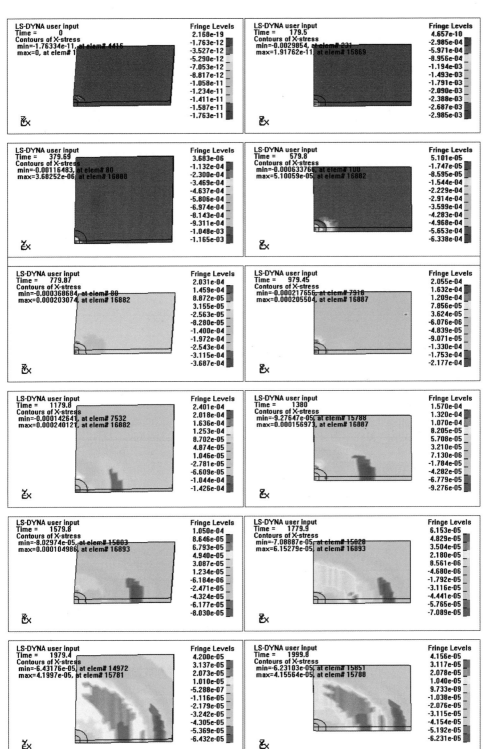

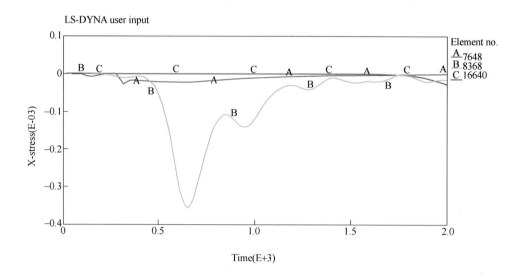

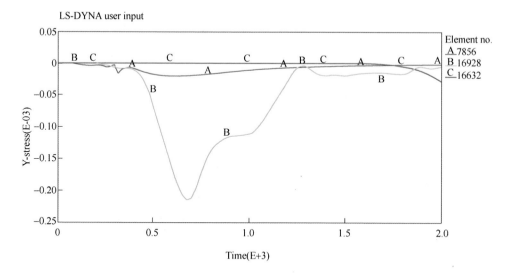

图 4-29   30-110-70 结构参数下的模拟过程和数据结果

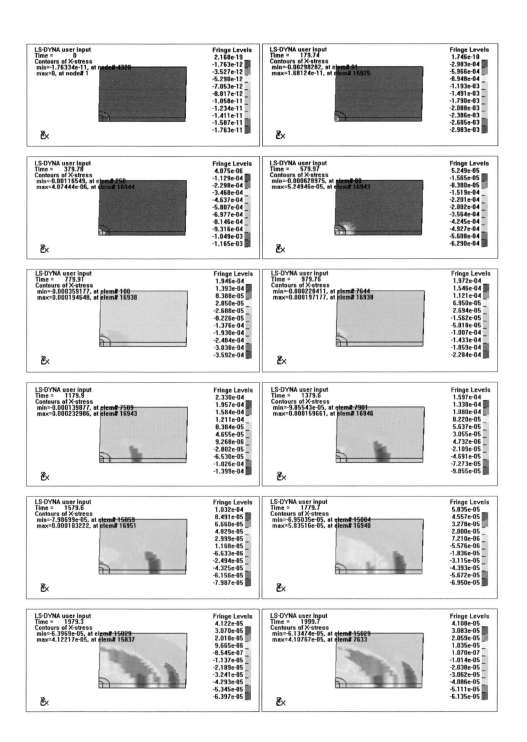

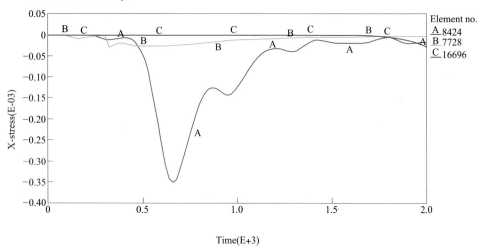

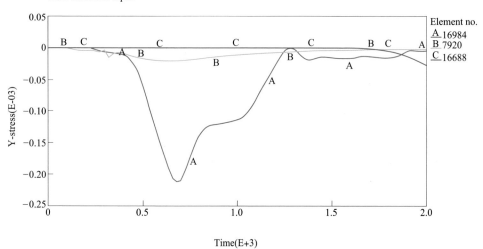

图 4-30　40-110-50 结构参数下的模拟过程和数据结果

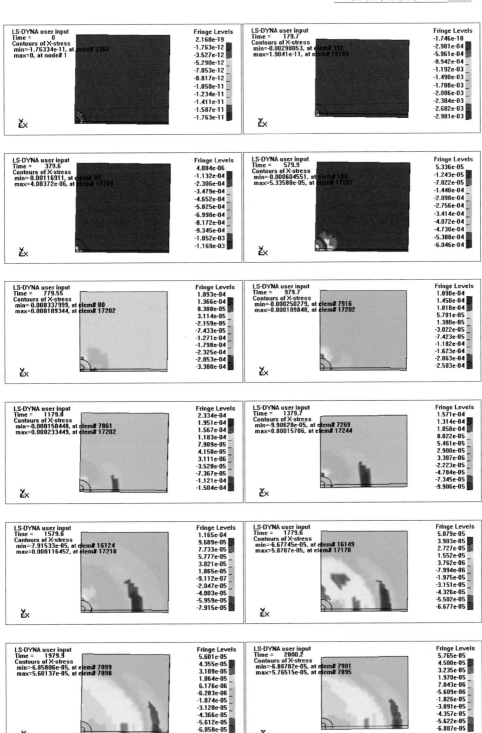

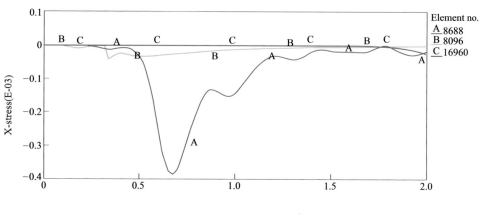

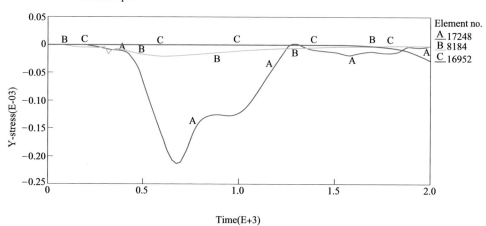

图 4-31　50-110-60 结构参数下的模拟过程和数据结果

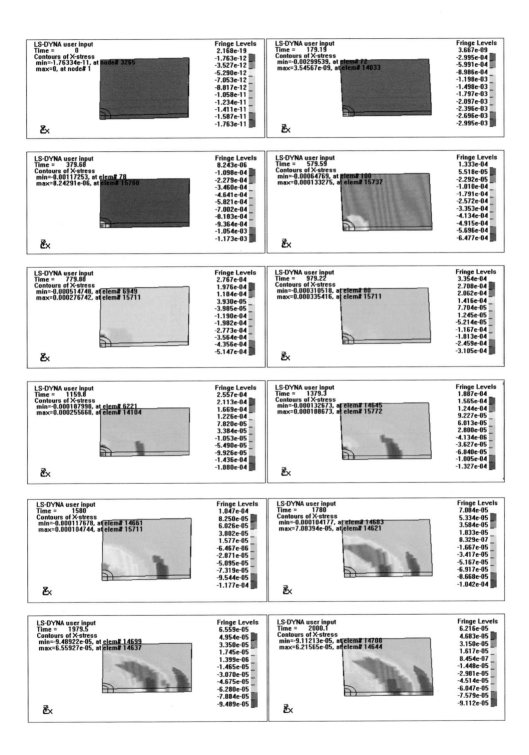

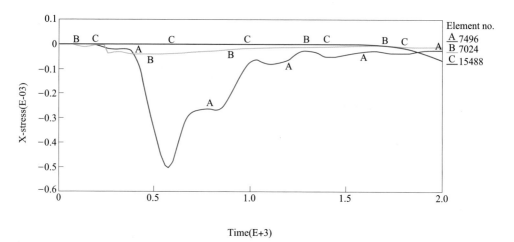

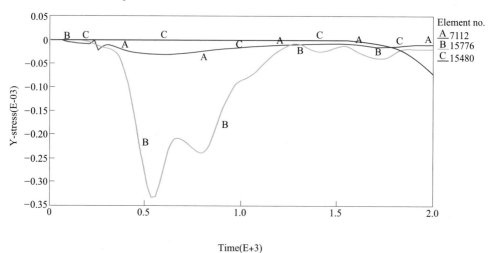

图 4-32　30-140-60 结构参数下的模拟过程和数据结果

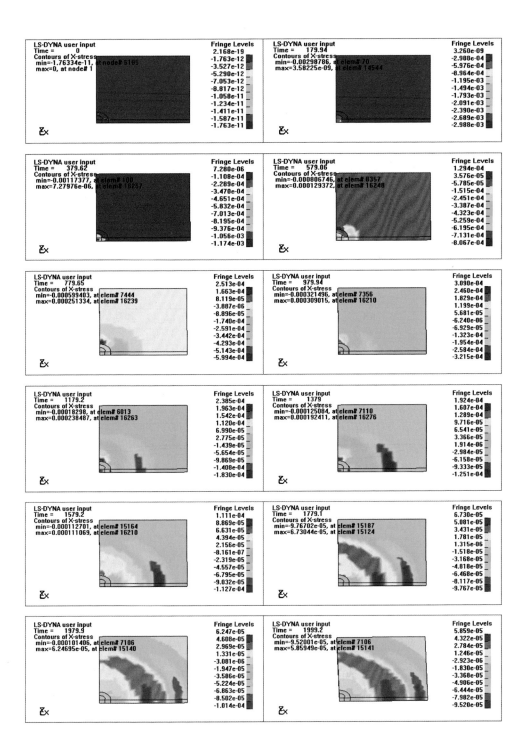

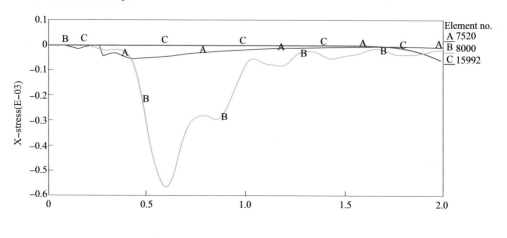

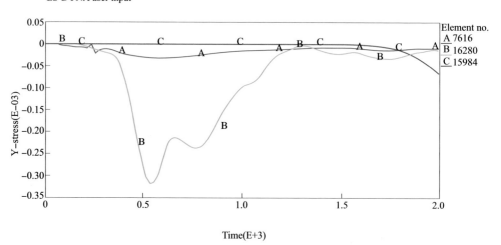

图 4-33　40-140-70 结构参数下的模拟过程和数据结果

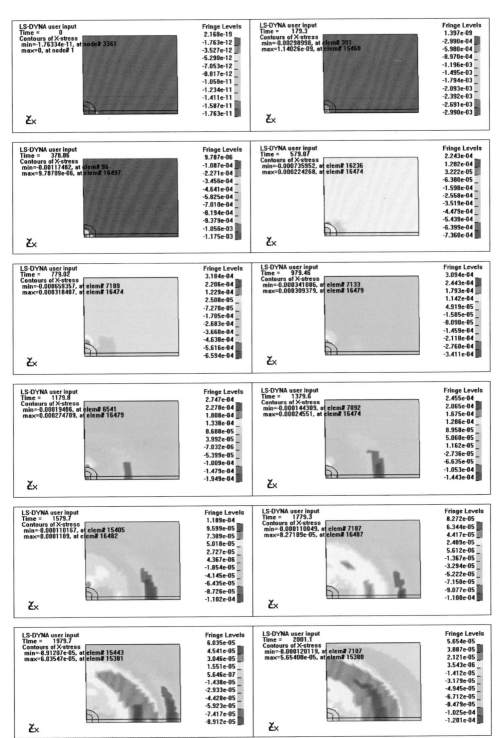

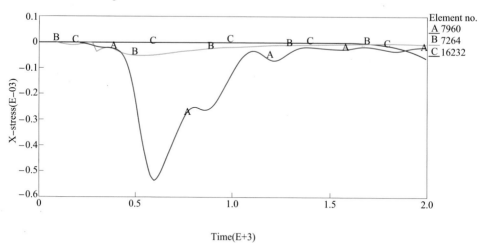

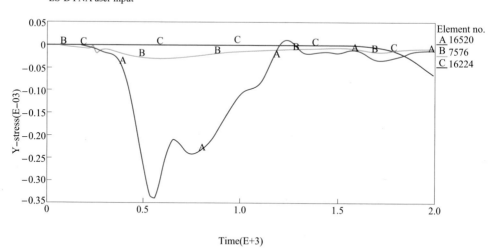

图 4-34　50-140-50 结构参数下的模拟过程和数据结果

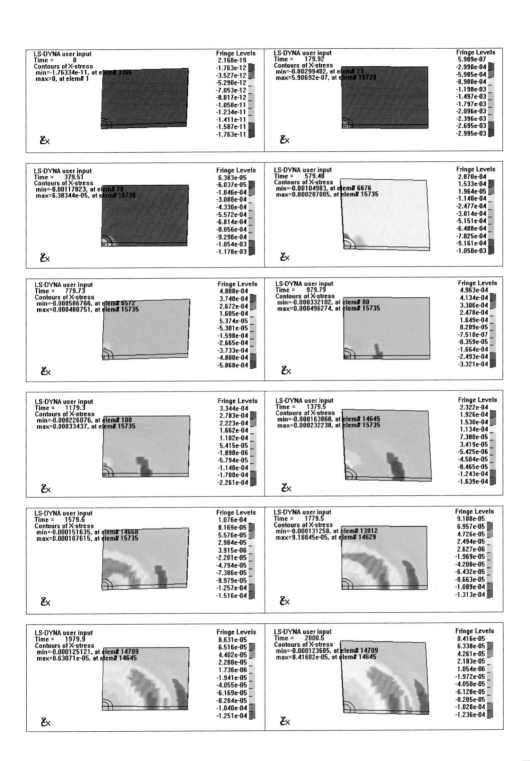

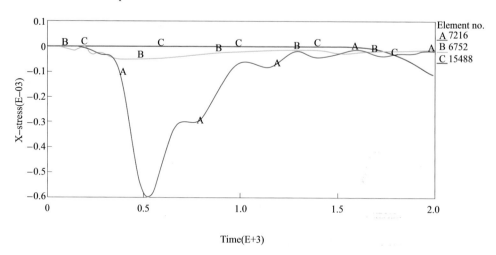

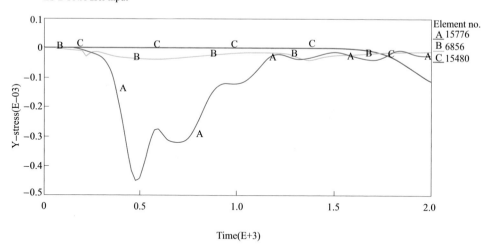

图 4-35　30-160-50 结构参数下的模拟过程和数据结果

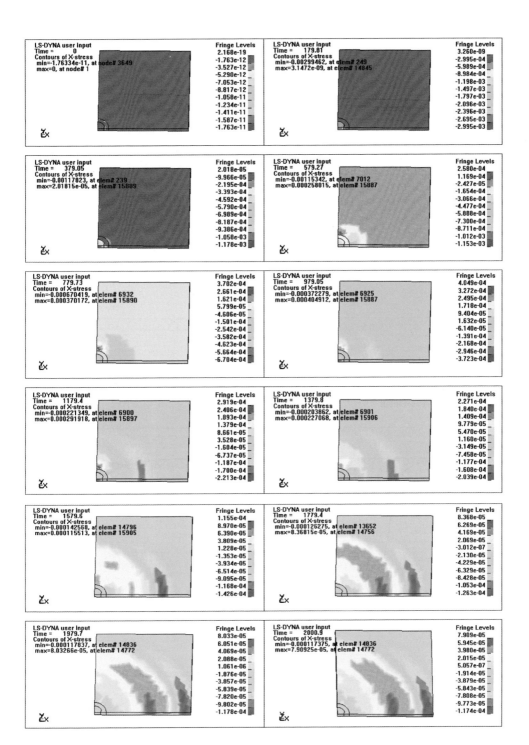

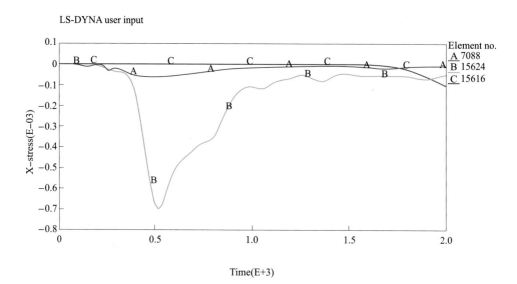

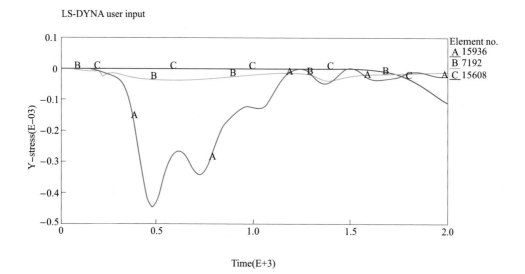

图 4-36　40-160-60 结构参数下的模拟过程和数据结果

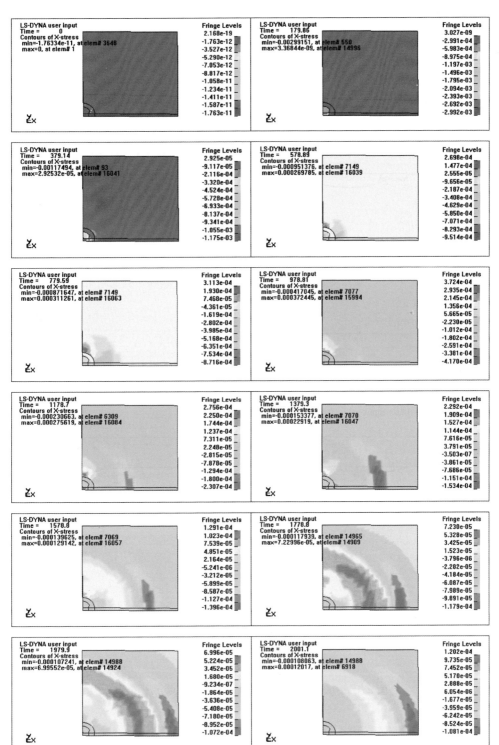

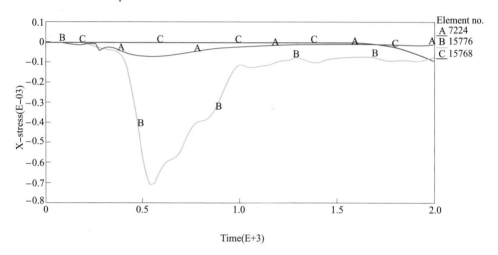

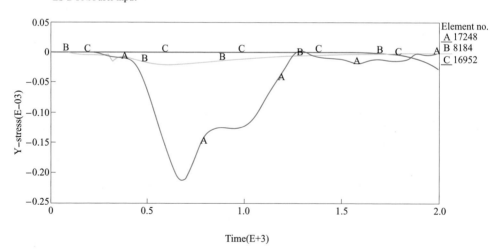

图 4-37　50-160-70 结构参数下的模拟过程和数据结果

C 聚能效应过程分析

利用炸药对矿岩爆破侵彻的数值模拟数学模型如图 4-38 所示，数值模型采用 cm-g-μs 单位制，考虑到模型的对称性和节省机时，分析过程中只建立 1/4 模型。其中炮孔直径为 25cm，药卷直径为 11cm，聚能穴内夹角为 60°。

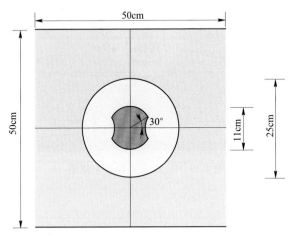

图 4-38 双线性聚能不耦合装药爆破模拟的数学模型

数值模型由炸药、空气和岩石三种材料组成，炸药材料、空气和岩石介质均采用欧拉网格建模，单元采用多物质 ALE 算法。共划分 3 个材料部分（PART），4959 个节点（NODES），3164 个计算单元（ELEMENTS）。边界设定对对称面边界施加固定边界约束，其余为自然透射边界条件。

（1）现提取 X 轴上不同材料单元在 $t=258.7\mu s$ 时的压力-历程曲线分析爆轰应力波在三种介质中传递变化情况。

对时间 t 和单元特征长度 Δx 控制；当炸药爆轰时由体积压缩引起的 F_1 与由每个单元的爆轰时间控制的 F_2 比较，取大值与炸药初始压力乘积为当前压力。由此可看出模拟过程中炸药单元的压力传递是通过化学能的释放关系确定的。提取某一炸药单元观察其在爆轰过程中的压力变化情况，如图 4-38 所示。Element 129（见图 4-39 和图 4-40）压力随时间迅速递增，在达到峰值后又快速衰减，在 0.25ms 后压力基本趋近于零。此单元中压力的变化利用高能炸药材料模型结合描述爆生气体压力-体积关系的状态方程。

当炸药在封闭药卷中爆炸，其化学能量迅速释放，控制高能炸药的材料模型中燃烧系数 F 增大，计算高能炸药内的压力 p 增加。爆炸产生化学反应时爆轰产物体积被压缩，相对体积的减小和能量密度的骤增则导致局部压力迅速增大，并超过矿岩介质的动态抗压强度。

（2）利用质量密度指标定义 * MAT_ NULL 为空气材料，在爆炸过程中由于

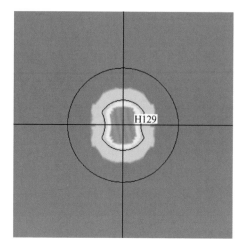

图 4-39　H129 所在位置示意图

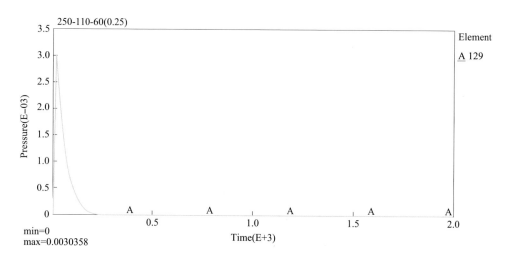

图 4-40　H129 压力-时间历程曲线

采用聚能装药结构，在聚能方向会产生聚能效应，并且聚能射流的形成促使空气迅速流动，空气介质实体单元的变形由速度梯度（即应变率 $\dot{\varepsilon}$）引起。

炸药化学能量的不断释放传递给射流，促使其压缩空气导致空气实体单元的变形速度增大，则空气实体单元的应变率逐渐增加。当封闭空气未达到矿岩介质时，速度的增加导致有限体积内的压力增大。从 Element 234（见图 4-41）压力-时间历程曲线（见图 4-42）可观察到初始压力激增的现象。当爆炸释放能量速度下降时，提供给射流压缩空气的补给能量变化率也在减小，此时空气实体单元应变率数值则在逐渐减小，压力增量的减小在压力-时间历程曲线中反映出曲线增长趋势的减缓。当压力达到峰值后逐渐降低直到消失，这种现象由以下原因可以解释：矿岩介质被侵彻产生裂隙，压缩流动的高压力空气向低压空间扩散；且炸药爆炸的瞬间完成不能提供持续足够的能量支持，导致补给能量的速度滞后于消耗能量的速度，质点加速度、能量、密度、压力等物理量指标均趋于减少，则压力-时间历程曲线中显示压力逐渐恢复平衡状态。

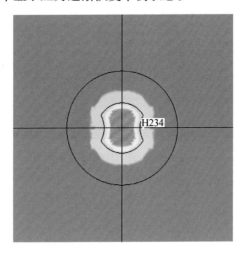

图 4-41　H234 所在位置示意图

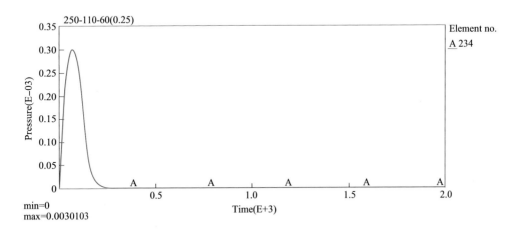

图 4-42　H234 压力-时间历程曲线

　　分别提取聚能方向和非聚能方向炮孔壁上的 H882 和 H3164 单元（见图 4-43），两个单元的有效应力曲线如图 4-44 所示。聚能方向上的矿岩实体单元有效应力较先发生变化且数值较非聚能方向矿岩单元要大，炸药爆炸冲击波首先冲击聚能凹穴方向的低压空气介质（能量总是先向最容易释放的方向传递），压缩

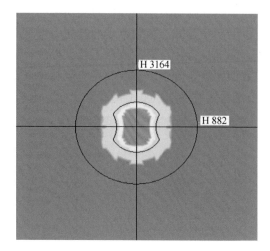

图 4-43　H882 和 H3164 位置示意图

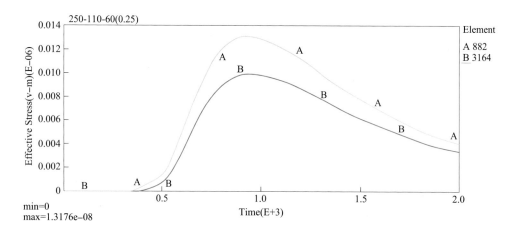

图 4-44　H882 和 H3164 有效应力曲线

并推动其向矿岩岩壁侵彻。炸药在持续爆炸化学反应的过程中不断提供给聚能射流能量供给，使被侵彻的 H882 单元的有效应力持续增加。聚能作用汇集了大量集中能，其侵彻能力要远远高于非聚能方向的侵彻能，在持续能量的补充下聚能方向的能量增量逐渐增加，此方向介质的单元质点加速度也在增加，H882 单元的有效应力曲线上升阶段的切线斜率要大于 H3164 单元的有效应力曲线上升阶段的切线斜率。在聚能效应产生后，由于爆炸冲击波的能量扩散在非聚能方向的不耦合介质（空气）也被压缩并推动向岩壁侵彻，此时 H3164 单元有效应力出现增大的趋势。聚能方向汇聚的能量在同时间要比非聚能方向的侵彻能量大，则 H882 单元的有效应力峰值远远高于 H3164 单元的有效应力峰值。

在炸药接近爆破完成阶段，爆轰产物能量的逐渐减少及卸荷过程的耗能使得侵彻能降低，H882 单元和 H3164 单元的有效应力曲线在各自达到顶峰后都出现了不同程度的下滑。但聚能方向上 H882 单元的下降更缓慢些，说明能量更愿意向此方向扩散，这是聚能效应有利于指定方向侵彻的很好表现。

（3）不耦合系数 R_A 结果对比分析。

数据结果见表 4-14。

表 4-14　数据结果

试验序列	参数规格	聚能方向 σ_{max} /MPa	垂直于聚能方向 σ_{max}/MPa	不耦合系数 R_A	应力比 K
1	50-160-70	70	44	2.14	0.629
2	40-160-60	70	45	2.18	0.643
3	30-160-50	60	44	2.24	0.733
4	50-140-50	52	34	2.58	0.643
5	40-140-70	57	32	2.92	0.561
6	30-140-60	50	33	2.98	0.660
7	50-110-60	38	22	4.37	0.579
8	40-110-50	35	21	4.48	0.600
9	30-110-70	36	22	4.91	0.611

在本次模拟试验当中，选取有代表性的单元位置 C，取其应力-时间历程中最大的应力，结合上文介绍到的不耦合系数 R_A 对结果进行对比。采用应力比 K 进行数据优化选择。K 值越小表示聚能效果越明显，其对应的不耦合系数 R_A 越符合要求。

在众多组试验当中，对采用药柱直径为 110mm，空气介质不耦合装药，R_A=4.37 的情况进行分析，可以看出，炮孔壁上选取单元的最大应力值为 38MPa，假设岩石的坚硬程度在中等坚硬的程度及其等级以上，若极限抗压强度大于孔壁上的应力，则可以很好地发挥优势，保护孔壁；与此同时，极限抗拉强度小于孔壁拉应力，就很容易出现径向和切向方向的初始裂隙，尤其是在多炮孔起爆的情况下，造成炮孔连心线方向上的应力波叠加效应和应力集中现象，相对来说裂隙扩展就变得容易多了，能够形成裂缝，爆轰气体随着时间的推移渗入到裂缝当中，对预裂爆破当中岩石裂隙的扩展起到了劈裂作用，最终可以形成预裂缝。其他药柱直径的情况下，不耦合系数 R_A 存在差异性，但是总体规律保持一致性。

从应力比与不耦合系数关系（见图 4-45）中可以看出，不耦合系数 R_A 在

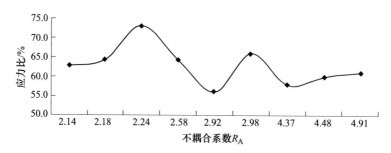

图 4-45　不耦合系数与应力比曲线

4.37~4.91 时，应力比保持稳定的上升趋势，但是变化幅度不大；不耦合系数 R_A 在 2.14~2.24 时，应力比起初保持稳定的上升趋势，随后急剧上升；不耦合系数 R_A 在 2.58~2.98 时，应力比先下降，而后又急剧上升，呈现典型的抛物线状。这是因为不耦合系数 R_A 在 4.37~4.91 时，聚能方向上应力最大值 σ_{max} 与垂直聚能方向上 σ_{max} 两者都是保持稳定的变化范围，基本不存在差异性；不耦合系数 R_A 在 2.14~2.24 时，聚能方向上应力最大值 σ_{max} 与垂直聚能方向上 σ_{max} 两者也存在变化差异性，但是不明显；不耦合系数 R_A 在 2.58~2.98 时，聚能方向上应力最大值 σ_{max} 与垂直聚能方向上 σ_{max} 两者之间呈现扩展趋势（见图 4-46）。在实际的预裂爆破工程应用当中，能够形成理想的预裂缝，同时又可以减小对固有岩体的振动损伤，减少后期对围岩的护坡投资，这是理想的预裂爆破效果，这就要求在聚能效应方向上的应力远远大于非聚能方向上应力，应力比值越大，效果就会越明显，可以认为不耦合系数 R_A 为 2.92 最理想。

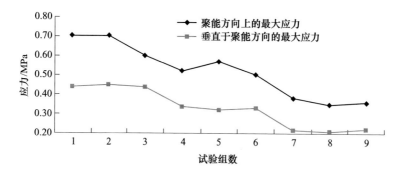

图 4-46　聚能方向与垂直于聚能方向的最大应力曲线

对孔壁应力最大值 σ_{max} 和不耦合系数 R_A 进行统计分析，从图 4-47 中可以看出随着不耦合系数 R_A 的增大，孔壁应力值 σ_{max} 在不断减小，两者出现幂函数关系，相关性比较好。

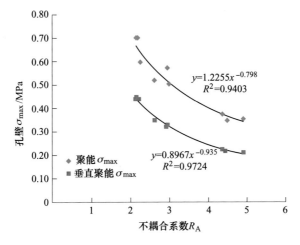

图 4-47　孔壁应力与不耦合系数的关系

4.1.4　大孔径预裂爆破理论研究与爆破参数设计

大孔径、宽孔距的预裂爆破在矿山中的实际应用是未来的一个发展方向。本项目主要研究了宽孔距预裂爆破的成缝机理、爆破参数理论计算以及现场试验。首先根据爆炸力学、弹性力学、断裂力学和岩体力学的一般理论和研究成果，对预裂爆破的成缝机理过程进行了理论分析，推导出了预裂爆破设计的基本参数计算公式；然后根据岩石的一些物理力学参数，计算出本工程中的预裂爆破参数选取范围；最后对所选取的预裂爆破的基本参数进行现场试验。根据地质条件及爆破效果，确定出了适合于本工程的预裂爆破参数，并提供了合理的预裂爆破的施工工艺，以得到最佳的预裂爆破效果。

预裂爆破中预裂孔的不耦合系数 K_c，线装药密度 q_1，炮孔间距 S 等是其主要爆破参数。为了获得较为理想的预裂爆破效果，必须合理地选择主要爆破参数，而影响参数选择的主要因素是爆破介质的物理力学性质、炸药性能和地质构造等。

4.1.4.1　预裂爆破参数的理论计算

预裂孔爆破时，作用于炮孔的压力由爆生气体的膨胀压力、爆炸应力波压力及其由孔壁产生的反射作用等几部分组合。作用于炮孔周围岩石上的综合压力 p' 为：

$$p' = p_K \left(\frac{p_0}{p_K}\right)^{\frac{\gamma}{K}} \cdot \left(\frac{q_v}{\rho_0}\right)^{\gamma} + \frac{p_0}{K+1} \cdot \left(\frac{q_v}{\rho_0}\right)^2 \tag{4-10}$$

预裂孔内采用不耦合装药，炮孔内充满了空气，在前面计算中未考虑该空气冲击波及增压，故应乘以系数 K_f，近似取 $K_f = 1.1 \sim 1.2$。这样，作用于炮孔壁上的实际压力 p 和冲击压力 p_2 分别为：

$$p = K_f \cdot p'; \quad p_2 = K_f \cdot p_2' \tag{4-11}$$

4.1.4.2 炮孔不耦合系数计算

不耦合装药、不耦合作用和不耦合系数是预裂爆破成功与否的关键因素，为了减少炸药爆炸的巨大初始应力对孔壁的破坏作用，就当前工程实践的现实情况来看，不耦合的形式有轴向不耦合和环向不耦合两种，当两者结合采用时，统称为体积不耦合，炮孔直径大于炸药直径的装药结构称为不耦合，它在爆破过程中产生的作用叫作不耦合作用。炮孔直径 d_b 和药包直径 d_c 之比称为不耦合系数，即 $K_c = \dfrac{d_b}{d_c}$。不耦合的作用就是利用在装药与炮孔之间存在的空气间隙，降低炸药爆炸瞬间所产生的强大冲击波对孔壁的初始压力，使它能在空气间隔内得到缓冲，从而使作用到孔壁上的爆炸能量有一个再分配的机会，同时提高爆炸能量的利用率。

对于预裂爆破，要保证孔壁不出现压碎，应满足要求：

$$p \leqslant [\sigma_c] \tag{4-12}$$

同时，应在炮孔周围能形成一定数量的微小裂纹，这样才能形成预裂缝，应满足：

$$p_2 \geqslant [\sigma_{td}] \tag{4-13}$$

式中 σ_c——岩石的极限抗压强度，MPa；

σ_{td}——岩石动抗拉强度，一般为抗拉强度的 $1.3 \sim 1.5$ 倍。

由于有

$$\frac{r_c}{r_b} = \sqrt{\frac{V_0}{V_1}} = \sqrt{\frac{q_v}{\rho_0}} = \frac{1}{K_c}$$

式中 r_c——炸药半径；

r_b——炮孔半径；

q_v——炮孔内体积装药密度；

V_1——炮孔体积；

V_0——炸药体积；

K_c——不耦合系数；

ρ_0——炸药密度。

炮孔的准静压力为 p_1'，它反映了爆炸气体的准静态作用；炮孔壁受的冲击压力为 p_2'，它反映了爆炸产物对孔壁的冲击作用；可以认为 $p_1' + p_2'$ 在炮孔周围产生初始裂纹，p_1' 作用下使裂纹得到进一步扩展，从而在两孔间形成预裂缝。

由式（4-10）~式（4-13）可得：

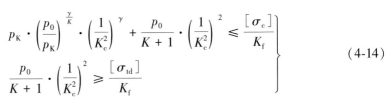

$$\left. \begin{array}{l} p_{\mathrm{K}} \cdot \left(\dfrac{p_0}{p_{\mathrm{K}}} \right)^{\frac{\gamma}{K}} \cdot \left(\dfrac{1}{K_{\mathrm{c}}^2} \right)^{\gamma} + \dfrac{p_0}{K+1} \cdot \left(\dfrac{1}{K_{\mathrm{c}}^2} \right)^2 \leqslant \dfrac{[\sigma_{\mathrm{c}}]}{K_{\mathrm{f}}} \\[4mm] \dfrac{p_0}{K+1} \cdot \left(\dfrac{1}{K_{\mathrm{c}}^2} \right)^2 \geqslant \dfrac{[\sigma_{\mathrm{td}}]}{K_{\mathrm{f}}} \end{array} \right\} \tag{4-14}$$

根据给定的炸药和岩石类型，p_{K}、ρ_0、D、K、p_0、γ、$[\sigma_{\mathrm{c}}]$、$[\sigma_{\mathrm{td}}]$ 已知，由不等式组（4-14）就可确定不耦合系数 K_{c} 的取值范围。

4.1.4.3 大孔径预裂爆破的线装药密度计算

大孔径预裂爆破的线装药密度按下列公式计算：

$$Q_{\text{线}} = 100\pi r^2 \cdot q_{\mathrm{v}} = 100\pi r^2 \cdot \dfrac{\rho_0}{K_{\mathrm{c}}^2} \tag{4-15}$$

式中 $Q_{\text{线}}$——线装药密度，kg/m；

$\quad\quad r$——炮孔半径，mm；

$\quad\quad q_{\mathrm{v}}$——炮孔的体积装药密度（单位体积的装药量），$\mathrm{g/cm^3}$；

$\quad\quad \rho_0$——炸药的密度，$\mathrm{g/cm^3}$；

$\quad\quad K_{\mathrm{c}}$——不耦合装药系数。

4.1.4.4 药包直径的计算

$$d_0 = 2R_0 = \dfrac{2R}{K_{\mathrm{c}}} \tag{4-16}$$

式中 d_0——药包直径，mm；

$\quad\quad R_0$——药包半径，mm；

$\quad\quad R$——炮孔半径，mm；

$\quad\quad K_{\mathrm{c}}$——不耦合系数。

4.1.4.5 炮孔间距计算

合适的炮孔间距应能够使裂缝贯穿，同时又不出现过度破坏。如前所述，预裂缝的形成可认为是冲击应力波与爆生气体共同作用的结果。在岩石断裂初期，综合压力（考虑应力增高系数 K_{f}）p 作用下的炮孔周围的应力场。

假设岩石是连续、均质、完全弹性的介质，那么预裂爆破所产生的爆生气体的作用可以看成是弹性力学中厚壁筒受内压作用的模型。由弹性理论可知：

$$\left. \begin{array}{l} \sigma_{\mathrm{r}} = \dfrac{a^2 b^2}{b^2 - a^2} \cdot \dfrac{p_{\mathrm{c}} - p}{r^2} + \dfrac{p a^2 - p_{\mathrm{c}} b^2}{b^2 - a^2} \\[4mm] \sigma_{\theta} = \dfrac{p a^2 - p_{\mathrm{c}} b^2}{b^2 - a^2} + \dfrac{(p - p_{\mathrm{c}}) a^2 b^2}{(b^2 - a^2) r^2} \end{array} \right\} \tag{4-17}$$

不考虑原岩应力，$p_{\mathrm{c}} = 0$，则式（4-8）可以简化为：

$$\left.\begin{array}{l} \sigma_r = -\dfrac{a^2 p}{b^2 - a^2} \cdot \left(\dfrac{b^2}{r^2} - 1\right) \\[4mm] \sigma_\theta = \dfrac{a^2 p}{b^2 - a^2} \cdot \left(\dfrac{b^2}{r^2} + 1\right) \end{array}\right\} \tag{4-18}$$

式中　a，b——厚壁圆筒的内外半径；

　　　σ_r——径向应力；

　　　σ_θ——切向应力；

　　　p——厚壁圆筒所受的内压；

　　　r——应力分析点距离孔中心的距离。

不计相邻空孔的影响，取 $b \to \infty$（预裂孔一般先于主炮孔爆破，抵抗线无限大），求极限即得：

$$\left.\begin{array}{l} \sigma_r = -p\,\dfrac{a^2}{r^2} \\[4mm] \sigma_\theta = p\,\dfrac{a^2}{r^2} \end{array}\right\} \tag{4-19}$$

假设预裂孔孔径为 R，炮孔内爆炸产物产生的压强为 p，由于爆炸产物的膨胀，将在炮孔的周围产生一个均匀的应力场，应力场的径向应力和切向应力分别为 σ_r、σ_θ，则式（4-19）变为：

$$\left.\begin{array}{l} \sigma_r = -p\,\dfrac{R^2}{r^2} \\[4mm] \sigma_\theta = p\,\dfrac{R^2}{r^2} \end{array}\right\} (r \geqslant R) \tag{4-20}$$

当 σ_θ 超过岩石的动抗拉强度时，岩石将出现破坏裂纹，当 $\sigma_\theta \leqslant [\sigma_{td}]$ 时，裂纹将停止发展，炮孔中初始裂纹半径 r_0 为：

$$r_0 = \sqrt{\dfrac{p}{[\sigma_{td}]}} \cdot R \tag{4-21}$$

初始裂纹形成以后，将在静态压力 p_1 作用下裂纹进一步扩展，使裂纹贯穿形成裂缝的必要条件是：$p_1 \cdot 2R = (S - 2r_0)[\sigma_t]$。

得：

$$S = 2r_0 + \dfrac{2p_1}{[\sigma_t]}R = 2R\sqrt{\dfrac{p}{[\sigma_{td}]}} + \dfrac{2p_1}{[\sigma_t]}R \tag{4-22}$$

式中　S——钻孔间距；

　　　R——炮孔半径；

　　　r_0——初始裂纹长度；

　　　p——作用于孔壁上的实际压力，$p = K_f p'$；

p_1——炮孔内的静态压力，$p_1 = K_f p_1'$；

K_f——压力增大系数，近似取 1.1~1.2；

$[\sigma_t]$——岩石的抗拉强度；

$[\sigma_{td}]$——岩石的动抗拉强度。

由式（4-22）计算得出的孔间距为理论计算值。考虑到岩体内存在各种结构面如节理、裂隙等，同时也存在各种缺陷。因而初期裂纹形成之后，会更容易失稳和发展。同时，对原有裂纹也会产生相互作用，更容易形成预裂缝。在上述计算过程中，认为岩体是均匀的，得到的计算结果一般偏小，因此，在计算实际孔间距时可乘以大于1的修正系数 K_s，$K_s = 1.1~1.5$。岩体完整性好时取大值，裂隙发育、破碎则取小值；岩石坚固时取大值，岩石松软时取较小值。实际孔间距 S' 为：

$$S' = K_s \left(2\sqrt{\frac{p}{[\sigma_{td}]} \cdot R} + \frac{2p_1}{[\sigma_t]} \cdot R \right) \tag{4-23}$$

4.1.4.6 预裂爆破参数理论计算

鞍钢矿业爆破有限公司使用混装乳化与铵油炸药，其相关参数为：

炸药密度 $\rho_0 = 1.13\mathrm{g/cm^3}$；

爆速 $D \geqslant 4000\mathrm{m/s}$；

猛度大于等于 12mm；

殉爆距离大于或等于 3mm；

临界压力 $p_K = 200\mathrm{MPa}$；

空气绝热指数 $\gamma = 1.3$；

炸药的绝热等熵指数 $K = 3$。

由前面的理论分析可知，预裂爆破各参数的选取，还与岩石的物理力学性质有很大的关系。根据室内物理力学试验成果，弱风化岩石的极限抗拉强度、极限抗压强度分别为 5.2MPa 和 67.4MPa，岩石的动抗拉强度约为 6.8~7.8MPa；微风化至新鲜岩石的极限抗拉强度、极限抗压强度分别为 7.5MPa 和 97.5MPa，因此岩石的动抗拉强度约为 9.7~11.2MPa。

下面根据以上理论分析来计算一下各爆破参数的值。

（1）不耦合系数的计算。

爆生气体的初始平均压力 p_0 为：

$$p_0 = \frac{0.1\rho_0 D^2}{2(K+1)g} = \frac{0.1 \times 1.13 \times 4000^2}{2 \times (3+1) \times 10} = 14464\mathrm{MPa}$$

取 $K_f = 1.2$，$\sigma_c = 97.5\mathrm{MPa}$，$\sigma_{td} = 11.2\mathrm{MPa}$，把以上各参数代入式（4-14）中可解得：

$$2.85 \leqslant K_c \leqslant 4.60$$

（2）线装药密度的计算。

已知炮孔半径 $r = R/2 = 125mm$，不耦合系数 $K_c = 2.85 \sim 4.60$，把它们代入式（4-15）中可得：$q_1 = 1 \sim 2.5kg/m$。

（3）药包直径的计算。

根据式（4-16）和上面求得的 K_c 值，可得 $d_0 = 40.0 \sim 90.0mm$。

（4）炮孔间距的计算。

以 2.5m 孔距的预裂孔为例，设计的单孔装药量为 24kg，则：

炮孔体积装药密度为：

$$q_v = \frac{Q}{\left(\frac{1}{4}\right)\pi d^2 H} = \frac{24}{\left(\frac{1}{4}\right) \times \pi \times 25^2 \times 1500} = 0.03g/cm^3$$

爆生气体膨胀压力 p_1'（准静压力）为：

$$p_1' = \frac{p_K}{\rho_0^{\gamma}} \cdot \left(\frac{p_0}{p_K}\right)^{\frac{\gamma}{K}} \cdot q_v^{\gamma} = \frac{200}{1.13^{1.3}} \times \left(\frac{14464}{200}\right)^{\frac{1.3}{3}} \times 0.12^{1.3} = 70.5MPa$$

爆生气体质点高速碰撞孔壁所引起的增压 p_2' 为：

$$p_2' = \frac{p_0}{\rho_0^2(K+1)} \cdot q_n^2 = \frac{1446.4}{1.13^2 \times (3+1)} \times 0.12^2 = 42.0MPa$$

作用于炮孔周围岩石上的综合压力 p' 为：

$$p' = p_1' + p_2' = 70.5 + 42.0 = 112.5MPa$$

$$p = K_f p' = 1.2 \times 112.5 = 135MPa$$

$$p_1 = K_f p_1' = 1.2 \times 70.5 = 84.6MPa$$

把以上各参数代入式（4-23）得炮孔间距 S'。

（5）弱风化岩石的炮孔间距计算，取 $\sigma_t = 5.2MPa$，$\sigma_{td} = 6.8 \sim 7.8MPa$，$K_s = 1.1$，经计算得：

$$S' = K_s\left(2\sqrt{\frac{p}{[\sigma_{td}]}} \cdot R + \frac{2p_1}{[\sigma_t]} \cdot R\right) = 1.1 \times (2.8 \sim 2.9) \approx 3.0 \sim 3.2m$$

（6）微风化至新鲜岩石的炮孔间距计算，取 $\sigma_t = 7.5MPa$，$\sigma_{td} = 9.7 \sim 11.2MPa$，$K_s = 1.5$，经计算得：

$$S' = K_s\left(2\sqrt{\frac{p}{[\sigma_{td}]}} \cdot R + \frac{2p_1}{[\sigma_t]} \cdot R\right) = 1.5 \times (1.9 \sim 2.1) = 2.8 \sim 3.2m$$

由以上可知，几个主要的预裂爆破参数的理论计算值分别为：不耦合系数 $K_c = 2.85 \sim 4.60$；线装药密度 $q_1 = 0.8 \sim 2.2kg/m$；炮孔间距 $S = 2.8 \sim 3.2m$。

4.1.4.7 理论计算推荐参数

A 方案 I

按钻孔孔径 140mm 设计，参数（见表 4-15）为：

底部均加强装药为 4kg/m；

采用不耦合装药结构；

不耦合系数 $K = 4.375$；

使用 2 号岩石乳化炸药（卷式包装）；

药卷规格：ϕ32mm、单个药卷长 20cm、重 200g，$\rho = 1.13 \text{g/cm}^3$；

线装药密度 $\rho_1 = 1400 \text{g/m}$；

底部 1m 装 3 条直径为 60mm 的药卷，增加炸药量 $Q_Z = 4.0 \text{kg}$。

预裂孔每孔装药 22.6kg，采用间隔捆绑的方式把药卷和导爆索绑接，每次放 2 条药卷同时捆绑，捆绑药卷的间隔距离为 10cm。孔口用黏土填塞 2m 左右。

表 4-15 预裂爆破方案 I 参数对比

参数 \ 类型	预裂孔 1	预裂孔 2
台阶高度 H/m	12	12
钻孔倾角 $\alpha/(\degree)$	90	90
钻孔直径 D/mm	140	140
孔距 a/m	2.5	3
超深/m	0.2	0.2
药卷直径 d/mm	ϕ32	
炸药类型	2 号岩石乳化炸药	2 号岩石乳化炸药
不耦合系数 K_c	4.375	4.375
线装药密度 $Q_{\text{线}}/\text{kg} \cdot \text{m}^{-1}$	1.4	2.0
抵抗线大小 W/m	2.0	2.0
填塞长度 L_s/m	2.5	4.0
单孔药量 Q/kg	22.6	≤35
装药结构	空气间隔装药	连续装药

B 方案 II

按钻孔直径 160mm 计算，参数见表 4-16。

表 4-16　预裂爆破方案Ⅱ参数对比

参数 \ 类型	预裂孔 1（裂隙发育）	预裂孔 2（结构较完整）
台阶高度 H/m	12	12
钻孔倾角 α/(°)	90	90
钻孔直径 D/mm	160	160
孔距 a/m	1.4	1.5
超深/m	0.2	0.2
药卷直径 d/mm	$\phi40$	$\phi40$
炸药类型	2 号岩石乳化炸药	2 号岩石乳化炸药
不耦合系数 K_c	4	4
线装药密度 $Q_{线}$/kg·m^{-1}	1.2	1.5
抵抗线大小 W/m	2.0	2.0
填塞长度 L_s/m	2	4
单孔药量 Q/kg	12	10
装药结构 （参照爆破器材调整）	间隔装药 装 1m 炸药，间隔 0.5m 底部 1m 双倍加强装药	间隔装药 装 3m 间隔 1m 底部 1m 双倍加强装药

C　方案Ⅲ

按钻孔直径 250mm 计算，参数见表 4-17。

表 4-17　预裂爆破方案Ⅲ参数对比

参数 \ 类型	预裂孔 1（裂隙发育）	预裂孔 2（结构较完整）
台阶高度 H/m	12	12
钻孔倾角 α/(°)	90	90
钻孔直径 D/mm	250	250
孔距 a/m	2	2
超深/m	0.2	0.2
药卷直径 d/mm	$\phi70$	$\phi70$
炸药类型	2 号岩石乳化炸药	2 号岩石乳化炸药
不耦合系数 K_c	3.57	3.57
线装药密度 $Q_{线}$/kg·m^{-1}	2.4	2.0
抵抗线大小 W/m	2.0	2.0
填塞长度 L_s/m	3	5

类型 参数	预裂孔 1（裂隙发育）	预裂孔 2（结构较完整）
单孔药量 Q/kg	24	20
装药结构 （参照爆破器材调整）	间隔装药 底部装 3m，间隔 1m； 上部装 2m 炸药，间隔 1m	连续装药 底部装 3m 炸药，间隔 2m，上部装 2m 炸药

4.1.4.8 小结

根据爆炸力学、弹性力学、断裂力学以及岩石力学的有关理论，对大孔径预裂爆破成缝过程进行理论分析，并得出了如下有价值的计算公式：

$$\left.\begin{array}{l} p_K \cdot \left(\dfrac{p_0}{p_K}\right)^{\frac{\gamma}{K}} \cdot \left(\dfrac{1}{K_c^2}\right)^{\gamma} + \dfrac{p_0}{K+1} \cdot \left(\dfrac{1}{K_c^2}\right)^2 \leqslant \dfrac{[\sigma_c]}{K_f} \\[3mm] \dfrac{p_0}{K+1} \cdot \left(\dfrac{1}{K_c^2}\right)^2 \geqslant \dfrac{[\sigma_{td}]}{K_f} \end{array}\right\} \tag{4-24}$$

当给定了炸药和岩石类型，p_K、ρ_0、D、K、p_0、γ、$[\sigma_c]$、$[\sigma_{td}]$ 已知，由式（4-24）可求得不耦合系数 K_c 的取值范围。根据岩体条件确定特定的值，由下式

$$r_0 = \sqrt{\frac{p}{[\sigma_{td}]}} \cdot R \tag{4-25}$$

$$S' = K_s \left(2\sqrt{\frac{p}{[\sigma_{td}]}} \cdot R + \frac{2p_1}{[\sigma_t]} \cdot R \right) \tag{4-26}$$

求出孔间距 S'，然后再求 q_1 和 d_0 值等，从而达到为预裂爆破提供理论依据或进行参数设计之目的。

在已进行的预裂爆破中，各参数的选取与其理论计算值较为接近。预裂爆破所用的药卷为 70mm，视岩体的完整程度选择孔距 2.5~2.8m，不耦合系数值在 3.57，线装药密度为 2.0kg/m，采用该爆破参数在边坡预裂爆破中取得了良好的爆破效果。

4.1.5 高效靠帮预裂爆破设计与施工技术

齐矿二期项目部承担齐矿扩建西帮岩体为混合石英岩，坚固系数 $f = 8~12$，岩体有不规则节理裂隙切割，完整性中等。为了保证采场西帮固定边坡的稳固性，对西帮高帮爆破进行改进技术，保证固定边坡达到设计要求。通过选取合理的爆破参数和调整装药结构，半壁孔率达到 80%，坡面凹凸小于 0.3m 且较平整，取得预期效果，为后续改进靠帮预裂爆破提供依据。

靠帮边坡的预裂爆破设计如下。

（1）预裂爆破参数及装药结构。

1）孔径。

采场目前采用金科 JK580 履带式液压潜孔钻机，钻孔孔径 $D = 140\text{mm}$。金科 JK580 潜孔钻由于体积相对牙轮钻较小，可以在靠帮边坡时穿凿预裂孔和缓冲孔。

2）孔深。

按照露天矿开采设计，边坡坡角为 $70°$，超深 $h = 1.0\text{m}$，穿孔深度 $L = (H + h)/\sin 80°$。

3）孔间距。

孔间距一般取孔径的 $8 \sim 12$ 倍，即 $a = (8 \sim 12)D = 1.12 \sim 1.68\text{m}$，根据边坡岩性分布，硬岩取 $a = 1.2\text{m}$，软弱破碎的岩石取 1.7m，结合现场施工情况，孔间距 $a = 1.5\text{m}$。

4）线装药密度。

正常段线装药密度为 0.5kg/m，加强段为 5 倍正常段，但根据齐矿西帮现场岩性，改进为 3 倍正常段，间隔长度为 1 倍装药段，孔口填充 3m 岩粉，采用导爆索串联方式进行链接。

（2）缓冲孔与主爆孔孔网参数及装药结构。

1）主爆孔爆破参数。

采场的生产爆破孔网参数一般为 $5\text{m} \times 4.3\text{m}$，超深 1.5m，孔深 $14.1 \sim 14.6\text{m}$。孔内有水时，装填乳化铵油炸药，延米装药量为 17.5kg/m，填塞长度 5m，装药长度为 $9.1 \sim 9.6\text{m}$，计算单孔装药量 $Q = 159.3 \sim 168\text{kg}$；孔内无水时，装填铵油炸药，延米装药量为 13.1kg/m，填塞长度为 4m，装药长度为 $10.1 \sim 10.6\text{m}$，计算单孔装药量 $Q = 132.3 \sim 138.9\text{kg}$。主爆孔为垂直孔，孔内含 1 个起爆药包，起爆药包雷管为 400ms 高精度导爆管雷管。

2）缓冲孔爆破参数。

为使主爆孔和预裂孔之间的岩土得以破碎且使主爆孔的能量得以缓冲，在主爆孔和预裂孔之间穿凿 1 排缓冲孔。缓冲孔孔间距为 4m，缓冲孔与预裂孔孔排距为 2.5m，缓冲孔与主爆孔孔排距为 4m。缓冲孔超深 h 取 1.5m，孔深为 $14.0 \sim 14.7\text{m}$，孔内无水，装填铵油炸药，延米装药量为 13.1kg/m，填塞长度为 4m，装药长度为 $10.0 \sim 10.7\text{m}$，计算单孔装药量 $Q = 131 \sim 140.2\text{kg}$。主爆孔为与预裂孔平行的倾斜孔，孔内含 1 个起爆药包，起爆药包雷管为 400ms 高精度导爆管雷管。

（3）起爆方式。

选用西安庆华延期导爆雷管组成微差起爆网路进行单孔单响微差爆破。为了提高爆破效果、确保响炮过程中岩石的二次碰撞，联网时主控排选用17ms地表管，其他选用42ms地表管进行联结，缓冲孔与主爆孔串联起爆，同样选用42ms地表管。预裂孔选用双发400ms高精度孔内管连接导爆索进行引爆，然后连接100ms地表管，根据主爆区的具体情况挂接到合适位置，使预裂孔先于缓冲孔100ms左右起爆，从而达到控制边坡稳定性的作用。

（4）导爆索的连接与注意事项。

由于导爆索的单向传爆的特性，所以在孔内导爆索与主线导报索连接时要保证孔内导爆索与主线的连接夹角大于90°，连接处下方应用硬物垫高，保证传爆角度以及主线的稳定性，确保导爆索可以顺利传爆。导爆索的连接处采用透明胶带缠绕的方法连接，孔内导爆索缠绕在主线上确保两线紧密贴实不留缝隙，避免发生拒爆（见图4-48）。

图4-48　导爆索的连接

4.1.6　几种预裂爆破技术实施效果评价

通过不断的实践与总结，结合矿山上不同部位的不同岩性，适当调整装药结构，在齐矿西帮扩建部位的预裂爆破中半壁孔呈现率达到80%以上。起初在西帮-6m水平实施预裂爆破时正常段线装药密度为0.5kg/m，加强段设为正常段的三倍（即为3kg）。半壁孔效果明显，且呈现率高，后续一直沿用此药量。但到-18m水平时，由于岩种的改变，铲装过后发现预裂孔处底部较硬，铲装困难（见图4-49）。后根据情况增加下部加强段药量，调整为正常段的五倍（即为5kg），爆后跟踪观察发现硬底部位得以解决（见图4-50）。

图 4-49　齐矿西帮-18m 水平预裂初期效果　　图 4-50　齐矿西帮-18m 水平预裂改进后效果

4.2　基坑开挖控制爆破技术

4.2.1　鞍钢大型露天矿山矿岩破碎站建设与运行简介

公路-破碎站-带式运输机联合开拓运输是近 20 年来国内外大型金属露天矿山普遍采用的开拓运输工艺，是采矿物料运输由间断运输向连续运输的过渡状态，也称为半连续运输开采工艺，具有运输能力大、升坡能力大（胶带倾角可达 16°~18°）、运距短、效率高、自动化程度高、运输能耗低、成本低等优点，随着大型胶带运输工艺装备制造技术、控制技术、运营管理技术的成熟，该开拓运输已成为大型露天矿开采的一种发展趋势。

鞍钢矿业集团为目前国内最大的冶金矿山企业集团，随着露天采场的延深，运输能力和运输成本成为制约矿山发展的主要因素，因此，20 世纪 70 年代末开始，鞍钢矿业就开始探索建设汽车-胶带联合运输系统，大孤山铁矿于 1978 年开始建设具有当时国际先进水平的汽车-胶带联合运输系统，1985 年完成第一期工程，随着第二期工程的完成，形成了矿石汽车运输-破碎站初破-皮带运输机-贮矿仓和岩石汽车运输或破碎站初破-皮带运输机-移动式排土机排土的半连续运输工艺系统，取代了深凹露天铁路运输系统，5 年内使矿石生产能力由 300 万吨提高到 600 万吨，成为我国第一个间断-连续矿岩胶带运输系统。目前，鞍钢矿业齐大山铁矿、鞍千矿业、东鞍山铁矿、关宝山矿业等大型主力露天矿山均投资建设了汽车运输-半固定式破碎站-胶带运输系统。

半固定式汽车-破碎站-胶带半连续运输系统是通过分布于采场地表或地下巷道内的胶带运输机将采场内的矿岩从露天采场运出，这种开拓工艺的特点之一是破碎站及破碎机随着生产水平的延深，为降低汽车运距、发挥胶带运输低成本、大运力的优势，必须根据采场开采水平的延深和扩帮有计划周期性下移。矿山为了实现破碎站的经济、高效的建设，需要在设计位置开挖安装破碎机和附属设施的空间，一般为三面封闭或四周全密闭的矩形坑槽，也称之为"基坑"。为保证基坑内破碎机、给矿机等设备设施安装施工安全，矿山要求基坑开挖后对岩壁轮廓破坏尽可能小，在满足稳定性条件下提高边坡坡度，以减少开挖工程量、混凝土砌筑工程量和后期回填量，降低工程造价，进而提出了破碎基坑一次爆破成型的施工方案。几年来，先后多次完成了大孤山铁矿、齐大山铁矿的基坑爆破，近期又在鞍千矿业进行了要求更高、难度更大的基坑爆破。这次基坑不同寻常之处在于：（1）基坑深度达28m之多；（2）就地下掘、四周不得破坏；（3）工期短。为此鞍钢爆破工程技术人员提出了基坑四周预裂爆破、主爆孔中心布置空孔作为膨胀空间、孔内分段微差的整体爆破方案。经过缜密设计、精心施工完成了该项爆破工程，达到了预期目标，为基坑快速下移创造了条件。

经过多年的工程实践，鞍钢矿业爆破已经掌握了一整套基坑开挖设计和施工技术，具备承担各类坑槽开挖工程的综合能力。

4.2.2　破碎站基坑开挖设计参数和技术要求

4.2.2.1　破碎站基坑开挖设计参数

破碎站所在水平标高为-66m，汽车翻卸平台标高为-44.95m，爆破段高为21.05m。基础底部宽18.034m，往里延伸19.5m。台阶的上沿与下沿水平距离为3.712m，坡度倾角为80°（见图4-51）。

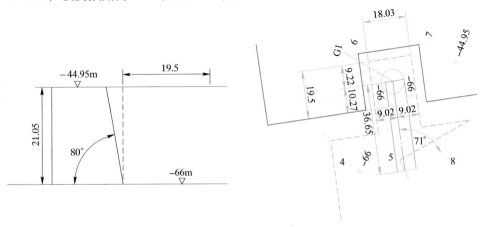

图 4-51　岩石破碎基坑尺寸设计图

4.2.2.2　技术要求

齐大山铁矿计划进行岩石破碎下移，并同时进行岩石破碎改造，改造后取消原重板结构，并要求岩石破碎基坑高度为 21.05m，全深一次成型爆破，并尽量减少基坑围岩破坏，保证基坑边帮的稳定性。

4.2.3　穿孔方案选择与对比分析

4.2.3.1　穿孔方案选择

A　钻孔直径的选取

钻孔直径是影响预裂爆破效果的重要因素，小直径钻孔对周围岩石破坏性小，预裂孔爆破后半壁孔出现率高，容易形成预裂面[1]。目前齐大山铁矿采场内的穿孔设备有：YZ55，钻孔直径 310mm；45R，钻孔直径 250mm；L8 潜孔钻，钻孔直径 168mm。根据工程性质对质量的要求，本次爆破选取 L8 潜孔钻，钻孔直径为 168mm。

B　预裂孔参数的选择

（1）穿孔位置的选择：为保证底部宽度 18.034m，设计预裂孔孔底在下沿线往外延 0.5m，按 85°边坡角穿孔，反算到上水平部位（见图 4-52）：

$$21.05 \times \tan 5° = 1.842m$$
$$1.842 + 0.5 = 2.342m$$
$$3.712 - 2.342 = 1.4m$$

以上沿线为标准，向里延 1.4m 线上布孔，往里打 85°的倾斜孔，以保证下沿部位不欠挖。

（2）预裂孔深度：要求孔深 $21.05 \div \cos 5° = 21.13m$（见图 4-53）。

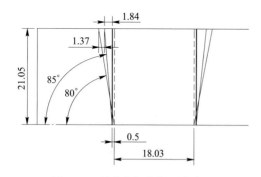

图 4-52　预裂孔穿孔位置设计图

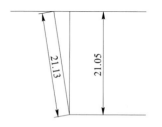

图 4-53　预裂孔穿孔深度设计图

为保证底部不欠挖预裂孔比底板要深 1～2m，取 1.5m，孔深为 21.13 + 1.5 = 22.6m。

（3）孔距：查询《爆破设计与施工》[2]，孔距 = (8～12) × d = 1.34～2.016m，d

为 L8 边坡钻孔直径。岩性硬度大时取小值，反之取大值[3]。由于矿岩漏基础部位的岩性硬度较大，达到 $f = 10 \sim 14$，所以取 1.5m。

（4）两拐点的炮孔：为防止预裂孔底部相互贯穿，两端部拐点预裂孔深度根据几何图形计算：$AB = 21.05\text{m} \times \tan 5° = 1.842\text{m}$，$BD \div AB = 0.124$

$$\angle ABD = \text{arccot} 0.124 = 83°$$

所以，预裂孔角度为 83°，深度为 $21.05\text{m} \div \sin 83° + 1.5\text{m} = 22.7\text{m}$。拐点附近打 90° 孔，孔位在下沿线往外 0.5m 处（总计 4 个预裂孔）（见图 4-54）。

（5）预裂孔数的确定。

基坑正面边坡倾角为 65°，边坡上沿距下沿的水平距离为：$21.05 \times \tan 25° = 9.82\text{m}$（见图 4-55）。由于在上部水平放的是下部水平坡底线，所以：

两边需打预裂孔：$19.5 + 2.34 + 9.82 = 31.66\text{m}$，$31.66 \div 1.5 = 21.11$，一边打 23 个。

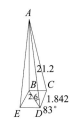

图 4-54　拐点预裂孔穿孔位置设计图

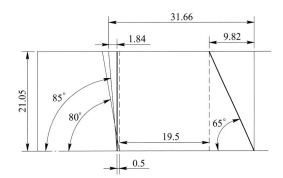

图 4-55　基坑正面预裂孔穿孔位置设计图

两边需打 46 个预裂孔（包括两拐点孔）。

端部需打预裂孔：$18.034 + 2.34 + 2.34 = 22.714\text{m}$

$$22.714 \div 1.5 = 15.12 \text{（两拐点孔已算过）}$$

端部需打 15 个预裂孔。

（6）调整后端部预裂孔孔距：$22.714 \div 16 = 1.42\text{m}$；两侧预裂孔孔距：$31.66 \div 22 = 1.44\text{m}$。预裂孔共 61 个。

C　主爆孔、辅助孔参数的选择

（1）主爆孔参数的选择。

1）孔深与超深：高台阶超深值一般为 $1.5 \sim 3.6\text{m}$，矿取 2.5m，爆破孔深为 $21.05 + 2.5 = 23.55\text{m}$，取 23.5m。

2）底盘抵抗线：$W = (25 \sim 35)d^{[4]} = 4.2 \sim 5.88\text{m}$，根据作业现场宽窄条件取 4m。

3）孔距：$a=1.25b=1.25w=5.25\sim7.35m$。根据作业现场宽窄条件取5m。

4）填塞长度：$L=(20\sim30)d=3.36\sim5.04m$，为4~5m。

5）单位炸药单耗：根据岩石的硬度，比照类似矿山，炸药单耗0.25kg/t。

6）主爆孔孔数的确定：

$(17.114-5\times2)\div5=1.4$，取2。每排可布3个主爆孔。

$(31.66-2.8-4)\div4=6.2$，取7。可布8排主爆孔。

7）经过调整主爆孔孔距：$17.114\div4=4.28m$；主爆孔排距：$(31.66-2.8)\div8=3.6m$。

主爆孔总计需要打24个孔。爆破孔数总计112个孔。

（2）辅助孔的参数选择。

1）辅助孔的孔距是主爆孔的0.6~0.8倍[5]，取3m。

2）辅助孔距预裂孔距离是主爆孔孔距的一半[6]，并且保证底部距预裂孔有1m远的距离，取2.8m。

（3）辅助孔孔数的确定。

1）端部需打辅助孔：$22.714-2.8\times2=17.114m$，$17.114\div3=5.7$，取6。端部可布7个辅助孔。

2）两边需打辅助孔：$(31.66-2.8)\div3=9.6$，取10。拐点处已算，两边可布20个辅助孔。

3）经过调整端部辅助孔孔距：$17.114\div6=2.85m$；两侧辅助孔孔距：$(31.66-2.8)\div10=2.89m$。辅助孔总计需要打27个孔。

4.2.3.2　工业试验及对比分析

齐大山铁矿共进行了三次工业试验。

（1）2018年4月23日在北山-45m水平进行预裂爆破，爆破孔数为29个孔，孔深22.5m。其中漏口北面有5个孔，孔距1.5m。漏口南面有24个孔，孔距1m。南面孔每隔一个孔进行装药，预裂孔用喀左的50mm直径药卷，底部1m用3捆药卷进行加强，上部留3m填塞。每孔用32kg，有2个孔用34kg，线装药为1.42kg/m。

爆破后漏口南部台上5个孔，孔之间地表有裂隙，其他孔表面没有裂痕。漏口北部5个孔，地表隆起300mm高。

2018年4月24日在此部位前方进行中孔爆破，在上次漏口南部预裂孔地表没有裂隙的地方，爆破后有2m的塌落。台上有裂隙的部位爆破后没有塌落，但地表有裂隙绕过预裂孔。

观察$16.8m^3$电铲采掘，发现漏口北面有5个半壁孔，但没有形成光面且边坡表面有大量的裂隙。漏口南面有24个孔没有发现半壁孔，掌子面被破坏。

本次实验预裂孔参数有两个，一是北部5个孔1.5m孔距，倾斜85°角；再就是南部 24 个孔孔距 1m，间隔一个孔进行装药；药量都是 32kg，主爆孔都是用 250mm 直径钻机穿的孔。通过本次实验得出结论：想取得预期效果，主爆孔和辅助孔必须用浅孔钻穿孔，同时必须严格控制装药量，以缩小单孔药量减少爆破振动。

（2）2018 年 5 月 4 日在北山-45m 水平进行爆破作业，爆破孔数 8 个，孔距 1.5m。位置在上次爆破两预裂孔部位之间。预裂孔用 Orica50mm 直径药卷，底部 1m 用 3 捆药卷进行加强，上部留 3m 填塞。每孔用 28kg，线装药为 1.4kg/m。

爆破后孔孔之间表面没有裂痕，有两个孔之间有微裂痕。这次爆破是在中孔爆破之后进行的。观察 16.8m³ 电铲出货发现有 2 个孔有半壁孔。

根据上述爆破实验效果来看，中孔爆破对边坡破坏较大。

（3）2018 年 5 月 11 日在北山-45m 水平进行爆破作业，爆破孔数 21 个。其中预裂孔 13 个，辅助孔 4 个（辅助孔和预裂孔 85°斜孔），主爆孔 4 个（在潜孔钻作业过程中有 3 个孔发现打第 3 节杆时岩性发生变化）。预裂孔用 Orica 药卷，底部 1m 用 3 捆药卷进行加强，上部留 3m 填塞。每孔用 30kg，其他孔用铵油炸药分段装药。主爆孔装 200kg，上部留 5m 填塞，上部装 4m 药柱，中间间隔 3m 吊填塞。辅助孔装 120kg，上部留 4m 填塞，上部装 2m 药柱，中间间隔 3m 吊填塞。预裂孔先主爆孔 100ms 起爆。

爆破后，爆堆沿预裂孔塌落。预裂孔外侧地表没有裂隙绕过。观察反铲出货发现有光面（见图 4-56），但没有发现半壁孔。爆堆货源质量较差，大块较多有反铲挖不动的现象。

图 4-56　基坑正面预裂孔穿孔位置设计图

从以上三次预裂爆破过程中发现，岩漏附近岩石的性质比较复杂：

（1）岩石的硬度变化较大。

（2）此部位岩石有多个断层。

（3）上部活渣有 3~6m。

通过以上几次的试验和爆破效果来看，第三次爆破试验基本成功，但是没有发现半壁孔，说明爆破参数和装药量上还要进行调整。最终经过专家会议认真讨论，修正了爆破参数和装药量。

4.2.4 基坑轮廓精准爆破控制技术

4.2.4.1 爆破参数及穿孔布置

岩漏端部预裂孔孔距 1.4m，两边 1.3m（由于岩漏北侧岩石硬度较大，边帮大块多，所以缩小预裂孔孔距）。辅助孔孔距 3.0m，为减小对预裂孔的冲击，辅助孔距预裂孔孔距由 2.8m 增加到 3.2m。为减小振动，主爆孔采用密穿孔，减少单孔装药量形式。由三列增加到 4 列，中间两排主爆孔孔距由 4.28m 缩为 3.4m，其他主爆孔 3.2m，排距由 3.6m 缩为 3.3m（见图 4-57）。

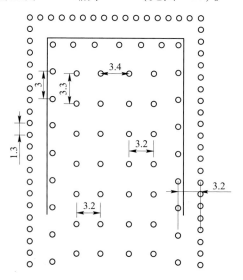

图 4-57　基坑爆破布孔设计图

（预裂孔孔距 1.3m，辅助孔孔距 3.0m，辅助孔距预裂孔 3.2m，辅助孔距主爆孔 3.2m，
中间主爆孔孔距 3.3~3.4m，其他主爆孔孔距 3.2~3.3m，排距 3.3m）

4.2.4.2 装药品种及装药量

预裂孔爆破选用 Oricaϕ50mm 特制用于预裂爆破药卷。其他孔爆破选用喀佐140mm 药卷。装药参数见下：

中间两排主爆孔（12 个）：底部装 138kg，中间间隔 1.6m，上部装 90kg。

两侧两排主爆孔（12 个）：底部装 120kg，中间间隔 4.1m，上部装 78kg。

辅助孔（21 个）：底部装 72kg，中间间隔 9.0m（下部有 6.0m 的空气间隔，上部吊 3m 填塞），上部装 48kg。

预裂孔（59 个）：底部 1m 用 3 捆加强，上部留 3m 填塞。每孔装 Oricaϕ50mm26kg。

由于岩漏漏口南部有破碎带，预裂孔在破碎带部位间隔一孔装药。个别孔孔距调到 1.0~1.3m 之间。

总计使用喀左 ϕ140mm 药卷 7632kg（爆速为 4800m/t，密度为 1.15g/cm³），单耗 0.22kg/t。用 Oricaϕ50mm 特制药卷 1508kg。

4.2.4.3 装药结构图

装药结构示意图如图 4-58 所示。

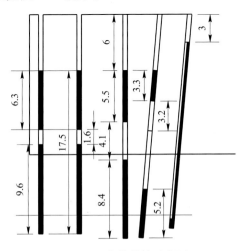

图 4-58 装药结构示意图

（主爆孔底部装 9.6m 的药柱，上部装 6.3m 的药柱。辅助孔底部装 5.2m 的药柱，

上部装 3.3m 的药柱，中间间隔 9.0m 的填塞）

4.2.4.4 爆破网路

分两次爆破施工，第一次预裂孔打完后进行一次爆破，用导爆索起爆。爆破后再穿主爆孔和辅助孔。

第二次爆破主爆孔和辅助孔，选择中间起爆，排间用 65ms，靠近控制排的一侧用 25ms，其他用 42ms，个别辅助孔用 17ms、25ms，实现逐孔起爆。孔内底部用 425ms 孔内管，上部用 400ms 孔内管[7]。

爆破网路连接图如图 4-59 所示。

4.2.5 基坑开挖爆破工程案例

4.2.5.1 预裂孔爆破

预裂孔爆破于 2018 年 6 月 1 日正式施工，为保证药柱在孔径的中央，达到完整的不耦合效果，由实验爆破时预裂孔用一根竹劈子，改成用双竹劈子，以增

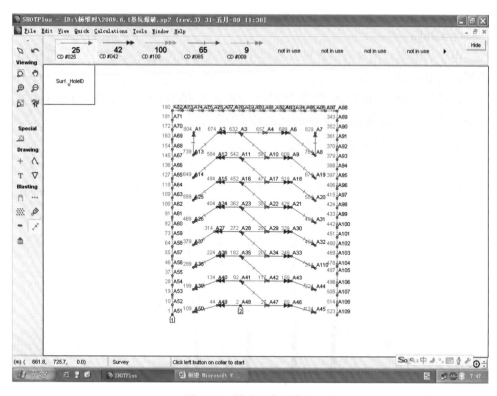

图 4-59　爆破网路连接图

加其药柱的刚性指标；同时决定每个药柱要在三个不同位置用胶带绑上小竹子段，形成直径 120mm 以上的支撑点，保证药柱不直接接触孔壁。

2018 年 6 月 1 日当天 6:30 爆破，共计爆破 59 个孔。

现场装药施工图如图 4-60 所示。

起爆后，从爆破现场看整体形状较规整，预裂线形成得较明显，如图 4-61 所示。

4.2.5.2　主爆孔及辅助孔爆破

预裂孔爆破后进行主爆孔和辅助孔的穿孔工作，于 2018 年 6 月 7 日正式穿孔完毕，共计主爆孔 24 个，辅助孔 23 个。2018 年 6 月 8 日正式施工，晚上 6:20 响炮。从起爆的瞬间看爆破振动基本上控制在预裂线的范围之内，爆堆隆起 1~1.5m，从外观看效果比较理想。

4.2.5.3　爆后总结

基坑东北角有一条破碎带，该破碎带从基坑的东北角一直延伸到西南角。破碎带除外，其他部位坡面保持完整并且有大量的半壁孔存在。可以说如果没有破碎带的存在，基坑的预裂爆破将取得完美的效果，即使存在破碎带等许多不利条

图 4-60　现场装药施工图

图 4-61　预裂孔爆后效果图

件，本次爆破也取得了成功，完全能够满足岩石破碎站基础的施工要求。

4.2.6　效果评价

4.2.6.1　爆后效果评价

本次岩石基坑预裂爆破取得了良好的效果，满足了岩石基坑部位技术要求和尺寸要求（见图 4-62）。

（1）该最终爆破设计合理。

（2）在岩石结构完整的情况下，能够形成光面并能保留完整的半壁孔，保证后面安装悬桥的稳定性要求。

图 4-62　基坑开挖后轮廓图

（3）该部位没有进行工程地质勘探，缺乏详细的地质资料，给本次爆破带来较大影响，如爆破前避开破碎带将取得更好的效果。

（4）本次预裂爆破的成功为矿业公司在其他矿山实施预裂爆破积累了成功经验。

（5）本次预裂爆破的成功为岩石破碎下移工程节省巨大费用。

4.2.6.2　经济效益评价

通过该项目的实施使齐大山铁矿基坑爆破取得了比较理想的爆破效果，取得了可观的经济效益。

4.3 高效降振爆破技术

4.3.1 工程概况

大孤山铁矿现开采水平达到-343m，开采深度不断增大，矿石运距加大。为实现开采效益最大化，建设矿石四期井取代原矿石三期井承担矿石运输任务，原三期井使用新 2 号皮带巷道仍然正常运行。大孤山铁矿针对采场西北出现的边坡岩移变形对西二期矿石井及其地下斜坡运输巷道的潜在影响，委托（保定）中勘设计研究院开展了大孤山铁矿西北边坡边坡稳定性研究项目，通过工程地质勘查和研究工作，需要在西二期井防洪泵站附近采取削坡减载、锚索加固等治理措施并进行方案设计，以满足矿山安全生产要求。

削坡区域位于-68m 防洪泵站及西二期矿石井以东，设计削坡范围为防洪泵站及西二期矿石井平台-68~-131m 水平指定部位实施潜孔钻穿孔及爆破作业，预计削坡作业量 66 万吨，其中矿石 37 万吨，岩石 29 万吨；预裂穿孔爆破 740延长米。

大孤山西帮边坡各区现状如图 4-63~图 4-66 所示。

图 4-63　大孤山西帮边坡 Ⅰ 区现状

削坡区域为一南北走向的狭长条带，需进行穿孔爆破将设计区域内岩石松动、剥离，以减少对运输巷道的载荷。爆破区域距防洪管线最近 5m，距防洪泵站等设备、设施最近 12m，距新 2 号巷道垂直距离最近 14.5m；削坡区域有供电线路和岩土挡墙（见图 4-67）。

图 4-64　大孤山西帮边坡 Ⅱ 区现状

图 4-65　大孤山西帮边坡 Ⅲ 区边坡现状

图 4-66　大孤山西帮边坡 Ⅲ 区边坡滑动情况

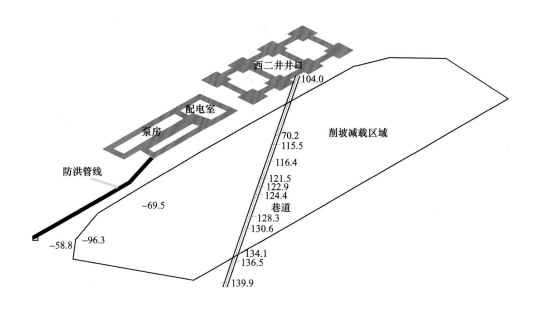

图 4-67　爆破区域与设备、设施相对位置

矿山及矿业公司专业部门要求爆破设计需要减少爆破振动，使周围设备设施及巷道不受振动损害；边坡边界需采用预裂爆破，减少对固定边坡的破坏。

4.3.2　巷道及周边现状

大孤山西帮巷道为大孤山皮带运输重要通道，巷道总长约 1262m，走向 NE10°、NE33°。多年来西帮皮带巷道、风井均不同程度地出现细微开裂，去年下半年以来，3 期巷道皮带巷道衬砌混凝土裂缝出现明显扩大和增多。矿业公司领导、科技部、大孤山矿技术部门及中勘技术人员进入 3 期巷道勘查，沿巷道多处出现规模不等的裂缝，裂缝宽度几厘米至十几厘米不等，裂缝形态以横断方向为主，部分区段纵向亦有发育，巷道路面局部伴有挤压隆起。主裂缝分布在皮带架 71 号、83 号，两处宽度约 60m，其中 69~72 号巷道明显向坑内方向错位，巷道基底混凝土面伴有挤压隆起，主裂缝横向展布与巷道纵向交角大于 60°，部分区段亦可见竖向开裂变形，裂缝宽度几厘米至十几厘米不等。目前西端帮 −78m 泵站也出现较大开裂变形，受岩体蠕动变形影响，裂缝长度及张开度不断扩大，根据裂缝变形速率以及现有开裂程度，已构成对巷道输矿生产的潜在危害，因此查明开裂变形机理、规模趋势及其对矿山生产影响，从生产、工程技术等方面制定应对措施，已是迫在眉睫（见图 4-68~图 4-72）。

图 4-68　2 号皮带巷道　　　　　　　　图 4-69　69 号皮带架

图 4-70　泵站外墙　　　　图 4-71　泵站内地面开裂　　　　图 4-72　泵站内墙

4.3.3　穿孔爆破方案选择和论证分析

4.3.3.1　地质特征

参考区域地质资料查明西井边坡出露岩性主要为第四系、太古代花岗岩（糜棱岩）、磁铁石英岩、绿泥石片岩、千枚岩、斜长混合岩，现分述如下。

A　渣土（Q^4）

渣土：层厚 1.6~2.8m 左右，灰黑色、红褐色，干燥，松散，干燥至稍湿，为人工回填层，原岩主要为花岗岩、绿泥石化角岩、石英绿泥化角岩、磁铁石英岩等，粒径以 3~5cm 为主，磨圆度差。

B　太古代花岗岩（糜棱岩）

中风化，灰白至灰黑色，糜棱结构，片麻状构造。主要矿物成分为石英、长石、云母、绿泥石。岩心主要呈短柱状至长柱状，部分为碎裂块状，节理裂隙较发育。

C　磁铁石英岩

强风化-微风化，灰黑色，局部夹白色条带，细中粒变晶结构，块状构造，主要矿物成分为石英、磁铁矿，岩心呈碎裂块状-长柱状，岩质坚硬，敲击声清脆。

D　（石英）绿泥片岩

灰绿色，中粗粒变晶结构，片状构造，主要矿物成分为石英、绿泥石、绢云母。岩心呈碎裂块状为主。

E　石英绿泥化角岩

强风化-微风化，灰绿色，粒状鳞片变晶结构，块状构造，主要矿物成分为绿泥石、石英及暗色矿物，岩心呈碎裂块状-长柱状。

F　斜长混合岩

中风化，灰绿色，白色，细中粒变晶结构，块状构造，主要矿物成分为石英、长石及暗色矿物，岩心呈块状，岩质坚硬。

G　玢岩

暗绿色，块状构造，粒状结构，主要成分为斜长石、普通角闪石、绿泥石化的黑云母，硬度系数 $f=8$。

4.3.3.2　爆破区概况

爆破区域主要岩种：磁铁石英岩（Fec），密度为 2.4t/m³；混合岩（Mp），密度为 2.65t/m³；玢岩（u），密度为 2.95t/m³；上部水平−68m，下部水平−131m，设计段高12m，设计孔深13m，超深1m；该爆破区域炮孔距防洪管线最近5m，距防洪泵站等设备、设施最近12m。孔底距新2号巷道垂直距离最近14.5m。

4.3.3.3　计算一段最大安全起爆药量

根据大孤山铁矿与中勘冶金勘察设计研究院有限责任公司（以下简称"保勘院"）合作完成的《大孤山铁矿西井边坡变形机理与治理对策研究》成果，通过多次多点爆破振动监测和爆破振动质点振动速度回归分析，得出了以下结论：

（1）垂直方向 Z 的质点振动速度明显大于水平 X、Y 方向，说明爆破振动对边坡的影响主要是纵向；

（2）临界质点振动速度（指岩体产生新的裂纹并使岩体破坏的最小质点振动速度）为 $V_{临界}=11.18\mathrm{cm/s}$；根据相关文献按临界振速25%计算得安全振速 $V_{安全1}=2.795\mathrm{cm/s}$；

（3）研究报告根据规程规定，永久性岩石边坡安全允许质点速度 5~15cm/s 为基本判据，对破碎稳定性较差的边坡按5cm/s。研究报告根据临界振速和安全

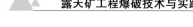

振速分别划定了绿色、黄色和红色三个区间，代表弹性振动（安全）区、累积损伤区和破裂区。

据此计算得出距离运输巷道最近的炮孔单孔装药量为90kg。考虑到连续装药结构装药能量利用率偏低且产生振动较大，设计采用孔底空气间隔与孔中空气间隔相结合，以进一步平抑质点振动峰值和强度，降低对运输巷道的不利影响。

4.3.4 爆破设计参数确定

4.3.4.1 爆破参数设计

根据削坡区域地形条件，穿孔方式可采取牙轮钻垂直炮孔穿孔、潜孔钻穿孔爆破和牙轮与潜孔钻混合穿孔爆破方式，由于爆破区域宽度较小，考虑到最大限度降低穿孔作业对下部巷道的振动影响，采用单一潜孔钻穿孔爆破方式。潜孔钻孔径140mm，可钻最大孔深为30m以上。

爆破设计参数：设计段高：12m，设计孔深13m，孔距 a 取4m，排距 b 取4m，炸药单耗 q 取0.18kg/t，岩石密度取 $r(\text{Fec})=3.4\text{t/m}^3$、$r(\text{Mp})=2.65\text{t/m}^3$、$r(\text{u})=2.95\text{t/m}^3$；全部按干孔设计。

爆破区单孔装药量计算：

主爆孔药量：
$$Q=q\times a\times b\times h\times r$$
式中　Q——单孔装药量，kg；

$\qquad q$——炸药单耗，kg/t；

$\qquad a$——孔距，m；

$\qquad b$——排距，m；

$\qquad h$——开挖段高，m；

$\qquad r$——密度，t/m^3。

$$Q_{\text{Fec}}=0.18\times4\times4\times12\times3.4=117.5\text{kg}\quad（调整为110kg）$$
$$Q_{\text{Mp}}=0.18\times4\times4\times12\times2.65=91.6\text{kg}\quad（调整为90kg）$$
$$Q_{\text{u}}=0.18\times4\times4\times12\times2.95=102\text{kg}\quad（调整为100kg）$$

爆破区距巷道最近14.5m炮孔装药量计算：考虑到巷道稳固性降低，距巷道最近14.5m，炮孔装药量为90kg。起爆方式采用地表毫秒微差逐孔起爆。

预裂爆破在设计边界（境界）最终平台上穿凿预裂孔，所用穿孔设备为孔径140mm的潜孔钻机。炮孔倾向与台阶坡面一致，倾角按75°，孔距为1.5~1.6m，超深控制在0.5m以内；采用径向不耦合装药结构，导爆索起爆，炸药品种为 ϕ32mm岩石型包装乳化炸药，线装药密度为0.5~0.7kg/m（不含加强药段）；预裂孔爆破可以单独爆破，也可与辅助孔和主爆孔同步起爆，需超前辅助孔120ms以上。

4.3.4.2 爆破应用实例

以2018年7月3日爆破区为例，介绍具体爆破设计过程，并对需要保护设施进行振动速度监测。

2018 年 7 月 3 日 2 号潜孔钻爆破区（见图 4-73），四排共计 34 个孔，爆破区孔距离巷道最近距离为 17.4m（见图 4-74）。

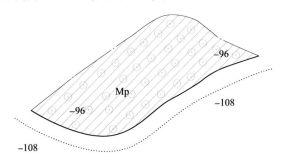

图 4-73　爆破区平面图（爆区编号：20180703）

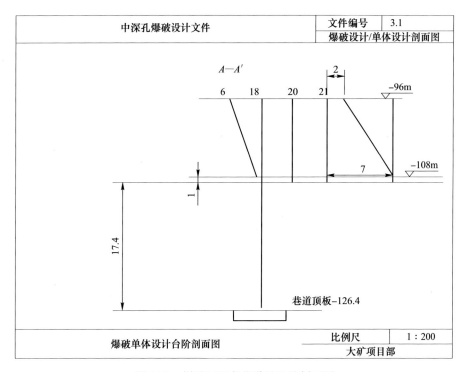

图 4-74　爆破区距离巷道最近处剖面图

设计孔网参数为：孔距 4m，排距 4m，段高 12m，孔深 13m，全部为干孔，使用铵油炸药，设计每孔装药量为 $Q=4×4×12×2.65×0.18=91.6kg$（取 90kg）。

为降低爆破振动，在爆区前方创造自由面，实施清渣爆破；装药方式为连续柱状装药和空气间隔装药两种。炮孔底部距离地下运输巷不大于 20m 时，下部采

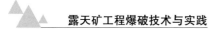

用连续柱状炸药结构，中部放气囊间隔器，上部采用连续柱状炸药结构，下部装药 60kg，上部装药 30kg，中间间隔 2m，填塞高度 4m。

联线采用逐孔起爆技术，联线图如图 4-75 所示。

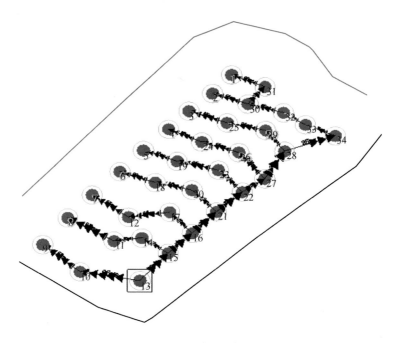

图 4-75　爆区联线图

爆破效果评价：（1）爆破时无窜孔飞石产生，爆堆表面粒度均匀无大块，爆堆前冲、塌落位移明显（见图 4-76 和图 4-77）。（2）巷道无明显变化。

图 4-76　爆破前

图 4-77　爆破后

4.3.5　露天深孔爆破对临近地下井巷的降振技术

4.3.5.1　矿山爆破对巷道稳定性影响范围的确定

根据国标《爆破安全规程》GB 6722—2014 有关质点允许振动速度验算临近巷道的控制爆破范围,爆破质点振动速度按下式计算:

$$R = \left(\frac{K}{v}\right)^{\frac{1}{\alpha}} \sqrt[3]{Q}$$

式中　R——计算点到爆源的距离,m;

　　　v——地面质点峰值振动速度,cm/s,对于矿山巷道,爆破振动安全允许标准为质点振动速度 $v=18\sim25$cm/s,(主振相频率 $10\sim50$Hz)取下限 18cm/s 和允许振速下限的 50%(取值 9cm/s)分别计算;

　　　Q——炸药量,延时爆破为最大一段装药量,kg,爆破按逐孔起爆设计,最大一段装药量取 420kg(乳化铵油炸药);

K,α——与爆破方式、装药结构、爆破点值计算点间的地形、地质条件等有关的系数,对于大孤山铁矿爆破介质的岩性及地质条件,根据鞍钢矿山研究所(鞍钢集团设计研究院前身)与 1986 年对大孤山铁矿西区矿石井爆破振动实测数据,垂直 Z 向 $K=122.4$、$\alpha=1.55$,水平 H 向 $K=54$、$\alpha=1.51$。

依此计算可保证巷道安全的最小距离 R 值为:

当允许振速为 18cm/s 时,垂直向 $R=\left(\frac{122.4}{18}\right)^{\frac{1}{1.55}}\sqrt[3]{420}=25.7$m,水平向 $R=\left(\frac{54}{18}\right)^{\frac{1}{1.51}}\sqrt[3]{420}=15.5$m,取 $R=26$m;

当允许振速为 9cm/s 时，垂直向 $R = \left(\dfrac{122.4}{9}\right)^{\frac{1}{1.55}}\sqrt[3]{420} = 40.2\text{m}$，水平向 $R = \left(\dfrac{54}{9}\right)^{\frac{1}{1.51}}\sqrt[3]{420} = 24.5\text{m}$，取 $R = 40\text{m}$。

根据以上计算结果，将爆破振动对巷道影响区域划分为三个区域，即以巷道中心两侧 26m 以内划定严格控制爆破区，26~40m 范围内为控制爆破区，考虑到巷道已出现较大错位变形，临近裂隙集中区域的 41~100m 范围为一般控制爆破区域。通过测量返点将巷道走向与地表相对应，以巷道中心线两侧按上述标准划定上述三类控制爆破区界线。考虑到巷道距离地表深度不同，巷道上方最小厚度 65m 以上范围允许实施牙轮深孔爆破（按巷道深度与孔深之和计算），小于 65m 按潜孔钻精细爆破。

4.3.5.2　控制爆破措施

控制爆破措施有以下几方面。

（1）严格控制临近巷道区域的爆区规模，严格控制爆破区单个爆破区的设计孔数不超过 30 个，排数不超过 3 排，单孔装药量不超过 390kg；控制爆破区单个爆破区的设计孔数不超过 40 个，排数不超过 4 排，单孔装药量不超过 420kg；一般控制爆破区单个爆破区的设计孔数不超过 50 个，排数不超过 4 排，单孔装药量不超过 450kg；有条件情况下尽可能采用铵油炸药，少水炮孔用重铵油炸药。

（2）距离巷道不足 65m 的区域采用潜孔钻爆破，布孔时要避开巷道顶板，一次爆破孔数不超过 100 个，炸药量不超过 10t，严格控制爆破区单个爆破区的设计孔数不超过 50 个，排数不超过 5 排，单孔装药量不超过 110kg；以进一步降低爆破振动危害。

（3）降低炮孔超深，将炮孔超深控制在 1~1.5m；布孔宜采用三角形方式，适当扩大炮孔密集系数，按 $m = 1.2$ 设计。

（4）尽可能创造清渣爆破条件，困难条件下压渣厚度不超过 10m；努力创造 2 个自由面，进一步降低爆破振动危害。

（5）优化炮孔装药结构，临近巷道上方的炮孔要采取中部空气间隔，间隔长度不小于 1m，上下分段药量比例按 4：6 掌握。有条件同时采用炮孔底部空气间隔。

（6）优化爆破设计网络，临近巷道的炮孔采用孔内微差与地表微差相结合起爆方式，孔内微差间隔时间 25ms，同时借助购澳瑞凯公司 SHOTplus 爆破网路设计软件优化起爆网路，确保实现精准的逐孔起爆、更精确设计爆破微差时间。

（7）严格爆破设计审批程序，临近巷道的爆区要经过爆破公司技术部门审查并报送大孤山铁矿生产技术部门。

4.3.6 爆破振动效应监测与数据分析

4.3.6.1 爆破振动监测概况

大孤山铁矿为剥离岩石准备在-96～-108台阶进行爆破施工，此台阶设计为五个爆区，以其中四个爆区为研究对象，爆区Ⅰ布置68个爆孔，主爆孔为42个，炸药类型为铵油炸药，预裂孔26个，配合使用2号岩石乳化炸药，设计药量为3642kg，孔内雷管90发，地表雷管46发，孔深13m，孔距、排距均为4m；爆区Ⅱ布孔34个，均为主爆孔，孔距、排距均为3～4m，孔深2～10m，单孔最大装药量为60kg，炸药类型为铵油炸药；爆区Ⅲ布置73个爆孔，主爆孔为59个，孔深13m，孔距、排距均为4m，采用连续柱状装药结构；预裂炮孔14个，配合使用2号岩石乳化炸药；爆区Ⅳ共布置91个孔，其中主爆孔83个，单孔最大装药量为110kg，设计药量达到9186kg，孔深为14m，孔距、排距均为4m，采用径向不耦合装药结构及逐孔微差起爆方式（见表4-18）。考虑到台阶爆破振动对巷道的危害效应，依照《爆破振动安全规程》（GB 6722—2013）的有关规定，对-96～-108台阶爆破作业进行振动监测，采集爆破振动数据，为爆破现场提供科学的理论依据，有利于对巷道的危害效应准确预测及控制。

表4-18 大孤山铁矿西帮削坡爆破分区明细表

爆区编号	爆破孔数/个		消耗炸药/kg			单孔药量 /kg	孔网参数	
	主爆	预裂	铵油	乳化	岩石		孔距/m×m	孔深/m
Ⅰ	42	26		3642		80	4×4	13
Ⅱ	34					60	3×4	2～10
Ⅲ	59	14				120	4×4	13
Ⅳ	83	8	9186			110	4×4	13
合计								

4.3.6.2 监测系统

合理地选择监测系统、正确地操作和使用系统各部分是非常重要的，它直接关系到观测结果的真实性，甚至观测的成败。选择爆破振动速度观测系统时，应根据现场实际情况预估被测信号的幅值范围和频率分布范围，选择的观测系统幅值范围上限应高于被测信号幅值上限的20%，频响范围应包含被测信号的频率分布范围，根据这个选择观测系统原则选择由 TP3V-4.5 型三向速度传感器、低噪声屏蔽电缆、TC-4850 爆破振动记录仪作为本次爆破振动速度监测系统，仪器的主要技术性能见表 4-19。

表 4-19　TC-4850 爆破振动记录仪主要技术参数

采样率	采样时间	频带宽度	量程	灵敏度	记录延时
8000	2s	5~200	34cm/s	28.7	−100ms

4.3.6.3　测点布置

监测点位置确定后，使用生石膏粉加水调制成糨糊状，将传感器黏结在测点上，约 10min 石膏凝固后即可进行测试。在安装过程中，垂直速度传感器应该尽量保持与水平面垂直；水平速度传感器的安装应该与水平面平行，水平速度传感器的水平方向有一气泡，如安装处于水平状态时气泡应该在刻度的中间位置。如采用三相速度测试（垂、径、切向），用垂直传感器测量垂向的速度，用两只水平传感器分别测量径向、切向的速度。安装径向水平传感器应该水平指向爆心，切向水平速度传感器则与径向垂直并且和地面保持水平。现场布置测点如图 4-78 所示。

图 4-78　现场布置测点

测点布置示意图如图 4-79~图 4-81 所示。

4.3.6.4　监测数据及分析

A　监测数据

通过对现场试验数据的对比发现，z 方向振动速度比 x 方向及 y 方向振动速度要大，因此以 z 方向最大爆破振动速度作为研究对象进行分析。选取 10 个具有代表性的数据进行研究（见表 4-20）。

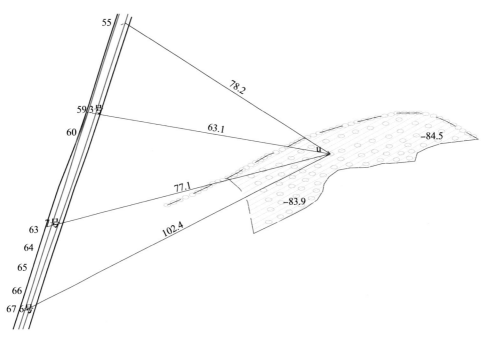

图 4-79　爆区 I（爆区编号：20180613）

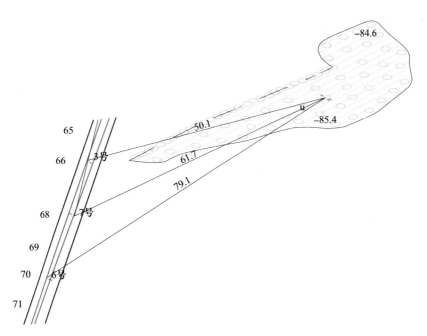

图 4-80　爆区 II

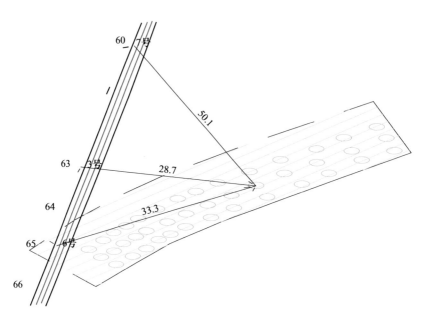

图 4-81　爆区Ⅲ

表 4-20　爆破振动监测数据

爆区	仪器编号	位置	药量/kg	爆心距/m	振速/cm·s⁻¹	主频率/Hz
Ⅰ	1 号	巷道胶带 55	110	79.2	2.84	8.77
	3 号	巷道胶带 59	110	63.1	5.75	5.04
	6 号	巷道胶带 67	110	102.4	1.06	44.94
	7 号	巷道胶带 63	110	77.1	3.04	18.34
Ⅱ	3 号	巷道地表 66	90	50.1	2.82	29.85
	6 号	巷道胶带 70	90	79.1	0.72	12.78
	7 号	巷道胶带 68	90	61.7	1.91	49.38
Ⅲ	3 号	巷道胶带 63	50	28.7	4.49	37.03
	6 号	巷道胶带 65	50	33.3	2.23	40.81
	7 号	巷道胶带 60	50	50.1	1.27	28.77

B　爆破振动衰减规律

通过对爆破振动监测数据分析处理，以萨多夫斯基经验公式为理论基础，即

$$v = K\left(\frac{\sqrt[3]{Q}}{R}\right)^{\alpha}$$

式中　v——质点峰值振动速度，cm/s；

　　　K——与地质条件有关的衰减系数；

　　　α——与地质条件有关的衰减系数；

　　　Q——炸药量，齐发爆破为总药量，延时爆破为最大单段药量，kg。

运用 origin 软件对监测数据进行拟合回归分析，如图 4-82 所示。

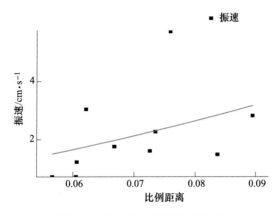

图 4-82　振速与比例距离拟合图

通过对数据拟合，得出 $K = 159.91$，$\alpha = 1.62$，即爆破振动衰减规律为 $v = 159.91$cm/s。

为验证该理论的准确度，将现场部分的实测值与爆破振动预测值进行对比，对比结果见表 4-21。

表 4-21　振速实测值与理论值对比

爆区编号	测点编号	药量/kg	爆心距/m	振速实测值/cm·s⁻¹	振速理论值/cm·s⁻¹	相对误差/%
Ⅰ	6 号	110	102.4	1.06	1.12	5.3
Ⅱ	7 号	90	61.7	1.91	2.29	16.5
Ⅲ	3 号	50	28.7	4.49	5.75	21.9

结合表 4-20 和表 4-21，所测的质点振动频率集中于 8~50Hz 之间且振动速度均小于 10cm/s，符合爆破振动安全标准，但爆区Ⅲ中 3 号测点振速实测值相比其他测点较大，其主频较低，为防止爆破振动对巷道的危害效应，此处作为重点检测对象；爆区Ⅲ中 3 号测点离爆源最近，振动实测速度达到 4.49cm/s，

应实时观察 3 号测点巷道的变化情况以便于采取相应措施。对比三个爆区中不同药量、不同爆心距下实测振速与理论振速，校验其相对误差在 5.3% ~ 21.9% 范围内。造成该误差可能原因有：岩石性质内部的不均匀性，裂隙结构面发育差异大；测点数目过少且三向传感器由于巷道环境无法安装在邻近爆区的巷道壁上；测点的布置方法；外界条件如设备、落石的等噪声对爆破振动监测整个过程产生误差。

4.3.6.5　结论

结论如下：

（1）对 -84 ~ -96 台阶爆破振动监测，根据现场试验数据，爆破振动主频均处于 8 ~ 50Hz 之间，质点爆破振动速度集中于 0.5 ~ 10cm/s，均符合爆破振动安全标准。

（2）通过对爆破振动监测数据进行拟合，求得 $K = 159.91$，$\alpha = 1.62$，可为现场施工提供理论依据。

（3）根据现场实测数据与理论数据之间的对比，相对误差在 5.3% ~ 21.9% 范围内，低于允许误差 25%，表明了爆破设计的合理性，并对爆破振动峰值速度的预测提供参考价值。

4.3.7　临近巷道爆破高效降振的推广效果评价

大孤山铁矿西二井削坡减载工程爆破的效果受到了许多因素的影响，可以从岩石性质、施工质量、爆破参数设计三个方面采取有效措施，对爆破效果进行控制。该工程实施以来，经过多次爆破、测振，均未对运输巷道造成较大损伤，测振结果在可控范围内。爆堆采掘良好、周边建筑物、高压线、管线并未受到影响。

4.4　露天矿爆破扬尘抑制技术初探

4.4.1　露天矿爆破粉尘产生机理

人类许多生产活动都会产生粉尘并造成危害，粉尘污染是世界公害之一，特别是采矿业。目前，我国大部分矿山已进入露天凹陷开采阶段，穿孔、爆破、采装、矿石和废石的转运、堆场等作业环节均会产生大量粉尘。由于采场扩散条件差，扬尘滞留悬浮较长，对作业人员危害长久。对于扩散条件好一些的矿山，除对自身的影响外，对周边环境的污染较为严重，当然深凹矿山的粉尘也会污染周边环境，只不过程度相对轻些。

所谓爆破扬尘，是矿山爆破工艺过程产生的细微颗粒粉尘因爆破的动载作用扬起、漂浮于空气中的一种污染大气过程。实测表明，爆破粉尘产生量一般为矿岩总爆破量的0.0011%。分析表明，影响爆破产尘的主要因素有矿岩性质、爆破工艺、炸药单位消耗量、炸药猛度、爆破参数、装药方法等。

　　矿山爆破时，炸药起爆后形成高温、高压气体瞬间膨胀产生巨大爆炸力，对炮孔孔壁及其作用半径内的矿岩骤然施以巨大的压力和剪切力，岩石由于受力而被压碎、压缩和破碎。一般情况下岩石受力越大其粉化程度越高，同时岩石在位移过程中产生剧烈的相互冲击碰撞也会造成进一步的粉化，被粉化了的矿岩就会随着爆炸波所形成的高压气浪高速度地充满爆区及附近地区的整个空间。实际调研过程中发现，爆破过程产生的粉尘变化较大，与爆破部位、爆破炸药量、风速有很大的关系。爆破产生的粉尘，粒径大的在近距离内短时间沉降，粒径小的飘尘不易沉降，在室外环境下悬浮时间长，影响范围广。

4.4.2　爆破粉尘的粒径分布

　　为了查清爆破粉尘的粒度分布情况，对爆破粉尘进行了现场检测，检测平行进行了3次，其测定结果和平均值见表4-22，并依此绘制了粒径分布图，如图4-83所示。

表4-22　爆破粉尘粒径分析结果　　　　（%）

样品号	≤1μm	≤2μm	≤2.5μm	≤5μm	≤10μm	≤20μm	≤50μm	≤100μm
1	0	0.01	0.16	5.89	30.96	76.35	99.77	100
2	0	0.01	0.19	6.65	30.55	73.08	99.64	100
3	0	0.01	0.20	5.29	24.24	60.53	98.86	100
平均值	0	0.01	0.18	5.94	28.58	69.99	99.42	100

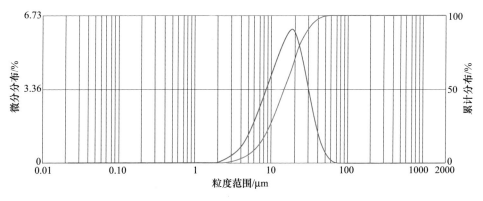

图4-83　爆破粉尘粒径分析图

从表 4-22 和图 4-83 可以看出，粒径在 2.5μm 以下的粉尘所占比例较小，粉尘粒径在 10μm 以下的占到 30% 左右，粉尘的粒径都在 100μm 以下，可见，爆破过程中产生的粉尘可吸入颗粒物较多，对人体健康的危害比较大。

4.4.3　爆破粉尘的逸散规律

矿山爆破时粉尘浓度随垂直距离和水平距离以及随时间的变化而变化，为了准确掌握相应的逸散规律，在鞍钢矿业大孤山铁矿进行了爆破扬尘逸散监测。该矿山为一典型的大型露天深凹铁矿，矿床类型为鞍山式铁矿，矿石为磁铁石英岩。矿石矿物为磁铁矿（四氧化三铁），脉石矿物为石英（二氧化硅），岩石主要有绿泥岩、千枚岩、混合岩及花岗岩等。目前采深超过 400m（封闭圈以下），台阶高度 12m，采用间断-连续开拓工艺。炮孔深度 15m，炮孔直径 250mm，炸药为现场混装乳化铵油炸药或多孔粒状铵油炸药。

监测以爆破区几何中心为原点，在爆破的垂直距离设置 7 个监测点，分别监测爆破 1s、2s、3s、4s、5s、10s、15s、20s、25s、30s、35s、40s、45s、50s、55s、60s、90s、120s 和 150s 时粉尘的浓度；以爆破点为原点，在下风向的水平方向设置 16 个监测点，分别监测爆破 0.5min、1min、5min、10min 和 30min 时粉尘的浓度，监测点布置图如图 4-84 所示。每次监测获得 3 组平行数据，取平均值。监测结果如图 4-84 所示。

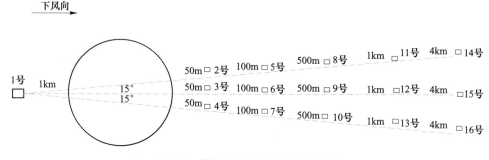

图 4-84　爆破水平方向监测点布置图

为更清晰的分析爆破时粉尘的扩散规律，将爆破粉尘的垂直变化和水平变化分别作图，如图 4-85 ~ 图 4-88 所示。

从图 4-85 可以看出，在同一时间内，爆破粉尘浓度随垂直距离的增大而减小，由于原点浓度无法测得，离原点垂直距离 12m 处，粉尘浓度最大，为 438.18mg/m³，在垂直距离 150m 处，浓度基本降至背景值。从图 4-85 还可以看出，不同时间爆破粉尘浓度随距离增大降低的速率不同。

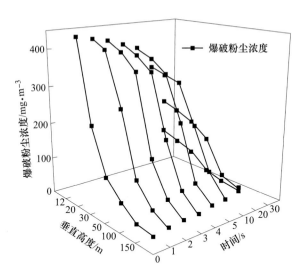

图 4-85 爆破粉尘浓度随垂直距离的变化

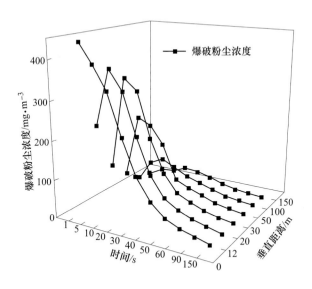

图 4-86 爆破粉尘浓度随时间的变化

从图 4-85 和图 4-86 可以看出，在同一距离上，粉尘浓度随时间的变化都出现一个峰值，并且出现峰值的时间随垂直距离的增大而逐渐延后，如垂直 20m 处，最大浓度出现在 2s 时，为 404.75mg/m³；垂直 30m 处，最大浓度出现在 3s 处，为 353.27mg/m³；垂直 50m 处，最大浓度出现在 5s 处，浓度为

212.64mg/m³。从图 4-85 还可以看出，垂直 12m 处的粉尘浓度随时间的增大是逐渐减小的，原因是 12m 以下由于条件限制无法测得，最大浓度可能出现在垂直距离 0~12m 之间。

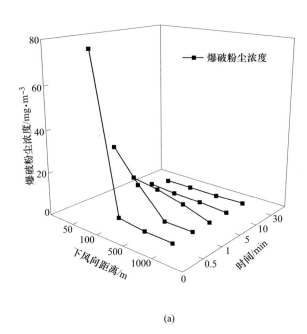

(a)

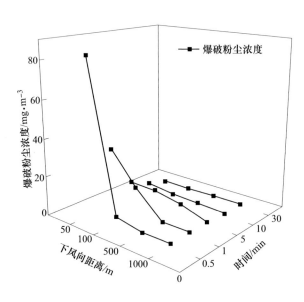

(b)

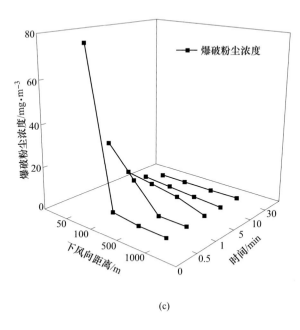

(c)

图 4-87 爆破粉尘浓度随距离的变化

（a）下风向水平向左 15°；（b）下风向水平方向；
（c）下风向水平向右 15°

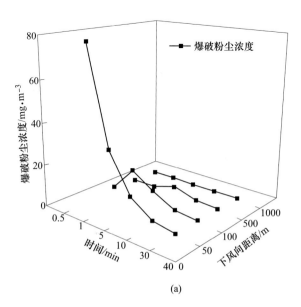

(a)

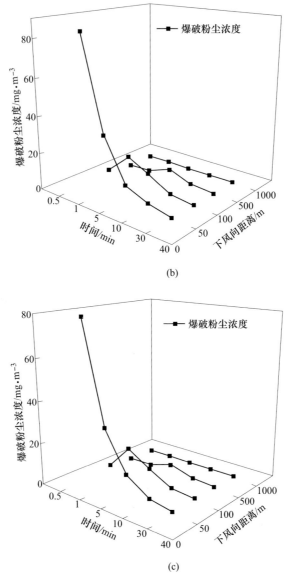

图 4-88 爆破粉尘浓度随时间的变化

（a）下风向水平向左 15°；（b）下风向水平方向；

（c）下风向水平向右 15°

从图 4-87 可以看出，1 号监测点为背景值，在离原点距离 1000m 处，粉尘浓度基本降为背景值。从图 4-88 可知，同一时间内，爆破粉尘浓度随距离的增大逐渐降低。三个方向上粉尘的浓度相差不大，从图 4-88 可以看出，50m 位置上，下风向正方向上浓度最大，大于 100m 时，三个方向上粉尘浓度相差不大。

从图 4-87 和图 4-88 可以看出，同一距离上，除 50m 位置外，爆破粉尘浓度随时间的变化都会出现一个峰值，并且出现峰值的时间随距离的变化不同。如水平距离 100m 处，峰值出现时间为 1min 时；水平距离 500m 处，峰值出现时间为 5min 时。由于爆破现场条件和监测条件限制，距离爆破点 50m 内粉尘浓度很难监测到，因此 50m 时没有出现峰值现象。

4.4.4 爆破粉尘减排与抑制技术简介

爆破作业防尘的方法主要分工艺防尘和水力防尘。爆破工艺防尘是指从改进爆破工艺着手，借助有效利用炸药爆轰波来减少炮孔和爆破漏斗排出的残留粉尘。如挤压爆破在形成爆堆时的方向性而达到减少粉尘之目的；深孔装药定向起爆可以减少炮孔残留粉尘的排出量。水力防尘方法有爆区洒水、水塞爆破、富水胶冻炮泥爆破、泡沫覆盖爆区等。水不仅能湿润矿岩表面及粉尘，还可通过裂隙渗透到矿体内部，起到很好的防尘效果。目前，爆破防尘通常采用湿式的方式。

针对爆破过程中粉尘粒径较小的特点，细颗粒凝并技术逐渐在爆破抑尘领域得到应用与研究。粒径较小（10μm）的粉尘分布在大气中，细颗粒的布朗运动对抗重力或静电斥力，不易沉降，从而长时间飘浮在空气中。凝并是指细颗粒通过物理或化学的途径互相接触而结合成较大颗粒的过程[72]。细颗粒被凝并成较大颗粒后，更容易被沉降。针对细颗粒的污染控制，凝并技术具有重要的意义。目前，细颗粒物凝并技术主要有热凝并、声凝并、蒸汽相凝并、磁凝并、光凝并、湍流凝并以及化学凝并等技术。其中，化学凝并技术是爆破过程抑尘的首选凝并技术，化学凝并技术可与水力防尘技术相结合，针对矿山爆破实际情况，开发具有针对性强、抑尘效果好、成本低廉等特点的粉尘减排新技术。

爆破防尘主要采用湿式措施，如爆破前洒水和注水、水封爆破等方式。爆破前洒水和通过钻孔向矿体内实行高压注水可以人为提高矿岩湿度，起到降尘作用。国外有些矿山还使用了各种自行通风洒水装置来进行爆破后的空气除尘，这种装置每小时能将 3~3.5m³ 的水喷成水雾，从而降低爆破时产生的烟尘。

4.4.5 爆破抑尘实践

4.4.5.1 爆破作业现状与存在问题

鞍钢矿业大孤山铁矿，矿山爆破作业区一般长 60~70m，宽约 30m，炮孔深 14~16m，爆破孔径 250mm。目前采用矩形布孔方式的深孔微差爆破，炮孔填塞材料为钻屑、碎石。一次起爆量在 10 万吨左右。

在现场工程示范中，应用研发的凝并剂产品，将凝并剂置于容积为 40~60L

的爆破水袋中，水袋于爆破前 1~2s 提前爆破，形成雾场。同时，以爆场抑尘剂预润湿与炮孔水袋爆破作为辅助手段，完成爆破抑尘现场示范。

鉴于该矿露天采掘区呈漏斗状深坑，一般扬尘难以扩散到漏斗区（采区）外，对外部的影响主要来源于炮眼喷涌粉尘。图 4-89 所示为大孤山铁矿开采中两种典型爆破作业面。由于没有任何抑尘降尘措施，现场爆破瞬间的粉尘浓度很大。对于无自由面爆破，如掘沟爆破和压渣大于 10m 的压渣爆破，特别是对结构相对疏松的岩体，爆破时地表浮尘的腾涌是造成低位粉尘的主要原因，而钻屑含水量低且炮孔填塞不严造成的穿孔喷涌是产生扬尘的主要原因。

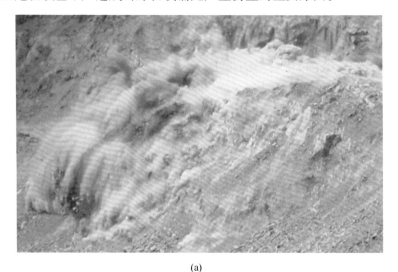

(a)

(b)

图 4-89　爆破过程产生的粉尘

（a）有自由面爆破；（b）无自由面爆破

与地表浮尘引起的低位粉尘污染相比，台阶坡面滑落卷吸造成的粉尘污染影响深重。对于有自由面的爆破（如图 4-89（a）所示），极易出现边坡滑落，形成卷吸粉尘。可以在炮孔装药量、炮孔填塞技术、地表、边坡润湿等多方面进行规划，实现爆破作业的源头减尘。客观地讲，一旦形成图 4-89 所示的粉尘污染状态，任何补救的降尘措施效果都很有限。

4.4.5.2 爆破作业减尘现场实验方案

A 实验材料与设备

凝并剂、抑尘剂、自来水、雾化喷头、喷头快接、高压水管、储液罐、高压泵、喷淋支撑架、电源、便携式洒水器、储气瓶、热气球、连续粉尘浓度记录仪等。

B 实验方案

a 抑尘剂预润湿

（1）粉尘浓度监测：采用定点监测法，选择距爆破水平面一定高度且距爆破中心一定水平距离的位置进行粉尘浓度监测（按不同爆破面，根据现场实际情况确定），爆破后开始计时测量，测量时间间隔 30s。同时监测距爆破场地 200m（爆破安全距离）处的大气粉尘浓度，作为环境浓度。

（2）测量爆破现场尺寸。

（3）根据爆破场地具体情况配制抑尘剂。

（4）喷洒抑尘剂，并以喷洒清水做对比，进行试验。

（5）监测预润湿后爆破粉尘浓度，监测点与监测时间同（1）所述。

（6）对比监测结果，并以预处理前粉尘监测数据为基础，分析预润湿对爆破粉尘的抑制效果。

b 凝并剂预处理

（1）确定试验爆破现场。

（2）测量爆破现场尺寸。

（3）根据具体尺寸采购实验材料，需要加工的部分进行外协加工，可租赁的设备办理租赁手续。

（4）根据爆破场地具体情况配制凝并剂。

（5）架设凝并剂雾化装置，并以清水雾化做对比，进行试验。

（6）监测爆破粉尘浓度，对比监测结果，并以预处理前粉尘监测数据为基础，分析凝并剂预处理对爆破粉尘的抑制效果。

c 炮孔水袋爆破

（1）确定试验炮孔。

（2）水袋填充，具体填充位置与现场人员协商确定。

（3）监测爆破粉尘浓度，对比监测结果，并以处理前粉尘监测数据为基础，分析水袋爆破措施对爆破粉尘的抑制效果。

d 联合爆破抑尘措施抑尘

（1）爆场抑尘剂预润湿、凝并剂预处理以及炮孔水袋爆破等措施联合使用。

（2）监测联合抑尘措施实施后的爆破粉尘浓度。

（3）对比监测结果，并以单一抑尘措施的监测数据为基础，分析联合抑尘措施对爆破粉尘的抑制作用，得到最佳抑尘效果。

4.4.5.3 爆破作业减尘现场实施与结果分析

A 监测方案

首先监测获得背景值，然后对源头减尘和凝并剂减尘分别监测，每次监测获得3组平均数据。监测垂直方向和水平方向的粉尘浓度，水平方向监测点布置图如图4-90所示。

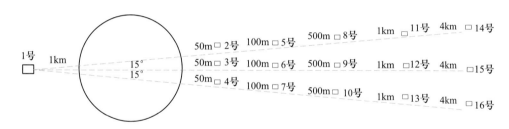

图4-90 爆破水平方向监测点布置图

B 结果与分析

1号凝并剂使用前后粉尘的垂直方向和水平方向浓度监测结果分别见表4-23和表4-24。

1号凝并剂使用后爆破粉尘的垂直方向和水平方向浓度变化如图4-91和图4-92所示。

从图4-91和图4-92可以看出，同一距离上，使用凝并剂后粉尘浓度随时间的变化都出现一个峰值，并且出现峰值的时间随垂直距离的增大而逐渐延后，如垂直20m处，最大浓度出现在2s时，垂直30m处，最大浓度出现在3s处，垂直50m处，最大浓度出现在5s处。从图4-91可以看出，垂直12m处的粉尘浓度随时间的增大是逐渐减小的，原因是12m以下由于条件限制无法测得，最大浓度可能出现在垂直距离0~12m之间。从表4-23可以看出，使用1号凝并剂后，同一距离上，粉尘浓度大幅度降低，150s时，垂直12m处，1号凝并剂的总抑尘效率达99.71%，抑尘效果较好。

表4-23 1号凝并剂抑尘效果垂直方向粉尘浓度监测结果

（mg/m³）

监测点		时间/s																		
		1	2	3	4	5	10	15	20	25	30	35	40	45	50	55	60	90	120	150
垂直12m	喷洒前	438.18	426.86	418.43	402.74	386.82	328.09	288.66	218.90	162.23	126.74	87.83	70.87	46.62	38.31	29.88	22.22	11.46	5.13	2.81
	喷洒后	77.43	75.77	71.47	67.62	64.48	58.69	45.93	39.12	30.40	25.18	19.87	16.32	13.17	12.43	11.26	9.16	6.13	1.83	1.25
	效率/%	82.33	82.25	82.92	83.21	83.33	82.11	84.09	82.13	81.26	80.13	77.38	76.97	71.75	67.56	62.31	58.75	46.51	64.35	55.43
垂直20m	喷洒前	213.23	404.75	394.61	381.79	367.38	313.84	261.92	203.33	151.85	108.88	71.77	56.24	42.63	34.97	25.62	19.84	9.82	4.91	2.57
	喷洒后	41.19	68.51	64.13	60.92	58.18	56.02	41.01	35.45	27.80	23.38	17.35	13.04	12.65	11.82	9.98	8.42	5.34	1.78	1.17
	效率/%	80.68	83.07	83.75	84.04	84.16	82.15	84.34	82.57	81.69	78.53	75.83	76.82	70.32	66.21	61.06	57.58	45.58	63.71	54.32
垂直30m	喷洒前	89.28	262.82	353.27	344.35	332.17	302.97	253.32	182.65	138.93	94.98	60.32	47.68	38.27	30.07	23.86	15.98	7.72	4.06	2.39
	喷洒后	18.69	48.86	63.33	57.84	55.40	49.10	37.53	30.34	24.87	21.89	15.49	11.79	11.90	10.56	9.14	7.33	4.27	1.52	1.10
	效率/%	79.07	81.41	82.07	83.20	83.32	83.79	85.19	83.39	82.10	76.96	74.32	75.28	68.91	64.88	61.67	54.12	44.67	62.43	53.78
垂直50m	喷洒前	41.77	89.48	133.24	175.82	212.64	194.32	178.88	148.24	97.79	56.03	45.41	39.32	34.65	27.63	18.18	12.76	6.13	3.33	2.13
	喷洒后	9.40	18.09	26.07	32.46	39.01	34.75	29.55	27.09	19.11	13.77	12.34	11.20	10.53	10.06	7.19	6.20	3.45	1.29	1.07
	效率/%	77.49	79.78	80.43	81.54	81.66	82.12	83.48	81.72	80.46	75.42	72.83	71.52	69.60	63.59	60.44	51.41	43.77	61.18	49.48
垂直100m	喷洒前	8.17	30.69	43.73	52.73	61.77	80.67	67.69	59.23	47.77	43.88	37.22	30.57	25.03	20.12	14.60	9.31	4.16	2.38	1.92
	喷洒后	3.23	9.14	12.78	15.32	17.38	22.37	17.96	16.63	13.95	11.45	10.65	9.14	7.96	7.58	6.83	6.53	3.29	1.24	1.05
	效率/%	60.44	70.21	70.78	70.94	71.86	72.26	73.46	71.92	70.80	73.91	71.37	70.09	68.21	62.32	53.19	29.82	21.01	47.72	60.44
垂直150m	喷洒前	1.43	6.34	9.70	12.74	19.89	23.32	34.68	41.18	38.19	34.37	30.11	27.25	21.68	15.58	11.74	6.26	3.34	2.10	1.52
	喷洒后	1.01	3.76	5.71	7.50	11.60	13.55	14.81	15.12	12.23	10.75	9.05	8.53	7.04	6.07	5.99	5.31	2.93	1.22	0.98
	效率/%	29.01	40.72	41.05	41.14	41.68	41.91	57.30	63.29	67.97	68.74	69.95	68.68	67.52	61.07	48.93	15.21	12.19	42.00	29.01

表4-24　1号凝并剂抑尘效果水平方向监测效果

（mg/m³）

时间		监测点															
		1号	2号	3号	4号	5号	6号	7号	8号	9号	10号	11号	12号	13号	14号	15号	16号
0.5min	喷洒前	1.29	76.56	83.32	77.66	3.17	4.08	3.35	1.68	1.52	1.59	1.47	1.43	1.38	1.21	1.32	1.29
	喷洒后	1.25	15.12	16.23	15.52	2.77	2.86	2.65	1.61	1.51	1.57	1.45	1.42	1.33	1.20	1.31	1.29
	效率/%	—	80.25	80.52	80.02	12.62	29.90	20.90	4.17	0.66	1.26	1.36	0.70	3.62	0.83	0.76	0.00
1min	喷洒前	1.08	29.53	32.21	28.57	14.94	15.37	13.89	1.61	1.68	1.75	1.54	1.47	1.26	1.04	1.11	1.08
	喷洒后	1.05	6.13	6.06	6.17	3.25	3.14	3.32	1.56	1.53	1.62	1.48	1.44	1.21	1.03	1.07	1.05
	效率/%	—	79.24	81.19	78.40	78.25	79.57	76.10	3.11	8.93	7.43	3.90	2.04	3.97	0.96	3.60	2.78
5min	喷洒前	1.21	10.35	9.16	10.57	8.37	8.95	8.61	5.22	6.35	5.89	1.34	1.35	1.53	1.14	1.23	1.13
	喷洒后	1.17	3.55	3.52	3.49	2.98	2.87	2.82	1.91	1.87	1.95	1.29	1.32	1.47	1.13	1.21	1.13
	效率/%	—	65.70	61.57	66.98	64.40	67.93	67.25	63.41	70.55	66.89	3.73	2.22	3.92	0.88	1.63	0.00
10min	喷洒前	1.18	3.25	4.17	3.83	2.27	2.64	2.75	2.07	2.11	2.05	1.24	1.17	1.21	1.16	1.06	1.22
	喷洒后	1.12	1.85	1.89	1.95	1.86	1.81	1.85	1.78	1.72	1.77	1.22	1.15	1.18	1.14	1.04	1.18
	效率/%	—	43.08	54.68	49.09	18.06	31.44	32.73	14.01	18.48	13.66	1.61	1.71	2.48	1.72	1.89	3.28
30min	喷洒前	1.19	1.22	1.26	1.31	1.32	1.35	1.37	1.44	1.36	1.31	1.43	1.34	1.35	1.23	1.19	1.14
	喷洒后	1.15	1.21	1.22	1.26	1.28	1.23	1.21	1.31	1.33	1.28	1.32	1.29	1.32	1.23	1.17	1.13
	效率/%	—	0.82	3.17	3.82	15.71	27.67	28.80	12.33	16.27	12.02	1.58	1.68	2.43	1.69	1.85	2.89

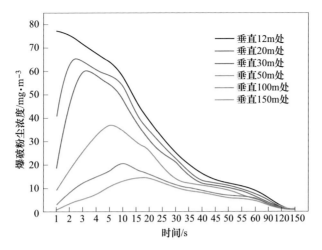

图 4-91　1 号凝并剂使用后爆破粉尘垂直方向浓度随时间的变化

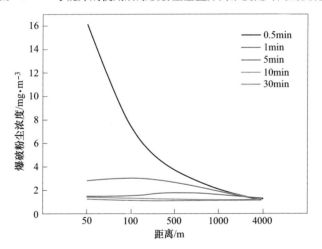

图 4-92　1 号凝并剂使用后爆破粉尘水平方向浓度的变化

从图 4-92 可知，使用 1 号凝并剂后，同一距离上，粉尘浓度大幅度降低；同一时间内，爆破粉尘浓度随距离的增大逐渐降低。从表 4-24 可以看出，水平距离 50m 处，30min 的总抑尘效率达 92.48%，抑尘效果较好。

2 号凝并剂使用前后爆破粉尘的垂直方向和水平方向浓度变化见表 4-25 和表4-26。

2 号凝并剂使用前后爆破粉尘的垂直方向和水平方向浓度随时间变化如图 4-93 和图 4-94 所示。

从表 4-25 可以看出，使用 2 号凝并剂后，同一距离上，粉尘浓度大幅度降低，150s 时，垂直 12m 处，2 号凝并剂的总抑尘效率达 99.65%，抑尘效果较好。从表 4-25 和图 4-93 可以看出，同一距离上，使用凝并剂后粉尘浓度随时间的变

表4-25　2号凝井剂抑尘效果垂直方向监测效果

（mg/m³）

监测点		时间/s																		
		1	2	3	4	5	10	15	20	25	30	35	40	45	50	55	60	90	120	150
垂直12m	喷洒前	474.58	458.45	449.39	432.54	415.44	352.36	310.02	278.87	183.96	136.12	94.33	75.26	51.00	41.14	32.09	23.86	12.31	5.50	3.02
	喷洒后	140.33	133.50	127.40	128.81	124.13	105.18	92.36	82.71	54.38	40.07	29.47	23.82	18.80	17.43	13.68	11.82	7.71	2.51	1.65
	效率/%	70.43	70.88	71.65	70.22	70.12	70.15	70.21	70.34	70.44	70.56	68.76	68.35	63.14	57.64	57.37	50.46	37.32	54.36	45.25
垂直20m	喷洒前	233.27	426.61	415.91	402.40	383.54	337.06	281.30	218.37	163.08	116.94	77.08	60.40	45.78	37.55	27.52	21.31	10.55	5.27	2.75
	喷洒后	72.26	121.20	114.93	117.01	111.91	100.50	83.21	63.95	47.60	36.08	25.14	19.20	17.45	16.34	12.05	10.77	6.69	2.44	1.53
	效率/%	69.02	71.59	72.37	70.92	70.82	70.19	70.42	70.71	70.81	69.15	67.38	68.21	61.88	56.49	56.22	49.45	36.57	53.82	44.35
垂直30m	喷洒前	95.89	282.27	379.41	369.83	356.75	316.90	266.99	196.16	149.21	102.00	64.78	51.20	41.10	32.30	25.62	17.16	8.29	4.36	2.56
	喷洒后	31.03	84.24	102.10	104.91	101.57	90.04	77.09	56.06	43.02	32.88	22.00	16.97	16.18	14.42	11.07	9.18	5.32	2.06	1.44
	效率/%	67.64	70.16	73.09	71.63	71.53	71.59	71.12	71.42	71.17	67.77	66.04	66.85	60.64	55.36	56.78	46.48	35.84	52.74	43.90
垂直50m	喷洒前	44.86	96.10	143.09	188.83	228.37	208.70	192.11	159.21	105.03	60.17	48.76	42.22	37.21	29.67	19.53	13.70	6.58	3.57	2.28
	喷洒后	15.12	30.03	40.60	56.27	68.29	62.28	58.21	47.78	31.78	20.21	17.21	15.41	14.42	13.58	8.66	7.65	4.27	1.73	1.36
	效率/%	66.29	68.75	71.63	70.20	70.10	70.16	69.70	69.99	69.74	66.41	64.72	63.51	61.25	54.25	55.65	44.16	35.13	51.69	40.39
垂直100m	喷洒前	8.77	32.96	46.96	56.63	66.34	86.64	72.70	63.61	51.30	47.12	39.97	32.83	26.88	21.60	15.68	9.99	4.47	2.56	2.06
	喷洒后	4.24	13.02	17.36	22.05	25.42	33.15	28.11	24.43	19.82	16.45	14.62	12.40	10.75	10.12	8.00	7.43	3.71	1.53	1.30
	效率/%	51.70	60.50	63.03	61.07	61.69	61.74	61.34	61.59	61.37	65.08	63.42	62.24	60.02	53.17	48.97	25.61	16.86	40.31	36.75
垂直150m	喷洒前	1.53	6.81	10.41	13.68	21.36	25.05	37.24	44.22	41.01	36.91	32.34	29.26	23.28	16.73	12.60	6.72	3.59	2.25	1.63
	喷洒后	1.15	4.42	6.61	8.83	13.72	16.08	19.42	20.25	16.85	14.57	12.24	11.41	9.45	8.01	6.93	5.85	3.24	1.45	1.16
	效率/%	24.82	35.09	36.56	35.42	35.78	35.81	47.84	54.20	58.92	60.53	62.15	60.99	59.42	52.10	45.05	13.06	9.78	35.48	29.04

表 4-26 2 号凝并剂抑尘效果水平方向监测效果

（mg/m³）

时间		监测点															
		1号	2号	3号	4号	5号	6号	7号	8号	9号	10号	11号	12号	13号	14号	15号	16号
0.5min	喷洒前	1.28	96.47	104.98	97.85	4.26	4.35	3.67	2.03	2.32	2.29	1.53	1.45	1.41	1.34	1.31	1.27
	喷洒后	1.27	34.02	36.52	34.92	3.46	3.58	3.31	2.01	1.89	1.96	1.52	1.45	1.40	1.30	1.28	1.26
	效率/%	—	64.73	65.21	64.31	18.72	17.82	9.74	0.86	18.64	14.30	0.49	0.11	0.96	3.28	2.00	0.46
1min	喷洒前	1.28	37.80	41.23	36.57	19.12	19.67	17.78	1.88	1.93	1.84	1.51	1.42	1.44	1.25	1.27	1.28
	喷洒后	1.13	13.79	13.64	13.88	7.31	7.07	7.47	1.68	1.65	1.75	1.49	1.41	1.31	1.11	1.16	1.12
	效率/%	—	63.51	66.93	62.04	61.76	64.09	57.98	10.38	14.38	4.91	1.01	0.62	9.25	11.01	9.01	12.23
5min	喷洒前	1.20	12.52	11.08	12.79	10.13	10.83	10.42	6.32	7.68	7.13	1.47	1.41	1.49	1.21	1.18	1.22
	喷洒后	1.17	4.44	4.40	4.36	3.73	3.59	3.53	2.06	2.02	2.11	1.39	1.33	1.48	1.16	1.15	1.19
	效率/%	—	64.57	60.30	65.89	63.22	66.87	66.16	67.34	73.72	70.45	5.22	5.45	0.36	3.81	2.58	2.75
10min	喷洒前	1.24	3.97	5.09	4.67	2.77	3.22	3.36	2.53	2.57	2.50	1.35	1.29	1.31	1.25	1.27	1.22
	喷洒后	1.18	2.31	2.36	2.44	2.33	2.26	2.00	1.92	1.86	1.91	1.32	1.24	1.27	1.23	1.12	1.16
	效率/%	—	41.68	53.56	47.83	16.05	29.75	40.45	23.88	27.84	23.57	2.40	3.72	2.72	1.50	11.56	5.21
30min	喷洒前	1.24	1.34	1.32	1.36	1.34	1.39	1.37	1.41	1.38	1.41	1.42	1.36	1.34	1.25	1.27	1.27
	喷洒后	1.23	1.33	1.31	1.35	1.33	1.38	1.36	1.40	1.37	1.40	1.41	1.35	1.33	1.24	1.25	1.26
	效率/%	—	1.00	1.00	1.00	1.00	1.00	1.00	1.00	1.00	1.00	1.00	1.00	1.00	1.00	1.00	1.00

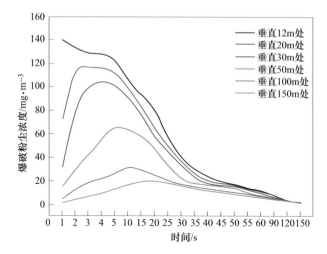

图 4-93　2 号凝并剂使用后爆破粉尘垂直方向浓度随时间的变化

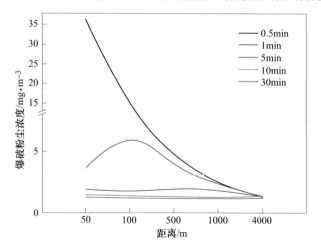

图 4-94　2 号凝并剂使用后爆破粉尘浓度随水平距离的变化

化都出现一个峰值，并且出现峰值的时间随垂直距离的增大而逐渐延后，如垂直 20m 处，最大浓度出现在 2s 时，垂直 30m 处，最大浓度出现在 3s 处，垂直 50m 处，最大浓度出现在 5s 处。从图 4-93 可以看出，垂直 12m 处的粉尘浓度随时间的增大是逐渐减小的，原因是 12m 以下由于条件限制无法测得，最大浓度可能出现在垂直距离 0~12m 之间。

从表 4-26 可以看出，使用 2 号凝并剂后，同一距离处，粉尘浓度大幅度降低，水平距离 50m 处，30min 的总抑尘效率达 98.69%，抑尘效果较好。从图 4-94 可知，2 号凝并剂使用后，同一时间内，爆破粉尘浓度随距离的增大逐渐降低。

3 号凝并剂使用前后爆破粉尘的垂直方向和水平方向浓度变化见表 4-27 和表 4-28。

表4-27　3号凝井剂抑尘效果垂直方向监测效果

（mg/m³）

监测点		时间/s																		
		1	2	3	4	5	10	15	20	25	30	35	40	45	50	55	60	90	120	150
垂直12m	喷洒前	567.00	546.38	510.48	491.34	471.92	400.26	363.71	275.81	207.65	164.76	114.18	90.71	58.74	47.50	36.45	27.55	13.98	6.36	2.98
	喷洒后	93.27	91.74	87.44	82.45	79.52	72.57	60.52	46.09	37.00	30.25	23.37	20.26	16.35	14.89	13.01	11.12	7.21	2.14	1.29
	效率/%	83.55	83.21	82.87	83.22	83.15	81.87	83.36	83.29	82.18	81.64	79.53	77.66	72.16	68.65	64.31	59.64	48.43	66.32	56.79
垂直20m	喷洒前	272.93	526.18	497.20	488.68	462.90	370.33	324.77	256.19	194.36	139.37	91.87	71.98	54.57	44.76	32.79	25.40	12.57	6.28	3.13
	喷洒后	49.46	83.97	81.05	77.93	74.15	66.99	53.23	41.68	33.79	27.86	20.27	16.19	15.98	14.65	12.13	10.55	6.60	2.16	1.39
	效率/%	81.88	84.04	83.70	84.05	83.98	81.91	83.61	83.73	82.62	80.01	77.94	77.50	70.72	67.28	63.02	58.45	47.46	65.66	55.65
垂直30m	喷洒前	114.28	341.67	445.12	440.76	418.53	357.50	314.11	230.13	177.83	121.57	77.21	61.02	48.98	38.49	30.53	20.45	9.88	5.19	3.05
	喷洒后	22.58	60.27	80.01	74.00	70.56	58.81	48.86	35.51	30.18	26.25	18.24	14.67	15.04	13.11	11.10	9.22	5.28	1.85	1.37
	效率/%	80.24	82.36	82.02	83.21	83.14	83.55	84.45	84.57	83.03	78.41	76.38	75.95	69.30	65.93	63.65	54.94	46.51	64.34	55.10
垂直50m	喷洒前	53.47	116.32	167.88	225.04	267.92	229.30	221.81	186.78	125.17	71.71	58.12	50.32	44.35	35.37	23.27	16.33	7.85	4.26	2.72
	喷洒后	11.42	22.43	32.93	41.53	49.62	41.55	38.25	31.98	23.32	16.61	14.62	14.01	13.31	12.52	8.75	7.81	4.27	1.57	1.34
	效率/%	78.64	80.71	80.38	81.55	81.48	81.88	82.76	82.88	81.37	76.84	74.85	72.16	70.00	64.61	62.38	52.19	45.58	63.06	50.69
垂直100m	喷洒前	10.46	39.89	55.09	67.49	77.83	95.19	83.94	74.62	61.15	56.16	47.64	39.13	32.03	25.75	18.68	11.91	5.32	3.05	2.45
	喷洒后	4.04	11.56	16.12	19.61	22.02	26.60	22.81	20.20	17.36	13.87	12.69	11.46	10.06	9.44	8.43	8.30	4.16	1.55	1.32
	效率/%	61.34	71.03	70.74	70.95	71.70	72.05	72.83	72.93	71.60	75.30	73.36	70.71	68.60	63.32	54.90	30.27	21.88	49.18	46.13
垂直150m	喷洒前	1.82	8.24	12.22	16.30	25.06	27.52	43.00	51.88	48.88	43.99	38.54	34.87	27.75	19.94	15.02	8.01	4.28	2.68	1.95
	喷洒后	1.29	4.85	7.20	9.59	14.64	16.02	18.57	18.58	15.28	13.18	10.83	10.71	8.91	7.57	7.43	6.78	3.73	1.52	1.24
	效率/%	1.00	1.00	1.00	1.00	1.00	1.00	1.00	1.00	1.00	1.00	1.00	1.00	1.00	1.00	1.00	1.00	1.00	1.00	1.00

表4-28　3号凝并剂抑尘效果水平方向监测效果

（mg/m³）

时间		监测点														
		2号	3号	4号	5号	6号	7号	8号	9号	10号	11号	12号	13号	14号	15号	16号
0.5min	喷洒前	91.87	103.31	94.75	4.26	4.35	3.67	2.03	2.32	2.29	1.53	1.45	1.41	1.34	1.31	1.27
	喷洒后	16.33	17.53	16.76	2.99	3.09	2.86	1.74	1.63	1.70	1.49	1.45	1.36	1.30	1.27	1.25
	效率/%	82.23	83.03	82.31	29.77	28.99	22.02	14.34	29.71	25.96	2.39	0.11	3.79	3.28	3.00	1.47
1min	喷洒前	34.85	38.01	33.71	17.63	18.14	16.39	1.88	1.93	1.84	1.51	1.42	1.44	1.25	1.27	1.28
	喷洒后	6.62	6.54	6.66	3.51	3.39	3.59	1.68	1.65	1.75	1.49	1.41	1.31	1.11	1.16	1.12
	效率/%	81.00	82.78	80.23	80.09	81.30	78.12	10.38	14.38	4.91	1.01	0.62	9.25	11.01	9.01	12.23
5min	喷洒前	12.21	10.81	12.47	9.88	10.56	10.16	6.16	6.86	6.95	1.47	1.41	1.49	1.21	1.18	1.22
	喷洒后	3.83	3.80	3.77	3.22	3.10	3.05	2.06	2.02	2.11	1.39	1.33	1.48	1.16	1.15	1.19
	效率/%	68.61	64.83	69.78	67.41	70.65	70.02	66.51	70.55	69.70	5.22	5.45	0.36	3.81	2.58	2.75
10min	喷洒前	3.84	4.92	4.52	2.86	3.12	3.25	2.44	2.49	2.42	1.35	1.29	1.31	1.25	1.27	1.22
	喷洒后	2.00	2.04	2.11	2.01	1.95	2.00	1.92	1.86	1.91	1.32	1.24	1.27	1.23	1.12	1.16
	效率/%	47.90	58.52	53.40	29.77	37.25	38.43	21.30	25.39	20.98	2.40	3.72	2.72	1.50	11.56	5.21
30min	喷洒前	1.27	1.33	1.36	1.35	1.37	1.45	1.38	1.36	1.41	1.40	1.32	1.28	1.26	1.23	1.25
	喷洒后	1.26	1.32	1.35	1.34	1.36	1.44	1.37	1.35	1.40	1.39	1.31	1.27	1.25	1.22	1.24
	效率/%	1.00	1.00	1.00	25.90	32.78	33.82	18.74	22.34	18.46	2.35	3.65	2.66	1.47	11.33	4.59

3 号凝并剂使用前后爆破粉尘的垂直方向和水平方向浓度随时间的变化如图 4-95 和图 4-96 所示。

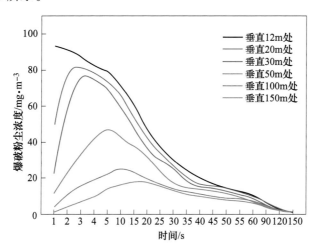

图 4-95　3 号凝并剂使用后爆破粉尘垂直方向浓度随时间的变化

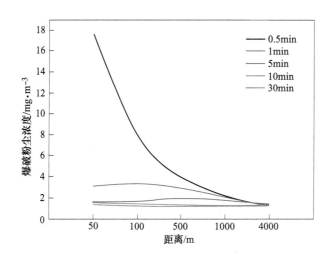

图 4-96　3 号凝并剂使用后爆破粉尘浓度随水平距离的变化

　　从表 4-27 可以看出，使用 3 号凝并剂后，同一距离上，粉尘浓度大幅度降低，150s 时，垂直 12m 处，3 号凝并剂的总抑尘效率达 99.77%，抑尘效果较好。

　　从表 4-27 和图 4-95 可以看出，同一距离上，使用凝并剂后粉尘浓度随时间的变化都出现一个峰值，并且出现峰值的时间随垂直距离的增大而逐渐延后，如垂直 20m 处，最大浓度出现在 2s 时，垂直 30m 处，最大浓度出现在 3s 处，垂直 50m 处，最大浓度出现在 5s 处。

从图 4-95 可以看出，垂直 12m 处的粉尘浓度随时间的增大是逐渐减小的，原因是 12m 以下由于条件限制无法测得，最大浓度可能出现在垂直距离 0~12m 之间。

从表 4-28 可以看出，使用 3 号凝并剂后，同一距离处，粉尘浓度大幅度降低，水平距离 50m 处，30min 的总抑尘效率达 98.64%，抑尘效果较好。从图 4-96 可知，3 号凝并剂使用后，同一时间内，爆破粉尘浓度随距离的增大逐渐降低。

比较这 3 种凝并剂效果，可以看出 3 号凝并剂的抑尘效果最佳。综上，对爆破现场喷洒凝并剂，能起到明显的控尘作用，特别是对边坡的充分润湿，可以很好地消除边坡爆破滑落卷席造成的大量扬尘。

充分润湿回填炮眼的钻屑，可以一定程度上消除穿孔形成的扬尘；水塞爆破对自由面起尘有显著的作用。

4.4.5.4　爆破作业抑尘技术试验

作为验证爆破抑尘技术的实际效果，以台阶爆破为例，采用三种控尘与抑尘，以爆破作业源头减尘与控尘为目标，开展了爆破抑尘作业技术试验。

A　爆区上空凝并剂爆破雾化

爆破雾化实验首先在尾矿库进行。现场进行了 3 次实验，分别采用 40L、60L 水袋，用 1 号凝并剂进行爆破实验，用药量分别为 500g、300g，如图 4-97 所示。图 4-98 所示为爆破实验后现场照片，爆破过程中爆破的冲击力可将凝并剂充分雾化。将爆破雾化技术应用于实际生产，按照 50~100m² 一个爆点，每点 60L 凝并剂的用量实施。

B　爆区喷洒抑尘剂

（1）地表沙粒与浮尘在爆破冲击波的作用下产生腾涌，回落后形成低位粉尘污染，称之为冲击波筛分效应，如图 4-99 所示。地表浮尘是造成爆破低位粉尘污染的重要原因，示范工程将根据爆场地表浮尘情况，喷洒相应的抑尘剂，从源头实施减尘控尘。

（2）台阶坡面喷洒凝并剂（或清水）。

针对自由面爆破造成的台阶坡面滑落腾涌造成的大量扬尘，实施台阶坡面预润湿措施，实施源头控尘。采用保水型 3 号凝并剂还可减轻装载与运输过程的粉尘污染。

C　实施水塞爆破

根据实验室研究与资料分析，水塞爆破对源头减尘有很大的作用，目前在煤矿开采过程中得到应用。水袋填塞于炸药上方，起爆后，高温高压爆轰气体与冲击波作用于水袋，使水迅速向岩体裂隙渗透，起到润湿爆破体的作用，同时吸收爆破产生的氮氧化物等有害气体，实现清洁生产。

图 4-97　凝并剂爆破实验装置

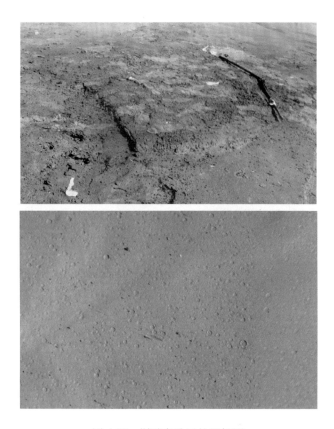

图 4-98　爆破实验后的现场图

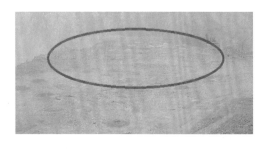

图 4-99　地表浮尘产尘

D　爆破作业抑尘试验效果评价

对爆破现场喷洒清水和抑尘剂，都能起到明显的控尘作用，特别是对台阶坡面的充分润湿，可以很好地消除边坡爆破滑落卷席造成的大量扬尘。

充分润湿回填炮眼的钻屑，可以一定程度上消除穿孔形成的扬尘；水塞爆破对自由面起尘有显著的作用。

参 考 文 献

［1］闫大洋.露天矿台阶预裂爆破参数优化的研究与应用［D］.淮南：安徽理工大学，2014.

［2］汪旭光.爆破设计与施工［M］.北京：冶金工业出版社，2012.

［3］于淑宝.预裂爆破参数研究与工程实践［D］.唐山：河北理工大学，2007.

［4］王宝江，魏景坡，张兆南.预裂爆破技术在露天矿边坡处理上的应用［J］.科技咨询导报，2002（23）：119.

［5］沈立晋.预裂爆破技术在露天边坡中的应用［J］.有色金属（矿山部分），2004，56（3）：28-29.

［6］陈代良，朱传云，李勇泉，等.溪洛渡水电站高陡边坡开挖预裂爆破设计［J］.湖北水利发电，2006（1）：35-37.

［7］陈立强，杨风华.边坡控制爆破技术的应用［J］.中国矿山工程，2011，40（3）：5-9.

［8］鞍钢矿业有限公司，等.矿山开采工艺过程粉尘控制与治理技术研究［R］.2015.

5 采空区爆破处理技术

5.1 采空区的特征

5.1.1 采空区的危害

矿山采空区的塌陷、涌水和边坡失稳是最为严重的矿山地质灾害之一，采空区给正常采矿生产带来了极大的威胁，给深部铁矿资源开采利用以及采矿工程计划执行带来极大困难。同时地下采空区严重威胁着矿山设备和人员的安全，也给矿山的爆破质量及爆破安全造成严重的安全隐患。且铁矿山采空区受强电磁、复杂地质构造和大型设备作业等因素影响，精准探测和治理难度极大。其危害主要有以下几点：

(1) 给整个露天矿坑体的设计带来困难；

(2) 露天矿采坑采空区施工中机械和人员的不安全；

(3) 采空区爆破处理时会产生矿体的贫化和损失；

(4) 采空区中的放射性金属对施工人员的危害；

(5) 影响采空区二次引爆的打钻施工；

(6) 采空区中矿井积水对施工作业的影响。

5.1.2 采空区的类型与特征

鞍山地区铁矿开采历史有百余年，开采方式为露天和井下开拓。早在20世纪初期日本人就在齐大山、弓长岭等矿区对地下富铁矿进行掠夺性开采，造成地下多处采空区。近年来，地方小矿点的不规范的乱采乱挖，导致采空区的具体位置、埋深、大小等资料不详。这些分布位置不确定的采空区给矿山生产和生活带来巨大隐患。

通过资料收集分析以及现场调查得出，采空区与矿体的关系非常密切，在齐大山和弓长岭二矿区等直立厚大的铁矿体中，采空区比较规范，在走向上、垂直高度上都有一定的规律，主要赋存在磁铁矿体内，多在较富的磁铁矿体内形成采场。而弓长岭一矿区和三矿区，是一个宽缓的向斜盆地，且受构造运动的影响，形成多级次的褶皱，在断层和褶皱的双重影响下，造成矿体的弯曲和不连续，较大的采空区主要形成于磁铁矿体内，同时由于矿体在褶皱的核部变厚变富，所以采空区多分布在褶皱的核部，因此造成了采空区的分布比较混乱。以前井下开采主要是采地下富铁矿体，造成在不同深度出现采空区，在剖面呈现串珠状或蜂窝煤分布，特别是在200m深度井下巷道的多层型采空区给露天作业和地面交通、生产生活等带来极大危害。如弓长岭地下铁矿现有的三个采区——中央区深井采区、中央区下含铁带采区和西北采区都存在老采空区的隐患。

根据开拓工程的方式，鞍山铁矿山采空区可以划分为竖井式、巷道式、采场式、超大型采场式和多层采场式采空区等类型。采空区的形态多为不规则形态，采空区的位置有沿矿体产状分布，有位于围岩与矿体或围岩中，个别采空区受到断层影响导致坍塌。根据采空区充填介质可以把采空区分为充水型采空区、碎石充填型采空区、塌陷松散型采空区、流沙充填型采空区和混合型采空区。含水式采空区一般在深凹采场且采空区处于潜水面以下，采空区汇有较深的水。

5.1.2.1　巷道式采空区

巷道式采空区是由井下开采时的穿脉和沿脉所形成的采空区，这类采空区的特点是宽度不大，约为2~5m，但延伸较大，一般为几十米至几百米，顶底板高度为2~6m左右，一般巷道都与采场相连。目前，从现场发现的采空区来看，多为两个采场式采空区的连接巷道，依据巷道式采空区，可以追索采场式采空区。此类采空区埋深较深时，对采场开采工作无任何影响，当埋深较浅时，牙轮钻爆破时，经常就由现场穿爆人员处理了，危害相对较小（见图5-1），所以这类型采空区虽然不少，但不是爆破处理的主要采空区。

图5-1　巷道式采空区

5.1.2.2　竖井式采空区

竖井式采空区：这是由井下开采时的盲竖井形成的采空区，这类采空区的特点是面积不大，一般为十几平米至二十几平米，但这种采空区的顶底板的空场高度非常大，从几十米到几百米不等，一般在盲竖井周围都发育有巷道式采空区和采场式采空区。目前，只在大砬子采区发现一个直径约4m的竖井式采空区（见图5-2）。此类采空区危害较大。这类采空区的危害以及处理都与它的直径和深度有关，如果直径超过采场作业工具且深度达到几百米，那将不仅危害大，处理起来也是非常困难，作者在袁家村铁矿发现一个深几百米的竖井式采空区。这类采空区一般较少，也不能作为爆破处理的主要采空区。

图5-2　竖井式采空区

5.1.2.3　采场式采空区

采场式采空区是由井下开采时大型采场形成的采空区，这类采空区的特点是面积较大，一般为几百平方米至上千平方米不等，空场高度为10m左右，个别达到20m或30m，与巷道相连。可依据巷道采空区进行追索。此类采空区探测难度较小，但危害非常大，受构造和软弱面的影响，非常容易塌陷，造成人员伤亡和设备的损失。目前，这类采空区在弓长岭铁矿的何家采场、独木采场、大砬子采场和中茨采场都有发现（见图5-3）。这类采空区一般较多，是爆破处理的主要采空区。

图5-3　采场式采空区

5.1.2.4 超大型采场式采空区

超大型采场式采空区是由井下开采时超大型采场形成的采空区，这类采空区的特点是面积非常大，一般为近千平方米及千平方米以上，个别达到上万平方米，由于采场面积太大，在采空区内部形成上下山，所以在采空区内部的标高差视矿体的厚度而定，一般为十多米，个别能达到几十米以上。如在弓长岭何家采场的 162 平台的一个超大型采空区，这个采空区东西长约 45m，南北宽约 40m，空区地表投影面积约 1000m²，影响安全作业面积 1800m²，顶板最高处标高 158m，最低底板标高 146m，顶底板最大落差约 12m（见图 5-4 和图 5-5），整个采空区没有一个矿柱支撑，总体看，该采空区西北部离地面近，且随着采矿活动进行不断冒落，直至塌陷，往东南方向顶板逐渐变厚，由于采空区面积巨大，且顶板不断冒落，因此给现场爆破处理带来较大困难，利用传统的牙轮钻进行钻孔爆破风险巨大，可以考虑体重较小的潜孔钻进行钻孔爆破，对采场的安全开采影响巨大。

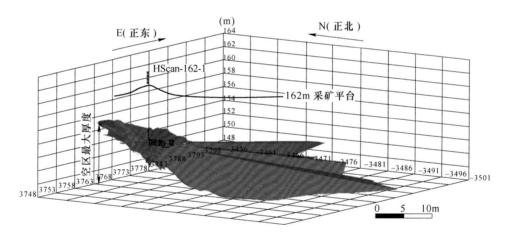

图 5-4　HScan-162-1 采空区实体三维展示图

另外在何家采场的一个超大型采空区，采空区东西长约 140m，南北宽约 120m，空区地表投影面积约 7000m²（见图 5-6），影响安全作业面积 16800m²，最高顶板标高 143m，最低底板标高 127m，顶底板最大落差约 16m（见图 5-7）。采空区总体厚度稳定，但落差比较大（约 16m），且会随着采矿活动进行，顶板会被不断震落，厚度会越来越薄，同时底板会堆积碎石堆，影响对空区真实厚度的判定，这在以后的采矿活动中要严密监控，确保生产安全。已有成果可与目前采掘情况图叠加比对，整个采空区面积超大，形状并不规则，中间存留的几个矿柱估计还是围岩，稳固性不如铁矿体，但由于采空区形状不规则，且空场的高度不太大，因此可以考虑分区爆破处理。

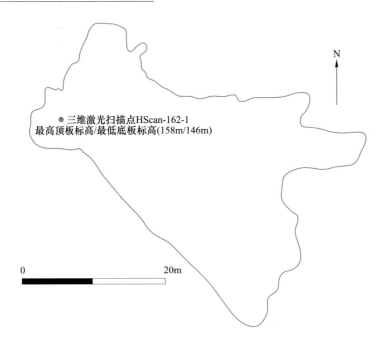

图 5-5　HScan-162-1 采空区范围 CAD 实体界线示意图

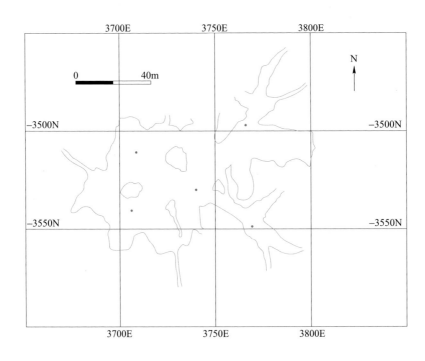

图 5-6　HScan-162-2~6 采空区范围 CAD 实体界线示意图

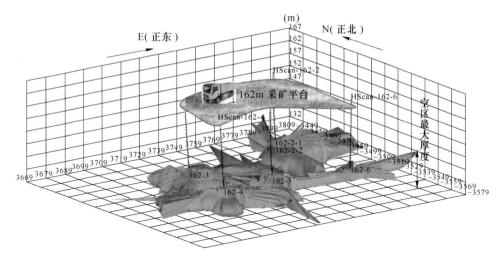

图 5-7　HScan-162-2~6 采空区实体三维展示图

5.1.2.5　多层采场式采空区

从字面上看，多层采场式采空区就是在一个垂直剖面上存在着相互影响的几层采场式的采空区。这类采空区如果是未知的，那么探测难度比较大。同样，这类采空区的爆破难度也是非常大，特别是上下采空区的隔层不太大时，上层的采空区的爆破将影响到下层采空区的处理。根据采空区的空场高度以及隔层厚度可以选择上下层采空区一体式爆破处理和上下层分层爆破处理的方式，图 5-8 是弓长岭露天铁矿何家采区的一个多层采空区的剖面图。

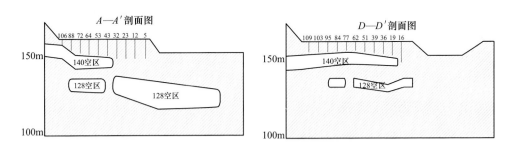

图 5-8　何家采区多层采空区示意图

5.1.2.6　含水型采空区

含水型采空区是矿山开采到深凹期时采空区处于潜水面以下的一类采空区，此类空区位于矿山自然潜水面以下，同时又处在矿山日常抽排水控制潜水面以下，是充满水的采空区。潜水型空区由于富水，其在采矿活动的扰动下，水可以改变断层、蚀变带和围岩的力学性质，极易诱发空区失稳坍塌而造成安全事故。

同样，由于采空区含水，给爆破处理带来了一定的困难。图 5-9 是一个揭露的含水型采空区。

图 5-9　含水型采空区

5.2　地下复杂采空区爆破治理技术

5.2.1　露天开采与采空区处理方法选择

地下空区的存在，严重制约了露天安全生产。由于人员设备均无法进入井下，空区不能在井下处理，也难以在露天单独处理。不进行处理，露天采矿则无法进行，而处理空区时，要求露天矿山不能停产，而且还要保产、增产。

为了实现露天矿强化开采，提出露天开采与空区治理一体化技术，按照整个地下空区的危险等级和处理难易程度，划分露天采场。统筹规划露天开采和空区治理，分时间段、分区域进行采空区的探测、建模、稳定性分析，并将其纳入露天采矿生产环节之中，采取空区监测、采矿、空区治理并举的系统方法，如图 5-10 所示，解决露天开采与地下空区处理同步进行之间的矛盾。

5.2.2　崩落法空区处理技术

从国内外采空区处理方法和经验分析，实际上真正有效的为地表崩落处理法和充填法，这两种方法工艺成熟，技术成熟，应用广泛。崩落处理法与充填法相比，具有施工方便、效果好、速度快、成本低、能有效地与生产结合等优点，该法为治理鞍钢采空区的最佳方法。

5.2.2.1　常规崩落法

当采空区顶板至台阶顶面厚度大于最小安全厚度，而小于台阶高度，在地压活动稳定地段，采空区形态清楚的条件下，利用台阶坡面与采空区为自由面，采用常规崩落法处理（见图 5-11）。

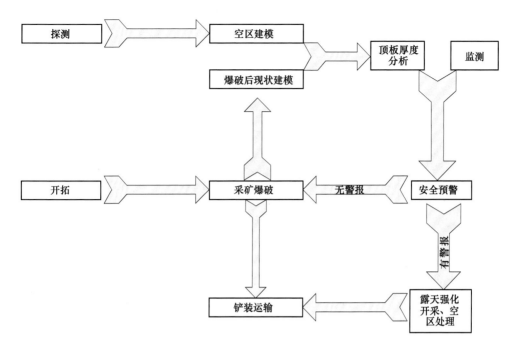

图 5-10　露天开采与空区处理一体化技术

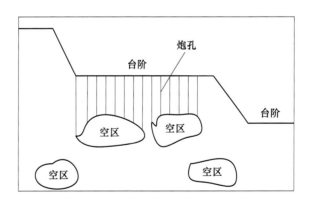

图 5-11　常规崩落法处理采空区

5.2.2.2　侧翼揭露崩落法

当台阶面被较厚松碴覆盖难以穿孔，或台阶面至采空区顶板厚度小于最小安全厚度时的单层采空区处理应采用从边部侧翼揭露，推进至采空区边界时布置倾斜中深孔崩落，分次推进处理（见图 5-12）。

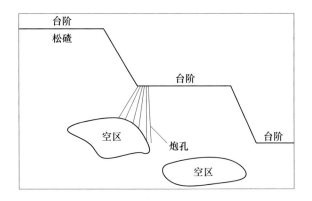

图 5-12　侧翼揭露崩落法处理采空区

5.2.2.3　台阶分段或并段崩落处理法

当上台阶面至采空区顶板厚度较大，穿孔爆破困难，而下降一个台阶水平后，下台阶面至采空区顶板厚度又小于最小安全厚度，不能保证生产作业安全时，可将上台阶根据实际先下降 6~8m，在保证作业安全，同时满足穿孔爆破作业后，再采用深孔爆破一次处理多层复合采空区（见图 5-13）。

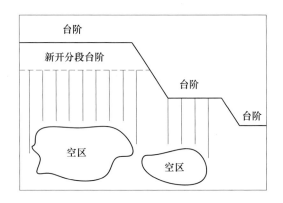

图 5-13　分段台阶崩落处理法

当下台阶面至采空区顶板厚度较小，不能保证作业安全，而分段处理亦不能很好的保证作业安全时，可将上、下台阶并段，在上台阶面采用深孔爆破一次处理多层复合采空区（见图 5-14）。

台阶分段或并段崩落法处理采空区穿孔采用潜孔钻穿孔，以台阶剖面和下部采空区为自由面，排间微差分段深孔侧向爆破，崩落采空区顶板填塞采空区。

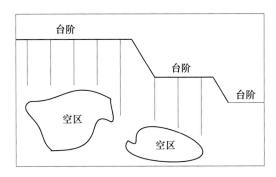

图 5-14　并段台阶崩落处理法

5.2.3　崩落法空区处理方案

5.2.3.1　采空区强制崩落处理方案

以未风化的岩体为例，介绍采空区处理施工方法和施工顺序，具体如下。

采空区强制崩落施工方法如图 5-15 所示，强制崩落 B 区后，对 C 区地表部分进行松碴清理，以满足 C 区的钻孔要求，C 区爆破完成后，再进行统一装运。

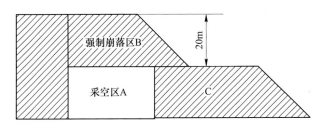

图 5-15　强制崩落爆破方案施工方法

根据采空区顶板的厚度，将采取不同的布孔方式和起爆顺序，保证爆破效果，采空区由崩落的石头塌陷满，排除安全隐患。

垂直孔处理方案：当采空区探明以后，满足垂直孔崩落爆破施工的条件时，即空区顶板厚度既满足钻孔、爆破作业的施工安全，又小于钻机的钻孔深度极限，采用垂直炮孔崩落爆破处理方案。根据崩落爆破区域的形状、大小、埋深，设计不同的起爆方式。当空区比较大、埋深相对浅时，崩落后岩渣能够填充，可以用毫秒微差从中间向四周起爆。

5.2.3.2　垮塌空区的处理方案

已有采空区顶板垮塌分为两种情况：（1）完全崩落；（2）未完全崩落。为解决这两种情况施工过程中存在安全问题，可遵循下面的顺序进行施工（见图5-16）：

（1）回采 C 区岩体；

（2）C 区回采结束后，进行 D 区的回采；

（3）D 区回采结束后，回采 B、A 区。

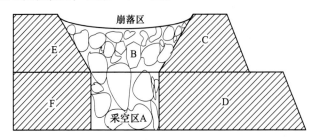

图 5-16　自然崩落采空区施工方法

空区自然垮塌后，将原采空区群贯通，形成崩落区和原采空区。施工过程中，从侧面揭露空区和崩落区，侧向挖装推进，挖装推进过程中进行钻探确认挖装作业平台的安全性。

5.3　采空区爆破崩落法治理的数值模拟

5.3.1　连续-非连续数值模拟方法简介

连续-非连续单元法（CDEM，Continuum-Discontinuum Element Method）是一种有限元与离散元耦合的显式数值分析方法，主要用于岩土等材料渐进破坏过程的模拟。该方法的特点是：在模拟材料弹塑性变形的同时，可以模拟显式裂缝在材料中的萌生、扩展及贯通过程。

CDEM 中的数值模型由块体及界面两部分构成。块体由一个或多个有限元单元组成，用于表征材料的弹性、塑性、损伤等连续特征；两个块体间的公共边界即为界面，用于表征材料的断裂、滑移、碰撞等非连续特征。CDEM 中的界面包含真实界面及虚拟界面两个概念，真实界面用于表征材料的交界面、断层、节理等真实的不连续面，其强度参数与真实界面的参数一致；虚拟界面主要有两个作用，一是连接两个块体，用于传递力学信息，二是为显式裂纹的扩展提供潜在的通道（即裂纹可沿着任意一个虚拟界面进行扩展）。

CDEM 中数值模型的示意图如图 5-17 所示，该示意模型共包含 8 个块体，其中有 2 个块体由 2 个三角形单元组成，其余的 6 个块体均由 1 个三角形单元组成；此外，图 5-17（c）中红色线为真实界面，黑色线为虚拟界面。

CDEM 中的节点包括连续节点、离散节点及混合节点等三类（见图 5-18），连续节点被一个或多个有限元单元共用，不参与界面力的求解；离散节点仅属于一个有限元单元，参与界面力的求解；混合节点被多个有限元单元共用，参与界面力的求解。

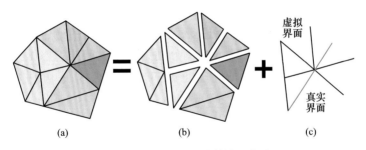

图 5-17　CDEM 中的数值模型构成

（a）数值模型；（b）块体；（c）界面

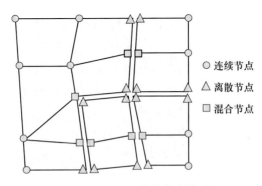

图 5-18　CDEM 中的节点类型

CDEM 采用基于增量方式的显式欧拉前差法进行动力问题的求解，主要包含节点合力计算及节点运动计算两个部分。节点合力计算见式（5-1），即

$$F = F^E + F^e + F^c + F^d \tag{5-1}$$

式中，F 为节点合力；F^E 为节点外力；F^e 为有限元单元变形贡献的节点力；F^c 为接触界面贡献的节点力；F^d 为节点阻尼力。

节点运动计算见式（5-2），即

$$\begin{cases} a = F/m, \ v = \sum_{t=0}^{T_{now}} a\Delta t \\ \Delta u = v\Delta t, \ u = \sum_{t=0}^{T_{now}} \Delta u \end{cases} \tag{5-2}$$

式中，a 为节点加速度；v 为节点速度；Δu 为节点位移增量；u 为节点位移全量；m 为节点质量；Δt 为计算时步。基于式（5-1）、式（5-2）的交替计算，即可实现显式求解过程。

5.3.1.1　朗道点火爆炸模型

本小节采用朗道点火爆炸模型模拟炸药的起爆及爆生气体的膨胀过程。朗道模型采用朗道-斯坦纽科维奇公式（γ 率方程）（见式（5-3））进行爆炸气体膨胀压力的计算。其中，γ_1 及 γ_2 分别表示第一段及第二段的绝热指数，对于一般的凝聚态炸药，$\gamma_1 = 3$，$\gamma_2 = 4/3$；p 和 V 分别为高压气球的瞬态压力和体积，p_0 和 V_0 分别为高压气球初始时刻的压力和药包的体积，p_k 和 V_k 分别为高压气球在两段绝热过程边界上的压力和体积。p_k 由式（5-4）给出，p_0 由式（5-5）给出，其中 Q_w 为炸药爆热（J/kg），ρ_w 为装药密度（kg/m^3），D 为爆轰速度（m/s）。

$$\begin{cases} pV^{\gamma_1} = p_0 V_0^{\gamma_1} & p \geqslant p_k \\ pV^{\gamma_2} = p_k V_k^{\gamma_2} & p < p_k \end{cases} \tag{5-3}$$

$$p_k = p_0 \left\{ \frac{\gamma_2 - 1}{\gamma_1 - \gamma_2} \left[\frac{(\gamma_1 - 1)Q_w \rho_w}{p_0} - 1 \right] \right\}^{\frac{\gamma_1}{\gamma_1 - 1}} \tag{5-4}$$

$$p_0 = \frac{\rho_w D^2}{2(\gamma_1 + 1)} \tag{5-5}$$

此外，当某时刻爆炸产生的压力大于 CJ 面（Chapman-Jouguet）上的压力（p_{CJ}）时，令其等于 CJ 面上的压力，即

$$\text{如果 } p > p_{CJ}, \text{ 则 } p = p_{CJ} \tag{5-6}$$

数值计算时，V_0 为炸药单元的初始体积，V 为炸药单元的当前体积。因此，要求数值计算采用大变形，实时更新单元坐标，进而计算出单元的体积。

朗道模型起爆时需设置点火点位置、点火时间，并根据到时起爆判断某一炸药单元是否执行爆炸压力计算。

设某一炸药（含若干个单元）的点火时间为 t_0，点火点坐标为（x_0，y_0，z_0），该炸药中某一单元体心到点火点的距离为 d，炸药的爆速为 D，则该单元的点火时间为 $t_1 = d/D + t_0$。当爆炸时间 $t > t_1$ 时，该单元才根据式（5-7）进行爆炸压力的计算，式中 p_r 为真实爆炸压力，$f(p)$ 为爆轰产物状态方程（根据式（5-3）获得）。ξ 为能量释放率，可由式（5-8）获得，其中 V_e 为单元初始体积，$A_{e\text{-max}}$ 为单元最大面积。

$$p_r = \xi f(p) \tag{5-7}$$

$$\xi = \begin{cases} \min\left(\dfrac{2(t - t_1)DA_{e\text{-max}}}{3V_e}, \ 1 \right) & \text{当 } t > t_1 \\ 0 & \text{当 } t \leqslant t_1 \end{cases} \tag{5-8}$$

与围岩耦合计算时，如果围岩单元与炸药单元共节点，则炸药单元产生的爆炸压力通过公用节点自动作用到围岩体上；如果炸药单元与围岩节点独立，则需设定接触弹簧进行爆炸压力的传递，计算过程中令切向耦合刚度为 0，法向耦合刚度尽量取大值（一般可取岩体弹性模量的 100～1000 倍）。

朗道模型的输入参数包括：装药密度（ρ_w）、爆速（D）、爆热（Q_w）、绝热

指数 $1(\gamma_1)$、绝热指数 $2(\gamma_2)$、CJ 面压力（p_{CJ}）、点火点坐标（x_0，y_0，z_0）、点火时间（t_0）及爆炸持续时间（t_f）等 9 个参数。

爆源模型的计算流程如图 5-19 所示。

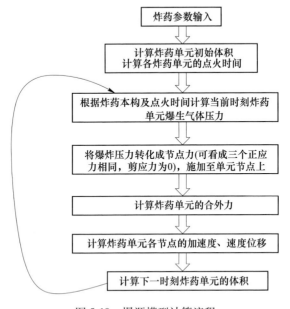

图 5-19　爆源模型计算流程

5.3.1.2　塑性-局部化-断裂耦合模型

为了表征岩体在外加载荷下的渐进破坏过程，提出了一种塑性-局部化-断裂耦合的模型。该模型将岩体离散为单元及虚拟界面两部分，其中虚拟界面为两个单元的边界。单元的受力变形采用有限元进行计算，并在单元中引入理想弹塑性模型表征爆炸载荷下的岩体出现的塑性变形特征；虚拟界面的受力变形通过离散元（数值弹簧）实现，并在虚拟界面上引入考虑局部化过程的塑性模型实现岩体的损伤断裂过程（见图 5-20）。

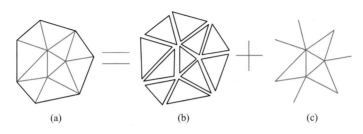

图 5-20　塑性损伤断裂模型

（a）岩体，塑性-局部化-断裂；（b）单元，理想弹塑性模型；
（c）虚拟界面，局部化-断裂模型

在单元上采用 Mohr-Coulomb 理想弹塑性模型（含最大拉应力本构）刻画爆破区域岩体的塑性变形过程。根据应力张量 σ_{ij} 计算当前时步的主应力 σ_1、σ_2 及 σ_3，根据式（5-9）判断该应力状态是否已经达到或超过 Mohr-Coulomb 准则，即

$$\left.\begin{array}{l} f^s = \sigma_1 - \sigma_3 N_\phi + 2C\sqrt{N_\phi} \\ f^t = \sigma_3 - T \\ h = f^t + \alpha^p(\sigma_1 - \sigma^p) \end{array}\right\} \tag{5-9}$$

式中，C、ϕ、T 为块体的黏聚力、内摩擦角及抗拉强度；N_ϕ、α^p、σ^p 为常数（见式（5-10））。如果 $f^s \geqslant 0$ 且 $h \leqslant 0$，则发生剪切破坏；如果 $f^t \geqslant 0$ 且 $h > 0$，则发生拉伸破坏。

$$\left.\begin{array}{l} N_\phi = \dfrac{1 + \sin\phi}{1 - \sin\phi} \\ \alpha^p = \sqrt{1 + N_\phi^2} + N_\phi \\ \sigma^p = TN_\phi - 2C\sqrt{N_\phi} \end{array}\right\} \tag{5-10}$$

当单元发生剪切破坏时，采用式（5-11）进行主应力的修正，即

$$\left.\begin{array}{l} \sigma_{1-new} = \sigma_1 - \lambda^s(\alpha_1 - \alpha_2 N_\psi) \\ \sigma_{2-new} = \sigma_2 - \lambda^s\alpha_2(1 - N_\psi) \\ \sigma_{3-new} = \sigma_3 - \lambda^s(-\alpha_1 N_\psi + \alpha_2) \end{array}\right\} \tag{5-11}$$

式中，λ^s、N_ψ、α_1 和 α_2 为常数，其表达式为：

$$\left.\begin{array}{l} \lambda^s = \dfrac{f^s(\sigma_1, \sigma_3)}{(\alpha_1 - \alpha_2 N_\psi) - (-\alpha_1 N_\psi + \alpha_2)N_\psi} \\ \alpha_1 = K + \dfrac{4}{3}G \\ \alpha_2 = K - \dfrac{2}{3}G \\ N_\psi = \dfrac{1 + \sin\psi}{1 - \sin\psi} \end{array}\right\} \tag{5-12}$$

式中，ψ、K 和 G 分别表示剪胀角、体积模量及剪切模量。

当单元发生拉伸破坏时，采用式（5-13）进行主应力的修正，即

$$\left.\begin{array}{l} \sigma_{1-new} = \sigma_1 - [\sigma_3 - T]\dfrac{\alpha_2}{\alpha_1} \\ \sigma_{2-new} = \sigma_2 - [\sigma_3 - T]\dfrac{\alpha_2}{\alpha_1} \\ \sigma_{3-new} = T \end{array}\right\} \tag{5-13}$$

在虚拟界面上采用 Mohr-Coulomb 应变软化模型（含最大拉应力应变软化模型）实现岩体局部化及断裂过程的模拟。

首先根据增量法计算当前时步虚拟界面上的试探力，即

$$\left.\begin{aligned}
F_{\mathrm{n}}(t_1) &= F_{\mathrm{n}}(t_0) - K_{\mathrm{n}} \times \Delta \mathrm{d}u_{\mathrm{n}} \\
F_{\mathrm{s}}(t_1) &= F_{\mathrm{s}}(t_0) - K_{\mathrm{s}} \times \Delta \mathrm{d}u_{\mathrm{s}}
\end{aligned}\right\} \tag{5-14}$$

式中，F_{n}、F_{s} 为虚拟界面上的法向力（拉伸为负）及切向力；$\Delta \mathrm{d}u_{\mathrm{n}}$、$\Delta \mathrm{d}u_{\mathrm{s}}$ 分别表示虚拟界面间的法向及切向位移增量差；t_1 为下一时刻；t_0 为本时刻。

采用式（5-15）进行拉伸破坏的判断及法向接触力的修正，即

如果
$$-F_{\mathrm{n}}(t_1) \geqslant T(t_0) A_{\mathrm{c}}$$

那么
$$\left.\begin{aligned}
F_{\mathrm{n}}(t_1) &= -T(t_0) A_{\mathrm{c}} \\
T(t_1) &= -T_0 \times \varepsilon_{\mathrm{p}} / \varepsilon_{\lim} + T_0
\end{aligned}\right\} \tag{5-15}$$

式中，T_0、$T(t_0)$ 及 $T(t_1)$ 为初始时刻、本时刻及下一时刻的抗拉强度；$\varepsilon_{\lim}$ 为拉伸断裂应变；ε_{p} 为本时刻的拉伸塑性应变，有

$$\varepsilon_{\mathrm{p}} = \frac{\Delta u_{\mathrm{n}}}{L_{\mathrm{c}}} - \frac{T(t_0)}{\bar{E}} \tag{5-16}$$

式中，L_{c} 为局部化带宽度；Δu_{n} 为虚拟界面间的法向位移差；$\bar{E}$ 为虚拟界面的等效弹性模量（一般取与块体弹性模量一致）。

采用式（5-17）进行剪切破坏的判断及切向接触力的修正，即

如果
$$F_{\mathrm{s}}(t_1) \geqslant F_{\mathrm{n}}(t_1) \times \tan\phi + c(t_0) A_{\mathrm{c}}$$

那么
$$\left.\begin{aligned}
F_{\mathrm{s}}(t_1) &= F_{\mathrm{n}}(t_1) \times \tan\phi + c(t_0) A_{\mathrm{c}} \\
c(t_1) &= -c_0 \times \gamma_{\mathrm{p}} / \gamma_{\lim} + c_0
\end{aligned}\right\} \tag{5-17}$$

式中，ϕ 为内摩擦角；c_0、$c(t_0)$ 及 $c(t_1)$ 为初始时刻、本时刻及下一时刻的黏聚力；$\gamma_{\lim}$ 为剪切断裂应变；γ_{p} 为本时刻的剪切塑性应变，有

$$\gamma_{\mathrm{p}} = \frac{\Delta u_{\mathrm{s}}}{L_{\mathrm{c}}} - \frac{c(t_0) + F_{\mathrm{n}}(t_1)\tan\phi / A_{\mathrm{c}}}{\bar{G}} \tag{5-18}$$

式中，Δu_{s} 为虚拟界面间的切向位移差；$\bar{G}$ 为虚拟界面的等效剪切模量（一般取与块体剪切模量一致）。

由式（5-15）、式（5-17）可以看出，虚拟界面的抗拉强度及黏聚力将随着拉伸塑性应变及剪切塑性应变的增加而线性减小（见图 5-21）。

基于虚拟界面的应变软化模型，可以定义三类损伤因子，分别为拉伸损伤因子 α、剪切损伤因子 β 及联合损伤因子 χ，为

$$\left.\begin{aligned}
\alpha &= 1 - T(t) / T_0 \\
\beta &= 1 - c(t) / c_0 \\
\chi &= 1 - (1 - \alpha)(1 - \beta)
\end{aligned}\right\} \tag{5-19}$$

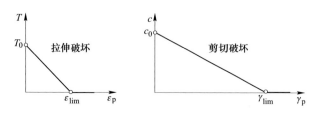

图 5-21　抗拉强度及黏聚力的线性软化效应

当上述三个损伤因子中的任意一个减小为 0 时，虚拟界面即发生断裂。

5.3.1.3　接触碰撞模型

为了描述岩体失稳后的飞散、碰撞及堆积过程，提出了半弹簧-接触边模型。

传统接触模型中的点一般指块体顶点，被多个面共用且无面积。半弹簧是一种用来进行接触判断，同时具有特征面积的点，由块体顶点缩进至相邻的面内形成，如图 5-22（a）所示。在两个半弹簧的基础上，建立接触边，如图 5-22（b）所示。

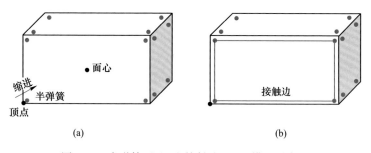

(a)　　　　　　　　　　　　　　　(b)

图 5-22　半弹簧（a）和接触边（b）模型示意图

通过初步检测获得一系列的碰撞块体对后，将块体之间的检测转化为块体上的面面检测，即母面和目标面。接触边和半弹簧则位于母面上，与目标面建立接触关系。如图 5-23 所示，mn 为接触边，β 为目标面。首先计算接触边的两个端点到目标面的距离 d_m、d_n，计算公式为：

$$d_m = im \cdot n_\beta , \quad d_n = in \cdot n_\beta \tag{5-20}$$

式中，n_β 为目标面的外法向单位向量；i 可以为目标面上的任意点。假设 d_{tol} 为接触检测中设置的容差，则根据 d_m、d_n 以及 d_{tol} 三者之间的关系，可以将接触边与目标面的几何关系（见图 5-24）分为以下四种情况：（a）$|d_m| > d_{tol}$，$|d_n| > d_{tol}$ 且 $d_m \cdot d_n > 0$；（b）$|d_m| > d_{tol}$，$|d_n| < d_{tol}$ 或 $|d_m| < d_{tol}$，$|d_n| > d_{tol}$；（c）$|d_m| > d_{tol}$，$|d_n| > d_{tol}$ 且 $d_m \cdot d_n < 0$；（d）$|d_m| < d_{tol}$，$|d_n| < d_{tol}$。对于（a）情形，不存在接触发生，仅需分析（b）、（c）及（d）这三种情形。

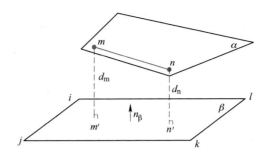

图 5-23 接触边和目标面的距离

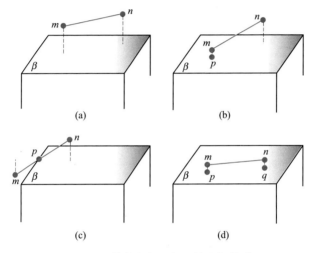

(a)　　　　　　　　　　　　(b)

(c)　　　　　　　　　　　　(d)

图 5-24 接触边与目标面的几何关系

（a）$|d_m|>d_{tol}$，$|d_n|>d_{tol}$ 且 $d_m \cdot d_n>0$；

（b）$|d_m|>d_{tol}$，$|d_n|<d_{tol}$ 或 $|d_m|<d_{tol}$，$|d_n|>d_{tol}$；

（c）$|d_m|>d_{tol}$，$|d_n|>d_{tol}$ 且 $d_m \cdot d_n<0$；（d）$|d_m|<d_{tol}$，$|d_n|<d_{tol}$

情形（b）：接触边两个端点有一个在容差之内，假设为 m 点，设该点在 β 所在平面内的投影为 m'。若 m' 是位于面 β 内部，则接触发生，接触点为 m'。

情形（c）：接触边两个端点均在容差之外，且分别位于面的两边。在接触边 mn 上必然存在一点 p 到 β 所在平面距离为 0。若 p 位于面 β 的某条棱上，则接触发生，接触点为 p。

情形（d）：接触边两个端点均在容差之内，设 m 和 n 在 β 所在平面上的投影分别为 m' 和 n'。将 $m'n'$ 被 β 的所有边切割，若最终线段 $m'n'$ 长度大于 0，则接触发生，接触点分别为 m' 和 n'。

采用接触边-半弹簧模型验证各种基本接触类型，点-点接触类型的验证如图 5-25 所示，点-面、棱-面、棱-棱、面-面等接触类型的验证如图 5-26 所示。

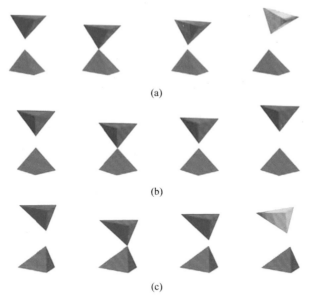

图 5-25　点-点接触模型的数值计算结果

（a）A 块重心位于右侧；（b）A 块重心位于正中；

（c）A 块重心位于左侧

图 5-26　块体重力下落碰撞检测过程模块开发

5.3.2　岩体模型

以孔深 30m 爆破成井试验为模拟对象，分析爆破方案的可行性及爆破效果。建立如图 5-27 所示的三维爆破模型，其中 Y 轴的负方向为重力方向。整个模型的外形尺寸为 52m×52m×42m（$X×Y×Z$），空区的几何尺寸为 32m×12m×22m；空区位于地面以下 30m，空区到模型水平面边界的距离均为 10m。

采用商用软件 GiD 进行网格剖分，拟进行 VCR 爆破的区域（VCR 爆破区域半径 5m 范围内）网格尺寸约为 0.5m，其他区域的网格尺寸约为 2m，共剖分 371742 个四面体单元（含 67246 个节点），网格剖分图如图 5-28 所示。

5.3.3　炮孔模型

根据现场试验的情况，首先对空区正上方 12m 的范围执行 VCR 爆破，炮

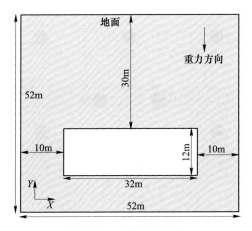

图 5-27　三维爆破模型

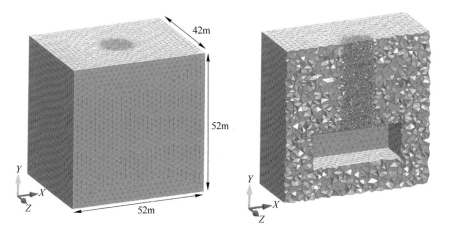

图 5-28　爆破模型网格剖分

孔直径为 $\phi250$mm，每一层的装药高度为 1m，层间填塞高度为 2m，共布设 4 层炸药。每一层炮孔数为 12 个，炮孔空间位置布置如图 5-29 所示；分层间微差时间取 75ms，分层内部掏槽孔（1~4 号）与周边孔（5~12 号）延期时间 25ms。

数值计算时，采用一维轴对称杆件模型对炸药进行描述，4 层共 48 根杆件单元，每根杆件剖分 5 个单元，通过杆件与实体单元的插值耦合实现炸药爆炸能量（爆炸压力）的传递，杆件爆源模型如图 5-30 所示。

5.3.4　计算模型及参数

根据地质勘察资料，采空区顶板大部分为铜硫矿石，围岩为矽卡岩，岩体条

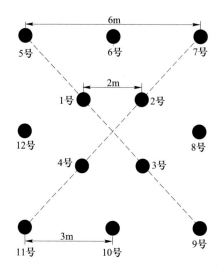

图 5-29　VCR 爆破孔位布置

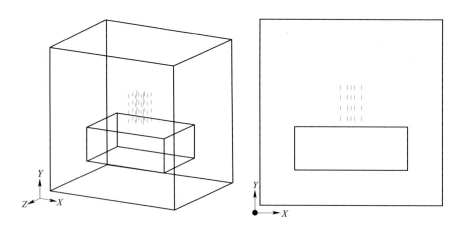

图 5-30　一维杆件爆源模型

件较好，普氏系数 $f = 10 \sim 12$，根据长沙矿山院实验表明，岩石松散系数为 1.6。数值计算时，抗压强度取 100MPa，抗拉强度取 10MPa，采用考虑软化效应的 Mohr-Coulomb 准则及最大拉应力准则对铜硫矿石的爆破破裂破碎效应进行描述，物理力学参数见表 5-1。

表 5-1　采空区上覆岩体的力学模型

密度 /kg·m⁻³	弹性模量 /GPa	泊松比	黏聚力 /MPa	抗拉强度 /MPa	内摩擦角 /(°)	拉伸极限 应变/%	剪切极限 应变/%
3200	60	0.25	23.3	10	40	0.5	1.5

VCR成井试验所用的炸药为能抗水的2号岩石露天乳化炸药，药卷质量为3千克/卷，药卷直径为90mm。数值计算时采用朗道点火爆炸模型进行模拟，炮孔密度为1100kg/m³，爆轰速度为5600m/s，爆热为3.4MJ/kg。

5.3.5　计算步骤

计算步骤为：

（1）模型底部及四周边界法向约束，施加Y轴负向的重力，弹性计算稳定；

（2）将计算本构切换至塑性软化模型，塑性计算稳定，位移场清零；

（3）打开动力计算开关，将模型四周及底部的位移约束清除，并在对应位置施加无反射边界条件（quiet boundaries）。

5.3.6　计算结果分析

不同时刻下爆区内单元的破碎情况如图5-31所示。其中，黑色部分表示单元已经达到断裂应变，单元处于破裂破碎状态。由图可得，随着炮孔逐层爆破，炮孔附近的单元逐渐出现损伤破裂，并逐渐向空区底部塌落；VCR爆破形成的竖井基本呈圆柱体，直径约为7~10m，顶层附近由于受周边及顶部围岩的约束，直径有所减小；此外，在地面以下1~2m处及空区顶部附近，明显看到了由爆炸应力波反射形成的拉伸裂缝。

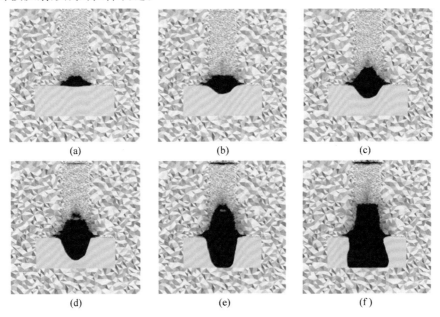

图5-31　爆破过程中岩体的损伤破裂过程

（a）$t=10.88ms$；（b）$t=60.88ms$；（c）$t=90.88ms$；（d）$t=150.9ms$；
（e）$t=230.9ms$；（f）$t=650.9ms$

底部12m爆破完成后，井筒的形态如图5-32所示。由图可得，井筒的形态总体上呈一圆柱体，受围岩夹制作用及自由面的影响，顶部直径较小，底部直径较大。经统计，爆破后竖井的体积约为843m³。

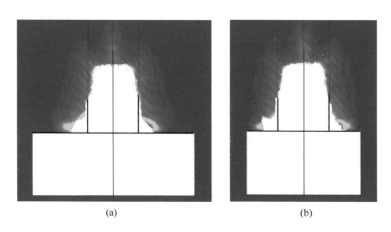

图5-32　底部12m爆破完成后的井筒形态
（a）XY平面；（b）ZY平面

定义单元破坏比率＝当前时刻曾经进入过塑性的单元数/总单元数，对不同时刻单元的破坏比率进行统计，结果如图5-33所示。由图可得，随着爆破时间的增大，单元的破坏比率逐渐增大；第一层爆破引起的单元破坏比率增幅最大，约为40%；后三层爆破时引起的单元破坏比率增幅基本一致，约为10%。

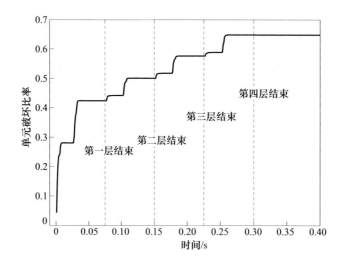

图5-33　单元破坏比率随时间的变化

5.4 大宝山矿复杂采空区安全开采爆破设计与实践

在露天矿台阶爆破作业过程中，采空区顶板极易发生动态失稳而危及采场工作人员和大型采掘及运输设备的安全。针对该问题，提出了"深孔群孔球状药包爆破一次成井"的设想，展开了下向深孔群孔球状药包进行爆破一次成井试验。对于一次爆破成井试验，通过两个阶段完成试验研究。第一个阶段，介绍了一种传统的成井方法，即爆破一次成井技术，通过对球状药包爆破理论的研究，确定了爆破一次成井的参数，并进行了两次法爆破成井试验，形成了充填井，通过两次成井试验也得到了传统法爆破一次成井的深度米的极限和夹滞性这一制约一次成井深度的关键因素；第二阶段，针对夹滞性制约一次成井深度的问题，对传统的爆破成井方法进行改进，采用群孔球状药包爆破一次成井的方法，通过布孔方式、分层高度、微差时间和起爆顺序等方面入手设计爆破参数使得群孔球状药包爆破一次成井深度有了极大突破。

5.4.1 工程概况

广东省大宝山矿业有限公司露天采场基建期剥离工程，开工日期为 2010 年 11 月 16 日，竣工日期为 2012 年 11 月 25 日，合同产值 1.4 亿元。设计范围内铜硫矿体位于铜采场临时边坡下，矿体出露地表，多层平缓或倾斜，厚度一般为 $10 \sim 20m$ 左右，倾角为 $10° \sim 30°$。上盘 41^2 线以南 700m 以上为东岗岭上亚组 D2db，俗称 B 层，为火山碎屑，$f = 0.14 \sim 0.33$，密度约为 $2.19t/m^3$；700m 以下和 41^2 线以北为东岗岭下亚组 D2da，俗称 A 层，主要为灰岩和砂岩，致密坚硬，裂隙不发育。矿体中等稳固，$f = 8 \sim 14$，密度约为 $2.85t/m^3$；$41 \sim 45$ 线受 Fc1 断层影响，沿走向和倾向都有较大位移和错动。矿体与围岩界线不明显。31 线西部矿体出露水平为 800m，其他位置 750m 水平以上主要是围岩，其中含有少量铁矿石，$750 \sim 730m$ 水平出露少量铜硫矿体，730m 水平以下富集大量铜硫矿体。开采范围内铜矿密度约为 $3.3t/m^3$，硫矿密度约为 $3.3t/m^3$，铁矿密度约为 $2.65t/m^3$。

2010 年 11 月 19 日在 697 平台施工勘探孔过程中，钻孔（71290.1，17950.0）钻至空区，现场下放皮尺量测空区深度约 15.5m，通过该钻孔对该采空区进行了三维激光扫描，探测结果如图 5-34 所示。2010 年 12 月 23 日，在 697 施工地质钻孔时，钻孔（71298.7，17943.6）在钻至 18.5m 左右遇空，空区高度约 13m，于是相关人员通过该钻孔下放三维激光探测仪扫描空区，扫描结果如图 5-35 所示。经过比对分析，两次测量结果十分相近，经过组合，可绘制出 668-1 空区范围，如图 5-36 所示。

图 5-34　2010 年 11 月 19 日空区扫描图

图 5-35　2010 年 12 月 23 日空区扫描图

图 5-36　组合图形后的空区范围

　　地下采空区的具体形状复杂，单凭两个钻孔毕竟很难确认，在空区边缘处也未补加探孔，所以空区形状仍然有待完善。

　　根据地质勘察资料，668-1 号采空区顶板大部分为铜硫矿石，围岩为矽卡岩，岩体条件较好，普氏系数 $f=10\sim12$，根据长沙矿山院实验表明，岩石松散系数为 1.6。

　　矿区气候为亚热带气候，全年温暖多雨，年平均气温 20.2℃，夏季最高气温 33.8℃，冬季最低气温 −12℃。年平均降雨量 2206.7mm，年蒸发量为 1467.7mm。有暴雨时，小时最大降雨量达 38mm/h。矿区除 11 月、12 月和 1 月份降雨量稍小外，其余月份月均降雨都在 100~200mm 以上。矿区春天阴湿多雾，夏秋凉爽，冬季有短期冰冻。区内常年主导风向为北风。

5.4.2 设计依据和原则

5.4.2.1 设计依据

设计依据为:

(1) 中华人民共和国《民用爆炸物品安全管理条例》等其他与拆除爆破相关的法律法规及规定。

(2)《爆破安全规程》(GB 6722—2014)。

(3) 广东省大宝山矿业有限公司露天采场基建期剥离工程招标文件、招标书、招标文件澄清及答疑资料等。

(4) 地质资料及相关资料。

(5) 现场勘察数据资料。

(6) 其他。

5.4.2.2 设计原则

设计原则为:

(1) 在保证安全的前提下,尽量减少爆破次数,以减少警戒工作量和提高作业效率。

(2) 在保障爆破效果的前提下,尽量减少总钻孔长度和炸药消耗量,以减少工程成本。

(3) 对钻孔质量、雷管和炸药品种的选取、起爆网络设计等提出了更高要求,要有足够的保险系数。

5.4.3 总体方案

实施总体步骤是:在地采转露采工程中,根据初步采空区探测结果进行露采,当露采层层剥离到最后一层底离采空区只有 20m 左右时,停止最后一层开采,划定采空区大概区域进行详细的钻孔探测,用三维激光扫描仪配合,绘制精确的三维采空区分布图,然后根据精确的采空区分布图进行采空区处理爆破设计,根据爆破设计进行现场放线,定点钻孔,最后进行装药爆破处理。

5.4.4 爆破设计方案

5.4.4.1 设备选型

对于钻机的选择主要是考虑试验炮孔的孔径、孔深、孔偏和钻孔速度等因素合理选择适合的钻机设备。本次试验所设计炮孔主要有 $\phi140$ (潜孔钻机)和 $\phi250$ (牙轮钻机) 两种孔径。对于孔深则从 15m 到 80m 不等;对于孔偏要求控制在 0.5% 以内;对于钻孔速度达到工期进度的要求。

5.4.4.2 精度控制

根据前期施工分析，孔深可以满足要求，为了确保孔偏小于 0.5%，应做到以下要求：

（1）钻机必须选用液压支腿的钻机，另外必须保证施工工作面的平整，不能有较大岩体、块石，保证钻机工作面平整，钻机液压支腿立在原岩面上，钻进过程中要保证钻杆的垂直和钻机的水平，避免钻机钻进过程中发生倾斜，进而造成炮孔偏斜。

（2）现场布孔，根据设计成井炮孔的位置坐标，用 GPS 首先定点，再使用红油漆或特殊颜料标记。

（3）钻机对好孔位前，要核准炮孔位置，调整好钻机角度，达到要求后才能够作业。

（4）钻孔作业中对于后钻进的炮孔不可避免的会被岩粉覆盖，若在开钻前找不到标定的孔位，应使用 GPS 重新标定并用直尺校核以减少误差。

（5）钻机在作业过程中随着深度的加深，岩体的岩性也会发生一定变化，所以钻机作业人员要适时根据钻机作业情况调控钻机压力和钻机的转速，防止钻进过程中发生偏斜。

总之，钻孔作业中一定要时刻注意钻机作业状态，并及时做出调整，严格按照施工要求作业，确保每一个炮孔都能满足设计要求，在钻孔过程中要时刻关注岩性的变化，并做好记录，在每一个炮孔的开钻前期还要记录好每一炮孔上部的虚渣厚度。

5.4.4.3 现场 30m 成井试验

对于爆破一次成井，在国内外来说一次爆破成井深度还没有突破 12m 的深度瓶颈，所以，本次 30m 爆破成井试验计划分两次爆破实现。第一次试验选择 12m 这个临界深度进行一次爆破成井研究，因为试验地点水平地面 30m 下是空区，炮孔深度为 30m 左右，第一次试验先爆破下部的高度，第二次再爆剩下的贯穿至地表形成完整的天井。

因为是以下部为自由面的爆破一次成井，所以试验前必须校验空区补偿空间。如果下部空间被松散破碎岩体充满，那么爆破一次成井的微差延迟的后半部分将没有自由面可用，就会发生"挤死"现象，从而导致爆破一次成井的失败。根据试验前对空区的扫描数据的处理、分析和计算，试验地点采空区高度 12.0m，空区尺寸为 22m×32m，本次一次成井采用 ϕ250mm 深孔成井，断面尺寸为 6m×6m，成井高度为 12m，按松散系数为 1.6，爆破后松散岩体的体积为 1670.4m³，按 45° 的岩渣堆积角计算的话，堆积高度不会超过 12m，显然一次爆破成井的补偿空间满足要求。

A 孔位布置

此次成井设计炮孔尺寸全部为 $\phi 250mm$ 孔径，所以钻机就选择牙轮钻机。为了验证理论的计算和数值模拟的结果的准确性，第一次成井试验采用传统的 VCR 掏槽爆破技术爆破炮孔的下部近空区 12m 的深度。

成井的断面大小和孔间距尺寸如图 5-37 所示。

B 穿孔要求

为了确保穿孔施工质量，在试验场地要进行现场的清理平整，清除地表的虚渣和碎石，保证钻机能够站立在坚固平整基岩上，防止因基岩不稳而造成穿孔过程中钻机倾斜，进而导致钻孔跑偏。对穿孔在技术方面也做以下要求：

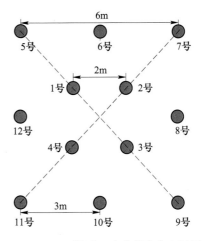

图 5-37　12m 爆破一次成井孔位布置图

（1）现场布孔时必须严格按照设计的孔位进行布孔，并用红漆做上鲜明的标志；孔位误差不得大于 0.1m。

（2）钻孔时，要保证开口位置准确，按设计施工，不得随意改变孔位，钻机严格孔位偏差控制在 10cm 以内。根据设计所提供的地质资料，针对不同地质层及虚渣厚度选定合适的钻进压力及钻进速度。及时填写钻孔施工记录，交接班时应说明钻进情况及下一班应注意事项。

（3）每个孔在施工完成后上报施工技术组，经测量审核合格后再进行下一个孔，开孔时技术人员必须在场，确保穿孔正常进行，钻孔的偏斜率控制在 0.5% 以内，所有孔要全部穿透。

（4）对于已成孔，要及时清理孔口岩粉，上部有虚渣部分用相同孔径即 250mm 的塑料管进行套管保护。

（5）在施工过程中，要求技术人员对每个孔的孔位、孔深及施工中出现的问题进行全程跟踪，发现问题及时与设计人员进行联系，及时协商解决，保证施工进度，并且根据出现的问题对设计进行修改补充。施工钻机各班应在保证打孔质量的前提下，提高效率，保证按时完成穿孔任务。

a 下部 12m 成井试验

对于 12m 爆破成井试验，因为只爆破下半部分，所以实际上是盲天井的一次爆破成井。设计试验方案前首先用皮尺对每个炮孔的深度进行测量并记录，用深井探测仪探测各个炮孔的孔壁是否完好是否有裂隙存在，也好提早发现问题，进而进行针对性的设计，通过探测各个炮孔的深度基本在 30m 左右，各个孔壁没有发现明显裂隙，下部成井试验设计方案如下。

（1）装药结构。

装药结构是爆破设计的核心，对于本次成井试验设计，炮孔深度 30m，本次试验爆破成井在空区顶板以上 12m 高度，考虑到如若上部堵塞不当极易造成冲孔或是堵孔的发生，给下次试验制造麻烦，所以本次爆破试验对最上面第四层采用水封，具体装药和填塞高度如图 5-38 所示。

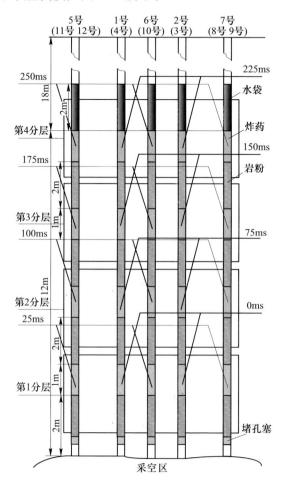

图 5-38　12m 成井设计装药结构图

（2）起爆网路。

根据装药结构和爆破设计思路，本次成井试验采用微差分层起爆方式，不仅层与层之间有微差，每层内部之间也有微差，分层内中心四个掏槽孔先爆，然后周边八个炮孔延期再爆。

1）微差时间。

对于分层间爆破时间，VCR 法分层爆破过程中，炸药爆炸后，爆破体以 15~

30cm/s 的速度移动（试验取 25m/s），同时在重力加速度的作用下，爆破块体向下移动，爆破块体向下移动距离 S 与时间 t 的关系式为：

$$S = 25t + \frac{1}{2}gt^2 \qquad (5\text{-}21)$$

设分层爆破高度为 H，每分层爆破需补偿空间 $1/3 \times (H \times 1.6)$，也即爆破的岩石向下移动 $1/3 \times (H \times 1.6)$ 后，才能起爆上一分层的炸药。因为，一次爆破的分层高度为 3.0m，代入式（5-21）中，得到 $t = 63.2$ms，分层爆破时间间隔取 75ms。

所以，分层间微差时间取 75ms，分层内部掏槽孔与周边孔延期时间 25ms，对于延期时间和雷管连接方式如图 5-39 所示。

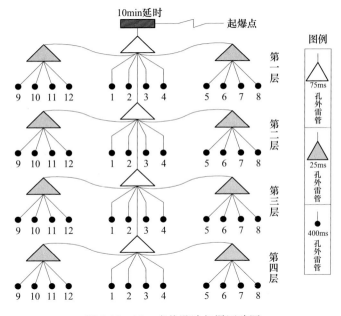

图 5-39　12m 成井设计起爆网路图

2）起爆顺序。

本次成井试验设计自下而上分层爆破的方式成井，总共四个分层，自空区向上依次 1~4 分层。第一分层为最下面分层，也即为空区上部分层，从第一分层爆至第四分层，第一分层下部要用铁丝吊孔，后用岩粉填塞至设计高度，第四分层上部先用岩粉填塞一段再采用水封以保证堵塞效果。

（3）试验效果。

本次设计是按照传统的 VCR 爆破成井方法设计的一次成井方案，考虑到夹滞性的影响，所以第一次爆破一次成井试验，只爆下面四个分层，每个分层高度为 3m，也即一次成井深度为 12m。起爆后封闭试验场区，划定安全范围，设置警戒线，通过微震监测，确定安全后再进入试验场地。

在成井断面范围内用钻孔穿探测孔，而后用 C-ALS 对成井和空区进行扫描，对扫描图进行剖切处理绘制出成井尺寸图，如图 5-40 所示。从成井剖切图来看，成井的深度基本达到设计要求，成井的规格自下而上依次成喇叭状向上收缩。破碎岩体的堆积角度要比预想的还要小，说明只要空区的空间够大，其成井可容纳的岩体会更多。

　b　上部 18m 成井试验

（1）炮孔布置。本次 18m 成井试验炮孔位置不变，但由于原来的 10 号炮孔在第一次 12m 成井爆破中发生堵孔，不能继续进行装药爆破，所以通过分析研究决定在原来 10 号孔两侧位置处对称布置两个 ϕ140mm 的炮孔，进行装药爆破。被堵塞的原 10 号炮孔不再装药。炮孔布置如图 5-41 所示。

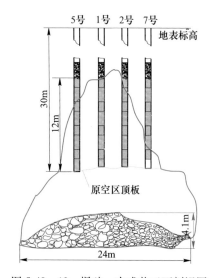

图 5-40　12m 爆破一次成井正面剖视图

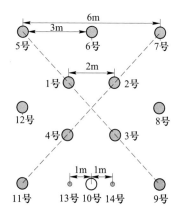

图 5-41　18m 爆破一次成井孔位布置图

（2）装药结构。由于第一次试验中个别孔冲孔，造成成井地表被破碎岩体覆盖，所以本次试验前先用挖掘机对试验场地进行了清理，清理了表面虚渣，所以部分炮孔会比地表凹下去一定深度，使得第五分层不在同一水平面，但是设计充分考虑每个装药孔的实际情况，在保证最少堵塞长度的前提下，保证装药面在同一水平，具体每个炮孔的装药情况如图 5-42 所示。

（3）起爆网路。根据装药结构和爆破设计思路，本次成井试验同样采用微差分层起爆方式，本次试验每层内部之间不再设计微差，只在层与层之间设微差，同一分层同时起爆。对于分层间爆破时间，从第一次试验中爆破情况来看分层间微差时间还可以加大，所以本次成井试验分层间微差时间取 200ms。本次成

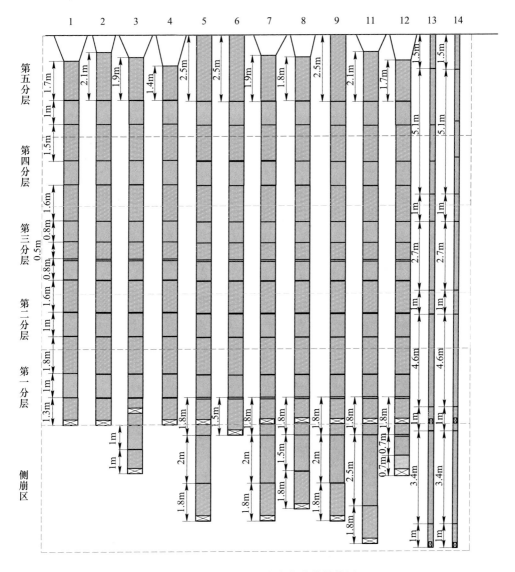

图 5-42 18m 爆破一次成井装药结构图

井试验设计充分利用上下两个自由面，上下同时爆破，除去一个侧崩区分层，总共还有五个分层，起爆顺序为侧崩区→第一分层→（第二分层/第五分层）→第四分层→第三分层。其中第三分层为中间层，有上下两段药柱同时起爆，对于延期时间和雷管连接方式如图 5-43 所示。

（4）试验效果。从三维扫描图中可以看出本次成井较成功，成井断面和深度都基本达到设计要求，成功贯通地表和空区，下一步可以进行充填，进而处理该空

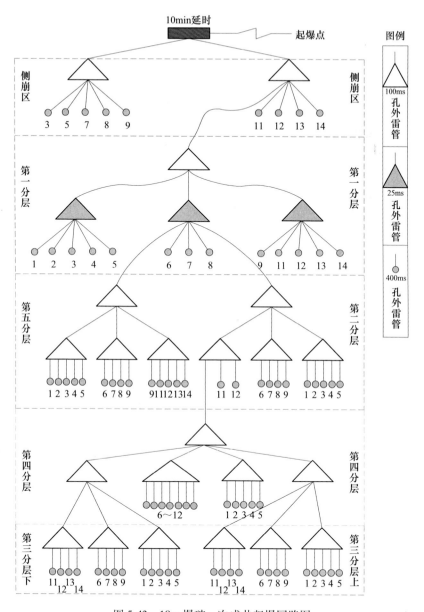

图 5-43　18m 爆破一次成井起爆网路图

区。对扫描图进行剖切处理绘制出成井尺寸图进行进一步校验，如图 5-44 所示，图中绿色竖线为 5 号和 11 号炮孔，黑色细线为成井的轮廓线。从成井剖切图来看，本次成井的断面最小处也有 6.8m 的直径，达到了设计的要求，上端喇叭口的直径为 25.4m，角度达到 55°，喇叭口深度 7.4m。因为加上上端口爆破碎石量，充满空区后又充填了 8m 的井深，所以爆破成井后充填井的可见深度为 22m。

5.4.4.4 现场 32m 成井试验

第一阶段通过两次爆破成功爆出了 30m 深的充填天井，有了第一阶段的两次成井试验的经验和准确的试验参数，也为了降低二次作业空区塌陷的危险，降低爆破作业成本，第二阶段计划设计爆破一次成井 32m。一次成井深度的增加也为成井难度增加了不少。首先，随着一次成井深度的加大分层也增多，一次成井 32m 高则要分 10 个分层，装药结构和起爆网路都相对复杂很多；其次，无穷自由面、约束自由面对分层高度影响复杂，还要进行深入的分析论证，最后对成井分层微差时间和堵塞长度都要重新进行设计研究才能确定。

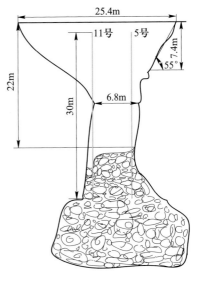

图 5-44　30m 爆破成井正面剖视图

A　试验穿孔

a　凿岩设备

此次成井设计炮孔尺寸全部为 $\phi 250\text{mm}$ 孔径。

b　孔位布置

通过前期的数值模拟和第一次试验结果得出的试验参数，为了从布孔上减小一定的夹滞性，本次爆破一次成井在第一阶段爆破成井的基础上对孔位的布置加以改进，从方形布孔改为圆形布孔，成井布孔方式和孔间距尺寸如图 5-45 所示。

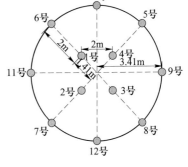

图 5-45　32m 爆破一次成井
孔位布置图

B　装药结构

a　炸药

因属于深孔爆破，一般而言深孔情况下孔中有水的可能性较大，故本试验选用能抗水的 2 号岩石露天乳化炸药。药卷规格为质量 3 千克/卷，药卷直径 90mm。

b　装药结构

本次试验所在深度为 32m，分 10 个分层，故装药较为复杂。为减少夹滞性的影响，在夹滞性大的几个分层采取降低分层高度的措施以减少夹滞性的影响，故本次成井试验设计的分层高度是不等高的，中间分层高度减少，具体装药结构参数如图 5-46 所示。

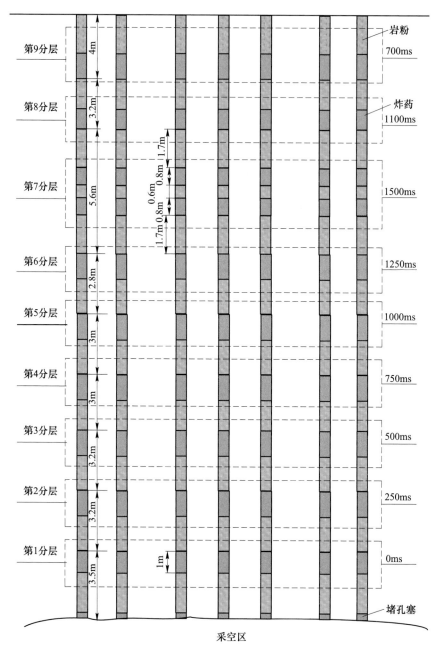

图 5-46　32m 成井设计装药结构图

c　装药单耗

φ250mm 孔径，孔间距 2.0~3.0m，共布置 12 孔，每分层装药 648kg，每分层爆破体积约 144m³，炸药单耗约 4.5kg/m³。

炸药消耗总量 6804kg，爆破岩石总量 3475m³，炸药平均单耗为 1.97kg/m³。

C 起爆网路

因为 32m 一次成井分层较多，微差段别多，总的微差时间会很大。破碎体抛出速度为 18m/s，按分层高度 3.2m 计算，向下抛渣时间为 170ms，向上抛渣时间为 187ms，考虑岩石夹制作用减缓了岩块移动速度而提高 20%～30%，得：（1）以下部为自由面时，微差时间取 204～221ms；（2）以上部为自由面时，微差时间取 224～243ms。第一层起爆时间和最后一层起爆时间相差 1.5s，普通的雷管在精度和段别上已经不能满足要求，所以本次成井试验选用总延迟时间 16s 的数码电子雷管。本次成井试验设计依然采用第一阶段成井试验的经验，充分利用上下两个自由面，上下同时爆破，总共 10 个分层，起爆顺序为：第一分层→第二分层→第三分层→第九分层→第四分层→第五分层→第八分层→第六分层→（第七分层上/第七分层下），其中第七分层为中间层，有上下两段药柱同时起爆，对于延期时间和雷管连接方式如图 5-47 所示。

D 爆破器材消耗

一次爆破材料消耗清单见表 5-2。

表 5-2 32m 一次爆破材料消耗清单

序号	名称	单位	数量	备注
1	φ90mm	kg	6804	3千克/卷
2	数码雷管	个	72	脚线 35m（1～3 层）
3	数码雷管	个	36	脚线 30m（4～6 层）
4	数码雷管	个	60	脚线 25m（7～10 层）
5	起爆弹	个	144	
6	测绳	根	4	测深 50m
7	数码雷管起爆器材	套	2	

E 试验效果

起爆后立即对试验场区进行封闭，划定安全范围，设置警戒线，禁止任何设备和人员进入试验警戒线以内，通过微震监测，待空区稳定，确定安全后进入试验场地，直观可以看到本次爆破成功爆出了一充填天井，爆破成井效果较好，达到了预期的效果。为了获得进一步的试验结果数据，特用大型起吊设备将 C-ALS 空区扫面设备吊入充填井内，对成井和空区进行最终扫描。从三维扫描图中可以看出本次成井较成功，成井断面和深度都基本达到设计要求，成功贯通地表和空区，下一步可以进行充填，进而处理该空区。对扫描图进行剖切处理，并将云点

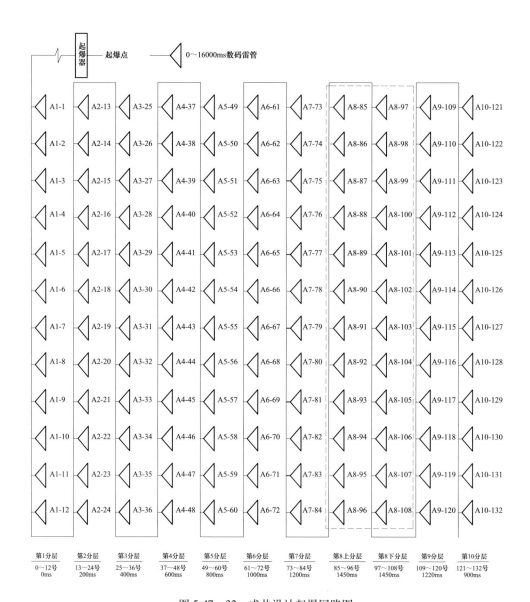

图 5-47　32m 成井设计起爆网路图

图导入 CAD 绘制出成井尺寸图进行进一步校验，如图 5-48 所示。

　　图 5-48 中绿色竖线为成井设计断面的中心轴线，黑色细线为成井的轮廓线。从成井剖切图来看，本次成井的断面最小处也有 7.2m 的直径，达到了设计的要求，上端喇叭口的直径为 16.3m，角度达到 70°，喇叭口深度 9m。因为加上上端喇叭口爆破碎石量充满空区后又充填了 7m 的井深，所以爆破成井后充填井的可见深度为 25m。

5.4.5　爆破安全设计

爆破作业不可避免会产生爆破振动、爆破飞石、爆破噪声、爆破冲击波和爆破粉尘的爆破灾害。爆破安全设计就是要将上述灾害控制有关规程之内，并能被受影响者接受。

5.4.5.1　爆破地震效应安全距离的确定

A　爆破地震效应安全距离计算

爆破地震效应是炸药在土岩、建筑物及其基础中爆炸时引起的起爆区附近地层的震动现象。

爆破地震衡量标准采用振动速度，一般采用质点垂直振动速度值作为判定标准。大量实测资料表明，爆破振动的大小与炸药量、距离、介质情况、地形条件和爆炸方法等因素有关。

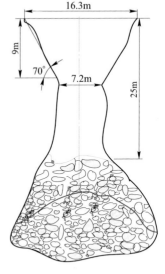

图 5-48　32m 爆破成井正面剖视图

目前主要根据萨道夫斯基经验公式估算，其基本形式如下：

$$v = k(Q^{1/3}/R)^{\alpha} \tag{5-22}$$

式中，v 为介质质点振动速度，cm/s，对附近铜选厂等建筑物允许 $v = 2.3$，对于 640 平硐，取 $v = 20$；Q 为齐发爆破时总药量，分段起爆时取最大一段药量，kg；R 为爆源中心到观测点距离，m；k 为与介质特性、爆破方式和条件等有关的系数，取 150；α 为与传播途径、距离、地形等因素有关的系数，取 1.5。

露采工区值班室相对选矿厂而言，距离爆破区域最近，且都是一般砖房结构，工区值班室距离爆破中心距离 R 为 172m，640 平硐距离爆破中心距离 R 为 50m。

所以相对于工区值班室和选矿厂而言，允许单段最大起爆药量 Q 为：

$$Q = R^3 \left(\frac{V}{K} \right)^{3/\alpha} = 1196.4 \text{kg} \tag{5-23}$$

相对于 640 平硐而言，允许最大单段起爆药量 Q 为：

$$Q = R^3 \left(\frac{V}{K} \right)^{3/\alpha} = 2222.2 \text{kg} \tag{5-24}$$

施工中应根据保护物不同的距离，严格执行表中的单段药量，确保建（构）筑物的安全。

B 爆破振动的监测

为了严格监控爆破振动强度，使爆破振动符合技术要求，爆破时必须进行监测，并做好记录。根据监测数据及时调整爆破参数。拟投入的仪器有 IDTS3850 爆破振动记录仪、8901 传感器、ENDVCO 传感器、CD-1 传感器等。

由于监测工作是为了观测爆破振动对建筑物的影响，因此测点布置在建筑物基础上，沿着爆破中心的辐射方向布置测线，每条测线按一定间距布置测点。

5.4.5.2 爆破飞石安全距离的确定

在确定飞石范围时，如在高山陡坡条件下进行爆破施工，还应考虑滚石的危害。《爆破安全规程》规定：深孔爆破形成台阶时安全距离为200m。

爆破警戒：警报器报警采用矿上爆破通用信号。

5.4.5.3 安全防护措施

安全防护措施如下：

（1）测量与监测小组：测量工程师1人，跑杆辅助工1人。测量工程师主要职责有：1）负责区域内布点放线、钻孔定位检查、采空区内三维激光扫描，钻探成果整理绘图；2）负责采空区地表沉降监测，分析沉降发展变化趋势，能够对沉降做出预报，并通知管理人员，避免发生采空区坍塌事故。

（2）钻探与钻孔小组：钻机操作手1人，辅助工2人，记录员1人。在采空区探测阶段，钻机手负责使用地质钻按照布点位置钻进并注意记录钻进情况的变化；在采空区处理阶段，钻机手负责操作潜孔钻机，按照爆破工程师的布孔位置进行钻孔，辅助工负责搬运钻杆。钻孔过程中注意地表的变化。

（3）爆破小组：爆破工程师1人，爆破员2人，工人4人。爆破工程师负责爆破设计，孔网参数现场布置；爆破员负责验孔、装药和连线；工人配合爆破工程师和爆破员进行警戒和爆破。

5.4.6 爆后评价

爆破后，利用全站仪无棱镜反射测得采空区最大下沉13m，经爆破前后对比下沉体积约为2685m³，本次处理效果比较好，爆破区域覆盖了原650中段5号采场全部面积，较大体积的空区已基本垮塌，但是在原采空区的边缘应该存在一定的未塌实空间，此外，由于与此空区相接的668（2）空区只处理了一部分，另外一部分仍存在，这部分区域在采剥期间，应加大勘探力度，以防发生意外事故。其爆前和爆后对比照片如图5-49和图5-50所示。

由大宝山矿复杂采空区安全开采爆破设计与实践可得：

（1）对于深孔爆破成井，钻孔偏斜的控制是关键，偏斜率太大则炮孔在深部的孔位就会偏离设计孔位，从而导致试验的失败。钻孔偏斜的控制不仅要选择

图 5-49 爆前处理图片

图 5-50 爆后处理图片

钻孔精度高的钻孔设备，还要加强钻孔过程中的检测和控制，保证钻孔精度控制在 0.5% 以内。

（2）通过现场三次成井试验研究，分析试验结果，逐步获得了可靠的试验参数。在方案设计中围绕降低夹滞性的问题改进设计方案。例如，将传统的方形设计改为圆形布孔、合理设计分每一层高度、多层上下依序微差起爆、设置上下同时起爆的中间分层（两层同爆）、分层内所有炮孔同响等技术措施有效地降低了夹滞性的作用，提高了一次爆破成井的深度。

（3）通过采空区现场处理，利用地表崩落法，将露天矿悬空顶板一次性爆破，经济、安全地处理了采空区，确保了大宝山露天矿的生产安全与正常生产。在处理过程中，作业安全，施工简便，劳动强度大大降低，作业环境相对较好，成本低，效果好，效率高，没有对后续的正常生产造成影响。

（4）对 VCR 爆破法进行竖井成井的过程进行了模拟，给出了分层爆破过程中破碎区域的发展状态及最终竖井的空间形态。数值计算结果与现场试验的结果基本一致，证明了数值方法的正确性，同时也证明了 VCR 爆破法进行空区处理的可行性。

5.5 弓长岭铁矿超大型隐伏采空区爆破处理实例

5.5.1 工程概况

5.5.1.1 工程地质概况

弓长岭铁矿床露天铁矿位于区域二级构造单元的弓长岭背斜南西翼，矿区内地层总体走向北东→南西，倾向南东，倾角为20°~30°，主要由两个上、下近于平行的铁矿层与其围岩构成一个缓倾斜的复式向斜，由五个向斜和六个背斜形成一个波浪式的褶皱构造。复式向斜轴向为北西30°~50°，向南东倾伏，向斜轴倾角20°~30°。区内褶皱构造按褶皱轴向与岩层走向的关系，可分为纵向褶皱和横向褶皱。

区内断裂构造发育，具有多期性，按其空间展布与岩层产状的关系可分为走向断层、斜交断层与横断层。受断层影响而使部分铁矿体产生了位移、重叠和切割，但其总断距一般不大。

矿体及顶底板围岩的耐压强度试验如下所示。

一矿区内的主要矿层为Fe1、Fe2矿体，呈稳定的层状产出，形态上为舒缓波状的缓倾斜复式褶皱。矿层厚度不等，Fe2矿体最大厚度可达130m，最小厚度为12m，一般厚度在12~50m。Fe1矿体最大厚度可达85m，一般厚度在15~25m。矿石一般呈致密块状，比较坚硬，属于稳固矿层。

矿区内出露的围岩多以片岩为主，其次有各种蚀变岩和花岗岩等。第二矿层上盘由绢云母石英片岩、绿泥绢云母石英片岩、上部花岗岩等构成。第一铁矿层下盘围岩由角闪岩、斜长角闪岩、石英斜长角闪片岩、石榴石英黑云母片岩、黑云母石英片岩、绿泥钠长石英岩、石榴绢云母石英片岩、滑石片岩、斜长绿泥石英片岩、滑石绿泥片岩及下部花岗岩等构成。第一和第二铁矿层之间由石英斜长角闪岩、绿泥阳起石英片岩、石榴角闪片岩、阳起滑石绿泥片岩、滑石绿泥片岩、绿泥角闪岩、斜长角闪岩、绿泥角闪片岩、石英绿泥片岩、斜长绿泥角闪岩等所构成。

于地表出露的围岩均有不同程度的风化，疏松易破碎，但其深部岩石较为坚硬。岩石等级一般为：角闪岩Ⅵ~Ⅶ级，绿泥片岩、云母石英片岩Ⅴ~Ⅵ级，花岗岩Ⅷ级。

铁矿层是由磁铁石英岩、赤铁石英岩、含闪石类矿物磁铁石英岩、赤铁富矿、磁铁富矿所构成。

一矿区耐压强度的试验在1963年，一矿区详勘工作中已有21对，其中矿石

8 对，岩石 13 对。在 1991 年一矿区深部补勘工作中又补做 29 对，其中矿石 7 对，岩石 22 对，全部在钻孔的岩矿芯中取样。这些耐压试验都是按平行于层理面和垂直于层理面两个方向进行的。两次试验结果见表 5-3 和表 5-4。

表 5-3 岩矿石的耐压强度试验结果（一）

剖面号	标本号	采集地点	岩矿名称	耐压强度/MPa		备注
				垂直层理	平行层理	
VI	35、36	地表 2758 点	磁铁石英岩	182.6	243.3	
VII	1、2	CK230　47m	绿泥斜长角闪岩	138.3	82.9	
	3、4	CK230　59m	透闪磁铁石英岩	250.2	142.7	
	55、56	CK228	石榴绿泥片岩	18.9	46.6	
IX	7、8	CK223　21m	赤铁石英岩	117.7	101.7	1963 年报告试验结果
	9、10	CK223　42m	斜长角闪岩	62.5	49.0	
	11、12	CK223　67m	透闪磁铁石英岩	101.7	99.3	
	13、14	CK223　80m	石英绿泥角闪岩	89.5	105.9	
	15、16	CK219　128m	绢云母石英片岩	54.5	88.9	
	17、18	CK219　179m	赤铁石英岩	175.6	72.3	
	19、20	CK219　187m	斜长角闪岩	67.5	117.0	
	21、22	CK219　205m	阳起磁铁石英岩	276.6	160.4	
XI	53、54	CK215	绿泥片岩	40.3	50.2	
	57、58	CK216	滑石绿泥片岩	30.0	18.9	
XIII	29、30	地表 2180 点	磁铁石英岩	147.2	107.9	
	49、50	CK210	伟晶状花岗岩	44.7	50.9	
	51、52	CK210	绿泥片岩	40.3	50.2	
XII	31、32	地表 4088 点	斜长角闪岩	80.9	55.7	
	33、34	地表 2523 点	磁铁石英岩	155.1	128.0	
XV	37、38	CK202　43m	花岗岩	128.0	34.8	1991 年试验结果
	41、42	CK202　115m	绿泥斜长角闪岩	128.0	74.8	
XI	BY1	BK111　132m	花岗岩	42.4	64.5	
	BY2	BK111　139m	绢云母石英片岩	106.9	59.3	
	BY3	BK111　205m	绿泥角闪片岩	127.6	91.3	
	BY4	BK111　218m	绿泥角闪片岩	110.2	88.8	
	BY5	BK112　95m	花岗岩	121.2	127.6	
	BY6	BK112　105m	绢云母石英片岩	127.5	101.7	
	BY7	BK112　186m	绿泥角闪片岩	89.3	65.1	

续表 5-3

剖面号	标本号	采集地点	岩矿名称	耐压强度/MPa		备注
				垂直层理	平行层理	
VII	BY8	BK72 82m	赤铁石英岩	153.1	255.1	1991 年试验结果
	BY9	BK72 104m	石榴绿泥片岩	107.8	47.4	
	BY10	BK72 126m	透闪磁铁石英岩	178.4	142.7	
IX	BY11	BK92 88m	绿泥斜长角闪岩	147.9	136.8	
	BY12	BK92 134m	绿泥斜长角闪岩	89.2	137.2	
	BY13	BK92 128m	阳起磁铁石英岩	122.8	119.0	

表 5-4 岩矿石的耐压强度试验结果（二）

剖面号	标本号	采集地点	岩矿名称	耐压强度/MPa		备注
				垂直层理	平行层理	
VII	BY14	BK72 160m	磁铁石英岩	118.9	198.7	
V	BY15	BK51 116m	阳起磁铁石英岩	137.2	75.4	
	BY16	BK51 103m	角闪石英绿泥片岩	122.1	164.1	
	BY17	BK51 137m	角闪石英绿泥片岩	121.2	87.2	
	BY18	BK51 58m	赤铁石英岩	140.3	191.3	
	BY19	BK52 170m	绿泥斜长角闪岩	103.3	122.2	
	BY20	BK51 144m	绿泥斜长角闪岩	97.6	117.3	
	BY21	BK52 164m	花岗岩	130.3	83.7	
VII	BY22	BK74 50m	花岗岩	127.6	125.0	
	BY23	BK74 70m	花岗岩	146.1	73.0	
IX	BY23	BK94 106m	绿泥绢云母石英岩	76.1	76.1	
	BY24	BK94 118m	赤铁石英岩	242.3	404.2	
	BY25	BK94 133m	绿泥绢云母石英片岩	118.9	107.0	
	BY26	BK93 37m	片麻状花岗岩	98.6	50.0	
	BY27	BK93 75m	绿泥绢云母石英片岩	52.3	42.8	
XI	BY28	BK113 80m	片麻状花岗岩	95.7	34.4	

从以上两次试验结果都不难看出，当加力方向与条带状构造或层理平行时，其耐压强度较小，反之则较大。

这里应当指出的是同种类的岩石或矿石，即使是同一方向施加压力，其耐压强度却不一致，甚至相差很大，这与岩矿石自身的结构和构造有关，也与区域性的褶皱、断裂及节理构造之影响有关。

为求得岩石、岩体质量及岩石优劣程度，从而确定岩石的完整性，所以本次进行了岩石质量指标（RQD）测定，按下式确定：

$$RQD(\%) = \frac{L_P}{L_1} \times 100 \qquad (5\text{-}25)$$

式中　L_P——回次大于10cm的完整岩芯长度之和，m；

　　　L_1——回次进尺，m。

测定结果见表5-5。

表 5-5　ROD 统计

孔号	混合花岗岩上部	混合花岗岩下部	绢云母石英片岩	假象赤铁石英岩	斜长角闪岩上部	斜长角闪岩下部	阳起磁铁石英岩	花岗伟晶岩	石英绿泥片岩
ZK-3-2	41		60	60	84	67	80		
ZK1-3	40			78	74	64	86		
ZK11-2	69	81.5							60
ZK3-1	70	84		58					
ZK12-4					87.3		84		
ZK13-2	88			55					
ZK2-3	15						13		
ZK3-2				53	92		61		
ZK12-3								76	
ZK8-1	51								
ZK-4-2	33			82	70		85		
ZK-2-1	46			98			95		
ZK14-2	36	42			34				
ZK8-2	72								
ZK2-1	75			86					
ZK-1-2	63			62					
ZK4-1	76	69							
ZK10-2	62								
ZK13-1							89		74
ZK1-4	49	54						58	
ZK2-4			47						
ZK-2-2	46			71	95				
ZK-1-3	49			52	79				
ZK2-2	77		65	60					

孔号	混合花岗岩上部	混合花岗岩下部	绢云母石英片岩	假象赤铁石英岩	斜长角闪岩上部	斜长角闪岩下部	阳起磁铁石英岩	花岗伟晶岩	石英绿泥片岩
ZK10-1							33		56
ZK-3-1			65	95			89	57	
ZK15-1	66								
ZK0-2	59			55					
ZK7-1	40				80				
ZK0-1	67		69	80			86		85
ZK0-0	59	65					89		
ZK1-1	26							50	22
ZK9-1	72							60	
ZK11-1	65				78	87	80		
ZK-1-1			89	50			90	77	77
ZK13-3							46		
ZK14-1							64		

从表 5-5 可以看出，混合花岗岩上部 RQD 绝大部分都在 50~75 范围内，岩体中等完整，有极少部分 RQD 在 25~50 完整性差范围内，岩体完整性差，混合花岗岩下部的 RQD 均在 50~75 范围内，岩体完整性差，所以混合花岗岩下部比混合花岗岩上部完整性更好些；绢云母石英片岩 RQD 基本都在 50~75 范围内，岩体中等完整；假象赤铁石英岩绝大部分 RQD 在 50~75 范围内，岩体中等完整，极小部分在 75~90 范围，岩体较完整；斜长角闪岩 RQD 大部分在 75~90 范围内，岩体较完整；阳起磁铁石英岩 RQD 大部分在 75~90 范围内，岩体较完整；花岗伟晶岩 RQD 在 50~75 范围内，岩体中等完整；石英绿泥片岩 RQD 在 50~75 范围内，岩体中等完整。

5.5.1.2 采空区的特征

152m 标高平台第一层采空区几乎占据弓长岭铁矿何家采区的整个开拓平台，且有向东、南、西、北四个方向发展的趋势，进行了 11 个钻孔的三维激光扫面的探测数据处理可知，该层采空区基本覆盖整个 152m 采矿平台，向周边均有发展，特别是向南北发展中，一定程度影响两侧运输道的安全，东西长约 200m，南北宽约 150m，空区地表投影面积约 8000m^2（见图 5-51），影响安全作业面积 30000m^2，最高顶板标高 146m（离目前采矿平台 5m，为顶板不断冒落所致），最低底板标高 125m，顶底板最大落差约 21m（见图 5-52 和 5-53）。

总体看，通过钻孔所扫描采空区总体厚度稳定，且东部比西部明显据地表近，个别冒落区距离地表仅 5m，如 HScan-152-1 控制区域，但整体落差比较大（约 21m），且随着采矿活动进行，顶板会被不断震落，厚度会越来越薄，同时底板会堆积冒落碎石堆，部分已达 10m 厚，影响对空区真实厚度的判定，这在以后的采矿活动中要严密监控，以确保生产安全。

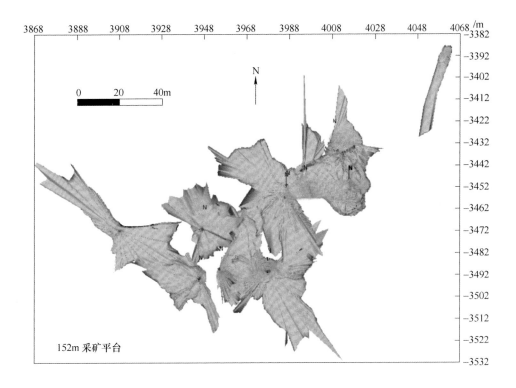

图 5-51　HScan-152-1～11 采空区实体俯视图

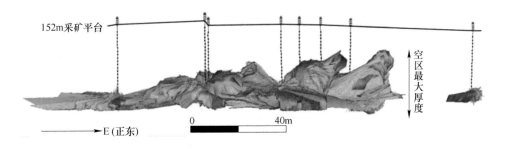

图 5-52　HScan-152-1～11 采空区实体从南往北直视图

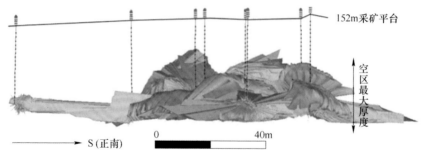

图 5-53　HScan-152-1～11 采空区实体从西往东直视图

5.5.2　设计依据和原则

5.5.2.1　设计依据

设计依据为：

（1）中华人民共和国《民用爆炸物品安全管理条例》及其他与拆除爆破相关的法律法规及规定。

（2）《爆破安全规程》（GB 6722—2014）。

（3）地质资料及相关资料。

（4）现场勘察数据资料。

（5）其他。

5.5.2.2　设计原则

在对前期空区探测与勘探工作进行较为系统总结分析的基础上，拟对 152m 水平中西区域顶板厚度小于 25m 的区域进行爆破崩塌处理，并提出以下原则：

（1）在保证安全的前提下，尽量减少爆破次数，以减少警戒工作量和提高作业效率。

（2）在保障爆破效果的前提下，尽量减少总钻孔长度和炸药消耗量，以减少工程成本。

（3）对钻孔质量、雷管和炸药品种的选取、起爆网路设计等提出了更高要求，要有足够的保险系数。

（4）分层处理原则，按照牙轮钻机可钻进有效深度，结合潜孔钻辅助穿孔，在分析球状药包破岩有效半径，尽可能增加一次性空区顶板崩塌厚度，确定牙轮钻机可崩塌厚度为 $\delta \leqslant 23m$，潜孔钻可崩塌厚度为 $\delta \leqslant 25m$，从而降低安全风险，提高穿爆工序效率。

（5）分区处理原则，根据已探明的采空区分布及其空间分布，宜采用自东向西安排采场 152m 中部区域和北部区域，共划分Ⅵ各区域；以表及里、以浅逐深，自采场外向内推进探测，本区涉及 128m 水平以上空区的处理，同时兼顾第二层空区的治理。

5.5.3 总体方案

实施总体步骤是：在综合物探圈定隐伏采空区异常区后，利用潜孔钻进行验证，然后利用洞穴式三维激光进行扫描。确定隐伏采空区的空间形态及介质充填情况，然后进行采空区顶板承载力计算，当露采层层剥离到顶板的厚度在20m以内，且承载力可以承受牙轮钻的钻进时，利用牙轮钻进行钻探爆破，当顶板的承载力只可以承受潜孔钻的钻进时，利用潜孔钻进行钻探爆破。然后根据精确的采空区分布图进行采空区处理爆破设计，根据爆破设计进行现场放线，定点钻孔，最后进行装药爆破处理。

5.5.4 爆破设计方案

针对空区特点，一般空区处理与防控可采取强制崩落顶板和自然塌陷避险两种方法，前者可在保证顶板稳定的前提下，采用液压潜孔钻或牙轮钻机穿孔爆破崩塌处理。

5.5.4.1 空区顶板穿孔爆破技术

通过多年来的实践和理论论证，在没有四级以上断层破坏的情况下，经技术人员分析后空区顶板厚度在10m以上（高跨比小于1的稳定岩体）的，可采用牙轮钻穿孔爆破方法进行爆破法崩塌处理，孔网参数值为：牙轮钻孔孔深 $L=h-3$，孔距 $a<2h/3$；当穿孔区内发现穿透空区炮孔时，牙轮司机要在作业记录上记录并做标记，技术员确认顶板厚度，在该孔距离3~5m处按上述孔深设计施工；当空区顶板厚度 $h \leqslant 8m$ 且出现明显破碎时，宜采用潜孔钻穿孔爆破处理，潜孔钻穿孔参数：穿孔孔深 $L=h-\delta$，δ 为预留空区顶板厚度，取 $\delta=2~3m$；孔距 $a=Kh$（$K=1/2~2/3$）；穿孔爆破设计平面图如图5-54所示。

5.5.4.2 穿孔设计及参数

设计分区，根据生产布局和采剥计划安排，将拟处理涉及空区的穿爆区域划分为4个区域，每个区域穿爆面积为 $2000~3000m^2$ 左右，区域含空区的面积为 $500~300m^2$ 左右（见图5-55）。崩塌穿爆方式以牙轮为主，最大厚度按牙轮钻22m，辅以潜孔钻穿孔，潜孔钻用于处理厚度小于8m或大于22m的空区，现场分区如图5-56所示。

在空区穿孔处理区域合理确定穿孔爆破范围，牙轮钻穿孔按矩形或三角形布孔，根据岩石的可爆性和可钻性，孔网为7m×6m、7m×7m或6m×6m，孔深按空区顶板厚度并保持预留厚度2.5~6m设计，最大孔深16m，以确保有效处理22m的空区顶板；潜孔钻孔网一般按4m×4m掌握，孔深按预留空区顶板厚度1.5~2m掌握，必要时则为空区顶板钻探验证并兼顾爆破用途。

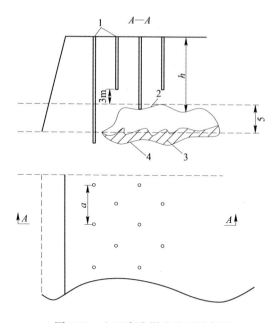

图 5-54　空区穿孔爆破处理示意图

1—探孔；2—空区顶板；3—塌陷堆积物；4—空区底板；5—空区高度

图 5-55　分区域穿孔爆破的设计图

图 5-56　分区域穿孔爆破的现场圈定空区界线

方案设计涉及的六个爆区面积共计 14260m²，预计爆破量 511360t；单个爆区最少牙轮钻孔数为 30 个（Ⅰ区），最多 84 个（Ⅳ区），其中Ⅲ区空区分布复杂，顶板厚度变化较大，需根据实际探测结果精确分区和布孔，需潜孔钻处理厚度不大于 10m 或不小于 22m 的区域顶板，必要时加以补勘后确认。方案设计需布置牙轮钻孔 314 个，孔径 250mm，潜孔钻钻孔 19 个，孔径 120mm。

5.5.4.3　爆破设计参数选取

炮孔装药量按体积计算公式，即

$$Q = k \times q \times a \times b \times h \tag{5-26}$$

式中　Q——炮孔装药量，kg；

　　　k——药量调整系数，$k = 0.9 \sim 1.2$；

　　　q——单耗系数，$q = 0.5 \sim 0.7$（与爆破介质有关），一般按空区顶板一次性崩塌爆破时取下限，正常台阶爆破按 $q = 0.65$ 确定；

　　　h——台阶高度或空区顶板厚度，m。

具体爆破时，要根据爆区实测图和技术规范进行爆破施工设计，计算单孔装药量。

炸药品种为多孔粒状铵油炸药和乳化铵油炸药，采用现场混装方式施工；对于已经穿透顶板的炮孔，装药前将气体间隔器放置在顶板底部上方 1.5~2m 处或吊袋固定在顶板底部，再装药施工；未穿透的炮孔可正常装药。炮孔填塞高度一般不低于孔径的 25 倍，按 6~7m 掌握，对于潜孔钻炮孔，填塞高度一般按 3.5~4m 掌握。为保证空区顶板崩塌效果，对于预留空区顶板厚度超过 4m 的炮孔和孔深超过 20m 潜孔钻炮孔，采用底部装乳化铵油炸药、上部装铵油炸药的混合装药结构或单一装乳化炸药方式；采用气体间隔器的炮孔采用 2 发起爆弹并分段放置为宜。

根据实际经验和理论验算，正常牙轮钻孔炮孔单孔装药量为铵油炸药 300~

420kg，乳化铵油炸药为450~550kg，潜孔钻炮孔按线炸药密度10kg计算。设计装药量138130kg，其中牙轮钻爆破装药量137446kg、潜孔钻炮孔684kg，预计爆破量511360t，平均炸药单耗为0.2731kg/t，延米爆破量104.1t/m。具体参数见表5-6和表5-7。

表5-6 弓露天何家采区152m空区穿爆设计参数（一）

序号	分区	面积/m²	设计孔数/个	平台标高/m	空区顶板厚度/m	设计孔深/m	孔距/m	排距/m	穿孔方式
1	I	1510	30	154.3	31.9~37.6	15	7	7	牙轮钻
2	II	2160	51	153.6	18.5~27.2	15~16	7	6	牙轮钻
3	III	2248	66	154.4	8.4~10.5	7~9	4	4	潜孔钻
					15.2~18.3	12~15	6	6	牙轮钻
					17.9~22.3	15~16	6	6	牙轮钻
4	IV	3552	84	150.7	27~32	15	7	6	牙轮钻
5	V	2661	62	152.5	12.3~22.2	10~16	7	6	牙轮钻
6	VI	2129	43	153.9	12.7~23.7	11~16	7	7	牙轮钻

表5-7 弓露天何家采区152m空区穿爆设计参数（二）

分区	预计爆破量/t			穿孔设计		设计装药量/kg			延米爆破量/t·m⁻¹	综合单耗/kg·t⁻¹	备注
	矿石	岩石	总量	孔数/个	米道/m	铵油	乳化	合计			
1	54360		54360	30	450	12000	0	12000	121	0.221	
2	77760		77760	51	792	10000	13500	23500	98	0.302	
3	80928		80928	66	791	8060	13000	21060	111	0.26	其中潜孔钻孔19个
4		127872	127872	84	1260	32160	0	32160	101	0.25	
5	95796		95796	62	992	0	31000	31000	97	0.324	
6	76644		76644	43	645	4000	16500	20500	119	0.267	
计	289692	223668	513360	336	4930	66220	74000	140220	104.1	0.2731	

5.5.4.4 起爆方式与爆材消耗

采用高精度毫秒导爆管起爆方式，每个炮孔1发500g起爆弹和2发澳瑞凯高精度导爆管，需消耗起爆弹333发，孔内导爆管666发、地表连接导爆管333

发。爆区外连接用普通 50m 导爆管。炮孔未穿透空区顶板的前提下，如孔内无水，则优先选装起爆能量较大的乳化铵油炸药。起爆顺序按照正常台阶爆破方式，临近自由面的南侧炮孔先起爆，按逐孔起爆设计，在合理控制爆破振动的前提下，确保空区彻底崩塌，降低大块产出，大块率控制在 1% 以内（由于处于空区集中区域，爆破介质不均且条件复杂，大块率将比正常台阶爆破提高一倍以上）。

5.5.5　爆破安全设计

穿爆工序空区防控安全要点：

（1）承担施工单位有关领导和技术人员应掌握空区危险区的分布和地质构造情况，注意岩体节理发育程度、是否有三级以上断裂构造或边坡滑坡等。

（2）根据空区顶板承载力分析划定中深孔穿孔爆破危险区域界线，设置必要的地面标示，并以书面形式下达给钻机司机。

（3）在空区危险区作业时，钻机司机要填写空区作业票，没有空区作业票不准在空区危险区作业。

（4）钻机作业发现空区时，首先确认穿透顶板高度位置并做好记录，告知技术员判断能否保证钻机安全，如不能保证要立即调整设备移到安全部位并及时向调度报告，同时请示作业指令。

（5）对钻机作业已明确的空区部位，采用加密孔及吊装药进行爆破处理。空区部位爆破后 24h 内禁止人员设备进入爆区。

采矿工序空区防控安全要点：

（1）组织有关领导、技术人员全面掌握空区危险区的分布、空间状态。

（2）在空区作业时，填写空区作业票，没有空区作业票不准在空区危险区作业。

（3）制定空区危险区内电铲作业的安全措施。

（4）电铲作业发现空区时，立即调整设备到安全部位并及时向调度报告，记录空区的高度同时请示下步作业指令。

5.5.6　爆后评价

本次采空区处理主要采用地表崩落法，由于采空区面积较大、多层空区相互贯通与影响、水文情况复杂、现场作业人为干扰较大、极端天气经常发生及现场地层岩性和构造复杂等一系列因素，针对不同的空区类型（巷道式、空场式等），根据顶板承载力研究结果，分别采用牙轮钻机和潜孔钻机进行穿孔，孔网大小根据顶板厚度和实际穿孔深度进行确定，矿柱必须穿孔。同时根据不同的技术需要，作业一部分穿透空区顶板孔，在装药爆破前还需要对这部分孔进行技术处理，确保满足爆破需要。爆破网路和起爆顺序需要根据现场实际情况采用不同的技术方案。穿爆处理的总原则是需要处理的采空区一次性塌落，并达到合格的爆破产品质量要求。其爆后照片如图 5-57 所示。

图 5-57　采空区爆破处理形成的塌陷

参 考 文 献

［1］王燕. 弓长岭铁矿东南区露天井下协同开采技术研究［D］. 沈阳：东北大学，2013.

［2］鲍巨才，张秀敏. 辽阳市弓长岭何家矿区采空区调查及其稳定性评价［J］. 科技信息，2011（6）：345-346.

［3］张德辉，朱帝杰. 利用综合物探法精准探测弓长岭露天矿采空区［J］. 金属矿山，2015（10）：163-167.

［4］庄庆. 综合物探技术在弓长岭铁矿采空区探测中的应用研究［D］. 沈阳：东北大学，2014.

［5］吴瑞珉. 山西某地区煤矸石自燃及下伏采空区综合治理工艺［J］. 西部探矿工程，2018，30（8）：1-4.

［6］郭广厚. 废弃矿山采空区治理的施工应用［J］. 西部探矿工程，2018，30（8）：16-18，25.

［7］喻鸿，蓝宇. 大宝山采空区治理研究［J］. 南方金属，2018（4）：1-4，26.

［8］李科，杜其益. 大断面公路隧道下穿煤层采空区数值模拟分析及处治研究［J］. 中国水运（下半月），2018，18（8）：194-196.

［9］毕建乙，张辉，王宗贵. 大采高工作面采空区瓦斯抽采对自燃"三带"影响［J］. 山东煤炭科技，2018（7）：92-95.

［10］李庆云. 高速公路下采空区充填治理及稳定性分析［J］. 交通世界，2018（21）：78-79.

［11］刘刚. 充填式注浆法在煤矿采空区治理工程中的运用［J］. 化工管理，2018（21）：103.

［12］付小铜. 营涝公路下伏采空区探测与注浆治理实践［J］. 中国矿业，2018，27（7）：161-162，167.

［13］张鑫，王茂森. 河南栾川钼矿多层采空区充填井成井工艺［J］. 探矿工程（岩土钻掘工

程），2018，45（7）：34-36，40.

[14] 李双建. 综采工作面采空区安全管理措施研究［J］. 山东煤炭科技，2018（6）：98-99，102，107.

[15] 李晓东，温占国，等. 某井下采空区充填挡墙封堵技术实践［J］. 现代矿业，2018，34（6）：13-16，20.

[16] 张保，刘允秋，孙丽军. 冬瓜山铜矿采空区分布特征及充填治理方案设计［J］. 现代矿业，2018，34（6）：17-20.

[17] 翟淑花，李良景. 京西小窑采空塌陷勘查与监测技术研究［J］. 徐州工程学院学报（自然科学版），2018，33（1）：76-82.

[18] 何莎莎. 煤矸石井下填充过程中对地下水环境有机污染的影响研究［D］. 焦作：河南理工大学，2007.

[19] 宁建国，刘学生，等. 矿井采空区水泥-煤矸石充填体结构模型研究［J］. 煤炭科学技术，2015，43（12）：23-27.

[20] 王湖鑫，倪小山，杨成，等. 楚烽磷矿试验盘区采空区隐患治理的实践与思考［J］. 中国矿业，2016，25（S2）：277-280.

[21] 叶鹏. 佛子矿古益矿区采空区处理及残矿回收技术研究［D］. 武汉：武汉科技大学，2015.

[22] 杨志强，高谦. 金川全尾砂-棒磨砂混合充填料胶砂强度与料浆流变特性研究［J］. 岩石力学与工程学报，2014，33（S2）：3985-3991.

[23] 王洋喆，郭忠林. 某矿大型采空区顶板冒落危害及处理［J］. 矿产保护与利用，2015（3）：10-15.

[24] 赵有国. 铁矿采空区危害分析及处理方案［J］. 现代矿业，2015，31（2）：129-131.

[25] 张佳男，曾晟. 某铜矿采空区充填法与封闭隔离法联合治理思路［J］. 现代矿业，2017，33（5）：215-216，219.

[26] 龙虎荣. 大宝山大型复杂采空区的处理方法与稳定性数值模拟［A］. 山东省金属学会. 鲁冀晋琼粤川六省金属学会第十四届矿山学术交流会论文集［C］. 山东省金属学会：山东省科学技术协会，2007：3.

[27] 秦国震. 中深孔爆破诱导冒落处理采空区技术研究［D］. 唐山：华北理工大学，2017.

[28] 郭瑞. 中深孔爆破处理浅埋采空区的实践［J］. 现代矿业，2016，32（4）：224-226，228.

[29] Lee E L, Tarver C M. Phenomenological model of shock initiation in heterogeneous explosives ［J］. Physics of Fluids, 1980, 23（12）：2362-2372.

[30] Li H, Xiang X, Li J, et al. Rock damage control in bedrock blasting excavation for a nuclear power plant ［J］. International Journal of Rock Mechanics & Mining Sciences, 2011, 48（2）：210-218.

[31] Wang F, Tu S, Yuan Y, et al. Deep-hole pre-split blasting mechanism and its application for controlled roof caving in shallow depth seams ［J］. International Journal of Rock Mechanics & Mining Sciences, 2013, 64（6）：112-121.

[32] 陈阳. 程潮铁矿崩落法和充填法协同开采方法及应用研究［D］. 武汉：武汉科技大

学，2018.

[33] 白俊，王彦飞．大型叠层分布采空区爆破处理技术 [J]．金属矿山，2015 (9)：1-4.

[34] 林卫星．井下竖向深孔逐孔等值微差爆破技术研究及应用 [J]．矿业研究与开发，2016，36 (10)：35-38.

[35] 胡从倩，王德胜，崔帅立，等．多层采空区稳定性分析及处理措施 [J]．金属矿山，2013 (11)：29-33，37.

[36] 尤仁锋，徐荣军，王迪，等．极复杂多层采空区处理的分析与思考 [J]．露天采矿技术，2011 (3)：7-8，13.

[37] 林谋金，黄胜贤，陈晶晶，等．局部爆破法强制崩落采空区的应用实践 [J]．爆破，2016，33 (1)：89-92，123.

[38] 贾宝珊，闫伟峰．露天正常台阶深孔爆破处理地下采空区的实践 [J]．爆破，2012，29 (4)：65-69.

[39] 吴启红，唐佳，杨有莲．某矿山多层采空区群稳定性的FLAC³D数值分析 [J]．矿冶工程，2011，31 (6)：13-16，20.

[40] 东兆星，邵鹏．爆破工程 [M]．北京：中国建筑工业出版社，2005：100-103.

[41] Zang L, Jia C, Zhang S, et al. Application on the Open-air Deep Hole Blasting Caving Method in the Underground Mined-out Area [J]. Modern Mining, 2014.

[42] Cai F, Liu Z. Intensified extracting gas and rapidly diminishing outburst risk using deep-hole presplitting blast technology before opening coal seam in shaft influenced by fault [J]. Procedia Engineering, 2011, 26: 418-423.

[43] Xia H, Yan B. Application of Deep-hole Pre-cracking Blasting in the Preserved Roadway beside the Gob for Working Gaolin in Coal Seams [J]. Energy Procedia, 2012, 16: 828-835.

[44] Liu X L, Luo K B, Li X B, et al. Cap rock blast caving of cavity under open pit bench [J]. Transactions of Nonferrous Metals Society of China, 2017, 27 (3): 648-655.

[45] 范军富．武家塔露天煤矿采空区岩石台阶爆破关键技术研究 [D]．鞍山：辽宁工程技术大学，2015.

[46] 蒙征江．深孔台阶爆破大块率较高的原因及控制措施浅析 [J]．采矿技术，2012，12 (3)：103-104.

[47] 闫长斌．爆破作用下岩体累积损伤效应及其稳定性研究 [D]．长沙：中南大学，2006.

[48] 陈秋宇．爆炸载荷下控制孔作用机理及应用研究 [D]．淮南：安徽理工大学，2012.

[49] 杨泽进．柱状装药爆轰方向对爆破震动影响的研究 [D]．太原：太原理工大学，2012.

[50] 张袁娟，赵强，李星．台阶爆破间隔装药最佳间隔位置确定方法 [J]．煤矿安全，2016，47 (8)：230-232，236.

[51] 李昂．抚顺东露天矿油页岩台阶爆破参数优化研究 [D]．阜新：辽宁工程技术大学，2015.

[52] 邹宗山，杨军，张光雄．露天矿山台阶爆破孔网参数优化 [J]．煤矿爆破，2011 (3)：16-18.

[53] 王涛．黄麦岭露天矿台阶爆破参数优化及爆破振动效应研究 [D]．武汉：武汉理工大学，2013.

[54] 王振毅，李静，胡锐．基于 LS-DYNA 的某邻近洞室爆破振动模拟分析［J］．爆破，2010，27（1）：104-106.

[55] 陈哲浩．岩石中相邻炮孔爆破裂缝演化研究［D］．西安：西安科技大学，2016.

[56] 杨坡．巷道掘进爆破中围岩损伤范围的数值模拟［D］．包头：内蒙古科技大学，2015.

[57] 李莹．高应力岩体爆破作用效果的数值模拟［D］．沈阳：东北大学，2013.

[58] Ursinus A，Ent F V D，Brechtel S，et al. Murein（Peptidoglycan）Binding Property of the Essential Cell Division Protein FtsN from Escherichia Coli［J］. Journal of Bacteriology，2004，186（20）：6728-6737.

[59] Sohn J H，Yoo W S，Hong K S，et al. Massless links with external forces and bushing effect for multibody dynamic analysis［J］. Ksme International Journal，2002，16（6）：810-818.

[60] 刘宁，朱维申，李景龙．爆破荷载作用下岩石裂纹扩展判据及 FLAC^{3D} 模拟研究［C］．中国水力发电工程学会、中国长江三峡工程开发总公司、中国水电顾问集团成都勘测设计研究院：中国水力发电工程学会，2009：5.

[61] 闫长斌，徐国元，李夕兵．爆破震动对采空区稳定性影响的 FLAC^{3D} 分析［J］．岩石力学与工程学报，2005（16）：2894-2899.

[62] 李志忠．基于 LS-DYNA 的隧道爆破模拟分析［J］．公路，2017，62（8）：316-320.

[63] 邓红卫，杨懿全，高峰，等．基于 LS-DYNA 的扇形中深孔逐孔起爆段别优化［J］．振动与冲击，2017，36（11）：140-146.

[64] 谢姣．基于 Ansys/ls-dyna 数值模拟的爆破地震效应影响因素分析［D］．西安：长安大学，2014.

[65] 宋子岭，杨星辰，范军富，等．露天矿采空区爆破合理孔底填塞长度与起爆位置确定［J］．安全与环境学报，2017，17（5）：1828-1832.

[66] 郝士云，毕程程，王志亮．LS-DYNA 模拟爆破中时间步长对计算结果影响探讨［J］．爆破，2016，33（4）：39-45.

[67] 李金明，刘波，姚志敏．基于 LS-DYNA 程序的聚能装药数值仿真研究［J］．计算机与数字工程，2016，44（2）：218-222，274.

[68] 储程，赵跃堂，胡康．基于 LS-DYNA 的爆炸流场荷载的数值模拟研究［J］．微型机与应用，2017，36（20）：108-110，114.

[69] 习华伟，段萌．基于 LS-DYNA 的爆炸应力波在不同密度岩体中传播规律研究［J］．中国矿山工程，2017，46（4）：62-64.

[70] 楼晓明，周文海，陈必港．基于 LS-DYNA 台阶微差爆破最佳延期时间的降振控制［J］．福州大学学报（自然科学版），2016，44（5）：753-759.

[71] 王文强．基于 LS-DYNA 条形药包单点起爆振速峰值分析［J］．市政技术，2017，35（1）：102-104.

[72] 尹丽冰．基于 ANSYS/Ls-Dyna 的某铀矿井下生产爆破震动数值模拟研究［D］．赣州：江西理工大学，2015.

[73] 张袁娟，赵强，吕鑫，等．基于 LS-DYNA 的露天矿合理孔距确定方法［J］．煤炭技术，2016，35（3）：9-10.

[74] 张世琛，苟瑞君，马震宇，等．露天深孔台阶爆破参数优化设计［J］．中北大学学报

（自然科学版），2016，37（2）：166-171.

[75] 郭靖. 武家塔露天矿采空区上覆岩层爆破技术研究［D］. 阜新：辽宁工程技术大学，2013.

[76] 曲艳东，吴敏，孔祥清，等. 深孔连续与间隔装药爆破数值模拟研究［J］. 爆破，2014，31（4）：16-21，81.

[77] 张伟. 条形药包爆破数值模拟及其应用［D］. 唐山：河北联合大学，2012.

[78] 王辉. 炸药爆炸产物 JWL 状态方程参数数值计算［D］. 西安：西安工业大学，2011.

[79] 卢文波. 岩石爆破中应力波的传播及其效应研究［D］. 武汉：武汉大学，1994.

[80] 贾光辉，王志军，张国伟，等. 爆炸过程中的应力波［J］. 爆破器材，2001，30（1）：1-4.

[81] 陈星明，肖正学，蒲传金. 自由面对爆破地震强度影响的试验研究［J］. 爆破，2009，26（4）：38-40.

[82] 龚剑. 岩体基本质量与可爆性分级［D］. 武汉：武汉理工大学，2011.

[83] 杨勃，陈庆凯，雷高. 露天台阶爆破设计方法探讨［J］. 科技资讯，2014，12（7）：70-71.

[84] 郝好山，胡仁喜，康士廷. ANSYS 12.0 LS-DYNA 非线性有限元分析从入门到精通［M］. 北京：机械工业出版社，2010.

[85] 唐长刚. LS-DYNA 有限元分析及仿真［M］. 北京：电子工业出版社，2014.

[86] 白金泽. LS-DYNA3D 理论基础与实例分析［M］. 北京：科学出版社，2005.

[87] Hallquist J O. LS-DYNA keyword user's manual v.971［M］. Livemore Software Technology Corporation，California，2007.

[88] 李成武，王金贵，解北京，等. 基于 HJC 本构模型的煤岩 SHPB 实验数值模拟［J］. 采矿与安全工程学报，2016，33（1）：158-164.

[89] 闻磊，李夕兵，吴秋红，等. 花岗斑岩 Holmquist-Johnson-Cook 本构模型参数研究［J］. 计算力学学报，2016，33（5）：725-731.

[90] 方秦，孔祥振，吴昊，等. 岩石 Holmquist-Johnson-Cook 模型参数的确定方法［J］. 工程力学，2014，31（3）：197-204.

[91] Holmquist T J，Johnson G R. A computational constitutive model for concrete subjected to large srtains，high strain rates，and high pressures［C］. 14th International Symposium on Ballistic，Quebec City，Canada，1993：593-600.

[92] Johnson G R，Beissel S R，Holmquist T J，et al. Computed radial stresses in a concrete target penetrated by a steel projectile［C］. Proceedings of Structures under Shock and Inpact V，Aristotle University of Thessaloniki，Creece，1998：793-806.